21世纪高等学校计算机类课程创新规划教材

U0604943

Java
语言程序设计（第3版）

微课版

◎ 沈泽刚 主编

清華大學出版社
北京

内 容 简 介

本书以最新的 Java SE 8 为基础，全面讲解 Java 编程语言、Java 面向对象技术和 Java 核心类库。全书共 18 章，主要内容包括 Java 语言基础（数据类型、运算符与表达式、程序流程控制）、类与对象基础、数组与字符串、Java 面向对象特征（类的继承与多态、内部类与注解类型、接口与 Lambda 表达式）、常用核心类、泛型与集合框架、异常处理、输入输出、JavaFX 图形界面及事件处理、常用控件、JDBC 数据库编程、并发编程基础、网络编程等。

本书知识点全面，体系结构清晰，重点突出，文字准确，内容组织循序渐进，并有大量精选例。每章配有精心设计的编程练习题，帮助读者理解掌握编程技术。本书提供教学课件、程序源代码以及部分教学视频与习题解答等资源。

本书可作为高等院校计算机专业或相关专业的"Java 程序设计"或"面向对象程序设计"课程的教材，也可作为 Java 认证考试及编程爱好者的参考资料。

图书在版编目（CIP）数据

Java 语言程序设计/沈泽刚主编. —3 版. —北京：清华大学出版社，2018（2021.8重印）
（21 世纪高等学校计算机类课程创新规划教材·微课版）
ISBN 978-7-302-48552-0

Ⅰ. ①J…　Ⅱ. ①沈…　Ⅲ. ①JAVA 语言－程序设计　Ⅳ. ①TP312.8

中国版本图书馆 CIP 数据核字（2017）第 237789 号

责任编辑：魏江江　赵晓宁
封面设计：刘　键
责任校对：时翠兰
责任印制：丛怀宇

出版发行：清华大学出版社
　　　网　　址：http://www.tup.com.cn, http://www.wqbook.com
　　　地　　址：北京清华大学学研大厦 A 座　　　邮　　编：100084
　　　社 总 机：010-62770175　　　　　　　邮　　购：010-83470235
　　　投稿与读者服务：010-62776969，c-service@tup.tsinghua.edu.cn
　　　质量反馈：010-62772015，zhiliang@tup.tsinghua.edu.cn
　　　课件下载：http://www.tup.com.cn，010-83470236
印 装 者：三河市铭诚印务有限公司
经　　销：全国新华书店
开　　本：185mm×260mm　　　印　张：30.5　　　字　数：744 千字
版　　次：2010 年 9 月第 1 版　2018 年 4 月第 3 版　印　次：2021 年 8 月第 11 次印刷
印　　数：37001~40000
定　　价：79.50 元

产品编号：073571-01

前 言

    Java 是一门卓越的程序设计语言，同时，它也是基于 Java 语言、从移动应用开发到企业级开发的平台。随着 Web 的发展，应用 Web 成为大型应用开发的主流方式，Java 凭借其"编写一次，到处运行"的特性很好地支持了互联网应用所要求的跨平台能力，成为服务器端开发的主流语言。现在人类已进入移动互联网时代，而 Java 依然是当之无愧的主角。

    Java 是一门经典的面向对象语言，同时也是一门优秀的教学语言。Java 拥有优雅和简明的语法以及丰富的类库，让编程人员尽可能地将精力集中在业务领域的问题求解上。

    本版在第 2 版的基础上增加了 Java SE 8 的新特性，如接口的默认方法和静态方法、Lambda 表达式、新的日期/时间 API、Stream API，图形用户界面用 JavaFX 替换了 Swing，另外增加了 Java 网络编程一章，其他章节也做了部分修订。

    本书作为面向初学者的教程，编写和取材着重体现 Java 面向对象编程思想和面向问题求解的理念。本书采用基础优先的方式，从编程基础开始，逐步引入面向对象思想。

    本书包含三大主题，这是一名专业 Java 程序员必须熟练掌握的内容。

- Java 编程语言；
- Java 面向对象思想；
- Java 核心类库。

    全书共 18 章，主要内容如下：

    第 1 章介绍 Java 语言的起源和发展、Java 开发环境的构建、简单 Java 程序的开发和运行、程序设计风格与文档以及集成开发环境 Eclipse 的使用。

    第 2 章介绍数据类型、常用运算符、表达式以及数据类型的转换等。

    第 3 章介绍程序的流程控制结构，包括选择结构和循环结构。重点介绍 if 结构、switch 结构、while 循环、do-while 循环以及 for 循环结构。

    第 4 章首先介绍了面向对象编程的基本概念，然后讲解 Java 类的定义以及对象的创建，其中还包括方法的设计、static 修饰符的使用、包的概念以及类的导入等。

    第 5 和第 6 章介绍 Java 数组和字符串及其应用，包括数组和多维数组、String 类、StringBuilder 类和 StringBuffer 类，另外还介绍了 Arrays 类的使用、格式化输出等。

    第 7 章介绍类的继承与多态，其中包括继承性、封装性、多态性以及对象转换等。这是面向对象编程的核心内容。

    第 8 章介绍 Java 常用核心类，包括 Object 类、Math 类、基本数据类型包装类等，另外介绍了 Java 8 新增的日期-时间 API 相关的类。

    第 9 章介绍内部类、枚举类型和注解类型，包括各种类型的内部类、枚举的定义与使用，标准注解的使用、自定义注解类型。

    第 10 章介绍接口和 Lambda 表达式，包括接口的定义、接口继承、接口实现以及在接口中定义静态方法和默认方法。此外，还介绍了 Lambda 表达式的使用。

第 11 章介绍 Java 集合框架，包括泛型编程基本概念、各种类型集合接口与类的使用、Collections 类的常用方法，同时还介绍了 Stream API 的简单用法。

第 12 章介绍 Java 异常处理，包括异常类型、异常处理机制、自定义异常、断言的使用。

第 13 章介绍 Java 输入输出，包括二进制流和文本流的使用、对象序列化以及 Files 类的常用操作。

第 14 和第 15 章介绍 JavaFX 图形界面编程，包括界面布局面板、JavaFX 各类形状的使用、事件处理，还包括图像和特效、多媒体和动画以及各种常用控件的使用。

第 16 章介绍 JDBC 数据库编程基础，包括数据库和 MySQL 基础，数据库访问步骤、常用的 JDBC API 以及 DAO 设计模式等。

第 17 章介绍 Java 并发编程基础，包括多线程编程、线程的状态与调度、线程同步与协调、并发工具等。

第 18 章介绍 Java 网络编程，包括基于 TCP 的 Java 套接字和基于 UDP 的编程、基于 HTTP 的 URL 编程等。

本书吸取了国内外有关著作和资料的精华，强调面向问题求解的教学方法是本书特色，同时凝聚了作者多年的教学实践经验。

本书每章提供的二维码可观看相应章节的视频讲解。扫描封底"课件下载"二维码可获得本书 PPT 教学课件、程序源代码、教学大纲等课程资源。与本书配套的《Java 语言程序设计（第 3 版）学习指导与习题解析》（清华大学出版社出版）中提供了学习指导、实训任务及编程练习的参考答案。

本书由沈泽刚主编，伞晓丽、彭霞、孙蕾、宋微、董研、张丽娟等教师参加了部分编写和资料整理工作。本书出版得到了清华大学出版社魏江江主任的大力支持与合作。在此谨向以上各位表示衷心感谢。

本书在写作中参考了大量文献，向这些文献的作者表示衷心感谢。由于作者水平有限，书中难免存在不妥和错误之处，恳请广大读者和同行批评指正。

编 者

2017 年 11 月

本书介绍

目　录

源码下载

第 1 章　Java 语言概述···1

1.1　Java 起源与发展···1

    1.1.1　Java 的起源··1

    1.1.2　Java 的发展历程···2

    1.1.3　Java 语言的优点···3

1.2　Java 平台与开发环境···3

    1.2.1　Java 平台与应用领域··3

    1.2.2　JDK、JRE 和 JVM··4

    1.2.3　Java 字节码与平台独立··4

    1.2.4　JDK 的下载与安装···5

    1.2.5　Java API 文档··6

1.3　Java 程序基本结构···6

    1.3.1　Java 程序开发步骤···6

    1.3.2　第一个程序分析···8

1.4　程序文档风格和注释··9

    1.4.1　一致的缩进和空白···9

    1.4.2　块的风格···9

    1.4.3　Java 程序注释···10

1.5　Eclipse 集成开发环境···10

1.6　小结···12

编程练习···12

第 2 章　Java 语言基础···13

2.1　简单程序的开发···13

    2.1.1　从键盘读取数据···14

    2.1.2　变量与赋值···15

    2.1.3　Java 标识符··15

    2.1.4　Java 关键字··16

2.2　数据类型···16

    2.2.1　数据类型概述···16

    2.2.2　字面值和常量···17

2.2.3 整数类型 17

2.2.4 浮点类型 19

2.2.5 字符类型 20

2.2.6 布尔类型 21

2.2.7 字符串类型 22

2.3 运算符 23

2.3.1 算术运算符 23

2.3.2 关系运算符 25

2.3.3 逻辑运算符 25

2.3.4 赋值运算符 26

2.3.5 位运算符 28

2.3.6 运算符的优先级和结合性 30

2.4 数据类型转换 31

2.4.1 自动类型转换 31

2.4.2 强制类型转换 32

2.4.3 表达式中类型自动提升 33

2.5 小结 34

编程练习 34

第 3 章 选择与循环 36

3.1 选择 36

3.1.1 单分支 if 语句 36

3.1.2 双分支 if-else 语句 37

3.1.3 嵌套的 if 语句和多分支的 if-else 语句 39

3.1.4 条件运算符 40

3.1.5 switch 语句结构 41

3.2 循环 43

3.2.1 while 循环 43

3.2.2 do-while 循环 45

3.2.3 for 循环 45

3.2.4 循环的嵌套 47

3.2.5 break 语句和 continue 语句 47

3.3 示例学习 49

3.3.1 任意抽取一张牌 49

3.3.2 求最大公约数 50

3.3.3 打印输出若干素数 51

3.4 小结 52

编程练习 53

第 4 章　类和对象……………………………………………………………………55

　　4.1　面向对象概述………………………………………………………………55

　　　　4.1.1　OOP 的产生………………………………………………………55

　　　　4.1.2　面向对象的基本概念……………………………………………56

　　　　4.1.3　面向对象基本特征………………………………………………57

　　　　4.1.4　OOP 的优势………………………………………………………58

　　4.2　为对象定义类………………………………………………………………58

　　　　4.2.1　类的定义…………………………………………………………59

　　　　4.2.2　对象的使用………………………………………………………62

　　　　4.2.3　理解栈与堆………………………………………………………64

　　　　4.2.4　用 UML 图表示类………………………………………………64

　　4.3　方法设计……………………………………………………………………65

　　　　4.3.1　如何设计方法……………………………………………………65

　　　　4.3.2　方法的调用………………………………………………………67

　　　　4.3.3　方法重载…………………………………………………………67

　　　　4.3.4　构造方法…………………………………………………………68

　　　　4.3.5　this 关键字的使用………………………………………………70

　　　　4.3.6　方法参数的传递…………………………………………………71

　　4.4　静态变量和静态方法………………………………………………………72

　　　　4.4.1　静态变量…………………………………………………………72

　　　　4.4.2　静态方法…………………………………………………………74

　　　　4.4.3　单例模式…………………………………………………………75

　　　　4.4.4　递归………………………………………………………………76

　　4.5　对象初始化和清除…………………………………………………………77

　　　　4.5.1　实例变量的初始化………………………………………………77

　　　　4.5.2　静态变量的初始化………………………………………………79

　　　　4.5.3　垃圾回收器………………………………………………………80

　　　　4.5.4　变量作用域和生存期……………………………………………81

　　4.6　包与类的导入………………………………………………………………82

　　　　4.6.1　包…………………………………………………………………82

　　　　4.6.2　类的导入…………………………………………………………84

　　　　4.6.3　Java 编译单元……………………………………………………85

　　4.7　小结…………………………………………………………………………85

　　编程练习…………………………………………………………………………86

第 5 章　数组……………………………………………………………………90

　　5.1　创建和使用数组……………………………………………………………90

　　　　5.1.1　数组定义…………………………………………………………90

5.1.2　增强的 for 循环 ··· 93
5.1.3　数组元素的复制 ··· 93
5.1.4　数组参数与返回值 ·· 95
5.1.5　可变参数的方法 ··· 96
5.1.6　实例：随机抽取 4 张牌 ·· 97
5.1.7　实例：一个整数栈类 ·· 98
5.2　Arrays 类 ·· 99
5.2.1　数组的排序 ·· 100
5.2.2　元素的查找 ·· 100
5.2.3　数组元素的复制 ··· 101
5.2.4　填充数组元素 ··· 101
5.2.5　数组的比较 ·· 102
5.3　二维数组 ··· 103
5.3.1　二维数组定义 ··· 103
5.3.2　数组元素的使用 ··· 104
5.3.3　数组初始化器 ··· 105
5.3.4　实例：矩阵乘法 ··· 105
5.3.5　不规则二维数组 ··· 106
5.4　小结 ·· 108
编程练习 ·· 108

第 6 章　字符串 ·· 111
6.1　String 类 ··· 111
6.1.1　创建 String 类对象 ·· 111
6.1.2　字符串基本操作 ··· 112
6.1.3　字符串查找 ·· 114
6.1.4　字符串转换为数组 ·· 114
6.1.5　字符串比较 ·· 115
6.1.6　字符串的拆分与组合 ··· 117
6.1.7　String 对象的不变性 ··· 118
6.1.8　命令行参数 ·· 118
6.2　格式化输出 ·· 119
6.3　StringBuilder 类和 StringBuffer 类 ··· 122
6.3.1　创建 StringBuilder 对象 ·· 122
6.3.2　StringBuilder 的访问和修改 ··· 122
6.3.3　运算符"+"的重载 ·· 124
6.4　小结 ·· 124
编程练习 ·· 124

第 7 章　继承与多态 ·· 126

　7.1　类的继承 ··· 126

　　7.1.1　类继承的实现 ·· 126

　　7.1.2　方法覆盖 ··· 129

　　7.1.3　super 关键字 ·· 130

　　7.1.4　调用父类的构造方法 ··· 132

　7.2　封装性与访问修饰符 ·· 133

　　7.2.1　类的访问权限 ··· 133

　　7.2.2　类成员的访问权限 ·· 134

　7.3　防止类扩展和方法覆盖 ··· 135

　　7.3.1　final 修饰类 ··· 135

　　7.3.2　final 修饰方法 ·· 136

　　7.3.3　final 修饰变量 ·· 136

　7.4　抽象类 ·· 137

　7.5　对象转换与多态 ··· 138

　　7.5.1　对象转换 ··· 139

　　7.5.2　instanceof 运算符 ·· 140

　　7.5.3　多态与动态绑定 ··· 140

　7.6　小结 ··· 142

　编程练习 ··· 142

第 8 章　Java 常用核心类 ··· 144

　8.1　Object：终极父类 ··· 144

　　8.1.1　toString()方法 ·· 145

　　8.1.2　equals()方法 ·· 145

　　8.1.3　hashCode()方法 ·· 146

　　8.1.4　clone()方法 ··· 147

　　8.1.5　finalize()方法 ··· 148

　8.2　Math 类 ··· 149

　8.3　基本类型包装类 ··· 151

　　8.3.1　Character 类 ··· 151

　　8.3.2　Boolean 类 ··· 152

　　8.3.3　创建数值类对象 ··· 153

　　8.3.4　数值类的常量 ··· 154

　　8.3.5　自动装箱与自动拆箱 ·· 155

　　8.3.6　字符串转换为基本类型 ·· 156

　　8.3.7　BigInteger 和 BigDecimal 类 ··· 156

　8.4　日期-时间 API ··· 158

VII

8.4.1　本地日期类 LocalDate ·· 158

8.4.2　本地时间类 LocalTime ··· 160

8.4.3　本地日期时间类 LocalDateTime ··· 161

8.4.4　Instant 类、Duration 类和 Period 类 ··· 162

8.4.5　其他常用类 ·· 164

8.4.6　日期时间解析和格式化 ·· 164

8.5　小结 ·· 166

编程练习 ··· 166

第 9 章　内部类、枚举和注解 ·· 168

9.1　内部类 ·· 168

9.1.1　成员内部类 ·· 169

9.1.2　局部内部类 ·· 170

9.1.3　匿名内部类 ·· 171

9.1.4　静态内部类 ·· 173

9.2　枚举类型 ··· 175

9.2.1　枚举类型的定义 ··· 175

9.2.2　枚举类型的方法 ··· 175

9.2.3　枚举在 switch 中的应用 ·· 176

9.2.4　枚举类型的构造方法 ··· 177

9.3　注解类型 ··· 178

9.3.1　注解概述 ··· 179

9.3.2　标准注解 ··· 179

9.3.3　定义注解类型 ·· 181

9.3.4　标准元注解 ··· 183

9.4　小结 ·· 184

编程练习 ··· 185

第 10 章　接口与 Lambda 表达式 ·· 188

10.1　接口 ··· 188

10.1.1　接口定义 ·· 188

10.1.2　接口的实现 ·· 189

10.1.3　接口的继承 ·· 190

10.1.4　接口类型的使用 ··· 192

10.1.5　常量 ·· 192

10.2　静态方法和默认方法 ··· 192

10.2.1　静态方法 ·· 193

10.2.2　默认方法 ·· 193

10.2.3　解决默认方法冲突 ·· 193

10.3 接口示例 ··· 195

    10.3.1 Comparable 接口 ·· 195

    10.3.2 Comparator 接口 ·· 197

10.4 Lambda 表达式 ·· 198

    10.4.1 Lambda 表达式简介 ··· 198

    10.4.2 函数式接口 ··· 199

    10.4.3 Lambda 表达式的语法 ··· 199

    10.4.4 预定义的函数式接口 ··· 200

    10.4.5 方法引用与构造方法引用 ······································ 204

10.5 小结 ··· 206

编程练习 ··· 206

第 11 章 泛型与集合 ·· 209

11.1 泛型介绍 ··· 209

    11.1.1 泛型类型 ··· 209

    11.1.2 泛型方法 ··· 211

    11.1.3 通配符（?）的使用 ·· 212

    11.1.4 有界类型参数 ··· 213

    11.1.5 类型擦除 ··· 214

11.2 集合框架 ··· 215

11.3 List 接口及实现类 ·· 217

    11.3.1 List 的操作 ··· 217

    11.3.2 ArrayList 类 ·· 218

    11.3.3 遍历集合元素 ··· 219

    11.3.4 数组转换为 List 对象 ·· 222

    11.3.5 Vector 类和 Stack 类 ··· 222

11.4 Set 接口及实现类 ·· 222

    11.4.1 HashSet 类 ··· 222

    11.4.2 用 Set 对象实现集合运算 ······································· 223

    11.4.3 TreeSet 类 ·· 223

    11.4.4 对象顺序 ··· 224

11.5 Queue 接口及实现类 ··· 225

    11.5.1 Queue 接口和 Deque 接口 ······································ 226

    11.5.2 ArrayDeque 类和 LinkedList 类 ·································· 227

    11.5.3 集合转换 ··· 228

11.6 Map 接口及实现类 ··· 229

    11.6.1 Map 接口 ··· 229

    11.6.2 Map 接口的实现类 ··· 230

11.7 Collections 类 ··· 233

11.8   Stream API ··· 235

     11.8.1   流概述 ·· 236

     11.8.2   创建与获得流 ·· 236

     11.8.3   连接流和限制流 ·· 237

     11.8.4   过滤流 ·· 238

     11.8.5   流转换 ·· 239

     11.8.6   流规约 ·· 241

     11.8.7   收集结果 ··· 241

     11.8.8   基本类型流 ·· 242

     11.8.9   并行流 ·· 243

11.9   小结 ··· 244

编程练习 ·· 245

第 12 章   异常处理 ·· 248

12.1   异常与异常类 ··· 248

     12.1.1   异常的概念 ·· 248

     12.1.2   异常类 ·· 249

12.2   异常处理 ·· 251

     12.2.1   异常的抛出与捕获 ·· 251

     12.2.2   try-catch-finally 语句 ··· 252

     12.2.3   用 catch 捕获多个异常 ·· 254

     12.2.4   声明方法抛出异常 ·· 255

     12.2.5   用 throw 语句抛出异常 ·· 257

     12.2.6   try-with-resources 语句 ··· 258

12.3   自定义异常类 ··· 260

12.4   断言 ··· 262

     12.4.1   使用断言 ··· 262

     12.4.2   开启和关闭断言 ·· 263

     12.4.3   何时使用断言 ·· 263

     12.4.4   断言示例 ··· 264

12.5   小结 ··· 266

编程练习 ·· 266

第 13 章   输入输出 ·· 268

13.1   二进制 I/O 流 ·· 268

     13.1.1   File 类应用 ··· 269

     13.1.2   文本 I/O 与二进制 I/O ·· 270

     13.1.3   InputStream 类和 OutputStream 类 ·································· 270

     13.1.4   常用二进制 I/O 流 ··· 271

　　　　13.1.5　标准输入输出流 ·· 276

　13.2　文本 I/O 流 ··· 276

　　　　13.2.1　Reader 类和 Writer 类 ··· 276

　　　　13.2.2　FileReader 类和 FileWriter 类 ································· 277

　　　　13.2.3　BufferedReader 类和 BufferedWriter 类 ····················· 278

　　　　13.2.4　PrintWriter 类 ·· 279

　　　　13.2.5　使用 Scanner 对象 ··· 280

　13.3　对象序列化 ·· 281

　　　　13.3.1　对象序列化与对象流 ··· 281

　　　　13.3.2　向 ObjectOutputStream 中写入对象 ·························· 282

　　　　13.3.3　从 ObjectInputStream 中读出对象 ··························· 282

　　　　13.3.4　序列化数组 ·· 284

　13.4　NIO 和 NIO.2 ·· 286

　　　　13.4.1　文件系统和路径 ·· 286

　　　　13.4.2　FileSystem 类 ··· 286

　　　　13.4.3　Path 对象 ··· 287

　13.5　Files 类操作 ·· 288

　　　　13.5.1　创建和删除目录及文件 ··· 288

　　　　13.5.2　文件属性操作 ·· 289

　　　　13.5.3　文件和目录的复制与移动 ······································· 291

　　　　13.5.4　获取目录的对象 ·· 292

　　　　13.5.5　小文件的读写 ·· 292

　　　　13.5.6　使用 Files 类创建流对象 ······································· 294

　13.6　小结 ··· 296

　编程练习 ·· 297

第 14 章　JavaFX 基础 ··· 299

　14.1　JavaFX 概述 ·· 299

　　　　14.1.1　Java GUI 编程简史 ·· 299

　　　　14.1.2　JavaFX 基本概念 ·· 300

　　　　14.1.3　添加 JavaFX 软件包 ··· 300

　14.2　JavaFX 程序基本结构 ··· 300

　　　　14.2.1　舞台和场景 ·· 301

　　　　14.2.2　场景图和节点 ·· 302

　　　　14.2.3　Application 类生命周期方法 ··································· 303

　　　　14.2.4　JavaFX 程序启动 ·· 303

　14.3　JavaFX 属性与绑定 ··· 304

　　　　14.3.1　JavaFX 属性 ·· 304

　　　　14.3.2　属性绑定 ·· 306

XI

14.4　JavaFX 界面布局 ·· 307

14.4.1　JavaFX 坐标系 ··· 308

14.4.2　Pane 面板 ·· 308

14.4.3　HBox 面板 ·· 309

14.4.4　VBox 面板 ·· 311

14.4.5　BorderPane 面板 ·· 311

14.4.6　FlowPane 面板 ··· 312

14.4.7　GridPane 面板 ·· 313

14.4.8　StackPane 面板 ·· 315

14.4.9　AnchorPane 面板 ·· 316

14.4.10　使用 CSS 设置控件样式 ··· 317

14.5　Color 和 Font 类 ·· 320

14.5.1　Color 类 ·· 320

14.5.2　Font 类 ··· 321

14.6　JavaFX 形状 ·· 322

14.6.1　Line 类 ··· 322

14.6.2　Rectangle 类 ··· 325

14.6.3　Circle 类 ··· 325

14.6.4　Ellipse 类 ·· 326

14.6.5　Arc 类 ·· 326

14.6.6　Polygon 类 ·· 327

14.6.7　Text 类 ··· 328

14.7　Image 和 ImageView 类 ··· 330

14.8　特效实现 ·· 333

14.8.1　阴影效果 ··· 333

14.8.2　模糊效果 ··· 334

14.8.3　倒影效果 ··· 335

14.8.4　发光效果 ··· 335

14.9　小结 ··· 336

编程练习 ·· 337

第 15 章　事件处理与常用控件 ·· 340

15.1　事件处理 ·· 340

15.1.1　事件处理模型 ··· 340

15.1.2　事件类和事件类型 ·· 341

15.1.3　使用事件处理器 ··· 342

15.1.4　动作事件 ··· 344

15.1.5　鼠标事件 ··· 346

15.1.6　键盘事件 ··· 348

      15.1.7　为属性添加监听器 ·· 350

　15.2　常用控件 ·· 352

      15.2.1　Label 类 ·· 352

      15.2.2　Button 类 ··· 354

      15.2.3　TextField 类和 PasswordField 类 ······································ 357

      15.2.4　TextArea 类 ·· 359

      15.2.5　CheckBox 类 ··· 361

      15.2.6　RadioButton 类 ··· 363

      15.2.7　ComboBox 类 ··· 366

      15.2.8　Slider 类 ··· 369

      15.2.9　菜单设计 ··· 370

      15.2.10　FileChooser 类 ·· 376

　15.3　音频和视频 ·· 380

　15.4　动画 ·· 384

      15.4.1　过渡动画 ··· 384

      15.4.2　淡出效果 ··· 385

      15.4.3　移动效果 ··· 387

      15.4.4　缩放效果 ··· 388

      15.4.5　旋转效果 ··· 389

      15.4.6　时间轴动画 ··· 389

　15.5　小结 ·· 392

　编程练习 ··· 393

第 16 章　JDBC 数据库编程 ·· 395

　16.1　数据库系统简介 ·· 395

      16.1.1　关系数据库简述 ·· 395

      16.1.2　数据库语言 SQL ·· 396

　16.2　MySQL 数据库 ·· 396

      16.2.1　MySQL 的下载与安装 ·· 396

      16.2.2　使用 MySQL 命令行工具 ·· 397

      16.2.3　使用 Navicat 操作数据库 ·· 400

　16.3　JDBC 体系结构 ··· 400

      16.3.1　JDBC 访问数据库 ··· 401

      16.3.2　JDBC API 介绍 ··· 401

　16.4　数据库访问步骤 ·· 402

      16.4.1　加载驱动程序 ·· 402

      16.4.2　建立连接对象 ·· 403

      16.4.3　创建语句对象 ·· 405

      16.4.4　ResultSet 对象 ··· 405

16.4.5　关闭有关对象 ·· 407

16.5　访问 MySQL 数据库 ·· 407

16.5.1　创建数据库和表 ·· 407

16.5.2　访问 MySQL 数据库 ·· 408

16.6　使用 PreparedStatement 对象 ·· 409

16.6.1　创建 PreparedStatement 对象 ·· 409

16.6.2　带参数的 SQL 语句 ·· 410

16.7　DAO 设计模式 ·· 411

16.8　可滚动和可更新的 ResultSet ··· 418

16.8.1　可滚动的 ResultSet ··· 418

16.8.2　可更新的 ResultSet ··· 418

16.9　小结 ·· 420

编程练习 ·· 420

第 17 章　并发编程基础 ·· 422

17.1　Java 多线程简介 ··· 422

17.2　创建任务和线程 ·· 423

17.2.1　实现 Runnable 接口 ·· 424

17.2.2　继承 Thread 类 ·· 425

17.2.3　主线程 ··· 426

17.3　线程的状态与调度 ··· 427

17.3.1　线程的状态 ··· 427

17.3.2　线程的优先级和调度 ·· 427

17.3.3　控制线程的结束 ·· 429

17.4　线程同步与对象锁 ··· 430

17.4.1　线程冲突与原子操作 ·· 430

17.4.2　方法同步 ··· 431

17.4.3　块同步 ··· 432

17.5　线程协调 ·· 433

17.5.1　不正确的设计 ·· 433

17.5.2　监视器模型 ·· 435

17.6　并发工具 ·· 437

17.6.1　原子变量 ··· 437

17.6.2　Executor 和 ExecutorService ·· 438

17.6.3　Callable 和 Future ··· 439

17.6.4　使用 Lock 锁定对象 ··· 440

17.7　小结 ·· 442

编程练习 ·· 443

第 18 章　Java 网络编程··· 445

　18.1　网络概述··· 445

　　18.1.1　网络分层与协议··· 445

　　18.1.2　客户/服务器结构·· 446

　　18.1.3　IP 地址和域名·· 446

　　18.1.4　端口号与套接字··· 447

　18.2　Java 套接字通信··· 448

　　18.2.1　套接字 API··· 449

　　18.2.2　简单的客户和服务器程序··· 450

　　18.2.3　服务多个客户·· 452

　18.3　数据报通信··· 455

　　18.3.1　数据报通信概述··· 455

　　18.3.2　DatagramSocket 类和 DatagramPacket 类···························· 456

　　18.3.3　简单的 UDP 通信例子··· 457

　18.4　URL 类编程··· 459

　　18.4.1　理解 HTTP·· 459

　　18.4.2　URL 和 URL 类··· 461

　　18.4.3　URLConnection 类·· 464

　18.5　小结··· 467

　编程练习··· 467

参考文献·· 469

XV

第 1 章   Java 语言概述

本章学习目标

- 了解 Java 语言的起源和发展;
- 描述 JDK、JRE 和 JVM 的联系和区别;
- 学会 JDK 的安装与配置;
- 掌握简单 Java 程序的编辑、编译和运行;
- 学会使用 javac 命令编译程序，使用 java 命令执行程序;
- 了解字节码与 Java 虚拟机;
- 理解 Java 程序的运行机制;
- 了解程序设计风格和 Java 注释;
- 学会使用 Eclipse 开发、运行 Java 程序。

教学视频

1.1   Java 起源与发展

Java 语言是目前十分流行的面向对象程序设计语言。它具有简单性、跨平台性、安全性、分布性等优点。Java 语言不但确立了在网络编程和面向对象编程中的主导地位，而且在移动设备和企业应用的开发中也有广泛应用。

1.1.1   Java 的起源

Java 语言最初是由美国 Sun Microsystems 公司的 James Gosling 等人开发的一种面向对象程序设计语言。Java 的起源可以追溯到 20 世纪 90 年代初，Sun 公司提出了一个 Green 项目，主要开发用于消费类电子产品的嵌入式芯片而设计的软件。Java 之父 James Gosling 最初打算使用 C++开发该系统，但后来发现 C++不能胜任这个工作，于是决定开发一种新的语言。他参考了 SmallTalk 和 C++语言，设计了一个新的语言，该语言被称为 Oak（橡树），这就是 Java 的前身。

1993 年 7 月，Sun 公司决定把 Oak 作为产品推出，因此必须注册商标，结果 Oak 没能通过商标测试，公司必须为该语言取一个新名字，于是将该语言取名为 Java。

Java 语言于 1995 年 5 月 23 日正式发布。Java 语言具有面向对象、平台独立、安全性以及可以开发一种称为 Applet 程序的特点，该语言的发布立即引起巨大轰动。

Java 自面世后就发展迅速，对 C++语言形成了有力冲击。Java 伴随着互联网的迅猛发展而发展，逐渐成为重要的网络编程语言。Java 技术具有卓越的通用性、高效性、平台移植性和安全性，广泛应用于 PC、数据中心、游戏控制台、超级科学计算机、移动电话和互联网，同时拥有全球最大的开发者专业社群。在全球云计算和移动互联网的产业环境下，

Java 更具备了显著优势和广阔前景。Java 语言在 TIOBE 世界编程语言排行榜中一直处于前两位，这个排行也反映了编程语言流行趋势。

1.1.2　Java 的发展历程

　　Java 语言具有强大生命力，其原因之一是不断推出新版本。多年来，Java 语言不断发展、演化和修订，一直站在计算机程序设计语言的前沿。从诞生以来，它已经做过多次或大或小的升级，图 1-1 给出了 Java 语言的发展历程。

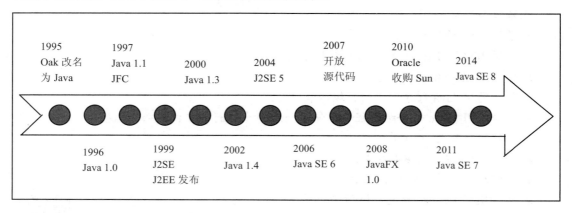

图 1-1　Java 语言发展历程

　　第一次主要升级是 Java 1.1 版，这次升级加入了许多新的库元素，改进了事件处理方式，重新修订了 1.0 版本库中的许多功能。

　　1999 年发布的 Java 2 是一个重要版本，它代表 Java 的第二代。Java 2 的标准版称为 J2SE（Java 2 Platform Standard Edition）。Java 2 的内部版本号仍然是 1.2。

　　Java 的下一个升级是 J2SE 1.3，它是 Java 2 版本首次升级。J2SE 1.4 进一步增强了 Java，该版本包括一些重要的新功能，如链式异常、基于通道的 I/O，以及 assert 关键字。

　　Java 的下一个版本是 J2SE 5，该版从语言的功能方面做了重大改进，这些新功能的重要性也体现在使用的版本号是 5 上。下面列出该版本中的新功能：

- 枚举类型；
- 静态导入；
- 增强的 for 循环；
- 自动装箱/自动拆箱；
- 可变参数的方法；
- 泛型；
- 注解。

　　2006 年 Sun 公司推出了 Java SE 6，并决定修改 Java 平台的名称，把 2 从版本号中去掉了。Java 平台的名称是 Java SE，官方产品名称是 Java Platform Standard Edition 6，对应的 Java 开发工具包叫 JDK 6。和 J2SE 5 一样，Java SE 6 中的 6 是指产品的版本号，内部的版本号是 1.6。Java SE 6 对 Java 的改进不大。

　　Oracle 公司于 2010 年收购 Sun 公司后发布的第一个主版本 Java SE 7，该版本包含许

多新功能,对语言和 API 库做了许多增强。这些新语言特征如下:
- 二进制整数表示;
- 在数值字面值中使用下画线;
- 用 String 对象控制 switch 语句;
- 创建泛型实例的菱形运算符;
- 使用一个 catch 捕获多个异常;
- 使用 try-with-resources 实现自动资源管理。

2014 年 3 月,Oracle 公司发布了 Java SE 8,该版本增加的最重要特征是 Lambda 表达式,它使在多核处理机上编写 Java 程序更容易,另外新的 Nashom 引擎可以实现 Java 程序与 JavaScript 代码交互。这些新特征包括:
- Lambda 表达式;
- 接口的默认方法和静态方法;
- 新的日期/时间 API;
- 集合的聚集操作;
- 类型注解。

1.1.3 Java 语言的优点

在 Java 诞生时,世界上已有上千种不同的编程语言,Java 语言之所以能存在和发展,并具有生命力,是因为它有着与其他语言不同的优点。Java 是简单的(simple)、面向对象的(object oriented)、分布式的(distributed)、解释型的(interpreted)、健壮的(robust)、安全的(secure)、体系结构中立的(architecture neutral)、可移植的(portable)、高性能的(high performance)、多线程的(multithreaded)和动态的(dynamic)。

> 📖 **提示:**可以到 Internet 上搜索"Java 语言的特点"或"Java 语言的优势"相关文章,了解 Java 语言特点的详细说明。

正是由于具有上述这些优点,Java 语言从一发布就引起了很大轰动。近年来,以 Java 语言为基础产生了很多技术,这些技术应用在各个领域,甚至超越了计算机领域,应用广泛、需求巨大、市场广阔。目前 Java 语言还处在发展中,每一个新的版本都对旧的版本中不足之处进行修正,并增加新的功能,可以相信,Java 语言在未来的程序开发中将占据越来越重要的地位。

1.2 Java 平台与开发环境

教学视频

1.2.1 Java 平台与应用领域

Java 是一个全面且功能强大的语言,可用于多种用途。Java 平台有三大版本,分别代表 Java 的三个应用领域。
- Java 标准版(Java Standard Edition,Java SE):用来开发客户端的应用程序,应用程序可以独立运行或作为 Applet 在 Web 浏览器中运行。

- Java 企业版（Java Enterprise Edition，Java EE）：用来开发服务器端的应用程序。例如，Java Servlet 和 JSP(JavaServer Pages)，以及 JSF(JavaServer Faces)。
- Java 微型版（Java Micro Edition，Java ME）：用来开发移动设备（如手机）上运行的应用程序。

使用 Java 语言可以开发多种类型的程序，这些程序应用在许多领域。用 Java 可开发下面类型的程序：

- 控制台和窗口应用程序；
- 在浏览器中运行的 Java 小应用程序；
- 在服务器上运行的 Servlet、JSP、JSF 以及其他 Java EE 标准支持的应用程序；
- 嵌入式应用程序，如在 Android 系统下运行的程序。

本书介绍 Java SE 编程，Java SE 是其他 Java 技术的基础。Java SE 也有很多版本，本书采用最新的版本 Java SE 8。除 Java 核心内容外，还将介绍 Java SE 7 和 Java SE 8 中最重要的新功能和语言特征，以反映 Java 语言的最新发展。

1.2.2　JDK、JRE 和 JVM

Java 源程序必须经过编译才能运行。编译器是一种将程序源代码转换成可执行格式（如字节码、本机代码等）的程序。在使用 Java 编程之前，必须先下载一个 Java 编译器。Java 编译器是一个名为 javac 的程序。

使用 javac 可以将 Java 源代码编译成字节码，但要运行字节码，还需要一个 Java 虚拟机（Java Virtual Machine，JVM）。此外，由于还经常用到 Java 核心类库中的类，因此还需要下载这些类库。JVM 和 Java 类库一起构成了 Java 运行时环境（Java runtime enviroment，JRE）。当然，Windows 上的 JRE 与 Linux 的 JRE 不同，也就是说，某一种操作系统的 JRE 与另一种操作系统的 JRE 不同。

Java 软件有两个发行包：

- JRE：包括 JVM 和核心类库，最适合用来运行字节码。如果只需运行 Java 程序，就只需安装 JRE。JRE 可以单独从 Oracle 网站下载。
- JDK（Java Development Toolkit）：称为 Java 开发工具包。它包括 JRE，外加一个编译器和其他工具。它是编译和运行 Java 程序的必备软件。

简而言之，JVM 是一种运行字节码的应用程序。JRE 则是一种包含 JVM 和 Java 类库的环境。JDK 则包含 JRE 及一个 Java 编译器和其他程序的工具集。

Java SE 8 对应的 Java 开发工具包称为 JDK 8（也称为 Java 8 或 JDK 1.8）。在本书编写时，JDK 的最新版本是 JDK 8，JDK 从 Oracle 官方网站免费下载。

1.2.3　Java 字节码与平台独立

人们常说的"Java 是平台独立的"或"跨平台的"，也就是说 Java 程序可以在多种操作系统上运行。那么，到底是什么使 Java 实现平台独立呢？

在传统的编程中，源代码要编译成可执行代码，如图 1-2 所示。这种可执行代码只能在所设计的平台上执行。换句话说，为 Windows 而编写和编译的代码就只能在 Windows 上运行，在 Linux 中编写的代码就只能在 Linux 上运行等。

图 1-2　传统的编程模式

在 Java 编程中，源代码被编译成字节码（bytecode）。字节码不是本地机代码，所以它不能直接运行。字节码只能在 Java 虚拟机上运行。JVM 是一种解释字节码的本机应用程序。JVM 在众多平台上都可用，从而使 Java 成为一种跨平台的语言，进而实现"编写一次，到处运行"。如图 1-3 所示，同一个字节码可以在任何操作系统的 JVM 上运行。

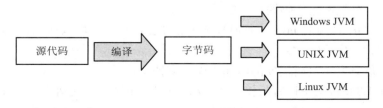

图 1-3　Java 程序运行机制

目前，JVM 适用于 Windows、UNIX、Linux、Free BSD，以及世界上在用的其他所有主流操作系统。

1.2.4　JDK 的下载与安装

可从 Oracle 官方网站 www.oracle.com 免费下载 JDK。找到下载页，根据计算机的系统不同下载相应的文件。由于 JDK 8 包含许多以前版本不支持的新功能，因此读者在编译和运行本书的程序时，请使用 JDK 8 或更高版本。

假设下载的 64 位的 JDK 8，文件名为 jdk-8u111-windows-x64.exe，要安装在 64 位的 Windows 7 上。双击该文件即开始安装，安装过程需要用户指定安装路径，默认路径是 C:\Program Files\Java\jdk1.8.0_111 目录，可以通过单击"更改"按钮指定新的位置，如图 1-4 所示。

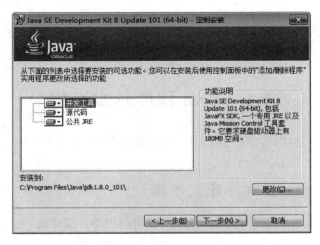

图 1-4　选择安装组件及路径

Java 语言概述

单击"下一步"按钮即开始安装。安装完 JDK 后系统自动安装 JRE。JRE 的安装过程与 JDK 的安装过程类似，假设将其安装在 C:\Program Files\Java\jre1.8.0_111 目录中。全部安装结束后，安装程序在安装目录中建立了几个子目录。

bin 目录存放编译、执行和调试 Java 程序的工具。例如，javac.exe 是 Java 编译器，java.exe 是 Java 解释器，appletviewer.exe 是 Java applet 查看器，javadoc.exe 是 HTML 格式的 API 文档生成器，jar.exe 是将.class 文件打包成 JAR 文件的工具，jdb.exe 是 Java 程序的调试工具。

db 目录存放 Java DB 数据库的有关程序文件。

demo 目录存放许多 Sun 公司提供的 Java 演示程序。

include 目录存放本地代码编程需要的 C 头文件。

jre 目录是 JDK 使用的 Java 运行时环境的目录。运行时环境包括 Java 虚拟机、类库以及其他运行程序所需要的支持文件。

lib 目录存放开发工具所需要的附加类库和支持文件。

另外在 jdk1.8.0 目录中还有版权、许可和 README 文件，另外还有一个 src.zip 文件，该文件中存放着 Java 平台核心 API 类的源文件。javafx-src.zip 文件是编写 JavaFX 程序所需类库的源文件。

若要在命令提示符下编译和运行程序，安装 JDK 后必须配置有关的环境变量才能使用。配置环境主要是设置可执行文件的查找路径（PATH 环境变量）和类查找路径（CLASSPATH 环境变量）。

1.2.5　Java API 文档

Java 应用编程接口（Application Program Interface，API）也称为库，包括为开发 Java 程序而预定义的类和接口。

在用 Java 编程时，肯定会需要用到核心类库中的类。即使资深的 Java 程序员，在编程过程中也需要经常从 Java API 文档中查看有关类库。因此，需要从下面地址下载 Java API 文档并安装到计算机中：

```
http://www.oracle.com/technetwork/java/javase/downloads/index.html
```

以下网址还提供了在线 API 文档：

```
http://download.oracle.com/javase/8/docs/api
```

1.3　Java 程序基本结构

Java 应用程序是独立的，可以直接在 Java 平台上运行的程序。本书主要介绍这种类型的程序。

1.3.1　Java 程序开发步骤

教学视频

开发 Java 程序通常分三步：**编辑源程序**；**编译源程序**；**执行或调试程序**，得到程序输出结果。图 1-5 给出了开发 Java 程序的具体过程。

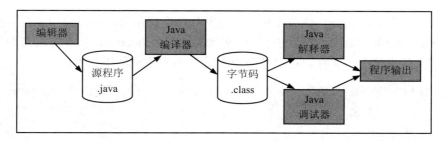

图 1-5　Java 程序的编辑、编译和执行过程

下面程序功能是在控制台输出一个字符串。

程序 1.1　HelloWorld.java

```java
public class HelloWorld{
    public static void main(String[] args){
        System.out.println("Hello,World!");
    }
}
```

1. 编辑源程序

可以使用任何文本编辑器（如 Windows 的记事本）编辑 Java 源程序，也可以使用专门的集成开发环境（如 Eclipse、NetBeans 等）。使用 Windows 的记事本编写源程序，如图 1-6 所示。

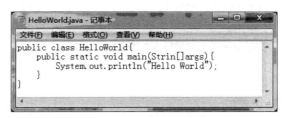

图 1-6　Java 源文件的编辑

源程序输入完毕后，选择"文件"→"保存"命令，打开"另存为"对话框，在"保存在"列表框中选择文件的保存位置，这里将文件保存在 D:\study 目录中（假设该目录已经存在），在"文件名"文本框中输入源程序的文件名，如 HelloWorld.java。

◀)) **注意**：输入文件名时应加双引号，否则文件将可能被保存为文本文件。

启动命令行窗口，进入 D:\study 目录，使用 DIR 命令可以查看到文件 HelloWorld.java 已保存到磁盘了。

2. 编译生成字节码

接下来，需要将 HelloWorld.java 源文件编译成字节码文件。编译源文件需要使用 JDK 的 javac 命令，如下所示：

```
D:\study>javac HelloWorld.java
```

Java 语言概述

若源程序没有语法错误，该命令执行后返回到命令提示符，编译成功。在当前目录下产生一个 HelloWorld.class 字节码文件，该文件的扩展名为 class，主文件名与程序中的类名相同，该文件也称为类文件。可以使用 DIR 命令查看生成的类文件。

> 📖 **提示：** *假如正确安装了 JDK，而在尝试编译程序时，计算机提示找不到 javac，说明没有指定命令工具的路径。例如，在 Windows 中，需要设置 PATH 环境变量，使其指向 JDK 的 bin 目录。*

3. 执行字节码

源程序编译成功生成字节码文件后可以使用 Java 解释器执行该程序。注意，这里不要加上扩展名 class，运行结果如图 1-7 所示。

```
D:\study>java HelloWorld
```

当一个 Java 程序执行时，JVM 首先会用一个称为类加载器（class loader）的程序将类的字节码加载到内存中。如果程序还要用到其他类，类加载程序会在需要它们之前动态地加载它们。当加载该类后，JVM 使用一个称为字节码验证器（bytecode verifier）的程序来校验字节码的合法性，以确保字节码不违反 Java 的安全规范。最后，通过校验的字节码由运行时解释器（runtime interpreter）翻译和执行。

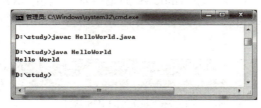

图 1-7　程序的运行结果

1.3.2　第一个程序分析

下面对第一个程序中涉及的内容作简单说明。

1. 类定义

Java 程序的任何代码都必须放到一个类的定义中，本程序定义一个名为 HelloWorld 的类。public 为类的访问修饰符，class 为关键字，其后用一对大括号括起来，称为类体。

2. main() 方法

Java 应用程序的标志是类体中定义一个 main() 方法，称为主方法。主方法是程序执行的入口点，类似于 C 语言的 main() 函数。main() 方法的格式如下：

```
public static void main(String[] args){
    ⋮
}
```

public 是方法的访问修饰符，static 说明该方法为静态方法，void 说明该方法的返回值为空。main() 方法必须带一个字符串数组参数 String[] args，可以通过命令行向程序中传递参数。方法的定义也要括在一对大括号中，大括号内可以书写合法的 Java 语句。

3. 输出语句

本程序 main()方法中只有一行语句：

```
System.out.println("Hello, World!");
```

该语句的功能是在标准输出设备上打印输出一个字符串，字符串字面值用双引号定界。Java 语言的语句要以分号（;）结束。

System 为系统类。out 为该类中定义的静态成员，是标准输出设备，通常指显示器。println()是输出流 out 中定义的方法，功能是打印输出字符串并换行。若不带参数，仅起到换行的作用。另一个常用的方法是 print()，该方法输出后不换行。

4. 源程序命名

在 Java 语言中，一个源程序文件被称为一个编译单元。它是包含一个或多个类定义的文本文件。Java 编译器要求源程序文件必须以 java 为扩展名。当编译单元中有 public 类时，主文件名必须与 public 类的类名相同（包括大小写），如本例的源程序文件名应该是 HelloWorld.java。若编译单元中没有 public 类，源程序的主文件名可以任意。

> 📖 提示：Java 程序在任何地方都区分大小写，如 main 不能写成 Main，否则编译器可以编译，但在程序执行时解释器会报告一个错误，因为它找不到 main()方法。

教学视频

1.4 程序文档风格和注释

写出正确的、可运行的 Java 程序固然重要，但是，编写出易于阅读和可维护的程序同样重要。一般来说，在软件的生命周期中，80%的花费耗费在维护上，因此在软件的生命周期中，很可能由其他人来维护代码。无论谁拿到你的代码，都希望它是清晰的、易读的代码。

采用统一的编码规范是使代码易于阅读的方法之一。编码规范包括文件名、文件的组织、缩进、注释、声明、语句、空格以及命名规范等。

1.4.1 一致的缩进和空白

保持一致的缩进会使程序更加清晰、易读、易于调试和维护。即使将程序的所有语句都写在一行中，程序也可以编译和运行，但适当的缩进可使人们更容易读懂和维护代码。缩进用于描述程序中各部分或语句之间的结构关系。如类体中代码应缩进，方法体中的语句也应有缩进。Java 规范建议的缩进为 4 个字符，有的学者也建议缩进 2 个字符，这可根据个人的习惯决定，但只要一致即可。

二元操作符的两边也应该各加一个空格，如下面语句所示：

```
System.out.println(3+4*5);          //不好的风格
System.out.println(3 + 4 * 5);      //好的风格
```

1.4.2 块的风格

代码块是由大括号围起来的一组语句，如类体、方法体、初始化块等。代码块的大括

Java 语言概述

号有两种写法，一是行末格式，即左大括号写在上一行的末尾，右大括号写在下一行，如程序 1.1 所示；另一种格式称为次行格式，即将左大括号单独写在下一行，右大括号与左大括号垂直对齐，如下代码所示：

```java
public class HelloWorld
{
    public static void main(String[] args)
    {
        System.out.println("Hello World!");
    }
}
```

这两种格式没有好坏之分，但 Java 的文档规范推荐使用行末格式，这样使代码更紧凑，且占据较少空间。本书与 Java API 源代码保持一致，采用行末格式。

> 📖 技巧：在 Eclipse 中使用 CTRL+SHIF+F 快捷键可以对源代码格式化。

1.4.3　Java 程序注释

像其他大多数编程语言一样，Java 允许在源程序中加入注释。注释是对程序功能的解释或说明，是为阅读和理解程序的功能提供方便。所有注释的内容都被编译器忽略。

Java 源程序支持三种类型的注释。

（1）单行注释，以双斜杠（//）开头，在该行的末尾结束。

例如：

//这里是注释内容

（2）多行注释，以"/*"开始，以"*/"结束的一行或多行文字。

例如：

/* 该文件的文件名必须为：HelloWorld.java */

（3）文档注释，以"/**"开始，以"*/"结束的多行。文档注释是 Java 特有的，主要用来生成类定义的 API 文档。具体使用 JDK 的 javadoc 命令将文档注释提取到一个 HTML 文件中。关于文档注释的更详细信息，请参阅有关文献。

> 📖 技巧：在 Eclipse 中要为多行添加单行注释，选中要添加注释的行，按 Ctrl+/键，再按一次取消注释。要将一段文本或代码作为多行注释，按 Ctrl+Shift+\键，若取消注释，按 Ctrl+Shift+/。

教学视频

1.5　Eclipse 集成开发环境

本书的所有程序都可以使用 JDK 提供的命令行工具编译和运行，但为了加快程序的开发，可以使用集成开发环境（Integrated Development Enviroment，IDE）。使用 IDE 可以帮助检查代码的语法，还可以自动补全代码或提示类中包含的方法，可以对程序进行调试和跟踪。此外，编写代码时，会自动进行编译。运行 Java 程序时，只需要单击按钮就可以了。因此，在开发和部署商业应用程序时，IDE 十分有用。

最常用的两个 Java 集成开发环境是 Eclipse 和 NetBeans，这两个 IDE 都是免费和开源的，它们的下载地址如下：

- Eclipse 下载地址是 http://www.eclipse.org；
- NetBeans 下载地址是 http://netbeans.org/downloads/。

对于初学者，建议在熟练使用 JDK 命令行工具编译和运行程序的基础上使用 IDE，毕竟 IDE 可以缩短程序开发和调试时间，提高学习效率。

Eclipse 是一个免费的、开放源代码的、基于 Java 的可扩展集成开发环境。为适应不同软件开发，Eclipse 提供了多种软件包。为 Java SE 开发提供的软件包是 Eclipse IDE for Java Developers。

可以从 http://www.eclipse.org/downloads/免费下载 Eclipse。在下载页面选择 Eclipse IDE for Java Developers，根据用户操作系统的版本选择下载 32 位或 64 位的软件。下载的文件是扩展名为 zip 的压缩文件。将下载的压缩文件解压到一个目录中，双击 eclipse.exe 程序图标即可启动 Eclipse。Eclipse IDE 的开发界面如图 1-8 所示。

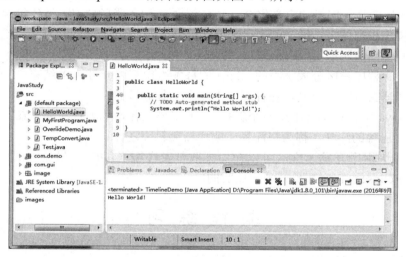

图 1-8　Eclipse IDE 开发界面

该界面中主要包含菜单、工具栏、视图窗口、编辑区以及输出窗口等部分。Eclipse 是在项目中组织资源的，因此在创建 Java 类之前，必须先创建一个项目。

在 Eclipse 中，当保存编辑源文件时，会自动调用编译器。若程序没有错误，Eclipse 将编译该程序，产生.class 文件存放在项目的 bin 目录中。

若程序成功编译成类文件，可选择 Run 命令或单击工具栏的 Run 按钮执行程序。Eclipse 将在控制台（Console）窗口中显示程序执行结果。

默认情况下，当保存源文件时，Eclipse 自动将其编译成类文件，也可以将 Project 菜单中的 Build Automatically 选项去掉使其不自动编译源文件。

📖 **提示**：为了加快程序的开发速度，在 Eclipse 中可以使用快捷键、代码补全、代码调试
等各种技术。具体可学习网上视频"跟老谭玩转 Eclipse 视频教程"，地址为
http://edu.51cto.com/course/course_id-3131.html。

1.6 小　结

（1）Java 语言是目前非常流行的面向对象程序设计语言（OOP），它支持面向对象的
全部特征。

（2）Java 语言与其他语言相比的优势是它的程序是平台独立的（platform-independent），
只要系统安装 Java 虚拟机（JVM），Java 程序无须修改就可以运行，从而实现"一次编写，
多处运行"的目标。

（3）编写和运行 Java 程序需要使用 JDK，目前的最新版本是 JDK 8，可从 Oracle 公司
网站免费下载。

（4）开发 Java 程序的一般步骤是：使用编辑器编写源程序，保存为.java 文件；使用
Java 编译器 javac.exe 将源程序编译成.class 字节码文件；最后使用 Java 解释器 java.exe 执
行程序。

（5）Java 程序是一组类的定义集合。关键字 class 引入类的定义，类体包含在一对大括
号中。方法包含在类体中。每个可执行的 Java 程序必须有一个 main()方法，该方法具有严
格定义的格式，用户不能更改。main()方法是程序开始执行的入口点。

（6）Java 源程序是区分大小写的。Java 的每条语句都以分号（;）结束。Java 保留字或
关键字对编译器具有特殊含义，在程序中不能用于其他目的。

（7）在 Java 中，在单行上用两个斜杠（//）引导注释，称为行注释；在一行或多行用
"/*"和"*/"包含的注释，称为块注释。编译器会忽略注释。

（8）为加快程序开发速度，可以使用集成开发环境（IDE），最流行的两个 IDE 是
NetBeans 和 Eclipse，它们都是开源、免费的。

编 程 练 习

1.1　编写程序，打印输出你的姓名和年龄。

1.2　编写程序，计算 1+2+3+4+5+6+7+8+9+10 的结果。

1.3　编写程序，使用以下公式计算并显示半径为 5.5 的圆面积和周长。

$$面积=\pi \times 半径 \times 半径$$

$$周长=2 \times \pi \times 半径$$

1.4　编写程序，打印输出下面图形。

```
*
*   *
*   *   *
*   *   *   *
*   *   *   *   *
```

第2章 Java 语言基础

本章学习目标

- 掌握如何从键盘读取数据的方法，熟练使用 Scanner 类；
- 掌握变量的声明和赋值；
- 掌握 Java 标识符的命名规则；
- 识别 Java 语言的关键字；
- 列出 Java 语言的 8 种基本数据类型；
- 了解 Java 语言的引用数据类型；
- 掌握 Java 语言的各种运算符，了解运算符优先级；
- 熟悉数据类型的自动转换和强制转换；
- 理解表达式类型自动提升。

教学视频

2.1　简单程序的开发

本节通过开发一个计算圆面积的程序，说明 Java 程序的开发过程。编写程序涉及设计算法和将算法转换成代码两个步骤。算法描述了解决问题的步骤。算法可以使用自然语言或伪代码（自然语言和编程语言的混合）描述。例如，对上述求圆面积的问题可以描述如下：

第 1 步：读取半径值。

第 2 步：使用下面公式计算面积：

area = radius * radius * π

第 3 步：显示面积值。

编写代码就是将算法转换成程序。在 Java 程序中首先定义一个 ComputeArea 类，其中定义 main()方法，如下所示：

```
public class ComputeArea{
    public static void main(String[] args){
        //第1步：读入半径值
        //第2步：计算面积
        //第3步：显示面积
    }
}
```

本程序的第 2 和第 3 步比较简单。第 1 步的读取半径值比较难。首先定义两个变量来存储半径和面积。

```
double radius;
double area;
```

变量代表内存中存储数据和计算结果的位置，每个变量需要指定其存储的数据类型和名称。double 是数据类型，radius 和 area 是变量名。在程序中通过变量名操纵变量值。变量名应尽量使用有意义的名称。

2.1.1 从键盘读取数据

要从键盘读取数据可以使用 Scanner 类的 nextInt()方法或 nextDouble()方法。首先创建 Scanner 类的一个实例，然后调用 nextDouble()方法读取 double 数据：

```
Scanner input = new Scanner(System.in);
double radius = input.nextDouble();
```

程序 2.1   ComputeArea.java

```java
import java.util.Scanner;
public class ComputeArea{
   public static void main(String[] args){
      double radius;
      double area;
      Scanner input = new Scanner(System.in); //创建一个Scanner实例input
      System.out.print("请输入半径值: ");
      radius = input.nextDouble();          //通过input实例读取一个double型数
      area = Math.PI * radius *radius;
      System.out.println("圆的面积为: " + area);
   }
}
```

程序运行结果如下：

```
请输入半径值: 10
圆的面积为: 314.1592653589793
```

由于 Scanner 类存放在 java.util 包中，因此程序使用 import 语句导入该类。在 main()方法中使用 Scanner 类的构造方法创建一个 Scanner 类的对象，在其构造方法中以标准输入 System.in 作为参数。得到 Scanner 对象后，就可以调用它的有关方法来从键盘获得各种类型的数据。程序中使用 nextDouble()方法得到一个 double 型数据，然后将其赋给 double 型变量 radius。最后输出语句输出以该数为半径的圆的面积。程序中圆周率使用 Math 类的 PI 常量。

> 📖 **提示**：如果输入的数据与要获得的数据不匹配，会产生 InputMismatchException 运行时异常。

使用 Scanner 类对象还可以从键盘上读取其他类型的数据，如 nextInt()读取一个整数，nextLine()读取一行文本。关于 Scanner 类的其他方法可参阅 13.2 节。

2.1.2　变量与赋值

变量（variable）是在程序运行中其值可以改变的量。一个变量通常由三个要素组成，即数据类型、变量名和变量值。Java 有两种类型的变量：基本类型的变量和引用类型的变量。基本类型的变量包括数值型（整数型和浮点型）、布尔型和字符型。引用类型的变量包括类、接口、枚举和数组等。

变量在使用之前必须定义，变量的定义包括变量的声明和赋值。变量声明的一般格式为：

```
type varName[=value][,varName[=value]…] ;
```

其中，type 为变量数据类型、varName 为变量名、value 为变量值。下面声明了几个不同类型的变量。

```
int  age;
double  d1,d2;
char  ch1, ch2;
```

使用赋值运算符"="给变量赋值，一般称为变量的初始化。下面是几个赋值语句。

```
age = 21;
ch1 = 'A';
d1 = d2 = 0.618;    //可以一次给多个变量赋值
```

也可以在声明变量的同时给变量赋值。例如：

```
boolean b = false;
```

2.1.3　Java 标识符

在程序设计语言中，标识符（identifier）用来为变量、方法和类命名。Java 语言规定，标识符必须以字母、下画线（_）或美元符（$）开头，其后可以是字母、下画线、美元符或数字，长度没有限制。例如，下面是一些合法的标识符：

```
intTest, Manager_Name, _var, $Var
```

Java 标识符是区分大小写的，下面两个标识符是不同的。

```
myName , MyName
```

不推荐使用无意义的单个字母命名标识符，应该使用有意义的单词或单词组合为对象命名。有两种命名方法：PascalCase 和 camelCase。

PascalCase 称为帕斯卡拼写法，即将命名的所有单词首字母大写，然后直接连接起来，单词之间没有连接符，如 NumberOfStudent，BankAccount 等。

camelCase 称为骆驼拼写法，它与 PascalCase 拼写法的不同之处是将第一个单词的首字母小写，如 firstName，currentValue 等。

Java 语言基础

在 Java 程序中，类名和接口名一般使用 PascalCase 拼写法，且应该用名词命名。例如：

```
Student, BankAccount, ArrayIndexOutOfBoundsException
```

变量名和方法名一般应用 camelCase 拼写法。例如：

```
balanceAccount, setName(), getTheNumberOfStudent()
```

2.1.4　Java 关键字

每种语言都定义了自己的关键字。所谓关键字（keywords）是该语言事先定义的一组词汇，这些词汇具有特殊的用途，用户不能将它们定义为标识符。Java 语言定义了 50 个关键字，如下所示。

abstract	continue	for	new	switch
assert	default	goto	package	synchronized
boolean	do	if	private	this
break	double	implements	protected	throw
byte	else	import	public	throws
case	enum	instanceof	return	transient
catch	extends	int	short	try
char	final	interface	static	void
class	finally	long	strictfp	volatile
const	float	native	super	while

说明：

（1）goto 和 const 是 Java 语言中保留的两个关键字，没有被使用，也不能将其作为标识符使用。

（2）assert 是 Java 1.4 版增加的关键字，用来实现断言机制。enum 是 Java 5 版增加的关键字，用来定义枚举类型。

2.2　数　据　类　型

教学视频

在程序设计中，数据是程序的必要组成部分，也是程序处理的对象。不同的数据有不同的类型，不同的数据类型有不同的数据结构、不同的存储方式，并且参与的运算也不同。

2.2.1　数据类型概述

Java 语言的数据类型可分为基本数据类型（primitive data type）和引用数据类型（reference data type），如表 2-1 所示。

本节主要讨论基本数据类型，引用数据类型在后面的章节介绍。

从表 2-1 中可以看到，Java 共有 8 种基本数据类型。基本数据类型在内存中所占的位数是固定的，不依赖于所用的机器，这也正是 Java 跨平台的体现。各种基本数据类型在内存中所占位数及取值范围如表 2-2 所示。

表 2-1　Java 语言的数据类型

基本数据类型	整数类型	字节型	byte
		短整型	short
		整型	int
		长整型	long
	浮点类型	单浮点型	float
		双浮点型	double
	字符类型	char	
	布尔类型	boolean	
引用数据类型	类 class　　　数组 []name　　　接口 interface		
	枚举类型 enum　　　注解类型 @interface		

表 2-2　Java 基本数据类型

数据类型	占字节数	所占位数	取值范围
byte	1	8	$-2^7 \sim 2^7-1$（$-128 \sim 127$）
short	2	16	$-2^{15} \sim 2^{15}-1$（$-32\ 768 \sim 32\ 767$）
int	4	32	$-2^{31} \sim 2^{31}-1$（$-214\ 748\ 364\ 8 \sim 214\ 748\ 364\ 7$）
long	8	64	$-2^{63} \sim 2^{63}-1$
			（$-922\ 337\ 203\ 685\ 477\ 580\ 8 \sim 922\ 337\ 203\ 685\ 477\ 580\ 7$）
float	4	32	约 $1.4 \times 10^{-45} \sim 3.4 \times 10^{38}$，IEEE 754 标准
double	8	64	约 $4.9 \times 10^{-432} \sim 1.79 \times 10^{308}$，IEEE 754 标准
boolean	1	1	只有 true 和 false 两个值
char	2	16	$0 \sim 65\ 535$

2.2.2　字面值和常量

字面值（literals）是某种类型值的表示形式，如 100 是 int 类型的字面值。字面值有三种类型：基本类型的字面值、字符串字面值以及 null 字面值。基本类型的字面值有 4 种类型：整数型、浮点型、布尔型、字符型。例如，123、-789 为 int 型字面值；3.456、2e3 为 double 型字面值；true、false 为布尔型字面值；'g'、'我'为字符字面值。字符串字面值是用双引号定界的字符序列，如"Hello"是一个字符串字面值。

常量（constant）是在程序运行过程中，其值不能被改变的量。常量实际上是一个由 final 关键字修饰的变量，一旦为其赋值，其值在程序运行中就不能被改变。例如，下面定义了几个常量：

```
final int  SNO;
final int  MAX_ARRAY_SIZE = 22;
final  double PI = 3.1415926;
```

常量可以在声明的同时赋值，也可以声明后赋值。不管哪种情况，一旦赋值便不允许修改。常量的命名应该全部大写并用下画线将词分隔开。

2.2.3　整数类型

Java 语言提供了 4 种整数类型，分别是 byte 型（字节型）、short 型（短整型）、int 型

（整型）和 long 型（长整型）。这些整数类型都是有符号数，可以为正值或负值。每种类型的整数在内存中占的位数不同，因此能够表示的数的范围也不同。

注意：不要把整数类型的宽度理解成实际机器的存储空间，一个 byte 型的数据可能使用 32 位存储。

Java 的整型字面量有 4 种表示方法。

（1）十进制数，如 0、257、−365。

（2）二进制数，是以 0b 或 0B 开头的数，如 0B00101010 表示十进制数 42。

（3）八进制数，是以 0 开头的数，如 0124 表示十进制数 84，−012 表示十进制数−10。

（4）十六进制数，是以 0x 或 0X 开头的整数，如 0x124 表示十进制数 292。

注意：整型字面值具有 int 类型，在内存中占 32 位。若要表示 long 型字面值，可以在后面加上 l 或 L，如 125L，它在内存占 64 位。

Java 的整型变量使用 byte、short、int、long 等声明，下面是几个整型变量的定义。

```
byte  num1 = 120;
short num2 = 1000;
int   num3 = 99999999;
long  num4 = 12345678900L;         //超出int值范围必须用L表示
```

注意下面代码的输出：

```
byte a = 0b00101010;               //二进制整数
 int b = 0200;                     //八进制整数
long c = 0x1F;                     //十六进制整数

System.out.println("a = " + a);    //42
System.out.println("b = " + b);    //128
System.out.println("c = " + c);    //31
```

注意：在为变量赋值时，不能超出该数据类型所允许的范围，否则会发生编译错误。

```
byte b = 200;
```

编译错误说明类型不匹配，不能将一个 int 型的值转换成 byte 型值。因为 200 超出了 byte 型数据的范围（−128～127），因此编译器拒绝编译。

在表示较大的整数时，需要用到长整型 long。例如，下面程序计算一光年的距离。

程序 2.2　LightYear.java

```
public class LightYear{
  public static void main(String[] args){
    int speed = 300000;                    //光速为每秒300000千米
    long seconds = 365 * 24 * 60 * 60;     //假设一年为365天
    long distance = speed * seconds;
    System.out.println("一光年的距离是 "+distance+" 千米。" );
```

```
        }
    }
```

程序运行结果如下：

一光年的距离是9460800000000千米。

如果把该程序的变量 seconds 和 distance 的类型声明为 int 类型，编译不会出现错误，但结果不正确。

2.2.4　浮点类型

浮点类型的数就是通常所说的实数。在 Java 中有两种浮点类型的数据：float 型和 double 型。这两种类型的数据在内存中所占的位数不同，float 型占 32 位，double 型占 64 位。因此，通常将 float 型称为单精度浮点型，将 double 型称为双精度浮点型。它们符合 IEEE 754 标准。

浮点型字面值有两种表示方法。

（1）十进制数形式，由数字和小数点组成，且必须有小数点，如 0.256、.345、256.、256.0 等。

（2）科学记数法形式，如 256e3、256e-3，它们分别表示 $256×10^3$ 和 $256×10^{-3}$。e 之前必须有数字，e 后面的指数必须为整数。

浮点型变量的定义使用 float 和 double 关键字，如下两行分别声明了两个浮点型变量 pi 和 d：

```
double d = .00001005;
float  pi = 3.1415926F;      //float型值必须加F或f
System.out.println("double d = " + d);
System.out.println("float pi = " + pi);
```

代码运行结果为：

```
double d = 1.005E-5
float pi = 3.1415925
```

> **注意**：浮点型字面值默认是 double 型数据。如果表示 float 型字面值数据，必须在后面加上 F 或 f，double 型数据也可加 D 或 d。

浮点数运算结果可能溢出，但不会因溢出而导致异常。如果下溢，则结果为 0；如果上溢，结果为正无穷大或负无穷大（显示为 Infinity 或-Infinity）。此外，若出现没有数学意义的结果，则用 NaN（Not a Number）表示，如 0.0/0.0 的结果为 NaN。这些常量已在基本数据类型包装类中定义。

浮点数计算可能存在舍入误差，因此，浮点数不适合做财务计算，而在财务计算中的舍入误差是不能接受的。例如，下面命令的输出结果是 0.8999999999999999，而不是所期望的 0.9。

```
System.out.println(2.0 - 1.1);
```

这样的舍入误差是因为浮点数在计算机中使用二进制表示导致的。分数 1/10 没有精确的二进制表示，就像 1/3 在十进制系统无法精确表示一样。如果需要精确而无舍入误差的数字计算，可以使用 BigDecimal 类。8.3.7 节介绍了该类。

如果一个数值字面值太长，读起来会比较困难。因此，从 Java 7 开始，对数值型字面值的表示可以使用下画线（_）将一些数字进行分组，这可以增强代码的可读性。下画线可以用在浮点型数和整型数（包括二进制、八进制、十六进制和十进制）的表示中。下面是一些使用下画线的例子：

```
210703_19901012_2415          //表示一个身份证号
6222_5204_5001_3456           //表示一个信用卡号
0b0110_00_1                   //二进制字面值表示一个字节
3.14_15F                      //表示一个float类型值
0xE_44C5_BC_5                 //表示一个32位的十六进制字面值
0450_123_12                   //表示一个24位的八进制字面值
```

在数值字面值中使用下画线对数据的内部表示和显示没有影响。例如，如果用 long 型表示一个信用卡号，这个值在内部仍使用 long 型数表示，显示也是整数。

```
long creditNo = 6222_5204_5001_3456L;
System.out.println(creditNo);   //输出为6222520450013456
```

> **注意**：在数值字面值中使用下画线只是提高代码的可读性，编译器将忽略所有的下画线。另外，下画线不能放在数值的最前面和最后面，也不能放在浮点数小数点的前后。

2.2.5　字符类型

字符是程序中可以出现的任何单个符号。字符在计算机内部是由一组 0 和 1 的序列表示的。将字符转化为其二进制表示的过程称为编码（encoding）。字符有多种不同的编码方法，编码方案定义了字符如何编码。大多数计算机采用 ASCII 码，它是表示所有大小写字母、数字、标点符号和控制字符的 7 位编码方案。

与 ASCII 码不同，Java 语言使用 Unicode（统一码）为字符编码，它是由 Unicode Consortium 建立的一种编码方案。Unicode 字符集最初使用两个字节（16 位）为字符编码，这样就可表示 65 536 个字符。新版 Unicode 4.0 标准使用 UTF-16 为字符编码，可以表示更多的字符，它可以表示世界各国的语言符号，包括希腊语、阿拉伯语、日语以及汉语等。ASCII 码字符集是 Unicode 字符集的子集。

字符型字面值用单引号将字符括起来，大多数可见的字符都可用这种方式表示，如'a'、'@'、'我'等。对于不能用单引号直接括起来的符号，需要使用转义序列来表示。表示方法是用反斜杠（\）表示转义，如'\n'表示换行、'\t'表示水平制表符，常用的转义序列如表 2-3 所示。

在 Java 程序中，还可以使用反斜杠加 3 位八进制数表示字符，格式为'\ddd'，如'\141'表示字符'a'。也可以使用反斜杠加 4 位十六进制数表示字符，格式为'\uxxxx'。例如，'\u0062'

表示字符'b'，'\u4F60'和'\u597D'分别表示中文的"你"和"好"。任何的 Unicode 字符都可用这种方式表示。

表 2-3　常见的转义字符序列

转义字符	说明	转义字符	说明
\'	单引号字符	\b	退格
\"	双引号字符	\r	回车
\\	反斜杠字符	\n	换行
\f	换页	\t	水平制表符

字符型变量使用 char 定义，在内存中占 16 位，表示的数据是 0～65 535。字符型变量的定义如：

```
char  c = 'A';
```

Java 字符型数据实际上是 int 型数据的一个子集，因此可以将一个正整数的值赋给字符型变量，只要在 0～65 535 即可，但输出仍然是字符。

```
char  c2 = 65;
System.out.println(c2); // 输出字符A
```

字符型数据可以与其他数值型数据混合运算。一般情况下，char 类型的数据可直接转换为 int 类型的数据，而 int 类型的数据转换成 char 类型的数据需要强制转换。

```
int  i = 66;
char  c = 'A';
int n = i + c;          //合法,c自动转换成int类型
c = i;                  //不合法,i不能自动转换成char类型
```

2.2.6　布尔类型

布尔型数据用来表示逻辑真或逻辑假。布尔型常量很简单，只有两个值 true 和 false，分别用来表示逻辑真和逻辑假。

布尔型变量使用 boolean 关键字声明。例如，下面语句声明了布尔型变量 t 并为其赋初值 true：

```
boolean  t = true;
```

所有关系表达式的返回值都是布尔型的数据，如表达式 10＜9 的结果为 false。布尔型数据也经常用于选择结构和循环结构的条件中，请参阅 3.1 节和 3.2 节的内容。

注意：与 C/C++语言不同，Java 语言的布尔型数据不能与数值数据相互转换，即 false 和 true 不对应于 0 和非 0 的整数值。

下面程序演示了字符型数据和布尔型数据的使用。

程序 2.3　CharBoolDemo.java

```
public class CharBoolDemo{
```

```
public static void main(String[] args){
    boolean b;
    char ch1,ch2;
    ch1 = 'Y';
    ch2 = 65 ;                    //将一个整数值赋给字符型变量
    System.out.println("ch1 = "+ch1+",ch2 = "+ch2);
    b = ch1==ch2;
    System.out.println(b);
    ch2 ++;                       //字符型数据可以执行自增运算
    System.out.println("ch2="+ch2);
}
}
```

程序运行结果为：

```
ch1 = Y , ch2 = A
false
ch2 = B
```

语句"b = ch1 == ch2;"是将 ch1 和 ch2 的比较结果赋给变量 b，由于 ch1 与 ch2 的值不相等，因此输出 b 的值为 false。语句"ch2++;"说明字符型数据可以完成整数运算，但运算结果不能超出 char 类型的范围。如果 ch2 的初值是 65 536，程序会产生编译错误。

2.2.7 字符串类型

在 Java 程序中，经常要使用字符串类型。字符串是字符序列，不属于基本数据类型，是一种引用类型。字符串在 Java 中是通过 String 类实现的。可以使用 String 声明和创建一个字符串对象。可以通过双引号定界符创建一个字符串字面值。例如：

```
"Java is cool."
```

一个字符串字面值不能分成两行来写。例如，下面代码会产生编译错误：

```
String s = "One little, two little,
three little." ;
```

对于较长的字符串，可以使用加号将两个字符串连接：

```
String s1 = "One litle,two little" + ", three little.";
String s2 = " One litle,two little "
            + ", three little." ;
```

还可以将一个 String 和一个基本类型或另一个对象连接在一起。例如，下面这行代码就是字符串常量和一个 int 型变量及 double 型变量连接。

```
int age = 25;
double salary = 8000;
System.out.println("我的年龄是: " + age);
System.out.println("我的工资是: " + salary);
```

2.3 运 算 符

运算符和表达式是 Java 程序的基本组成要素。把表示各种不同运算的符号称为运算符（operator），参与运算的各种数据称为操作数（operand）。为了完成各种运算，Java 提供了多种运算符，不同的运算符用来完成不同的运算。

教学视频

表达式（expression）是由运算符和操作数按一定语法规则组成的符号序列。以下是合法的表达式：

```
(2 + 3) * (8 - 5)
a > b
```

一个常量或一个变量是最简单的表达式。每个表达式经过运算后都会产生一个确定的值。

2.3.1 算术运算符

算术运算符一般用于对整型数和浮点型数运算。算术运算符有加（+）、减（−）、乘（*）、除（/）和取余数（%）5 个二元运算符和正（+）、负（−）、自增（++）、自减（——）4 个一元运算符。

1. 二元运算符

二元运算符有加（+）、减（−）、乘（*）、除（/）和取余数（%）。这些运算符都可以应用到整数和浮点数上。

在使用除法运算符（/）时，如果两个操作数都是整数，商为整数。例如，5/2 的结果是 2 而不是 2.5，而 5.0 / 2 的结果是 2.5。

"%" 运算符用来求两个操作数相除的余数，操作数可以为整数，也可以为浮点数。例如，7 % 4 的结果为 3，10.5 % 2.5 的结果为 0.5。当操作数含有负数时，情况有点复杂。这时的规则是余数的符号与被除数相同且余数的绝对值小于除数的绝对值。例如：

```
10 % 3 = 1
10 % -3 = 1
-10 % 3 = -1
-10 % -3 = -1
```

在操作数涉及负数求余运算中，可通过下面规则计算：先去掉负号，再计算结果，结果的符号取被除数的符号。如求−10 % −3 的结果，去掉负号求 10 % 3，结果为 1。由于被除数是负值，因此最终结果为−1。

在程序设计中，求余数运算是非常有用的。例如，偶数%2 的结果总是 0 而正奇数%2 的结果总是 1。所以，可以利用这一特性来判定一个数是偶数还是奇数。如果今天是星期三，7 天之后就又是星期三。那么 10 天之后是星期几呢？使用下面的表达式，就可以知道那天是星期六（余数 0 是星期日）。

```
(3 + 10) % 7结果是6
```

在整数除法及取余运算中，如果除数为 0，则抛出 ArithmeticException 异常。当操作数有一个是浮点数时，如果除数为 0，除法运算将返回 Infinity 或−Infinity，求余运算将返回 NaN。有关异常的概念请参阅第 12 章。

"+" 运算符不但用于计算两个数值型数据的和，还可用于字符串对象的连接。例如，下面的语句输出字符串"abcde"。

```
System.out.println("abc" + "de");
```

当 "+" 运算符的两个操作数一个是字符串而另一个是其他数据类型，系统会自动将另一个操作数转换成字符串，然后再进行连接。例如，下面代码输出 "sum = 123"。

```
int a = 1, b = 2, c = 3;
System.out.println("sum = " + a + b + c);
```

但要注意，下面代码输出 "sum = 6"。

```
System.out.println("sum = " + (a + b + c));
```

2. 自增（++）和自减（—）运算符

"++" 和 "——" 运算符主要用于对变量的操作，分别称为自增和自减运算符，"++" 表示加 1，"——" 表示减 1。它们又都可以使用在变量的前面或后面，如果放在变量前，表示给变量加 1 后再使用该变量；若放在变量的后面，表示使用完该变量后再加 1。例如，假设当前变量 x 的值为 5，执行下面语句后 y 和 x 的值如下所示：

```
y = x++ ;     y = 5    x = 6
y = ++x ;     y = 6    x = 6
y = x— ;      y = 5    x = 4
y = —x ;      y = 4    x = 4
```

自增和自减运算符可用于浮点型变量，如下代码是合法的。

```
double d = 3.15 ;
d ++ ;        //执行后d的结果为4.15
```

请注意下面程序的输出结果。

程序 2.4   IncrementTest.java

```
public class IncrementTest{
  public static void main(String[] args){
    int i = 3;
    int s = (i++) + (i++) + (i++) ;
    System.out.println("s = "+s+" ,i = "+i) ;
    i = 3;
    s = (++i) + (++i) + (++i) ;
    System.out.println("s = "+s+" ,i = "+i) ;
  }
}
```

程序的输出结果为：

```
s = 12 ,i = 6
s = 15 ,i = 6
```

第一次计算 s 时是 3+4+5，最后 i 的值为 6，第二次计算 s 时是 4+5+6，最后 i 的值也为 6。

2.3.2 关系运算符

关系运算符（也称比较运算符）用来比较两个值的大小或是否相等。Java 有 6 种关系运算符，如表 2-4 所示。

表 2-4　关系运算符

运算符	含义	运算符	含义
>	大于	<=	小于等于
>=	大于等于	==	等于
<	小于	!=	不等于

关系运算符一般用来构成条件表达式，比较的结果返回 true 或 false。假设定义了下面的变量。

```
int x = 9;
int y = 65;
char c = 'D';
```

下面的语句的输出都是 true。

```
System.out.println(x < y);
System.out.println(c >= 'A');
```

在 Java 语言中，任何类型的数据（包括基本类型和引用类型）都可以用 "==" 和 "!=" 比较是否相等，但只有基本类型的数据（布尔型数据除外）可以比较哪个大哪个小。比较结果通常作为判断条件，如下所示。

```
if (n % 2 == 0)
    System.out.println( n + "是偶数");
```

2.3.3 逻辑运算符

逻辑运算符的运算对象只能是布尔型数据，并且运算结果也是布尔型数据。逻辑运算符包括逻辑非（!）、短路与（&&）、短路或（||）、逻辑与（&）、逻辑或（|）、逻辑异或（^）。假设 A、B 是两个布尔型数据，则逻辑运算的规则如表 2-5 所示。

从表 2-5 可以看到，对一个逻辑值 A，逻辑非（!）运算是当 A 为 true 时，!A 的值为 false；当 A 为 false 时，!A 的值为 true。

对逻辑"与"（&&或&）和逻辑"或"（||或|）运算都有两个运算符，它们的区别是："&&"和"||"为短路运算符，而"&"和"|"为非短路运算符。对短路运算符，当使用"&&"

进行"与"运算时，若第一个（左面）操作数的值为 false 时，就可以判断整个表达式的值为 false，因此，不再继续求解第二个（右边）表达式的值。同样当使用"||"进行"或"运算时，若第一个（左面）操作数的值为 true 时，就可以判断整个表达式的值为 true，因此，不再继续求解第二个（右边）表达式的值。对非短路运算符（&和|），将对运算符左右的表达式求解，最后计算整个表达式的结果。

表 2-5　逻辑运算的运算规则

A	B	!A	A&B	A|B	A^B	A&&B	A||B
false	false	true	false	false	false	false	false
false	true	true	false	true	true	false	true
true	false	false	false	true	true	false	true
true	true	false	true	true	false	true	true

对"异或"（^）运算，当两个操作数一个是 true 而另一个是 false 时，结果就为 true，否则结果为 false。

程序 2.5　LogicalDemo.java

```
public class LogicalDemo{
    public static void main(String[] args){
      int a = 1, b = 2, c =3 ;
      boolean u = false;
      u = (a >= --b || b++ < c--) && b == c;
      System.out.println("u = "+u);
      //使用&和|运算符
      b = 2;
      u = ( a >= --b | b++ < c--) & b == c;
      System.out.println("u = "+u);
    }
}
```

程序输出结果为：

```
u = false
u = true
```

程序在第一次求 u 时先计算 a >= --b，结果为 true，此时不再计算 b++ <c--，因此 b 的值为 1，c 的值为 3，再计算 b ==c 结果为 false，因此 u 的值为 false。在第二次计算 u 的值时，a、b、c 的值仍然是 1、2、3，在计算 a >= --b 的结果为 true 后，仍然要计算 b++ < c--的值，结果 b 与 c 的值都为 2，因此最后 u 值为 true。

上面的结果说明，在相同的条件下，使用哪种逻辑运算符（短路的还是非短路的），计算的结果可能不同。

2.3.4　赋值运算符

赋值运算符（assignment operator）用来为变量指定新值。赋值运算符主要有两类，一类是使用等号（=）赋值，它把一个表达式的值赋给一个变量或对象；另一类是复合的赋值运算符。下面分别讨论这两类赋值运算符。

1. 赋值运算符

赋值运算符"="的一般格式为：

```
variableName = expression;
```

这里，variableName 为变量名，expression 为表达式。其功能是将等号右边表达式的值赋给左边的变量。例如：

```
int x = 10;
int y = x + 20;
```

赋值运算必须是类型兼容的，即左边的变量必须能够接受右边的表达式的值，否则会产生编译错误。例如，下面的语句会产生编译错误。

```
int j = 3.14;
```

因为 3.14 是 double 型数据，不能赋给整型变量，因为可能丢失精度。编译器的错误提示是 Type mismatch:cannot convert double to int（类型不匹配，不能将 double 型值转为 int 型值）。

使用等号（=）可以给对象赋值，这称为引用赋值。将右边对象的引用值（地址）赋给左边的变量，这样，两个变量地址相同，即指向同一对象。例如：

```
Student s1 = new Student();
Student s2 = s1;
```

此时 s1、s2 指向同一个对象。对象引用赋值与基本数据类型的复制赋值是不同的。在第 4 章将详细讨论对象的引用赋值。

2. 复合赋值运算符

在赋值运算符（=）前加上其他运算符，即构成复合赋值运算符。它的一般格式为：

```
variableName op = expression;
```

这里 op 为运算符，其含义是将变量 variableName 的值与 expression 的值做 op 运算，结果赋给 variableName。例如，下面两行是等价的：

```
a += 3;
a = a + 3;
```

复合赋值运算符有 11 个，设 a = 15, b = 3，表 2-6 给出了所有的复合的赋值运算符及其使用方法。

在复合赋值运算中，如果等号右侧是一个表达式，表达式将作为一个整体参加运算。例如，下面代码的输出结果为 13。

```
int a = 5;
a += 5 * ++a / 5 + 2;
System.out.println(a);
```

表 2-6　扩展的赋值运算符

扩展赋值运算符	表达式	等价表达式	结果
+=	a += b	a = a + b	18
−=	a −= b	a = a − b	12
*=	a *= b	a = a * b	45
/=	a /= b	a = a / b	5
%=	a %= b	a = a % b	0
&=	a &= b	a = a & b	3
|=	a |= b	a = a | b	15
^=	a ^= b	a = a ^ b	12
<<=	a <<= b	a = a << b	120
>>=	a >>= b	a = a >> b	1
>>>=	a >>>= b	a = a >>> b	1

上面的复合赋值运算等价于下面代码：

```
a = a + (5 * ++a / 5 + 2);
```

2.3.5　位运算符

位运算是在整数的二进制位上进行的运算。在学习位运算符之前，先回顾一下整数是如何用二进制表示的。在 Java 语言中，整数是用二进制的补码表示的。在补码表示中，最高位为符号位，正数的符号位为 0，负数的符号位为 1。若一个数为正数，补码与原码相同；若一个数为负数，补码为原码的反码加 1。

例如，int 型整数+ 42 用 4 个字节 32 位的二进制补码表示为：

```
00000000 00000000 00000000 00101010
```

−42 的补码为：

```
11111111 11111111 11111111 11010110
```

位运算有两类：位逻辑运算（bitwise）和移位运算（shift）。位逻辑运算符包括按位取反（～）、按位与（&）、按位或（|）和按位异或（^）4 种。移位运算符包括左移（<<）、右移（>>）和无符号右移（>>>）3 种。位运算符只能用于整型数据，包括 byte、short、int、long 和 char 类型。设 a = 10, b = 3，表 2-7 列出了各种位运算符的功能与示例。

表 2-7　位运算符

运算符	功能	示例	结果
～	按位取反	～a	−11
&	按位与	a & b	2
|	按位或	a | b	11
^	按位异或	a ^ b	9
<<	按位左移	a << b	80
>>	按位右移	a >> b	1
>>>	按位无符号右移	a >>> b	1

1. 位逻辑运算符

位逻辑运算是对一个整数的二进制位进行运算。设 A、B 表示操作数中的一位,位逻辑运算的规则如表 2-8 所示。

表 2-8 位逻辑运算的运算规则

A	B	~A	A&B	A|B	A^B
0	0	1	0	0	0
0	1	1	0	1	1
1	0	0	0	1	1
1	1	0	1	1	0

~运算符是对操作数的每一位按位取反。例如,~42 的结果为−43。因为 42 的二进制补码为 00000000 00000000 00000000 00101010,按位取反后结果为 11111111 1111111 11111111 11010101,即为−43。对任意一个整型数 i,都有等式成立:

~i = -i-1

再看以下按位与运算。

```
int a = 51, b = -16;
int c = a & b;
System.out.println("c = "+c);
```

上面代码的输出结果为:

```
c = 48
```

按位与运算的过程如下:

```
  00000C00 00000000 00000000 00110011            51
& 11111111 11111111 11111111 11110000          & -16
------------------------------------          -------
  00000C00 00000000 00000000 00110000            48
```

如果两个操作数宽度(位数)不同,在进行按位运算时要进行扩展。例如,一个 int 型数据与一个 long 型数据按位运算,先将 int 型数据扩展到 64 位,若为正,高位用 0 扩展;若为负,高位用 1 扩展,然后再进行位运算。

2. 移位运算符

Java 语言提供了 3 个移位运算符:左移运算符(<<)、右移运算符(>>)和无符号右移运算符(>>>)。

(1)左移运算符(<<)用来将一个整数的二进制位序列左移若干位。移出的高位丢弃,右边添 0。例如,整数 7 的二进制序列为

```
00000000 00000000 00000000 00000111
```

若执行 7 << 2,结果为

```
00000000 00000000 00000000 00011100
```

7 左移 2 位结果是 28，相当于 7 乘 4。

（2）右移运算符（>>）用来将一个整数的二进制位序列右移若干位。移出的低位丢弃。若为正数，移入的高位添 0；若为负数，移入的高位添 1。

（3）无符号右移运算符（>>>）也是将一个整数的二进制位序列右移若干位。它与右移运算符的区别是，不论是正数还是负数左边一律移入 0。例如，−192 的二进制序列为

```
11111111 11111111 11111111 01000000
```

若执行−192 >> 3，结果为−24。

```
11111111 11111111 11111111 11101000
```

若执行−192 >>> 3，结果为 536870888。

```
00011111 11111111 11111111 11101000
```

> 注意：位运算符和移位运算符都只能用于整型数或字符型数据，不能用于浮点型数据。

2.3.6 运算符的优先级和结合性

运算优先级是指在一个表达式中出现多个运算符又没有用括号分隔时，先运算哪个后运算哪个。常说的"先算乘除后算加减"指的就是运算符优先级问题。不同的运算符有不同的运算优先级。

假设有下面一个表达式：

```
3 + 4 * 5 > (5 * (2 + 4) - 10) && 8 - 4 > 5
```

这个表达式的结果是多少呢？这涉及运算符的优先级问题。程序首先计算括号中的表达式（如果有嵌套括号，先计算里层括号中的表达式）。当计算没有括号的表达式时，会按照运算符的优先级和结合性进行运算。

结合性是指对某个运算符构成的表达式，计算时如果先取运算符左边的操作数，后取运算符，则该运算符是左结合的，若先取运算符右侧的操作数，后取运算符，则是右结合的。所有的二元运算符（如+、<<等）都是左结合的，而赋值运算符（=、+=等）就是右结合的。表 2-9 按优先级的顺序列出了各种运算符和结合性。

表 2-9　按优先级从高到低的运算符

优先级	运算符	名称	结合性
1	++	自增	右结合
	—	自减	
	+, −	正、负	
	~	按位取反	
	!	逻辑非	
	(cast), new	类型转换、创建对象	
2	*, /, %	乘、除和求余	左结合
3	+, −	加、减	左结合
	+	字符串连接	

优先级	运算符	名称	结合性
4	<<, >>, >>>	左移、右移、无符号右移	左结合
5	<, <= ,>, >=, instanceof	小于、小于等于、大于、大于等于、实例运算符	左结合
6	== !=	相等、不相等	左结合
7	&	按位与、逻辑与	左结合
8	^	按位异或、逻辑异或	左结合
9	|	按位或、逻辑或	左结合
10	&&	逻辑与（短路）	左结合
11	||	逻辑或（短路）	左结合
12	?:	条件运算符	右结合
13	=	赋值	右结合
	+=,-=,*=,/=,%=	复合赋值	

不必死记硬背运算符的优先级。必要时可以在表达式中使用括号，括号的优先级最高。括号还可以使表达式显得更加清晰。例如，考虑以下代码：

```
int x = 5;
int y = 5;
boolean z = x * 5 == y + 20;
```

因为"*"和"+"的优先级比"=="高，比较运算之后，z 的值是 true。但是，这个表达式的可读性较差。使用括号把最后一行修改如下：

```
boolean z = (x * 5) == (y + 20);
```

最后结果相同。该表达式要比不使用括号的表达式清晰得多。

2.4　数据类型转换

教学视频

通常整型、浮点型、字符型数据可能需要混合运算或相互赋值，这就涉及类型转换的问题。Java 语言是强类型的语言，即每个常量、变量、表达式的值都有固定的类型，而且每种类型都是严格定义的。在 Java 程序编译阶段，编译器要对类型进行严格的检查，任何不匹配的类型都不能通过编译器。例如，在 C/C++中可以把浮点型的值赋给一个整型变量，在 Java 中这是不允许的。如果一定要把一个浮点型的值赋给一个整型变量，需要进行类型转换。

在 Java 中，基本数据类型的转换分为自动类型转换和强制类型转换两种。

2.4.1　自动类型转换

自动类型转换也称加宽转换，是指将具有较少位数的数据类型转换为具有较多位数的数据类型。例如：

```
byte  b = 120;
int   i = b;      //字节型数据b自动转换为整型
```

将 byte 型变量 b 的值赋给 int 型变量 i，这是合法的，因为 int 型数据占的位数多于 byte 型数据占的位数，这就是自动类型转换。

以下类型之间允许自动转换：

- 从 byte 到 short、int、long、float 或 double；
- 从 short 到 int、long、float 或 double；
- 从 char 到 int、long、float 或 double；
- 从 int 到 long、float 或 double；
- 从 long 到 float 或 double；
- 从 float 到 double。

这种转换关系可用图 2-1 表示。

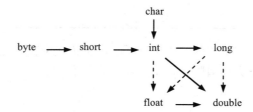

图 2-1   基本类型的自动转换

在图 2-1 中，箭头方向表示可从一种类型自动转换成另一种类型。从一种整数类型扩大转换到另一种整数类型时，不会有信息丢失的危险。同样，从 float 转换为 double 也不会丢失信息。但从 int 或 long 转换为 float，从 long 转换为 double 可能发生信息丢失。图 2-1 中的 6 个实心箭头表示不丢失精度的转换，3 个虚线箭头表示的转换可能丢失精度。

例如，下面代码的输出就丢失了精度。

```
int n = 123456789;
float f = n;                  //可自动转换，但丢失了精度
System.out.println(f);        //输出结果是1.23456792E8
```

当使用二元运算符对两个值进行计算时，如果两个操作数类型不同，一般要自动转换成更宽的类型。例如，计算 n + f，其中 n 是整数，f 是浮点数，则结果为 float 型数据。对于宽度小于 int 型数据的运算，结果为 int 型。

注意：布尔型数据不能与其他任何类型的数据相互转换。

2.4.2   强制类型转换

可以将位数较多的数据类型转换为位数较少的数据类型，如将 double 型数据转换为 byte 型数据，这时需要通过强制类型转换来完成。其语法是在括号中给出要转换的目标类型，随后是待转换的表达式。例如：

```
double d = 200.5;
byte b = (byte)d;             //将double型值强制转换成byte型值
System.out.println(b);       //输出-56
```

上面语句的最后输出结果是−56。转换过程是先把 d 截去小数部分转换成整数，但转换成的整数也超出了 byte 型数据的范围，因此最后只得到该整数的低 8 位，结果为−56。

由此可以看到，强制类型转换有时可能要丢失信息。因此，在进行强制类型转换时应测试转换后的结果是否在正确的范围。

一般来说，以下类型之间的转换需要进行强制转换：

- 从 short 到 byte 或 char；
- 从 char 到 byte 或 short；
- 从 int 到 byte、short 或 char；
- 从 long 到 byte、short、char 或 int；
- 从 float 到 byte、short、char、int 或 long；
- 从 double 到 byte、short、char、int、long 或 float。

2.4.3　表达式中类型自动提升

除了赋值可能发生类型转换外，在含变量的表达式中也有类型转换的问题，如下所示：

```
byte  a = 40;
byte  b = 50;
byte  c = a + b;            //编译错误
c = (byte)(a + b);         //正确
int i = a + b;
```

上面代码中，尽管 a + b 的值没有超出 byte 型数据的范围，但是如果将其赋给 byte 型变量 c 将产生编译错误。这是因为，在计算表达式 a + b 时，编译器首先将操作数类型提升为 int 类型，最终计算出 a+b 的结果 90 是 int 类型。如果要将计算结果赋给 c，必须使用强制类型转换。这就是所谓的表达式类型的提升。

下面代码不发生编译错误，即常量表达式不发生类型提升。

```
c = 40 + 50;
```

自动类型转换和强制类型转换也发生在对象中，对象的强制类型转换也使用括号实现。关于对象类型的转换问题，请参阅 7.5 节"对象转换与多态"。

下面的程序要求用户从键盘输入一个 double 型数，输出该数的整数部分和小数部分。

程序 2.6　FractionDemo.java

```java
import java.util.Scanner;
public class FractionDemo {
    public static void main(String[]args){
        System.out.print("请输入一个浮点数: ");
        Scanner sc = new Scanner(System.in);
        double d = sc.nextDouble();
        System.out.println("整数部分: "+(int)d );
        System.out.println("小数部分: "+(d −(int)d));
    }
}
```

下面是程序的一次运行结果：

请输入一个浮点数：2.71828
整数部分：2
小数部分：0.71828

2.5 小   结

（1）Java 语言有 50 个关键字，它们是事先定义的一组词汇，这些词汇具有特殊的用途，用户不能将它们定义为标识符。

（2）Java 标识符必须以字母、下画线（_）或美元符（$）开头，其后可以是字母、下画线、美元符或数字，长度没有限制。

（3）Java 数据类型可分为基本数据类型（byte、short、int、long、float、double、char、boolean）和引用数据类型（数组、类、接口、枚举、注解）。

（4）变量用于存储程序中使用的数据值。变量使用前必须声明，包括数据类型和变量名，变量的值可以被改变。Java 有两种类型变量：基本数据类型和引用数据类型。

（5）使用 java.util.Scanner 类可以从键盘读取除 char 外的各种类型数据（包括字符串）。

（6）Java 的算术运算符包括加（+）、减（−）、乘（*）、除（/）、求余（%）、自增（++）、自减（−−）。关系运算符包括大于（>）、小于（<）、大于或等于（>=）、小于或等于（<=）、等于（==）、不等于（!=）。位运算符包括按位取反（～）、按位与（&）、按位或（|）、按位异或（^）、左移（<<）、右移（>>）、无符号右移（>>>），位运算符只能应用在整型数据上。逻辑运算符包括逻辑非（!）、短路与（&&）、短路或（||）、逻辑与（&）、逻辑或（|）、逻辑异或（^）。赋值运算符包括（=）和扩展的赋值运算符（如+=、<<=等）。

（7）自动类型转换也称加宽转换，它是指将具有较少位数的数据类型转换为具有较多位数的数据类型，如将 int 型自动转换成 double 型。强制类型转换是将具有位数较多的数据类型转换为位数较少的数据类型，如将 double 型数据转换为 int 型数据，系统会自动截短数据。

（8）表达式计算结果的类型通常是具有最多位数操作数的类型，如表达式 3.14+128+'M' 的运算结果类型是 double 型。

编 程 练 习

2.1   编写程序，从键盘上输入一个 double 型的华氏温度，然后将其转换为摄氏温度输出。转换公式为：摄氏度 = (5/9)×(华氏度−32)。

2.2   编写程序，从键盘输入圆柱底面半径和高，计算并输出圆柱的体积。

2.3   编写程序，从键盘上输入你的体重（单位：千克）和身高（单位：米），计算你的身体质量指数（Body Mass Index，BMI），该值是衡量一个人是否超重的指标。计算公式为：BMI=体重/身高的平方。

2.4   编写程序，读取一个 0～1000 的整数，将该整数的各位数字相加。例如，输入整数 932，各位数字之和是 14。

2.5 编写程序，显示当前的时间。Java 的 System.currentTimeMillis()方法返回 GMT 1970 年 1 月 1 日 00:00:00 开始到当前时刻的毫秒数。使用该方法的返回值可以计算当前的时间。要求程序输出结果格式如下：

当前时间: 17:31:8 GMT

2.6 编写程序，要求用户从键盘输入 a、b 和 c 的值，计算下列表达式的值。

$$\frac{-b + \sqrt{b^2 - 4ac}}{2a}$$

2.7 编写程序，计算贷款的每月支付额。程序要求用户输入贷款的年利率、总金额和年数，程序计算月支付金额和总偿还金额，并将结果显示输出。计算贷款的月支付额公式如下：

$$\frac{贷款总额×月利率}{1 - \frac{1}{(1+月利率)^{年数×12}}}$$

📖 **提示：** 可使用 Math.sqrt(double d)方法计算数的平方根，使用 Math.pow(double a,double b)方法计算 a^b。

第 3 章 选择与循环

本章学习目标

- 理解结构化程序设计的三种基本结构；
- 学会选择结构的使用，包括单分支和双分支结构；
- 理解嵌套 if-else 结构的用法；
- 了解条件运算符的用法，会用 if-else 结构重写条件表达式；
- 学会使用 switch 结构实现多分支，熟悉 switch 中可使用的表达式类型；
- 了解循环结构的应用场景和循环结构的类型；
- 能够区分 while 循环和 do-while 循环的区别；
- 熟悉 for 循环的基本格式和使用场景；
- 掌握 break 语句和 continue 语句的使用；
- 了解无限循环及结束循环的方法；
- 掌握嵌套循环的执行流程。

3.1 选　　择

教学视频

结构化程序设计有三种基本结构：顺序结构、选择结构和循环结构。顺序结构比较简单，程序按语句的顺序依次执行。本节介绍选择结构，下节介绍循环结构。

Java 有几种类型的选择语句：单分支 if 语句、双分支 if-else 语句、嵌套 if 语句、多分支 if-else 语句、switch 语句和条件表达式。

3.1.1 单分支 if 语句

单分支的 if 结构的一般格式如下：

```
if (condition){
    statements;
}
```

其中 condition 为布尔表达式，它的值为 true 或 false。布尔表达式应该使用括号括住。程序执行的流程是：首先计算 condition 表达式的值，若其值为 true，则执行 statements 语句序列，否则转去执行 if 结构后面的语句，如图 3-1 所示。

编写程序，从键盘上读取一个整数，检查该数是否能同时被 5 和 6 整除，是否能被 5 或被 6 整除，是否只能被 5 或只能被 6

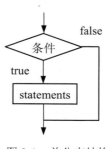

图 3-1　单分支结构

整除。

程序 3.1 CheckNumber.java

```java
import java.util.Scanner;
public class CheckNumber{
public static void main(String[] args){
    Scanner input = new Scanner(System.in);
    System.out.print("请输入一个整数: ");
    int num = input.nextInt() ;
    if(num % 5 == 0 && num % 6 == 0){
       System.out.println( num + " 能被5和6同时整除。") ;
    }
    if(num % 5 == 0 || num % 6 == 0){
       System.out.println( num + " 能被5或6整除。") ;
    }
    if(num % 5 == 0 ^ num % 6 == 0){
       System.out.println( num + " 只能被5或只被6整除。") ;
    }
  }
}
```

下面是程序运行的一个结果:

```
请输入一个整数: 12
12  能被5或6整除。
12只能被5或只被6整除。
```

在 if 语句中，如果大括号内只有一条语句，则可以省略大括号。

```java
if(num % 5 == 0 && num % 6 == 0){
    System.out.println( num + " 能被5和6同时整除。") ;
}
```

与下面代码等价。

```java
if(num % 5 == 0 && num % 6 == 0)
  System.out.println( num + " 能被5和6同时整除。") ;
```

注意: 省略大括号可以使代码更整洁，但也容易产生错误。将来需要为代码块增加语句时，容易忘记加上括号。这是初学者常犯的错误。

3.1.2 双分支 if-else 语句

if-else 语句是最常用的选择结构，它根据条件是真是假，决定执行的路径。if-else 结构的一般格式如下:

```java
if (condition){
```

```
        statements1;
    }else{
        statements2;
    }
```

该结构的执行流程是：首先计算 condition 的值，如果为 true，则执行 statements1 语句序列，否则执行 statements2 语句序列，如图 3-2 所示。

例如：

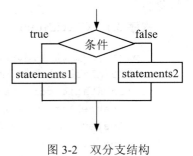

图 3-2   双分支结构

```
radius = input.nextDouble();
if(radius >= 0){
    area = Math.PI * radius *radius;
    System.out.println("圆的面积为: " + area);
}else{
    System.out.println("半径不能为负值");
}
```

上述代码实现只有当半径值大于等于 0 时才计算圆的面积；否则，当半径值小于 0 时，程序给出错误提示。

当 if 或 else 部分只有一条语句时，大括号可以省略，但推荐使用大括号。

假设要开发一个让一年级学生练习一位数加法的程序。程序开始运行随机生成两个一位数，显示题目让学生输入计算结果，程序给出结果是否正确。

可以使用 Math.random()方法产生一个 0.0～1.0 的随机 double 型值，不包括 1.0。要生成一个一位数，使用下面的表达式：

```
int number1 = (int)(Math.random()*10);
```

程序 3.2   AdditionQuiz.java

```
import java.util.Scanner;
public class AdditionQuiz {
    public static void main(String[]args){
        //随机产生2个一位数
        int number1 = (int)(Math.random()*10);
        int number2 = (int)(Math.random()*10);
        Scanner input = new Scanner(System.in);
        System.out.print(number1 + " + " +number2 + " = ");
        int answer = input.nextInt();                //接收用户输入的答案
        if(answer==(number1+number2)){
            System.out.println("恭喜你，答对了！");
        }else{
            System.out.println("很遗憾，答错了！正确答案是\n");
            System.out.println(number1 + " + " +number2+" = "+(number1+number2));
        }
    }
```

```
}
```

下面是程序的一次运行结果：

```
1 + 6 = 10
很遗憾，答错了！正确答案是
1 + 6 = 7
```

3.1.3　嵌套的 if 语句和多分支的 if-else 语句

if 或 if-else 结构中语句可以是任意合法的 Java 语句，甚至可以是其他的 if 或 if-else 结构。内层的 if 结构称为嵌套在外层的 if 结构中。内层的 if 结构还可以包含其他的 if 结构。嵌套的深度没有限制。例如，下面就是一个嵌套的 if 结构，其功能是求 a、b 和 c 中最大值并将其保存到 max 中。

```
if(a > b){
    if( a > c)
        max = a;
    else
        max = c;
}else{
  if( b > c)
        max = b;
  else
        max = c;
}
```

> 📢 **注意**：把每个 else 同与它匹配的 if 对齐排列，这样做很容易辨别嵌套层次。

如果程序逻辑需要多个选择，可以在 if 语句中使用一系列的 else if 语句，这种结构有时称为阶梯式 if-else 结构。

下面程序要求输入学生的百分制成绩，打印输出等级的成绩。等级规定为，90 分（包括）以上为"优秀"，80 分（包括）以上为"良好"，70 分（包括）以上为"中等"，60 分（包括）以上为"及格"，60 分以下为"不及格"。

程序 **3.3**　**ScoreLevel.java**

```java
import java.util.Scanner;
public class ScoreLevel{
    public static void main(String[] args){
        Scanner sc = new Scanner(System.in);
        System.out.print("请输入成绩: ");
        double score = sc.nextDouble() ;
        String level = "";
        if(score >100 || score < 0){
```

选择与循环

```
      System.out.println("输入的成绩不正确。");
      System.exit(0);        //结束程序运行
   }else if(score >=90){
      level = "优秀";
   }else if(score >=80){
      level = "良好";
   }else if(score >=70){
      level = "中等";
   }else if(score >=60){
      level = "及格";
   }else{
      level = "不及格";
   }
   System.out.println("你的成绩等级为: " + level);
   }
}
```

下面是程序的一次运行结果：

请输入成绩：78
你的成绩等级为：中等

3.1.4 条件运算符

条件运算符（conditional operator）的格式如下：

```
condition ? expression1 : expression2
```

因为有三个操作数，又称为三元运算符。这里 condition 为关系或逻辑表达式，其计算结果为布尔值。如果该值为 true，则计算表达式 expression1 的值，并将计算结果作为条件表达式的结果；如果该值为 false，则计算表达式 expression2 的值，并将计算结果作为条件表达式的结果。

条件运算符可以实现 if-else 结构。例如，若 max, a, b 是 int 型变量，下面结构：

```
if (a > b) {
   max = a;
}else {
   max = b;
}
```

用条件运算符表示为：

```
max = (a > b)? a : b ;
```

从上面可以看到使用条件运算符会使代码简洁，但是不容易理解。现代的编程，程序的可读性变得越来越重要，因此推荐使用 if-else 结构。

3.1.5　switch 语句结构

如果需要从多个选项选择其中一个，可以使用 switch 语句。switch 语句主要实现多分支结构，一般格式如下：

```
switch (expression){
  case value1:
    statements    [break;]
  case value2:
    statements    [break;]
  ⋮
  case valuen:
    statements    [break;]
  [default:
    statements]
}
```

其中 expression 是一个表达式，它的值必须是 byte、short、int、char、enum 类型或 String 类型。case 子句用来设定每一种情况，后面的值必须与表达式值类型相容。程序进入 switch 结构，首先计算 expression 的值，然后用该值依次与每个 case 中的常量（或常量表达式）的值进行比较，如果等于某个值，则执行该 case 子句中后面的语句，直到遇到 break 语句为止。

break 语句的功能是退出 switch 结构。如果在某个情况处理结束后就离开 switch 结构，则必须在该 case 结构的后面加上 break 语句。

default 子句是可选的，当表达式的值与每个 case 子句中的值都不匹配时，就执行 default 后的语句。如果表达式的值与每个 case 子句中的值都不匹配，且又没有 default 子句，则程序不执行任何操作，而是直接跳出 switch 结构，执行后面的语句。

编写程序，从键盘输入一个年份（如 2000 年）和一个月份（如 2 月），输出该月的天数（29）。

程序 3.4　SwitchDemo.java

```java
import java.util.Scanner;
public class SwitchDemo{
  public static void main(String[] args) {
    Scanner input = new Scanner(System.in);
    System.out.print("输入一个年份：");
    int year = input.nextInt();
    System.out.print("输入一个月份：");
    int month = input.nextInt();
    int numDays = 0;
    switch (month) {
        case 1: case 3: case 5:
        case 7: case 8: case 10:
        case 12:
```

第 3 章

选择与循环

```
            numDays = 31;
            break;
        case 4: case 6: case 9: case 11:
            numDays = 30;
            break;
        case 2:        //对2月需要判断是否是闰年
            if (((year % 4 == 0) && !(year % 100 == 0))
                || (year % 400 == 0))
                numDays = 29;
            else
                numDays = 28;
            break;
        default:
            System.out.println("月份非法.");
            break;
        }
        System.out.println("该月的天数为： " + numDays);
    }
}
```

下面是程序的一次运行结果：

输入一个年份：2016
输入一个月份：2
该月的天数为：29

从 Java SE 7 开始，可以在 switch 语句的表达式中使用 String 对象，下面代码根据英文月份的字符串名称输出数字月份。

程序 3.5　StringSwitchDemo.java

```
import java.util.Scanner;
public class StringSwitchDemo {
    public static void main(String[] args) {
        String month = "";
        int monthNumber = 0;
        Scanner input = new Scanner(System.in);
        System.out.println("请输入一个月份的英文名称：");
        month = input.next();
        switch (month.toLowerCase()) {
            case "january": monthNumber = 1;break;
            case "february":monthNumber = 2;break;
            case "march": monthNumber = 3; break;
            case "april": monthNumber = 4; break;
            case "may": monthNumber = 5; break;
            case "june": monthNumber = 6; break;
            case "july": monthNumber = 7; break;
```

```
        case "august": monthNumber = 8; break;
        case "september": monthNumber = 9; break;
        case "october": monthNumber = 10; break;
        case "november": monthNumber = 11; break;
        case "december": monthNumber = 12; break;
        default:
            monthNumber = 0; break;
    }
    if (monthNumber == 0) {
        System.out.println("输入的月份名非法");
    }else {
        System.out.println(month +"是" + monthNumber +"月");
    }
    }
}
```

程序中 month.toLowerCase()是将字符串转换成小写字符串。switch 表达式中的字符串与每个 case 中的字符串进行比较。

3.2 循　环

在程序设计中，有时需要反复执行一段相同的代码，这时就需要使用循环结构来实现。Java 语言提供了 4 种循环结构：while 循环、do-while 循环、for 循环和增强的 for 循环。

一般情况下，一个循环结构包含 4 部分内容：

（1）初始化部分：设置循环开始时变量初值。

（2）循环条件：一般是一个布尔表达式，当表达式值为 true 时执行循环体，为 false 时退出循环。

（3）迭代部分：改变变量的状态。

（4）循环体部分：需要重复执行的代码。

3.2.1　while 循环

while 循环是 Java 最基本的循环结构，这种循环是在某个条件为 true 时，重复执行一个语句或语句块。它的一般格式如下：

```
[initialization]
while (condition){
    //循环体
    [iteration]
}
```

其中，initialization 为初始化部分；condition 为一个布尔表达式，它是循环条件；中间的部分为循环体，用一对大括号定界；iteration 为迭代部分。

该循环首先判断循环条件，当条件为 true 时，一直反复执行循环体。这种循环一般称为"当循环"。一般用在循环次数不确定的情况下。while 循环的执行流程如图 3-3 所示。

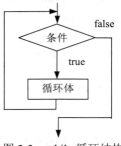

图 3-3　while 循环结构

下面一段代码使用 while 结构求 1～100 之和。

```java
int n = 1;
int sum = 0;
while(n <= 100){
  sum = sum + n;
  n = n + 1;
}
System.out.println("sum = " + sum);    //输出sum = 5050
```

下面程序随机产生一个 100～200 的整数，用户从键盘上输入所猜的数，程序显示是否猜中的消息，如果没有猜中要求用户继续猜，直到猜中为止。

程序 3.6　GuessNumber.java

```java
import java.util.Scanner;
public class GuessNumber{
  public static void main(String[] args){
    int magic = (int)(Math.random()*101)+100;
    Scanner sc = new Scanner(System.in);
    System.out.print("请输入你猜的数：");
    int guess = sc.nextInt();
    while(guess != magic){
      if(guess > magic)
        System.out.print("错误!太大，请重猜：");
      else
        System.out.print("错误!太小，请重猜：");
      //输入下一次猜的数
      guess = sc.nextInt();
    }
    System.out.println("恭喜你，答对了！\n该数是："+magic);
  }
}
```

程序中使用了 java.lang.Math 类的 random()方法，该方法返回一个 0.0～1.0（不包括 1.0）的 double 型随机数。程序中该方法乘以 101 再转换为整数，得到 0～100 的整数，再加上

100，则 magic 为 100～200 的整数。

3.2.2 do-while 循环

do-while 循环的一般格式如下：

```
[initialization]
do{
    //循环体
    [iteration]
}while(condition);
```

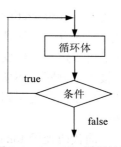

图 3-4 do-while 循环结构

do-while 循环执行过程如图 3-4 所示。

该循环首先执行循环体，然后计算条件表达式。如果表达式的值为 true，则返回到循环的开始继续执行循环体，直到 condition 的值为 false 循环结束。这种循环一般称为"直到型"循环。该循环结构与 while 循环结构的不同之处是，do-while 循环至少执行一次循环体。

下面程序要求用户从键盘输入若干个 double 型数（输入 0 则结束），程序计算并输出这些数的总和与平均值。

程序 3.7 **DoWhileDemo.java**

```java
import java.util.Scanner;
public class DoWhileDemo {
    public static void main(String[] args) {
        double sum = 0,avg = 0;
        int n = 0;
        double number;
        Scanner input = new Scanner(System.in);
        do{
            System.out.print("请输入一个数（输0结束）:");
            number = input.nextDouble();
            if(number != 0){
                sum = sum + number;
                n = n + 1;
            }
        }while(number!=0);
        avg = sum / n;
        System.out.println("sum = "+ sum);
        System.out.println("avg = "+ avg);
    }
}
```

3.2.3 for 循环

for 循环是 Java 语言中使用最广泛的、也是功能最强的循环结构。它的一般格式如下：

选择与循环

```
for (initialization; condition; iteration){
    //循环体
}
```

其中，initialization 为初始化部分，condition 为循环条件，iteration 为迭代部分，三部分用分号隔开。循环开始执行时首先执行初始化部分，该部分在整个循环中只执行一次。在这里可以定义循环变量并赋初值。

接下来判断循环条件，若为 true 则执行循环体部分，否则退出循环。当循环体执行结束后，程序控制返回到迭代部分，执行迭代，然后再次判断循环条件，若为 true 则反复执行循环体。

下面代码使用 for 循环计算 1～100 之和。

```
int sum = 0;
for(int i = 1; i <=100; i ++){
    sum = sum + i;
}
System.out.println("sum = " + sum);   //输出sum = 5050
```

在初始化部分可以声明多个变量，中间用逗号分隔，它们的作用域在循环体内。在迭代部分也可以有多个表达式，中间也用逗号分隔。下面循环中声明了两个变量 i 和 j。

```
for(int i = 0, j = 10 ; i < j ; i++, j--) {
    System.out.println("i = "+ i + " ,j = " + j);
}
```

for 循环中的一部分或全部可为空，循环体也可为空，但分号不能省略。例如：

```
for ( ;  ; ){
    //这实际是一个无限循环，循环体中应包含结束循环代码
}
```

for 循环和 while 循环及 do-while 循环有时可相互转换。例如，有下面的 for 循环：

```
for(int i = 0, j = 10 ; i < j ; i++, j--){
    System.out.println("i = "+ i + " ,j = " + j);
}
```

可以转换为下面等价的 while 循环结构。

```
int i = 0, j = 10 ;
while(i < j){
    System.out.println("i = "+ i + " ,j = " + j) ;
    i ++ ;
    j -- ;
}
```

📖 提示：在 Java 5 中增加了一种新的循环结构，称为增强的 for 循环，它主要用于对数组和集合元素迭代。关于增强的 for 循环在 5.1.2 节中讨论。

3.2.4　循环的嵌套

在一个循环的循环体中可以嵌套另一个完整的循环，称为循环的嵌套。内嵌的循环还可以嵌套循环，这就是多层循环。同样，在循环体中也可以嵌套另一个选择结构。

下面程序打印输出九九乘法表，这里使用了嵌套的 for 循环。

程序 3.8　NineTable.java

```java
public class NineTable{
  public static void main(String[] args){
    for(int i = 1; i <=9; i++){
      for(int j = 1; j <= i; j++)
        System.out.print(j +" * " + i +" = " + i*j + "  ");
      System.out.println();    //换行
    }
  }
}
```

程序输出结果为：

```
1*1=1
1*2=2  2*2=4
1*3=3  2*3=6  3*3=9
1*4=4  2*4=8  3*4=12  4*4=16
1*5=5  2*5=10  3*5=15  4*5=20  5*5=25
1*6=6  2*6=12  3*6=18  4*6=24  5*6=30  6*6=36
1*7=7  2*7=14  3*7=21  4*7=28  5*7=35  6*7=42  7*7=49
1*8=8  2*8=16  3*8=24  4*8=32  5*8=40  6*8=48  7*8=56  8*8=64
1*9=9  2*9=18  3*9=27  4*9=36  5*9=45  6*9=54  7*9=63 8*9=72 9*9=81
```

3.2.5　break 语句和 continue 语句

在 Java 循环体中可以使用 break 语句和 continue 语句。

1. break 语句

break 语句是用来跳出 while、do、for 或 switch 结构的执行，该语句有两种格式：

```
break;
break label;
```

break 语句的功能是结束本次循环，控制转到其所在循环的后面执行。对各种循环均直接退出，不再计算循环控制表达式。下面程序演示了 break 语句的使用。

程序 3.9　BreakDemo.java

```java
public class BreakDemo{
  public static void main(String[] args){
    int n = 1;
    int sum = 0;
```

```
    while(n <= 100){
      sum = sum + n;
      if(sum > 100){
        break;              //若条件成立退出循环
      }
      n = n + 2;
    }
    System.out.println("n = " + n);
    System.out.println("sum = " + sum);
  }
}
```

程序输出结果为：

```
n = 21
sum = 121
```

使用 break 语句只能跳出当前的循环体。如果程序使用了多重循环，又需要从内层循环跳出或从某个循环开始重新执行，此时可以使用带标签的 break。

例如：

```
start:
for(int i = 0; i < 3; i++){
  for(int j = 0; j <4; j++){
    if(j == 2){
      break start;        //跳出start标签标识的循环
    }
    System.out.println(i +":" + j);
  }
}
```

这里，标签 start 用来标识外层的 for 循环，因此语句"break start;"跳出了外层循环。上述代码的运行结果如下：

```
0 : 0
0 : 1
```

2. continue 语句

continue 语句与 break 语句类似，但它只终止执行当前的迭代，导致控制权从下一次迭代开始。该语句有下面两种格式：

```
continue;
continue  label;
```

以下代码会输出 0～9 之间的数字，但不会输出 5。

```
for(int i =0; i < 10; i++){
  if(i ==5){
```

```
        continue;
    }
    System.out.println(i);
}
```

当 i=5 时，if 语句的表达式运算结果为 true，使得 continue 语句得以执行。因此，后面的输出语句不能执行，控制权从下一次循环处继续，即 i=6 时。

continue 语句也可以带标签，用来标识从那层循环继续执行。下面是使用带标签的 continue 语句的例子。

```
start:
for(int i = 0; i < 3; i++){
    for(int j = 0; j < 4; j++){
        if(j == 2){
            continue start;        //返回到start标签标识的循环的条件处
        }
        System.out.println(i +" : " + j);
    }
}
```

这段代码的运行结果如下：

```
0 : 0
0 : 1
1 : 0
1 : 1
2 : 0
2 : 1
```

📢 注意：
（1）带标签的 break 可用于循环结构和带标签的语句块，而带标签的 continue 只能用于循环结构。
（2）标签命名遵循标识符的命名规则，相互包含的块不能用相同的标签名。
（3）带标签的 break 和 continue 语句不能跳转到不相关的标签块。

📖 提示：在 C/C++语言中，可以使用 goto 语句从内层循环跳到外层循环。在 Java 语言中，尽管将 goto 作为关键字，但不能使用，也没有意义。

3.3 示 例 学 习

教学视频

3.3.1 任意抽取一张牌

从一副纸牌中任意抽取一张，并打印出抽取的是哪一张牌。一副牌有 4 种花色：黑桃、红桃、梅花和方块。每种花色有 13 张牌，共有 52 张牌。可以将这 52 张牌编号，为 0~51。

选择与循环

规定编号 0～12 为黑桃，13～25 为红桃，26～38 为梅花，39～51 为方块。

可以使用整数的除法运算来确定是哪一种花色，用求余数运算确定是哪一张牌。例如，假设抽出的数是 n，计算 n/13 的结果，若商为 0，则牌的花色为黑桃；若商为 1，则牌的花色为红桃；若商为 2，则牌的花色为方块；若商为 3，则牌的花色为梅花。计算 n%13 的结果可得到第几张牌。

程序 3.10　PickCards.java

```java
public class PickCards {
  public static void main(String[] args){
    int card =(int) (Math.random()*52);
    String suit="",rank="";
    switch(card / 13){                    //确定牌的花色
      case 0: suit="黑桃";break;
      case 1: suit="红桃";break;
      case 2: suit="方块";break;
      case 3: suit="梅花";break;
    }
    switch(card % 13){                    //确定是第几张牌
      case 0: rank="A";break;
      case 10: rank = "J";break;
      case 11: rank = "Q";break;
      case 12: rank = "K";break;
      default:rank = ""+(card %13 +1);
    }
    System.out.println("你抽取的牌是: " + suit + " " + rank);
  }
}
```

下面是程序的一次运行结果：

你抽取的牌是：梅花 2

3.3.2　求最大公约数

两个整数的最大公约数（greatest common divisor，GCD）是能够同时被两个数整除的最大整数。例如，4 和 2 的最大公约数是 2，16 和 24 的最大公约数是 8。

求两个整数的最大公约数有多种方法。一种方法是，假设求两个整数 m 和 n 的最大公约数，显然 1 是一个公约数，但它可能不是最大的。可以依次检查 k（k=2,3,4,…）是否是 m 和 n 的最大公约数，直到 k 大于 m 或 n 为止。

程序 3.11　GCD.java

```java
import java.util.Scanner;
public class GCD{
  public static void main(String[] args){
    Scanner input = new Scanner(System.in);
```

```
System.out.print("Enter first integer:");
int m = input.nextInt();
System.out.print("Enter second integer:");
int n = input.nextInt();
//求m和n的最大公约数
int gcd = 1;
int k = 2;
while(k <= m && k <= n){
  if(m % k == 0 && n % k == 0)  //判断k是否能同时被n1和n2整除
    gcd = k;
  k++;
}
System.out.println("The GCD of "+m +" and "+ n +" is "+gcd);
  }
}
```

下面是程序的一次运行结果：

```
Enter first integer:16
Enter second integer:24
The GCD of 16 and 24 is 8
```

计算两个整数 m 与 n 的最大公约数还有一个更有效的方法，称为辗转相除法或称欧几里得算法，其基本步骤如下：计算 r = m%n，若 r == 0，则 n 是最大公约数；若 r != 0，执行 m = n, n = r，再次计算 r = m%n，直到 r==0 为止，最后一个 n 即为最大公约数。请读者自行编写程序实现上述算法。

3.3.3 打印输出若干素数

素数（prime number）又称质数，有无限个。素数定义为在大于 1 的自然数中，除了 1 和它本身以外不再有其他因数的数。下面的程序计算并输出前 50 个素数，每行输出 10 个。

程序 3.12 **PrimeNumber.java**

```
public class PrimeNumber{
  public static void main(String[] args){
    int count = 0;           //记录素数个数
    int number = 2;
    boolean isPrime;
    System.out.println("The first 50 primes are:\n");
    while(count < 50){
      isPrime = true;
      for(int divisor = 2; divisor * divisor <= number; divisor ++){
        if(number % divisor ==0){
          isPrime = false;
          break;
        }
```

第
3
章

选择与循环

```
        }
        if(isPrime){
            count ++;
            if(count%10==0)
                System.out.println(number);
            else
                System.out.print(number + " ");
        }
        number ++;
    }
  }
}
```

程序输出结果如下：

```
The first 50 primes are:

2 3 5 7 11 13 17 19 23 29
31 37 41 43 47 53 59 61 67 71
73 79 83 89 97 101 103 107 109 113
127 131 137 139 149 151 157 163 167 173
179 181 191 193 197 199 211 223 227 229
```

3.4 小 结

（1）Java 的选择结构有以下几种类型：单分支 if 语句、双分支 if-else 语句、嵌套 if 语句、多分支 if-else 语句、switch 语句和条件表达式。

（2）使用 Math 类的 random()方法可以随机生成 0.0～1.0（不包含）的一个 double 型数。在此基础上通过编写简单的表达式，生成任意范围的随机数。

（3）条件运算符（condition?expression1：expression2）是 Java 唯一的三元运算符，可以简化 if-else 语句的编写。

（4）switch 语句根据 char、byte、short、int、String 或 enum 类型的 switch 表达式来进行控制决定。

（5）在 switch 语句中，关键字 break 是可选的，但它通常用在每个分支的结尾，以终止执行 switch 语句的剩余部分。如果没有出现 break 语句，则执行接下来的全部 case 语句。

（6）循环语句有 4 种：while 循环、do-while 循环、for 循环和增强的 for 循环。循环中包含重复执行语句的部分称为循环体。

（7）while 循环首先检查循环继续条件，如果条件为 true，则执行循环体；如果条件为 false，则循环结束。

（8）do-while 循环与 while 循环类似，只是 do-while 循环先执行循环体，然后再检查循环继续条件，以确定是继续循环还是终止循环。

（9）for 循环控制由三部分组成。第一部分是初始操作，通常用于初始化控制变量；第二部分是循环继续条件，决定是否执行循环体；第三部分是每次迭代后执行的操作，用于调整控制变量。

（10）for 循环一般用在循环体执行次数固定的情况。

（11）在循环体中可以使用 break 和 continue 这两个关键字，break 立即终止包含 break 的最内层循环；continue 只是终止当前迭代。

编 程 练 习

3.1 编写程序，要求用户从键盘上输入一个正整数，程序判断该数是奇数还是偶数。

3.2 编写程序，要求用户从键盘上输入一个年份，输出该年是否是闰年。符合下面两个条件之一的年份即为闰年：能被 4 整除，但不能被 100 整除；能被 400 整除。下面是程序的一次运行。

请输入年份：2017
2017年不是闰年。

3.3 编写程序，要求用户从键盘输入 4 个整数，找出其中最大值和最小值并打印输出。要求使用尽可能少的 if（或 if-else）语句实现。提示：4 条 if 语句就够了。

3.4 可以使用下面的公式求一元二次方程 $ax^2+bx+c=0$ 的两个根：

$$x_1 = \frac{-b+\sqrt{b^2-4ac}}{2a} \quad \text{和} \quad x_2 = \frac{-b-\sqrt{b^2-4ac}}{2a}$$

b^2-4ac 称为一元二次方程的判别式，如果它是正值，那么方程有两个实数根；如果它为 0，方程就只有一个根；如果它是负值，方程无实根。

编写程序，提示用户输入 a、b 和 c 的值，程序根据判别式显示方程的根。如果判别式为负值，显示"方程无实根"。提示：使用 Math.sqrt()方法计算数的平方根。

3.5 从键盘输入一个百分制的成绩，输出五级制的成绩，如输入 85，输出"良好"，要求使用 switch 结构实现。

3.6 编写程序，接收用户从键盘输入 10 个整数，比较并输出其中的最大值和最小值。

3.7 编写程序，要求用户从键盘输入一个年份和月份，然后显示这个月的天数。例如，如果用户输入的是 2012 年 2 月，那么程序应该显示"2012 年 2 月有 29 天"。如果用户输入的是 2015 年 3 月，那么程序应该显示"2015 年 3 月有 31 天"。

3.8 编写程序，要求用户从键盘输入一个年份，程序输出该年出生的人的生肖。中国生肖基于 12 年一个周期，每年用一个动物代表。鼠（rat）、牛（ox）、虎（tiger）、兔（rabbit）、龙（dragon）、蛇（snake）、马（horse）、羊（sheep）、猴（monkey）、鸡（rooster）、狗（dog）和猪（pig）。通过 year%12 确定生肖，1900 年属鼠。

3.9 编写程序，模拟石头、剪刀、布游戏。程序随机产生一个数，这个数为 2、1 或 0，分别表示石头、剪刀和布。提示用户输入值 2、1 或 0，然后显示一条消息，表明用户和计算机谁赢了游戏。下面是运行示例：

你出什么？（石头（2）、剪刀（1）、布（0））：2
计算机出的是：剪刀，你出石头，你赢了。

选择与循环

3.10　编写程序，计算并输出 0～1000 含有 7 或者是 7 倍数的整数之和及个数。

3.11　编写程序，显示从 100～1000 所有能被 5 和 6 整除的数，每行显示 10 个。数字之间用一个空格字符隔开。

3.12　编写程序，从键盘输入一个整数，计算并输出该数的各位数字之和。例如：

```
请输入一个整数：8899123
各位数字之和为：40
```

3.13　编写程序，提示用户输入一个十进制整数，然后显示对应的二进制值。在这个程序中不要使用 Integer.toBinaryString(int)方法。

3.14　编写程序，计算下面级数之和：

$$\frac{1}{3}+\frac{3}{5}+\frac{5}{7}+\frac{7}{9}+\frac{9}{11}+\frac{11}{13}+\cdots+\frac{95}{97}+\frac{97}{99}$$

3.15　求解"鸡兔同笼问题"：鸡和兔在一个笼里，共有腿 100 条，头 40 个，问鸡兔各有几只？

3.16　编写程序，求出所有的水仙花数。水仙花数是这样的三位数，它的各位数字的立方和等于这个三位数本身。例如，$371=3^3+7^3+1^3$，371 就是一个水仙花数。

3.17　从键盘输入两个整数，计算这两个数的最小公倍数和最大公约数并输出。

3.18　编写程序，求出 1～1000 的所有完全数。完全数是其所有因子（包括 1 但不包括该数本身）的和等于该数。例如，28=1+2+4+7+14，28 就是一个完全数。

3.19　编写程序读入一个整数，显示该整数的所有素数因子。例如，输入整数为 120，输出应为 2、2、2、3、5。

3.20　编写程序，计算当 n=10000,20000,…100000 时 π 的值。求 π 的近似值公式如下。

$$\pi = 4*\left(1-\frac{1}{3}+\frac{1}{5}-\frac{1}{7}+\frac{1}{9}-\frac{1}{11}+\frac{1}{13}+\cdots+\frac{1}{2n-1}-\frac{1}{2n+1}\right)$$

第4章　　类 和 对 象

本章学习目标

- 描述 OOP 的优势、基本概念与基本特征；
- 描述定义类，类的成员变量、构造方法和普通方法；
- 学习声明类的引用变量和创建类的实例；
- 学会访问类的成员变量和方法；
- 掌握方法的设计，包括方法声明以及方法的实现；
- 掌握方法的调用及参数传递；
- 学会方法重载的定义；
- 掌握 this 关键字的使用；
- 区分实例变量与静态变量、实例方法与静态方法的不同；
- 了解对象的初始化顺序和对象的销毁；
- 掌握包的概念和 package 语句及 import 语句的使用。

4.1　面向对象概述

教学视频

面向对象编程（object oriented programming，OOP）是软件开发的一种新的方法，使用这种方法开发的软件具有易维护、可重用和可扩展等特性。

4.1.1　OOP 的产生

计算机诞生以来，为适应程序不断增长的复杂程度，程序设计方法论发生了巨大的变化。例如，在计算机发展初期，程序设计是通过输入二进制机器指令来完成的。在程序仅限于几百条指令的情况下，这种方法是可接受的。随着程序规模的增长，人们发明了汇编语言，这样程序员就可以使用代表机器指令的符号表示法来处理大型的、复杂的程序。随着程序规模的继续增长，高级语言的引入为程序员提供了更多的工具，这些工具可以使他们能够处理更复杂的程序。

20 世纪 60 年代诞生了结构化程序设计方法，Pascal 和 C 语言是使用这种方法的语言。结构化编程采用了模块分解与功能抽象和自顶向下、分而治之的方法，从而有效地将一个较复杂的程序系统设计任务分解成许多易于控制和处理的子程序，便于开发和维护。但是由于在实际开发过程中需求会经常发生变化，因此，它不能很好地适应需求变化的开发过程。结构化程序设计是面向过程的。

面向对象程序设计是一种功能强大的设计方法。它吸收了结构化程序设计的思想精华，并且提出了一些新的概念。广义上讲，一个程序可以用两种方法组织：一是围绕代码

（发生了什么）；二是围绕数据（谁受了影响）。如果仅使用结构化程序设计技术，那么程序通常围绕代码来组织。

面向对象程序则以另一种方式工作，它们围绕数据来组织程序。在面向对象语言中，需要定义数据和作用于数据的操作。

4.1.2　面向对象的基本概念

为了理解 Java 面向对象的程序设计思想，这里简单介绍有关面向对象的基本概念。

1. 对象

在现实世界中，对象（object）无处不在。人们身边存在的一切事物都是对象。例如，一个人、一辆汽车、一台电视机、一所学校甚至一个地球，这些都是对象。除了这些可以触及的事物是对象外，还有一些抽象的概念，如一次会议、一场足球比赛、一个账户等也都可以抽象为一个对象。

一个对象一般具有两方面的特征：状态和行为。状态用来描述对象的静态特征，行为用来描述对象的动态特征。

例如，一辆汽车可以用下面的特征描述：生产厂家、颜色、最高时速、出厂年份、价格等。汽车可以启动、加速、转弯和停止等，这些是汽车所具有的行为或者说施加在汽车上的操作。又如，一场足球比赛可以通过比赛时间、比赛地点、参加的球队和比赛结果等特性来描述。软件对象也是对现实世界对象的状态和行为的模拟，如软件中的窗口就是一个对象，它可以有自己的状态和行为。

通过上面的说明，可以给"对象"下一个定义，即对象是现实世界中的一个实体，它具有如下特征：有一个状态用来描述它的某些特征。有一组操作，每个操作决定对象的一种功能或行为。

因此，对象是其自身所具有的状态特征及可以对这些状态施加的操作结合在一起所构成的实体。一个对象可以非常简单，也可以非常复杂。复杂的对象往往是由若干个简单对象组合而成的。例如，一辆汽车就是由发动机、轮胎、车身等许多其他对象组成。

2. 类

类（class）是面向对象系统中最重要的概念。在日常生活中经常提到类这个词，如人类、鱼类、鸟类等。类可以定义为具有相似特征和行为的对象的集合，如人类共同具有的区别于其他动物的特征有直立行走、使用工具、使用语言交流等。所有的事物都可以归到某类中。例如，汽车属于交通工具类，手机属于通信工具类。

属于某个类的一个具体的对象称为该类的一个实例（instance）。例如，我的汽车是汽车类的一个实例。实例与对象是同一个概念。

类与实例的关系是抽象与具体的关系。类是多个实例的综合抽象，实例是某个类的个体实物。

3. 消息

对象与对象之间不是孤立的，它们之间存在着某种联系，这种联系是通过消息传递的。例如，开汽车就是人向汽车传递消息。

一个对象发送的消息包含三方面的内容：接收消息的对象；接收对象采用的方法（操作）；方法所需要的参数。

4.1.3 面向对象基本特征

为支持面向对象的设计原理，所有 OOP 语言，包括 Java 在内，都有三个特性：封装性、继承性和多态性。

1. 封装性

封装（encapsulation）就是把对象的状态（属性）和行为（方法）结合成一个独立的系统单位，并尽可能地隐藏对象的内部细节。例如，一辆汽车就是一个封装体，封装了汽车的状态和操作。

封装使一个对象形成两个部分：接口部分和实现部分。对用户来说，接口部分是可见的，而实现部分是不可见的。

封装提供了两种保护。首先封装可以保护对象，防止用户直接存取对象的内部细节；其次封装也保护了客户端，防止对象实现部分的改变可能产生的副作用，即实现部分的改变不会影响到客户端的改变。

在对象中，代码或数据对该对象来说都可以是私有的（private）或公有的（public）。私有代码和数据仅能被对象本身的其他部分访问，不能被该对象外的任何程序所访问。当代码或数据是公有的时，虽然它们定义在对象中，但程序的其他部分也可以访问。

2. 继承性

继承（inheritance）的概念普遍存在于现实世界中。它是一个对象获得另一个对象属性的过程。继承之所以重要，是因为它支持层次结构类的概念。可以发现，在现实世界中，许多知识都是通过层次结构方式进行管理的。

例如，一个富士苹果是苹果类的一部分，而苹果又是水果类的一部分，水果类则是食物类的一部分。食物类具有的某些特性（可食用，有营养）也适用于它的子类水果。除了这些特性以外，水果类还具有与其他食物不同的特性（多汁、味甜等）。苹果类则定义了属于苹果的特性（长在树上，属于非热带植物）。图 4-1 给出了食物及其子类的继承关系。

如果不使用层次结构，那么对象就不得不明确定义自己的特征。如果使用继承，那么对象就只需定义自己特有的属性就可以了，至于基本的属性则可以从父类继承。

继承性体现了类之间的是一种（IS-A）关系。类之间的关系还有组合、关联等。

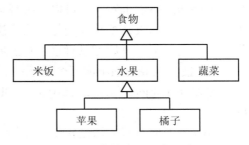

图 4-1　食物类及子类层次

3. 多态性

多态性（polymorphism）是面向对象编程语言的一个重要特性。所谓多态，是指一个程序中相同的名字表示不同含义的情况。面向对象程序中的多态有多种情况。在简单的情况下，在同一个类中定义了多个名称相同的方法，即方法重载；另一种情况是子类中定义的与父类中的方法同名的方法，即方法覆盖。这两种情况都称为多态，且前者称为静态多态，后者称为动态多态。有关 Java 语言的多态性请参考本书 7.5 节的介绍。

58

4.1.4　OOP 的优势

OOP 完全不同于传统的面向过程的程序设计，极大地降低了软件开发的难度，使编程就像搭积木一样简单，OOP 的优势包括代码易维护、可重用以及可扩展。OOP 的好处是实实在在的，这正是大多数现代编程语言均是面向对象的原因。

1. 易维护（maintainability）

现代的软件规模往往都十分巨大。一个系统有上百万行的代码已是很平常的。C++之父 Bjarne Stroustrup 曾经说过，当一个系统变得越来越大时，就会给开发者带来很多问题。其原因在于，大型程序的各个部分之间是相互依赖的。当修改程序的某个部分时可能会影响到其他部分，而这种影响是不能轻易被发现的。采用 OOP 方法就可以很容易地使程序模块化，这种模块化极大地减少了维护的问题。在 OOP 中，模块是可以继承的，因为类（对象的模板）本身就是一个模块。好的设计应该允许类包含类似的功能性和有关数据。OOP 中经常用到的一个术语是耦合，它表示两个模块之间的关联程度。不同部分之间的松耦合会使代码更容易实现重用，这是 OOP 的另一个优势。

2. 可重用（resusability）

可重用是指之前写好的代码可以被代码的创建者或需要该代码功能的其他人重用。因此，OOP 语言通常提供一些预先设计好的类库供开发员使用。Java 就提供了几百个类库或 API（应用编程接口），这些都是经过精心设计和测试的。用户也可以编写或发布自己的类库。支持编程平台中的可重用性，这是十分吸引人的，因为它可以极大地缩短开发时间。

可重用性不仅适用于重用类和其他类型的代码，在 OOP 系统中设计应用程序时，针对 OOP 设计问题的解决方案也可以重用，这些解决方案称为设计模式，为了便于使用，每种设计模式都有一个名字。

3. 可扩展（extensibility）

可扩展是指一种软件在投入使用之后，其功能可以被扩展或增强。在 OOP 中，可扩展性主要通过继承来实现。可以扩展现有的类，对它添加一些方法和数据，或修改不适当方法的行为。如果某个基本功能需要多次使用，但又不想让类提供太具体的功能，就可以设计一个泛型类，以后可以对它进行扩展，使它能够提供特定于某个应用程序的功能。

OO 技术主要包括下面三个领域：面向对象分析（object oriented analysis，OOA）、面向对象设计（object oriented design，OOD）和面向对象编程（object oriented programming，OOP）。

Java 与面向对象方法是密不可分的，所有的 Java 程序至少在某种程度上都是面向对象的。因为 OOP 对 Java 的重要性，所以在开始编写哪怕是一个很简单的 Java 程序之前，理解 OOP 的基本原理都是非常有用的。

教学视频

4.2　为对象定义类

面向对象编程就是使用对象进行程序设计。对象（object）代表现实世界中可以明确标识的一个实体。例如，一名学生、一部手机、一辆汽车、一个矩形、一个按钮甚至一笔贷款都可以看作是一个对象。每个对象都有自己独特的标识、状态和行为。

- 对象的状态（state），也称为特征（property）或属性（attribute），是由具有当前值的数据域来表示的。例如，员工对象具有数据域 name 和 age，它们标识员工的属性。一个矩形对象具有数据域 width 和 height，它们是描述矩形的属性。

- 对象的行为（behavior），也称动作（action）是由方法定义的。调用对象的一个方法就是要求对象完成一个动作。例如，可以为矩形对象定义一个名为 getArea()和 getPerimeter()方法，矩形对象可以调用 getArea()返回矩形的面积，调用 getPerimeter()方法返回矩形的周长。还可以在矩形对象上定义 setWidth()、setHeight()等方法。

使用一个通用类定义同一类型的对象。类是一个模板或蓝图，用来定义对象的数据域是什么以及方法是做什么的。一个对象是类的一个实例（instance）。可以从一个类中创建多个实例。创建实例的过程称为实例化（instantiation）。对象和实例经常是可以互换的。类和对象之间的关系类似于汽车图纸和一辆汽车之间的关系。可以根据汽车图纸生产任意多的汽车。

类是组成 Java 程序的基本要素，封装了一类对象的状态和行为，是这一类对象的原形。定义一个新的类，就创建了一种新的数据类型；实例化一个类，就得到一个对象。

4.2.1 类的定义

可以说，Java 程序一切都是对象。要想得到对象，首先必须定义类（也可以使用事先定义好的类），然后创建对象。

一个类的定义包括两个部分：类声明和类体的定义。

1. 类声明

类声明的一般格式为：

```
[public][abstract|final] class ClassName [extends SuperClass]
                [implements InterfaceNameList]{
    //1.成员变量声明
    //2.构造方法的定义
    //3.成员方法的定义
}
```

说明：

（1）类的修饰符。

类的访问修饰符可以是 public 或缺省。若类用 public 修饰，则该类称为公共类，公共类可被任何包中的类使用。若不加 public 修饰符，类只能被同一包中的其他类使用。如果类使用 abstract 修饰符，则该类为抽象类；若用 final 修饰符，则该类为最终类。

（2）extends SuperClass。

如果一个类要继承某个类需使用 extends 指明该类的父类，SuperClass 为父类名，即定义该类继承了哪个类。如果定义类的时候没有指明所继承的父类，那么它自动继承 Object 类。

（3）implements InterfaceNameList。

如果定义的类需要实现接口，则使用 implements InterfaceNameList 选项。一个类可以实现多个接口，若实现多个接口，接口名中间用逗号分开。

（4）类体。

类声明结束后是一对大括号，大括号括起来的部分称为类体（class body）。类体中通常包含三部分内容：构造方法、成员变量和成员方法。构造方法用于创建类实例，成员变量定义对象状态，成员方法定义对象行为。

下面代码定义一个名为 Employee 的类。

程序 4.1　Employee.java

```java
public class Employee {
    public String name;
    public int age;
    public double salary;

    public Employee(){}     //无参数构造方法

    public void sayHello() {
        System.out.println("My name is " + name);
    }
    public double computeSalary(int hours, double rate) {
        salary = salary + hours * rate;
        return salary;
    }
}
```

程序定义了一个 Employee 类表示员工，在该类中定义了三个变量，即 name、age 和 salary，分别表示员工的姓名、年龄和工资。类中还定义了 sayHello()方法和 computeSalary()方法。该类定义一个无参数的构造方法。编译该程序可得到一个 Employee.class 类文件。

2. 成员变量的定义

成员变量的声明格式为：

```
[public|protected|private][static][final] type  variableName[=value];
```

说明：

（1）变量的访问修饰符。

public|protected|private 为变量的访问修饰符。用 public 修饰的变量为公共变量，公共变量可以被任何方法访问；用 protected 修饰的变量称为保护变量，保护变量可以被同一个包中的类或子类访问；没有使用访问修饰符，该变量只能被同一个包中的类访问；用 private 修饰的变量称为私有变量，私有变量只能被同一个类的方法访问。

（2）实例变量和静态变量。

如果变量用 static 修饰，则该变量称为静态变量，又称为类变量。没有用 static 修饰的变量称为实例变量。

（3）使用 final 修饰的变量叫作最终变量，也称为标识符常量。常量可以在声明时赋初值，也可以在后面赋初值，一旦为其赋值，就不能再改变了。

3. 构造方法的定义

构造方法也叫构造器（constructor），是类的一种特殊方法。Java 中的每个类都有构造方法，它的作用是创建对象并初始化对象的状态。下面代码定义一个不带参数的构造方法。

```
public Employee(){}     //默认构造方法，不带参数，方法体为空
```

用户也可以定义带参数的构造方法。4.3.4 节将详细介绍构造方法。

4. 成员方法的定义

类体中另一个重要的成分是成员方法。该方法用来实现对象的动态特征，也是在类的对象上可完成的操作。Java 的方法与 C/C++中的函数类似，是一段用来完成某种操作的程序片段。但与 C/C++语言不同的是，Java 的方法必须定义在类体内，不能定义在类体外。

成员方法的定义包括方法的声明和方法体的定义，一般格式如下：

```
[public|protected|private][static][final|abstract]
    returnType  methodName ([paramList]) {
        //方法体
}
```

说明：

（1）方法返回值与方法名。

methodName 为方法名，每个方法都要有一个方法名。returnType 为方法的返回值类型，返回值类型可以是任何数据类型（包括基本数据类型和引用数据类型）。若一个方法没有返回值，则 returnType 应为全局变量。例如：

```
public void sayHello()
```

（2）方法参数。

在方法名的后面是一对括号，括号内是方法的参数列表，声明格式为：

```
type paramName1 [,type paramName2…]
```

type 为参数的类型；paramName 为参数名，这里的参数称为形式参数。方法可以没有参数，也可以有一个或多个参数。如果有多个参数，参数的声明中间用逗号分开。例如：

```
public void methodA(String s, int n)
```

该方法声明了两个参数，在调用方法时必须提供相应的实际参数。

（3）访问修饰符。

public、protected 和 private 为方法的访问修饰符。private 方法只能在同一个类中被调用，protected 方法可以在同一个类、同一个包中的类以及子类中被调用，而用 public 修饰的方法可以在任何类中调用。一个方法如果缺省访问修饰符，则称包可访问的，即可以被同一个类的方法访问和同一个包中的类访问。

（4）实例方法和静态方法。

没有用 static 修饰的方法称为实例方法，用 static 修饰的方法称为静态方法。关于 static 修饰符的使用，请参阅 4.4 节"静态变量和静态方法"。

类和对象

（5）final 和 abstract 方法。

用 final 修饰的方法称为最终方法，最终方法不能被覆盖。方法的覆盖与继承有关。用 abstract 修饰的方法称为抽象方法。

📖 提示：在类体中，经常需要定义类的构造方法，构造方法用于创建新的对象。有些专家认为构造方法不是方法，它们也不是类的成员。

4.2.2　对象的使用

有了 Employee 类，就可以创建该类的实例，然后访问它的成员和调用它的方法完成有关操作，如调用 computeSalary()方法计算员工的工资等。下面程序使用 Employee 类创建一个对象并访问它的变量和方法。

程序 4.2　EmployeeDemo.java

```
public class EmployeeDemo{
    public static void main(String[] args){
        Employee employee;              //声明一个Employee类型的引用变量
        employee = new Employee();      //调用构造方法创建对象
        employee.name = "李明";         //访问对象的成员
        employee.age = 28;
        employee.salary = 5000.00;
        //输出员工信息
        System.out.println("姓名 = " + employee.name);
        System.out.println("年龄 = " + employee.age);
        System.out.println("工资 = " + employee.salary);
        employee.sayHello();            //调用对象的方法
    }
}
```

程序运行结果为：

```
姓名 = 李明
年龄 = 28
工资 = 5000.00
My name is 李明
```

1. 创建对象

为了使用对象，一般还要声明一个对象名，即声明对象的引用（reference），然后使用 new 运算符调用类的构造方法创建对象。对象声明格式如下：

```
TypeName objectName;
```

TypeName 为引用类型名，可以是类名也可以是接口名；objectName 是对象名或引用名或实例名。例如，在 EmployeeDemo 类中的语句：

```
Employee employee;
employee = new Employee();
```

上述语句执行后的效果如图 4-2 所示。代码声明了一个 Employee 类的引用，实际上 employee 只保存着实际对象的内存地址。第二个语句执行后，程序创建了一个实际对象。这里使用 new 运算符调用 Employee 类的构造方法并把对该对象的引用赋给 employee。创建一个对象也叫实例化，对象也称为类的一个实例。

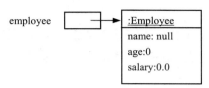

图 4-2　employee 对象示意图

若要声明多个同类型的对象名，可用逗号分开。

```
Employee emp1, emp2;
```

也可以将对象的声明和创建对象使用一个语句完成。

```
Employee employee = new Employee();
```

若对象仅在创建处使用，也可以不声明引用名。例如，下面语句直接创建一个 Employee 对象，然后调用其 sayHello()方法。

```
new Employee().sayHello();
```

2. 对象的使用

创建了一个对象引用后，就可以通过该引用来操作对象。使用对象主要是使用点号运算符（.）通过对象引用访问对象的成员变量和调用对象的成员方法。例如，在 EmployeeDemo.java 程序中，使用下面语句访问对象 employee 的成员变量 name 和 age，调用对象 employee 的成员方法 sayHello()。

```
System.out.println("姓名 = " + employee.name);
System.out.println("年龄 = " + employee.age);
employee1.sayHello();
```

3. 对象引用赋值

对于基本数据类型的变量赋值，是将变量的值的一个副本赋给另一个变量。例如：

```
int x = 10;
int y = x;      //将x 的值10赋给变量y
```

对于对象的赋值是将对象的引用（地址）赋值给变量。

```
Employee emp1 = new Employee();
Employee emp2 = emp1;  //将emp1的引用赋给emp2
```

上面的赋值语句执行结果是把 emp1 的引用赋值给了 emp2，即 emp1 和 emp2 的地址相同，也就是 emp1 和 emp2 指向同一个对象，如图 4-3 所示。

类和对象

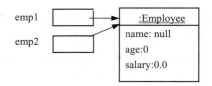

图 4-3 对象的引用赋值

由于引用变量 emp1 和 emp2 指向同一个对象，这时如果将 emp1 对象的 name 成员变量值修改为"李明"，那么输出 emp2 的 name 成员变量值也是"李明"，代码如下：

```
emp1.name="李明";
System.out.println(emp2.name);  //输出结果是"李明"
```

4.2.3 理解栈与堆

当 Java 程序运行时，JVM 需要给数据分配内存空间。内存空间在逻辑上分为栈（stack）与堆（heap）两种结构。理解栈与堆对理解 Java 程序运行机制很有帮助。当 Java 程序运行时，被调用方法参数和方法中定义的局部变量都存储在内存栈中，当程序使用 new 运算符创建对象时，JVM 将在堆中分配内存。

假设已经定义了 Employee 类，在 main()方法中创建该类的一个对象，代码如下：

```
public static void main(String[] args){
    Employee employee = new Employee();
    employee.name = "李明";
    employee.age = 28;
    employee.salary = 5000.00;
}
```

当 main()方法执行时，JVM 首先创建一个活动记录（activation record），它包括方法的参数 args、方法中声明的局部变量 employee，将其存储在栈中。在 main()方法中创建了 Employee 对象，则该对象在堆中分配内存，上述代码执行后的栈与堆的情况如图 4-4 所示。如果在 main()方法中调用了另一个方法，将创建另一个活动记录，并将其存入栈中。

当方法调用结束返回时，活动记录将从栈中弹出，也叫出栈。Java 运行时系统将释放为活动记录中变量分配的空间。

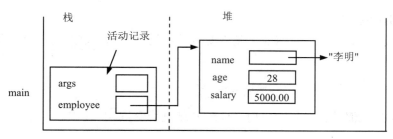

图 4-4 程序运行时栈和堆示意图

4.2.4 用 UML 图表示类

UML（unified modeling language）称为统一建模语言，是一种面向对象的建模语言，运用统一、标准化的标记和定义实现对软件系统进行面向对象的描述和建模。

在 UML 中可以用类图描述一个类。图 4-5 所示是 Employee 类的类图，它用长方形表示，一般包含三个部分：上面是类名；中间是成员变量清单；下面是构造方法和普通方法清单。有时为了简化类的表示，可能省略后两部分，只保留类名部分。

在一个 UML 类图中，可以包含有关成员访问权限的信息。public 成员的前面加一个"+"，private 成员前加"−"，protected 成员前加"#"，不加任何前缀的成员被看作具有默认访问级别。关于类成员的访问权限将在 7.2 节讨论。

从图 4-5 可以看到，Employee 类包含三个私有成员变量、两个构造方法和三个普通方法。在 UML 图中，成员变量和类型之间用冒号分隔。方法的参数列表放在括号中，参数需指定名称和类型，它的返回值类型写在一个冒号后面。

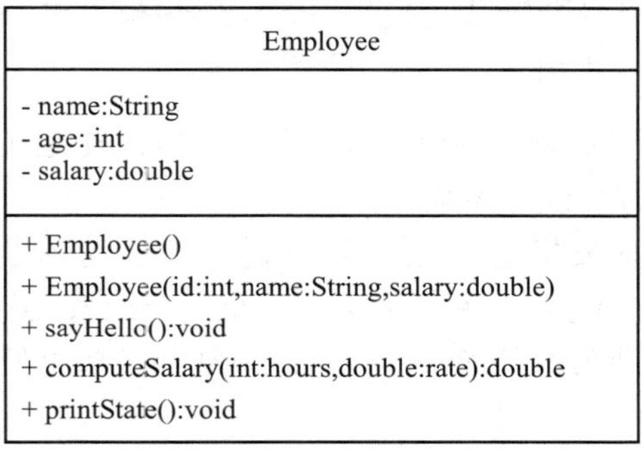

Employee
- name:String - age: int - salary:double
+ Employee() + Employee(id:int,name:String,salary:double) + sayHello():void + computeSalary(int:hours,double:rate):double + printState():void

图 4-5　Employee 类的类图

4.3　方 法 设 计

教学视频

在 Java 程序中，方法是类为用户提供的接口，用户使用方法操作对象。前面介绍了方法声明的格式，本节将学习如何设计方法、方法的重载、构造方法、方法的参数传递等。

4.3.1　如何设计方法

在类的设计中，方法的设计尤为重要。设计方法包括方法的返回值、参数以及方法的实现等。

1. 方法的返回值

方法的返回值是方法调用结束后返回给调用者的数据。很多方法需要返回一个数据，这时要指定方法返回值，具体是在声明方法时要指定返回值的类型。有返回值的方法需要使用 return 语句将值返回给调用者，它的一般格式如下：

```
return expression;
```

这里，expression 是返回值的表达式，当调用该方法时，该表达式的值返回给调用者。例如，Employee 类的 computeSalary()方法需返回工资值，因此需要指定返回值类型，如下所示：

类和对象

```java
public double computeSalary(int hours, double rate){
    salary = salary + hours * rate;
    return salary;
}
```

如果方法调用结束后不要求给调用者返回数据，则方法没有返回值，此时返回类型用void 表示，在方法体中可以使用 return 语句表示返回 void，格式如下：

```java
return;
```

> **注意：** 这里没有返回值，它仅表示将控制转回到调用处。当然，也可以省略 return，这时当方法中的最后一个语句执行结束以后，程序自动返回到调用处。例如，Employee 类的 sayHello()方法没有 return 语句。

2. 方法的参数

方法可以没有参数，也可以有参数。没有参数的方法在定义时只需一对括号。例如，Employee 类的 sayHello()方法没有参数。

有参数的方法在定义时要指定参数的类型和名称，指定的参数称为形式参数。例如，Employee 类 computeSalary()方法带两个参数，一个是 int 型；另一个是 double 型。对带参数的方法，在调用方法时要为其传递实际参数。方法的参数类型可以是基本类型，也可以是引用类型。

3. 方法的实现

方法声明的后面是一对大括号，大括号内部是方法体。方法体是对方法的实现，包括局部变量的声明和所有合法的 Java 语句。

方法的实现是，在方法体中通过编写有关的代码，实现方法所需要的功能。例如，在Employee 类的 computeSalary()方法是要计算员工的工资，因此通过有关公式计算得到结果，然后将其返回。方法体中可以包含多条语句。

```java
salary = salary + hours * rate;
return salary;
```

4. 访问方法和修改方法

一般地，把能够返回成员变量值的方法称为访问方法（accessor method），把能够修改成员变量值的方法称为修改方法（mutator method）。访问方法名一般为 getXxx()，因此访问方法也称 getter 方法。修改方法名一般为 setXxx()，因此修改方法也称 setter 方法。访问方法的返回值一般与原来的变量值类型相同，而修改方法的返回值为 void。例如，在Employee 类中可以定义下面两个方法：

```java
public void setName(String name){
    this.name = name;
}
public String getName(){
    return name;
}
```

分别是修改方法和访问方法。这种设计也是 Java Beans 规范所要求的。

5. 方法签名

在一个类中可定义多个方法,可以通过方法签名来区分这些方法。方法签名(signature)是指方法名、参数个数、参数类型和参数顺序的组合。

> 📢 **注意**: 方法签名的定义不包括方法的返回值。方法签名将用在方法重载、方法覆盖和构造方法中。

4.3.2 方法的调用

一般来说,要调用类的实例方法应先创建一个对象,然后通过对象引用调用。例如:

```
Employee employee = new Employee();
    ⋮
employee.sayHello();
```

如果要调用类的静态方法,通常使用类名调用。例如:

```
double rand = Math.random();       //返回一个随机浮点数
```

在调用没有参数的方法时,只使用括号即可,对于有参数的方法需要提供实际参数。关于方法参数的传递将在 4.3.6 节讨论。

方法调用主要使用在如下三种场合:

(1)用对象引用调用类的实例方法。

(2)类中的方法调用本类中的其他方法。

(3)用类名直接调用 static 方法。

4.3.3 方法重载

Java 语言提供了方法重载的机制,允许在一个类中定义多个同名的方法,这称为方法重载(method overloading)。实现方法重载,要求同名的方法要么参数个数不同,要么参数类型不同,仅返回值不同不能区分重载的方法。方法重载就是在类中允许定义签名不同的方法。

在类中定义了重载方法后,对重载方法的调用与一般方法的调用相同,下面的程序在 OverloadDemo 类中定义了 4 个重载的 display()方法。

程序 4.3　OverloadDemo.java

```
public class OverloadDemo{
    public void display (int a){
        System.out.println("a = "+a);
    }
    public void display (double d){
        System.out.println("d = "+d);
    }
    public void display(){
```

类和对象

```
        System.out.println("无参数方法");
    }
    public void display(int a,int b){
        System.out.println("a = "+a+",b = "+b);
    }
    //测试方法重载的使用
    public static void main(String[] args){
        OverloadDemo obj = new OverloadDemo();
        obj.display();
        obj.display(10);
        obj.display(50,60);
        obj.display(100.0);
    }
}
```

程序运行结果为：

```
无参数方法
a = 10
a = 50, b = 60
d = 100.0
```

在调用重载的方法时还可能发生自动类型转换。假设没有定义带一个 int 参数的 display()方法，"od.display(10);"语句将调用带 double 参数的 display()方法。

通过方法重载可实现编译时多态（静态多态），编译器根据参数的不同调用相应的方法，具体调用哪个方法是由编译器在编译阶段决定的。前面输出语句中经常使用的 println() 就是重载方法的典型例子，它可以接受各种类型的参数。

4.3.4　构造方法

构造方法也有名称、参数和方法体。构造方法与普通方法的区别是：
- 构造方法的名称必须与类名相同；
- 构造方法不能有返回值，也不能返回 void；
- 构造方法必须在创建对象时用 new 运算符调用。

构造方法定义的格式为：

```
[public | protected | private] ClassName([paramList]) {
    //方法体
}
```

这里，public|protected|private 为构造方法的访问修饰符，用来决定哪些类可以使用该构造方法创建对象。这些访问修饰符与一般方法的访问修饰符的含义相同。ClassName 为构造方法名，它必须与类名相同。paramList 为参数列表，构造方法可以带有参数。

1. 无参数构造方法

无参数构造方法（no-args constructor）是不带参数的构造方法。例如，在 Employee 类中，定义了一个无参数构造方法：

```
public Employee(){}
```

使用无参数构造方法创建对象，只需在类名后使用一对括号即可，如下所示：

```
Employee employee = new Employee();
```

构造方法主要作用是创建对象并初始化类的成员变量。对类的成员变量，若声明时和在构造方法中都没有初始化，新建对象的成员变量值都被赋予默认值。对于不同类型的成员变量，其默认值不同。整型数据的默认值是 0，浮点型数据默认值是 0.0，字符型数据默认值是'\u0000'，布尔型数据默认值是 false，引用类型数据默认值是 null。

2. 带参数构造方法

如果希望在创建一个对象时就将其成员变量设置为某个值而不是采用默认值，可以定义带参数构造方法。例如，在创建一个 Employee 对象时就指定员工的姓名、年龄，则可以定义如下带两个参数的构造方法。

```
public Employee(String n , int a){
    name = n ;
    age = a ;
}
```

然后，在创建 Employee 对象时可以指定员工的姓名和年龄，如下代码创建一个姓名为"李明"，年龄为 30 的员工对象：

```
Employee imp = new Employee("李明", 30);
```

3. 默认构造方法

如果在定义类时没有为类定义任何构造方法，则编译器自动为类添加一个默认构造方法（default constructor）。默认构造方法是无参数构造方法，方法体为空。假设没有为 Employee 类定义构造方法，编译器提供的默认构造方法如下：

```
public Employee(){}      //默认构造方法
```

一旦为类定义了带参数的构造方法，编译器就不再提供默认构造方法。再使用默认构造方法创建对象，编译器将给出编译错误提示。假设为 Employee 类只定义了带参数构造方法，再使用下面语句创建对象：

```
Employee emp = new Employee();
```

编译器就会给出如下错误提示：

```
The constructor Employee() is undefined
```

其含义是没有定义无参构造方法。如果还希望使用无参构造方法创建对象，则必须自己明确定义一个，如下所示：

```
public Employee(){
```

第 4 章

类和对象

```
    //方法体也可以为空
  }
```

4. 构造方法的重载

构造方法也可以重载，下面代码为 Employee 类定义了 4 个重载的构造方法，其中包含一个无参数构造方法和三个带参数的构造方法。

```java
public class Employee {
  private String name;
  private int age;
  private double salary;

  //无参数构造方法
  public Employee(){
    this.name = "";
    this.age = 0;
    this.salary = 0.0;
  }

  //带一个参数构造方法
  public Employee(String name) {
    this.name = name;
    this.age = 0;
    this.salary = 0.00;
  }

  //带两个参数构造方法
  public Employee(String name, int age) {
    this.name = name;
    this.age = age;
  }

  //带三个参数构造方法
  public Employee(String name, int age, double salary) {
    this.name = name;
    this.age = age;
    this.salary = salary;
  }
  ⋮
}
```

通过重载构造方法，就可以有多种方式创建对象。由于有了这些重载的构造方法，在创建 Employee 对象时就可以根据需要选择不同的构造方法。

4.3.5 this 关键字的使用

this 关键字表示对象本身。在一个方法的方法体或参数中，也可能声明与成员变量同名的局部变量，此时的局部变量会隐藏成员变量。要使用成员变量就需要在前面加上 this 关键字。例如：

```
public Employee(String name, int age, double salary) {
    this.name = name;
    this.age = age;
    this.salary = salary;
}
```

同样，在定义方法时，方法参数名也可以与成员变量同名。这时，在方法体中要引用成员变量也必须加上 this。例如，在 Employee 类中，定义修改姓名的方法如下：

```
public void setName(String name){
    this.name = name;
}
```

这里，参数名与成员变量同名，因此，在方法体中通过 this.name 使用成员变量 name，而没有带 this 的变量 name 是方法的参数。

this 关键字的另一个用途是在一个构造方法中调用该类的另一个构造方法。例如，假设在 Employee 类定义了一个构造方法 Employee(String name,int age,double salary)，现在又要定义一个无参数的构造方法，这时可以在下面的构造方法中调用该构造方法：

```
public Employee(){
    this("刘明", 25, 3000);
}
```

📢 **注意**：如果在构造方法中调用另一个构造方法，则 this 语句必须是第一条语句。

综上所述，this 关键字主要使用在下面三种情况。
- 解决局部变量与成员变量同名的问题；
- 解决方法参数与成员变量同名的问题；
- 用来调用该类的另一个构造方法。

Java 语言规定，this 只能用在非 static 方法（实例方法和构造方法）中，不能用在 static 方法中。实际上，在对象调用一个非 static 方法时，向方法传递了一个引用，这个引用就是对象本身，在方法体中用 this 表示。

4.3.6 方法参数的传递

对带参数的方法，调用方法时需要向它传递参数。那么参数是如何传递的呢？在 Java 语言中，方法的参数传递是按值传递（pass by value），即在调用方法时将实际参数值的一个副本传递给方法中的形式参数，方法调用结束后实际参数的值并不改变。形式参数是局部变量，其作用域只在方法内部，离开方法后自动释放。

尽管参数传递是按值传递的，但对于基本数据类型的参数和引用数据类型的参数的传递还是不同的。对于基本数据类型的参数，是将实际参数值的一个副本传递给方法，方法调用结束后，对原来的值没有影响。当参数是引用类型时，实际传递的是引用值，因此在

类和对象

方法的内部有可能改变原来的对象。

下面程序说明了这两种类型的参数传递。

程序 4.4   PassByValue.java

```java
public class PassByValue {
    public static void changeValue(int number, Employee employee){
        number = 200;
        System.out.println(number);       //输出200
        //在方法体中修改员工的工资
        employee.setSalary(5000);
    }

    public static void main(String[]args){
        int number = 100;
        Employee employee = new Employee();
        employee.setSalary(3000);
        changeValue(number,employee);
        //方法调用后输出number和员工的工资
        System.out.println(number);        //输出100
        System.out.println(employee.getSalary());
    }
}
```

程序的运行结果为：

```
200
100
5000.0
```

从程序运行结果可以看到，当参数为基本数据类型时，若在方法内修改了参数的值，在方法返回时，原来的值不变。当参数为引用类型时，传递的是引用，方法返回时引用没有改变，但对象的状态可能被改变。

📢 **注意**：如果为方法传递的是不可变的引用类型对象（如 String 对象），对象在方法内部不可能被改变。

教学视频

4.4   静态变量和静态方法

如果成员变量用 static 修饰，则该变量称为静态变量或类变量（class variable），否则称为实例变量（instance variable）。如果成员方法用 static 修饰，则该方法称为静态方法或类方法（class method），否则称为实例方法（instance method）。

4.4.1   静态变量

实例变量和静态变量的区别是：在创建类的对象时，Java 运行时系统为每个对象的实例变量分配一块内存，然后可以通过该对象来访问该实例变量。不同对象的实例变量占用不同的存储空间，因此它们是不同的。而对于静态变量，Java 运行且系统在类装载时为这个类的每个静态变量分配一块内存，以后再生成该类的对象时，这些对象将共享同名的静态变量，每个对象对静态变量的改变都会影响到其他对象。

下面的 Counter 类定义了一个静态变量 y。

程序 4.5　Counter.java

```java
public class Counter{
    public int x ;                  //实例变量
    public static int y = 0 ;       //静态变量
    public Counter(){
        x = 100;
    }
}
```

这里变量 x 是实例变量，y 是静态变量。这意味着在任何时刻不论有多少个 Counter 类的对象都只有一个 y。可能有一个、多个甚至没有 Counter 类的实例，总是只有一个 y。静态变量 y 在类 Counter 被装载时就分配了空间。

对于静态变量通常使用类名访问，如下所示：

```java
Counter.y = 100;
Counter.y = 200;
System.out.println(Counter.y);   //输出200
```

可以通过实例名访问静态变量，但这种方法可能产生混乱的代码，不推荐通过实例访问静态变量。下面代码说明了原因。

```java
Counter c1 = new Counter();
Counter c2 = new Counter();
c1.y = 100;
c2.y = 200;
System.out.println(c1.y);        //输出结果为200
```

如果忽略了 y 是静态变量，可能认为 c1.y 的结果为 100，实际上它的值为 200，因为 c1.y 和 c2.y 引用的是同一个变量。

通常，static 与 final 一起使用来定义类常量。例如，Java 类库中的 Math 类中就定义了两个类常量：

```java
public static final double E = 2.718281828459045 ;  //自然对数的底
public static final double PI = 3.141592653589793 ; //圆周率
```

可以通过类名直接使用这些常量。例如，下面语句可输出半径为 10 的圆的面积：

```java
System.out.println("面积 = " + Math.PI * 10 * 10) ;
```

Java 类库的 System 类中也定义了三个静态变量，分别是 in、out 和 err，它们分别表示

类和对象

标准输入设备（通常是键盘）、标准输出设备（通常是显示器）和标准错误输出设备。

4.4.2 静态方法

静态方法和实例方法的区别是：静态方法属于类，它只能访问静态变量。实例方法可以对当前的实例变量进行操作，也可以对静态变量进行操作。静态方法通常用类名调用，也可以用实例变量调用，实例方法必须由实例来调用。注意，在静态方法中不能使用 this 和 super 关键字。

请看下面的程序。

程序 4.6 SomeClass.java

```java
public class SomeClass{
    int x = 5;
    static int y = 48;
    //静态方法的定义
    public static void display(){
        y = y + 100;
        System.out.println("y = "+ y);
        //x = x * 5 ; 该语句会产生编译错误
        //System.out.println("x = "+ x);
    }
}
```

这里，display()方法是静态的，可以访问类的静态成员 y。但它不能访问 x，因为 x 是实例变量，因此程序中后两行会导致编译器错误。因为 x 是非静态的，所以它必须通过实例访问。编译器的错误消息为：

```
non-static variable x cannot be referenced from a static context.
```

通常使用类名访问静态方法。例如：

```
SomeClass.display();
```

关于类的静态成员和实例成员总结如下：实例方法可以调用实例方法和静态方法，以及访问实例变量和静态变量。静态方法可以调用静态方法以及访问静态变量。静态方法不能调用实例方法或访问实例变量，因为静态方法和静态变量不属于某个特定对象。静态成员和实例成员的关系如图 4-6 所示。

图 4-6 静态成员与实例成员的关系

在 Java 类库中也有许多类的方法定义为静态方法，因此可以使用类名调用。例如，

Math 类中定义的方法都是静态方法，下面是求随机数方法的定义：

```
public static double random() ;
```

从类成员的特性可以看出，可以用 static 来定义全局变量和全局方法。由于类成员仍然封装在类中，与 C 和 C++相比，Java 可以限制全局变量和全局方法的使用范围而防止冲突。

由于可以从类名直接访问静态成员，所以访问静态成员前不需要对它所在的类进行实例化。作为应用程序执行入口点的 main()方法必须用 static 来修饰，也是因为 Java 运行时系统在开始执行程序前并没有生成类的一个实例，因此只能通过类名来调用 main()方法开始执行程序。

4.4.3 单例模式

在 Java 类的设计中，有时希望一个类在任何时候只能有一个实例，这时可以将该类设计为单例模式（singleton）。要将一个类设计为单例模式，类的构造方法的访问修饰符应声明为 private，然后在类中定义一个 static 方法，在该方法中创建类的对象。

程序 4.7　Sun.java

```
public final class Sun{
    private static final Sun INSTANCE = new Sun();
    private int a = 0;
    private Sun(){}  //构造方法
    public static synchronized Sun getInstance(){
        return INSTANCE;
    }
    public void methodA(){
      a ++;
      System.out.println("a = " + a);
    }
    public static void main(String[] args){
      Sun sun1 = Sun.getInstance();
      Sun sun2 = Sun.getInstance();
      sun1.methodA();
      sun2.methodA();
      System.out.println(sun1==sun2);  //返回true表示引用同一实例
    }
}
```

程序输出结果为：

```
a = 1
a = 2
true
```

程序中将构造方法定义为 private，外部不能直接使用构造方法创建 Sun 的实例，而必

类和对象

须通过 getInstance()方法或 INSTANCE 常量返回唯一的实例。

4.4.4　递　归

递归（recursion）是解决复杂问题的一种常见方法。其基本思想就是把问题逐渐简单化，最后实现问题的求解。例如，求正整数 n 的阶乘 n!，就可以通过递归实现。n!可按递归定义如下：

```
0! = 1;
n! = n × (n-1)!; n > 0
```

按照上述定义，要求出 n 的阶乘，只要先求出 n-1 的阶乘，然后将其结果乘以 n。同理，要求出 n-1 的阶乘，只要求出 n-2 的阶乘即可。当 n 为 0 时，其阶乘为 1。这样计算 n!的问题就简化为计算(n-1)!的问题，应用这个思想，n 可以一直递减到 0。

Java 语言支持方法的递归调用。所谓方法的递归调用就是方法自己调用自己。设计算 n!的方法为 factor(n)，则该算法的简单描述如下：

```
if(n == 0)
    return 1 ;
else
    return factor(n-1) * n;
```

下面是完整的程序。

程序 4.8　RecursionDemo.java

```
public class RecursionDemo{
    public static long factor(int n){
        if(n == 0)
            return 1 ;
        else
            return n * factor(n-1);
    }
    public static void main(String[] args){
        int k = 20 ;
        System.out.println(k+"!="+factor(k));
        System.out.println("max = " + Long.MAX_VALUE);    //long型数的最大值
    }
}
```

程序的运行结果为：

```
20! = 2432902008176640000
max = 9223372036854775807
```

> **注意：** 如果 n 的值超过 20，n!的值将超出 long 型数据的范围，此时将得不到正确的结果。若求较大数的阶乘，可以使用 BigInteger 类。关于 BigInteger 类的使用，请参阅 8.3.7 节 "BigInteger 和 BigDecimal 类"。

4.5 对象初始化和清除

教学视频

在 Java 程序中需要创建许多对象，为对象确定初始状态称为对象初始化。对象初始化主要是指初始化对象的成员变量。实例变量和静态变量的初始化略有不同。当一个对象不再使用，应该清除以释放它所占的空间，通过垃圾回收器清除对象。

4.5.1 实例变量的初始化

Java 语言能够保证所有的对象都被初始化。实例变量的初始化方式有声明时初始化、使用初始化块和使用构造方法初始化。

1. 成员变量默认值

在类的定义中如果没有为变量赋初值，则编译器为每个成员变量指定一个默认值。对引用类型的变量，默认值为 null。各种类型数据的初始值如表 4-1 所示。

表 4-1 各种类型数据的初始值

变量类型	初始值	变量类型	初始值
byte	0	float	0.0F
short	0	double	0.0D
int	0	boolean	false
long	0L	char	\u0000

下面程序演示了几个变量的默认值。

程序 4.9 Student.java

```java
public class Student{
    int id;
    String name;
    double marks;
    boolean pass;
    //定义成员方法
    public void display(){
        System.out.println("id = "+id);
        System.out.println("name = "+name);
        System.out.println("marks = "+marks);
        System.out.println("pass = "+pass);
    }
    public static void main(String[] args){
        Student s = new Student();
        s.display();
    }
}
```

程序运行结果为：

第 4 章

类和对象

```
id = 0
name = null
marks = 0.0
pass = false
```

输出结果表明，在类的定义中没有为成员变量指定任何值，但在创建对象后，每个成员变量都有了初值，初值是该类型的默认值。这些变量的初值是在调用默认构造方法之前获得的。

> **注意**：对于方法或代码块中声明的变量，编译器不为其赋初始值，使用之前必须为其赋初值。

2. 在变量声明时初始化

可以在成员变量声明的同时为变量初始化，如下所示。

```
int id = 1001;
String name = "李明";
double marks = 90.5;
boolean pass = true;
```

还可以使用方法为变量初始化。例如：

```
public class Student{
    double marks = f();
    //…
}
```

其中，f()为该类定义的方法，返回一个 double 型值，然后用该值为 marks 初始化。

3. 使用初始化块初始化

在类体中使用一对大括号定义一个初始化块，在该块中可以对实例变量初始化。例如：

```
int id;
String name;
double marks;
boolean pass ;
{   //这里是初始化快
    id = 1001;
    name = "李明";
    marks = 90.5;
    pass = true;
}
```

> **注意**：初始化块是在调用构造方法之前调用的。

4. 使用构造方法初始化

可以在构造方法中对变量初始化。例如，对于 Student 类可以定义下面的构造方法。

```
public Student(int id, String name, double marks, boolean pass){
    this.id = id;
    this.name = name;
    this.marks = marks;
    this.pass = pass;
}
```

使用构造方法对变量初始化可以在创建对象时执行初始化动作。成员变量 id、name、marks、pass 等先执行自动初始化，即先初始化成默认值，然后才赋予指定的值。

5. 初始化次序

如果在类中既为实例变量指定了初值，又有初始化块，还在构造方法中初始化了变量，那么它们执行的顺序如何？最后变量的值是多少？下面的程序说明了初始化的顺序。

程序 4.10   **InitDemo.java**

```
public class InitDemo{
    int x = 100 ;
    {
        x = 60 ;
        System.out.println("x in initial block ="+x);
    }
    public InitDemo(){
        x = 58 ;
        System.out.println("x in constructor ="+x);
    }
    public static void main(String[] args){
        InitDemo d = new InitDemo();
        System.out.println("after constructor =" + d.x);
    }
}
```

程序运行结果为：

```
x in initial block = 60
x in constructor = 58
after constructor = 58
```

从上面程序输出结果可以看到，构造方法被最后执行。实际上，程序是按下面顺序为实例变量 x 初始化的。

（1）首先使用默认值或指定的初值初始化，这里先将 x 赋值为 100。

（2）接下来执行初始化块，重新将 x 赋值为 60。

（3）最后再执行构造方法，再重新将 x 赋值为 58。

因此，在创建 InitDemo 类的对象 d 后，d 的状态是其成员变量值为 58。

4.5.2 静态变量的初始化

静态变量的初始化与实例变量的初始化类似，静态变量如果在声明时没有指定初值，编译器也将使用默认值为其赋初值。其主要方法有声明时初始化、使用静态初始化块、使用构造方法初始化。

> 📢 **注意**：对于 static 变量，不论创建多少对象（甚至没有创建对象时）都只占一份存储空间。

1. 静态初始化块

对于 static 变量除了可以使用前两种方法初始化外，还可以使用静态初始化块。静态初始化块是在初始化块前面加上 static 关键字。例如，下面的类定义就使用了静态初始化块。

```java
public class StaticDemo{
    static int x = 100;
    static{   //静态初始化块
        x = 48;
    }
    public StaticDemo{
        x = 88;
    }
    //其他代码
}
```

> 📢 **注意**：在静态初始化块中只能使用静态变量（就像静态方法中只能使用静态变量和调用静态方法一样），不能使用实例变量。

静态变量是在类装载时初始化的，因此在产生对象前就初始化了，这是使用类名访问静态变量的原因。

2. 初始化顺序

当一个类有多种初始化方法时，执行顺序是：

（1）用默认值给静态变量赋值，然后执行静态初始化块为 static 变量赋值。

（2）用默认值给实例变量赋值，然后执行初始化块为实例变量赋值。

（3）最后使用构造方法初始化静态变量或实例变量。

4.5.3 垃圾回收器

在 Java 程序中，允许创建尽可能多的对象，而不用担心销毁它们。当程序使用一个对象后，该对象不再被引用时，Java 运行系统就在后台自动运行一个线程，终结（finalized）该对象并释放其所占的内存空间，这个过程称为垃圾回收（garbage collection，GC）。

后台运行的线程称为垃圾回收器（garbage collector）。垃圾回收器自动完成垃圾回收操作，因此，这个功能也称为自动垃圾回收。所以，在一般情况下，程序员不用关心对象不被清除而产生内存泄露问题。

1. 对象何时有可能被回收

当一个对象不再被引用时，该对象才有可能被回收。请看下面代码。

```
Employee emp = new Employee(), emp2 = new Employee();
emp2 = emp;
```

上面代码段创建了两个 Employee 对象 emp、emp2，然后让 emp2 指向 emp，这时 emp2 原来指向的对象没有任何引用指向它了，也没有任何办法得到或操作该对象了，该对象就有可能被回收了。

另外，也可明确删除一个对象的引用，这通过为对象引用赋 null 值即可，如下所示：

```
emp2 = null ; //原来的emp2对象可被回收，注意与上面代码的区别
```

一个对象可能有多个引用，只有在所有的引用都被删除，对象才有可能被回收。请看下面代码。

```
Employee a = new Employee();
Employee b = new Employee();
Employee c = new Employee();
a = b;
a = c;
c = null;
```

上述语句执行后，只有原来 a 所指向的对象可以被回收。

2. 强制执行垃圾回收器

尽管 Java 提供了垃圾回收器，但不能保证不被使用的对象及时回收。如果希望系统运行垃圾回收器，可以直接调用 System 类的 gc()方法，如下所示：

```
System.gc();
```

另一种调用垃圾回收器的方法是通过 Runtime 类的 gc()实例方法，如下所示：

```
Runtime rt = Runtime.getRuntime();
rt.gc();
```

📢 **注意：** 启动垃圾回收器并不意味着马上能回收无用的对象。因为，执行垃圾回收器需要一定的时间，且受各种因素如内存堆的大小、处理器的速度等的影响，因此垃圾回收器的真正执行是在启动垃圾回收器后的某个时刻才能执行。

4.5.4　变量作用域和生存期

变量的作用域（scope）是指一个变量可以在程序的什么范围内可以被使用。一般来说，变量只在其声明的块中可见，在块外不可见。若一个变量属于某个作用域，它在该作用域可见，即可被访问，否则不能被访问。

变量的生存期（lifetime）是指变量被分配内存的时间期限。当声明一个方法局部变量时，系统将为该变量分配内存，只要方法没有返回，该变量将一直保存在内存中。一旦方法返回，该变量将从内存栈中清除，它将不能再被访问。

对于对象，当使用 new 创建对象时，系统将在堆中分配内存。当一个对象不再被引用

时，对象和内存将被回收。实际上是在之后某个时刻当垃圾回收期运行时才被回收。

　　Java 程序的作用域是通过块实现的，块（block）是通过一对大括号指定的，块可对语句进行分组并定义了变量的作用域。下面代码说明了 i、j 和 k 三个变量的作用域。

```java
private void method(int n){
    int i = 100;
    Employee c = new Employee();
    for(int j = 0; j < 100; j ++){
        a[j] = 0;
        b[j] = -1;
    }
    while(i > 0){
        int tmp;
        tmp = i * i;
        a[i] = b[i] * i + tmp;
    }
}
```

　　这里，参数 n、局部变量 i 和 c 的作用域在整个 method()方法中；j 的作用域在 for 循环体中；而 tmp 的作用域在 while 循环体中。这些变量离开了它们的作用域，其所占内存即被释放，将不能再访问它们。

教学视频

4.6　包与类的导入

　　Java 语言使用包来组织类库，包（package）实际是一组相关类或接口的集合。Java 类库中的类都是通过包来组织的，用户自己编写的类也可以通过包组织。包实际上提供了类的访问权限和命名管理机制。具体来说，包主要有下面几个作用：

- 可以将功能相关的类和接口放到一个包中；
- 通过包实现命名管理机制，不同包中可以有同名的类；
- 通过包还可以实现对类的访问控制。

4.6.1　包

　　通常用户自定义的类也应存放到某个包中，这需要在定义类时使用 package 语句。包在计算机系统中实际上对应于文件系统的目录（文件夹）。

1. package 语句

　　如果在定义类时没有指定类属于哪个包，则该类属于默认包（default package），即当前目录。默认包中的类只能被该包中的类访问。为了有效地管理类，通常在定义类时指定类属于哪个包，这可通过 package 语句实现。

　　为了保证自己创建的类不与其他人创建的类冲突，需要将类放入包中，这就需要给包取一个独一无二的名称。为了使用户的包名与别人的包名不同，建议将域名反转过来，然后中间用点（.）号分隔作为包的名称。因为域名是全球唯一的，以这种方式定义的包名也是全球唯一的。

例如，假设一个域名为 demo.com，那么创建的包名可以为 com.demo。创建的类都存放在这个包下，这些类就不会与任何人的类冲突。为了更好地管理类，还可以在这个包下定义子包（实际上就是子目录），如建立一个存放工具类的 tools 子包。

要将某个类放到包中，需在定义类时使用 package 语句指明属于哪个包，如下所示：

```
package com.demo;
public class Employee{
    ⋮
}
```

上述代码定义了 Employee 类，代码开头的 package 语句指明该编译单元中定义的类属于 com.demo 包。在 Java 中，一个源文件只能有一条 package 语句，该语句必须为源文件的第一条非注释语句。

2. 如何创建包

上述文件在任何目录中都可以编译，但是编译后的类文件应放在 com\demo 目录中。由于包名对应于磁盘目录，所以创建包就是创建存放类的目录。创建包通常有两种方法。

1）由 IDE 创建包

许多 IDE 工具（如 Eclipse 或 NetBeans 等）创建带包的类时自动创建包的路径，并将编译后的类放入指定的包中。

2）使用带–d 选项的编译命令

如对于上述源文件可使用下列方法编译：

```
D:\study>javac -d D:\study Employee.java
```

这里，–d 后面指定的路径为包的上一级目录。这样编译器自动在 D:\study 目录创建一个 com\demo 子目录，然后将编译后的 Employee.class 类文件放到该目录中。

将类放入包中后，其他类要使用这些类就可以通过 import 语句导入。但是，在字符界面下要使编译器找到该类，还需要设置 CLASSPATH 环境变量。假设原来的 CLASSPATH 设置为：

```
CLASSPATH =.;C:\Program Files\Java\jdk1.8.0_111\lib;
```

修改后的设置应为：

```
CLASSPATH=.;C:\Program Files\Java\jdk1.8.0_111\lib;D:\study
```

为了方便程序设计和运行，Java 类库中的类都是以包的形式组织的，这些类通常称为 Java 应用编程接口（application programming interface，API）。有关 API 的详细信息请参阅 Java API 文档。

3. 类的完全限定名

如果一个类属于某个包，可以用类的完全限定名（fully qualified name）来表示。例如，若 Employee 类属于 com.demo 包，则该类的完全限定名为 com.demo.Employee。

4.6.2　类的导入

为了使用某个包中的类或接口，需要将它们导入到源程序中。在 Java 语言中使用两种导入：一是使用 import 语句导入指定包中的类或接口；二是使用 import static 导入类或接口中的静态成员。

1. import 语句

import 语句的一般格式为：

```
import package1[.package2[.package3[…]]].ClassName|*;
```

选项 ClassName 指定导入的类名，选用"*"号，表示导入包中所有类。如果一个源程序中要使用某个包中的多个类，用第二种方式比较方便，否则要写多个 import 语句。导入某个包中所有类并不是将所有的类都加到源文件中，而是使用到哪个类才导入哪个。也可以不用 import 语句而在使用某个类时指明该类所属的包。

```
java.util.Scanner sc = new java.util.Scanner(System.in);
```

需要注意的是，如果用"*"号这种方式导入的类有同名的类，在使用时应指明类的全名。

程序 4.11　PackageDemo.java

```
import java.util.*;
import java.sql.*;
public class PackageDemo{
    public static void main(String[] args){
        Date d = new Date();      //该语句编译错误
        System.out.println("d = " + d);
    }
}
```

该程序在编译时会产生错误。因为在 java.util 包和 java.sql 包中都有 Date 类，编译器不知道创建哪个类的对象，这时需要使用类的完全限定名。如要创建 java.util 包中的 Date 类对象，创建对象的语句应该改为：

```
java.util.Date d = new java.util.Date();
```

2. import static 语句

从前面的例子可以看到，使用一个类的静态常量或静态方法，需要在常量名前或方法名前加上类名，如 Math.PI、Math.random()等。这样如果使用的常量或方法较多，代码就显得冗长。因此在 Java 5 版中，允许使用 import static 语句导入类中的常量和静态方法，然后再使用这些类中的常量或方法就不用加类名前缀了。

例如，要使用 Math 类的 random()等方法，就可以先使用下列静态导入语句。

```
import static java.lang.Math.*;
```

然后在程序中就可以直接使用 random()了，请看下面程序。

程序 4.12　ImportStaticDemo.java

```java
import static java.lang.Math.*;
import static java.lang.System.*;
public class ImportStaticDemo{
    public static void main(String[] args){
        double d = random();              //不需要加类名前缀
        double pi = PI;
        out.println("d = "+d);            //out是System类的一个静态成员
        out.println("pi = "+pi);
    }
}
```

📖 提示：使用 java.lang 包和默认包（当前目录）中的类不需要使用 import 语句将其导入，编译器会自动导入该包中的类。

4.6.3　Java 编译单元

一个源程序文件通常称为一个编译单元（compile unit）。每个编译单元可以包含一个 package 语句、多个 import 语句以及类、接口和枚举定义。

📢 注意：一个编译单元中最多只能定义一个 public 类（或接口、枚举等），并且源文件的主文件名与该类的类名相同。

4.7　小　　结

（1）类是对象的模板，定义对象的属性，并提供用于创建对象的构造方法以及操作对象的普通方法。

（2）类是一种引用数据类型，用来声明对象引用变量。对象引用变量包含的只是对该对象的引用，对象实际存储在内存堆中。

（3）对象是类的实例。可以使用 new 运算符创建对象，使用点运算符（.）通过对象的引用变量来访问该对象的成员。

（4）方法头指定方法的修饰符、返回值类型、方法名和参数。方法可以返回一个值，如果方法不返回值，则返回值类型使用关键字 void。有返回值的方法必须使用 return 语句返回一个值；无返回值的方法也可以使用 return 语句。

（5）参数列表是指方法中参数的类型、个数和次序。方法名和参数列表构成方法签名。参数是可选的，即一个方法可以不包含参数。

（6）传递给方法的实际参数应该与方法签名中的形式参数具有相同的个数、类型和顺序。

（7）当程序调用一个方法时，程序控制就转移到被调用的方法。被调用的方法执行到

类和对象

return 语句或到达方法结束的右括号时，程序控制返回到调用者。

（8）在 Java 中带返回值的方法也可以作为语句调用，在这种情况下，调用方法的返回值被忽略。

（9）方法可以重载。两个方法可以拥有相同的方法名，只要它们的方法参数列表不同即可。

（10）在方法中声明的变量称为局部变量。局部变量的作用域是从声明它的地方开始，到包含这个变量的块结束为止。局部变量在使用前必须声明和初始化。

（11）方法抽象是把方法的实现和使用分离。用户可以在不知道方法是如何实现的情况下使用方法。方法的实现细节封装在方法内，对调用该方法的用户是隐藏的。这称为信息隐藏或封装。

（12）构造方法和普通方法都可以重载。重载的方法是名称相同、参数个数或参数类型不同的方法。不能通过方法返回值确定方法重载。

（13）this 关键字用来引用当前对象。它可在普通方法中引用实例变量，也可在构造方法中调用同一个类的另一个构造方法。

（14）实例变量和方法属于类的一个实例。它们的使用与各自的实例相关联。静态变量是被同一个类的所有实例所共享的。可以在不使用实例的情况下调用静态方法。

（15）类的每个实例都能访问这个类的静态变量和静态方法。为清晰起见，最好使用"类名.变量"和"类名.方法"来访问静态变量和静态方法。

（16）实例变量的初始化顺序是在声明时初始化、使用初始化块初始化、使用构造方法初始化。静态变量的初始化顺序是声明时初始化、使用静态初始化块初始化、使用构造方法初始化。

（17）当一个对象不再被使用，系统自动调用后台垃圾回收器销毁对象，也可以调用 System.gc()方法或 Runtime 实例的 gc()方法强制执行垃圾回收器。但这些方法都不保证系统立即回收无用对象。

（18）包是实现类的组织和命名的一种机制，可以将相关的类组织到一个包中，需要时使用 import 语句导入。

编 程 练 习

4.1　定义一个名为 Person 的类，其中含有一个 String 类型的成员变量 name 和一个 int 类型的成员变量 age，分别为这两个变量定义访问方法和修改方法，另外再为该类定义一个名为 speak 的方法，在其中输出其 name 和 age 的值。画出该类的 UML 图。编写程序，使用上面定义的 Person 类，实现数据的访问和修改。

4.2　定义一个名为 Circle 的类，其中含有 double 型的成员变量 centerX 和 centerY 表示圆心坐标，radius 表示圆的半径。定义求圆面积的方法 getArea()方法和求圆周长的方法 getPerimeter()。为半径 radius 定义访问方法和修改方法。定义一个带参数构造方法，通过给出圆的半径创建圆对象。定义默认构造方法，在该方法中调用有参数构造方法，将圆的半径设置为 1.0。画出该类的 UML 图。编写程序测试这个圆类的所有方法。

4.3　定义一个名为 Rectangle 的类表示矩形，其中含有 length 和 width 两个 double 型的成员变量表示矩形的长和宽。要求为每个变量定义访问方法和修改方法，定义求矩形周长的方法 getPerimeter() 和求面积的方法 getArea()。定义一个带参数构造方法，通过给出的长和宽创建矩形对象。定义默认构造方法，在该方法中调用有参数构造方法，将矩形长宽都设置为 1.0。画出该类的 UML 图。编写程序测试这个矩形类的所有方法。

4.4　定义一个 Triangle 类表示三角形，其中三个 double 型变量 a、b、c 表示三条边长。为该类定义两个构造方法：默认构造方法设置三角形的三条边长都为 0.0；带三个参数的构造方法通过传递三个参数创建三角形对象。定义求三角形面积的方法 area()，面积计算公式为 area=Math.sqrt(s*(s−a)*(s−b)*(s−c))，其中 s=(a+b+c)/2。编写另一个程序测试这个三角形类的所有方法。

4.5　设计一个名为 Stock 的类表示股票，该类包括：
- 一个名为 symbol 的字符串数据域表示股票代码；
- 一个名为 name 的字符串数据域表示股票名称；
- 一个名为 previousPrice 的 double 型数据域，用来存储股票的前一日收盘价；
- 一个名为 currentPrice 的 double 型数据域，用来存储股票的当前价格；
- 创建一个给定特定代码和名称的股票构造方法；
- 一个名为 getChangePercent() 方法，返回从前一日价格到当前价格变化的百分比。

画出该类的 UML 图并实现这个类。编写一个测试程序，创建一个 Stock 对象，它的股票代码是 600000，股票名称是"浦发银行"，前一日收盘价是 25.5，当前的最新价是 28.6，显示市值变化的百分比。

4.6　编写程序，使用递归方法打印输出 Fibonacci 数列的前 20 项。Fibonacci 数列是第一和第二个数都是 1，以后每个数是前两个数之和，用公式表示为：$f_1 = f_2 = 1$，$f_n = f_{n-1} + f_{n-2}$（$n \geqslant 3$）。要求使用方法计算 Fibonacci 数，格式如下：

```
public static long fib(int n)
```

4.7　为一元二次方程 $ax^2+bx+c=0$ 设计一个名为 QuadraticEquation 的类。这个类包括：
- 代表三个系数的私有数据域 a、b 和 c；
- 一个参数为 a、b 和 c 的构造方法；
- a、b、c 的三个 getter 方法；
- 一个名为 getDiscriminant() 的方法返回判别式，b^2-4ac；
- 名为 getRoot1() 和 getRoot2() 的方法返回方程的两个根。

$$x_1 = \frac{-b + \sqrt{b^2 - 4ac}}{2a} \text{ 和 } x_2 = \frac{-b - \sqrt{b^2 - 4ac}}{2a}$$

这些方法只有在判别式为非负数时才有用，如果判别式为负，这些方法返回 0。

画出该类的 UML 图并实现这个类。编写一个测试程序，提示用户输入 a、b 和 c 的值，然后显示判别式的结果。如果判别式为正数，显示两个根；如果判别式为 0，显示一个根；否则显示"方程无根"。

4.8　定义一个名为 TV 的类表示电视机。每台电视机都是一个对象，每个对象都有状态（电源开或关、当前频道、当前音量）以及动作（打开、关闭、转换频道、调节音量等）。TV 类的 UML 如图 4-7 所示。

TV
- channel:int
- volumeLevel: int
- on:boolean
+ TV()
+ turnOn():void
+ turnOff():void
+ setChannel(newChannel:int): void
+ setVolume(newVolume :int): void
+ channelUp():void
+ channelDown():void
+ volumeUp():void
+ volumeDown():void

这个 TV 的当前频道（1～120）
这个 TV 的当前音量（1～20）
表明这个 TV 是开还是关的

默认构造方法
打开这个 TV
关闭这个 TV
为这个 TV 设置一个新频道
为这个 TV 设置一个新音量
给频道数增加 1
给频道数减去 1
给音量增加 1
给音量减去 1

图 4-7　TV 类的 UML 图

4.9　编写一个名为 MyInteger 的类，该类的 UML 图如图 4-8 所示。提示：在 UML 类图中，静态成员使用下画线进行标识。请编写应用程序测试该类方法的使用。

MyInteger
- value:int
+ MyInteger (int)
+ getValue():int
+ isEven():boolean
+ isOdd():boolean
+ isPrime():boolean
+ isEven(int):boolean
+ isOdd(int):boolean
+ isPrime(int):boolean
+ isEven(MyInteger):boolean
+ isOdd(MyInteger):boolean
+ isPrime(MyInteger):boolean
+ equals(int):boolean
+ equals(MyInteger):boolean
+ parseInt(char[]):int
+ parseInt(String):int

私有成员 value

带参数构造方法
返回 value 成员值
返回 value 是否是偶数
返回 value 是否是奇数
返回 value 是否是素数
返回参数整数是否是偶数
返回参数整数是否是奇数
返回参数整数是否是素数
返回参数整数对象是否是偶数
返回参数整数对象是否是奇数
返回参数整数对象是否是素数
比较当前对象整数与参数整数
比较当前对象整数与参数整数对象
将参数字符数组转换为整数
将参数字符串转换为整数

图 4-8　MyInteger 类的 UML 图

4.10　回文素数是指一个数同时为素数和回文数。例如，131 是一个素数，同时也是一个回文数，757 也是回文素数。编写程序，显示前 20 个回文素数。每行显示 10 个数，数字之间用空格隔开。显示如下。

```
  2    3    5    7    11    101  131  151  181  191
313  353  373  383  727   757  787  797  919  929
```

4.11　定义一个名为 Account 的类实现账户管理，它的 UML 图如图 4-9 所示。编写一个应用程序测试 Account 类的使用。

Account
- id:int
- balance: double
- annulRate:double
- dateCreated:LocalDate
+ Account()
+ Account(id:int,balance:double)
+ getId():int
+ setId(int id):void
+ getBalance():double
+ setBalance(double balance):void
+ getAnnualRate():double
+ setAnnualRate(annualRate:double):void
+ getDateCreated():LocalDate
+ getMonthlyInterestRate():double
+ withdraw(amount:double):void
+ deposit(amount:double):void

账户的 id
账户的余额
存款的年利率
账户创建日期

默认构造方法
带参数构造方法
返回 id 的方法
修改 id 的方法
返回 balance 的方法
修改 balance 的方法
返回 annualInterestRate 的方法
修改 annualInterestRate 的方法
返回账户创建日期的方法
返回月利率的方法
取款的方法
存款的方法

图 4-9　Account 类的 UML 图

<table>
<tr><td>第 5 章</td><td>数　　组</td></tr>
</table>

本章学习目标
- 描述数组的声明、创建、元素的访问;
- 学会使用 for 循环和增强 for 循环访问数组元素;
- 学会将数组作为方法参数和返回值;
- 了解可变参数方法的定义和使用;
- 使用 Arrays 类中的方法操作数组;
- 学会二维数组的声明、创建、初始化和元素的访问;
- 了解不规则二维数组的使用。

教学视频

5.1　创建和使用数组

数组是几乎所有程序设计语言都提供的一种数据存储结构。数组是名称相同,下标不同的一组变量,用来存储一组类型相同的数据。下面就来介绍声明、初始化和使用数组。

5.1.1　数组定义

使用数组一般需要如下三个步骤:
(1)声明数组:声明数组名称和元素的数据类型。
(2)创建数组:为数组元素分配存储空间。
(3)数组的初始化:为数组元素赋值。

1. 声明数组

使用数组之前需要声明,声明数组就是告诉编译器数组名和数组元素类型。数组声明可以使用下面两种等价形式。

```
elementType []arrayName;
elementType arrayName[];
```

这里,elementType 为数组元素类型,可以是基本数据类型(如 boolean 型或 char 类型),也可以是引用数据类型(如 String 或 Employee 类型等);arrayName 为数组名,它是一个引用变量;方括号指明变量为数组变量,既可以放在变量前面也可以放在变量后面,推荐放在变量前面,这样更直观。

例如,下面声明了几个数组:

```
double []marks;
String []words;
```

◀》**注意**：数组声明不能指定数组元素的个数，这一点与 C/C++不同。

上面声明的数组，它们的元素类型分别为 double 型和 String 型。在 Java 语言中，数组是引用数据类型，也就是说数组是一个对象，数组名就是对象名（或引用名）。数组声明实际上是声明一个引用变量。如果数组元素为引用类型，则该数组称为对象数组，如上面的 words 就是对象数组。所有数组都继承了 Object 类，因此，可以调用 Object 类的所有方法。

📖 **提示**：Java 语言的数组是一种引用数据类型，即数组是对象。数组继承 Object 类的所有方法。

2. 创建数组

数组声明仅仅声明一个数组对象引用，而创建数组是为数组的每个元素分配存储空间。创建数组使用 new 语句，一般格式为：

```
arrayName = new elementType[arraySize];
```

该语句功能是分配 arraySize 个 elementType 类型的存储空间，并通过 arrayName 来引用。例如：

```
marks = new double[5];     //数组包含5个double型元素
words = new String[3];     //数组包含3个String型元素
```

◀》**注意**：Java 数组的大小可以在运行时指定，这一点 C/C++不允许。

数组的声明与创建可以写在一个语句中。例如：

```
double []marks = new double[5];
String []words = new String[3];
```

当用 new 运算符创建一个数组时，系统就为数组元素分配了存储空间，这时系统根据指定的长度创建若干存储空间并为数组每个元素指定默认值。对数值型数组元素默认值是 0；字符型元素的默认值是'\u0000'；布尔型元素的默认值是 false；如果数组元素是引用类型，其默认值是 null。

前面两个语句分别分配了 5 个 double 型和 3 个 String 类型的空间，并且每个元素使用默认值初始化。两个语句执行后效果如图 5-1 所示。数组 marks 的每个元素都被初始化为 0.0，而数组 words 的每个元素被初始化为 null。

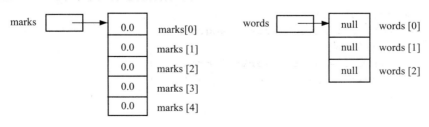

图 5-1　marks 数组和 words 数组示意

数组

对于引用类型数组（对象数组）还要为每个数组元素分配引用空间。例如：

```
words[0] = new String("Java");
words[1] = new String(" is");
words[2] = new String(" cool");
```

上面语句执行后效果如图 5-2 所示。

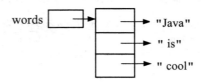

图 5-2　words 数组元素创建后的效果

3. 访问数组元素

声明了一个数组，并使用 new 运算符为数组元素分配内存空间后，就可以使用数组中的每一个元素。数组元素的使用方式是：

```
arrayName [index]
```

其中，index 为数组元素下标或索引，下标从 0 开始，到数组的长度减 1。例如，上面定义的 words 数组定义了三个元素，所以只能使用 words[0]、words[1] 和 words[2] 这三个元素。数组一经创建大小不能改变。

数组作为对象提供了一个 length 成员变量，它表示数组元素的个数，访问该成员变量的方法为 arrayName.length。

下面程序演示了数组的使用和 length 成员的使用。

程序 5.1　ArrayDemo.java

```java
package com.demo;
public class ArrayDemo {
    public static void main(String[] args) {
        double[] marks = new double[5];
        marks[0] = 79;
        marks[1] = 84.5;
        marks[2] = 63;
        marks[3] = 90;
        marks[4] = 98;
        System.out.println(marks[2]);
        System.out.println(marks.length);
        //输出每个元素值
        for (int i = 0; i < marks.length; i++) {
            System.out.print(marks[i] + "  " );
        }
    }
}
```

程序运行结果为：

```
63.0
5
79.0  84.5  63.0  90.0  98.0
```

为了保证安全性，Java 运行时系统要对数组元素的范围进行越界检查，若数组元素下标超出范围，运行时将抛出 ArrayIndexOutOfBoundsException 异常。例如，下面代码抛出异常。

```
System.out.println(marks[5]);
```

4. 数组初始化器

声明数组同时可以使用初始化器对数组元素初始化，在一对大括号中给出数组的每个元素值。这种方式适合数组元素较少的情况，这种初始化也称为静态初始化。

```
double[] marks = new double[]{79, 84.5, 63,90, 98};
String[] words = new String[]{"Java", " is", " cool" , };
```

用这种方法创建数组不能指定大小，系统根据元素个数确定数组大小。另外可以在最后一个元素后面加一个逗号，以方便扩充。

上面两句还可以写成如下更简单的形式：

```
double[] marks = {79, 84.5, 63, 90, 98};
String[] words = {"Java", " is", " cool"};
```

5.1.2 增强的 for 循环

如果程序只需顺序访问数组中每个元素，可以使用增强的 for 循环，它是 Java 5 新增功能。增强的 for 循环可以用来迭代数组和对象集合的每个元素。它的一般格式为：

```
for(type identifier: expression) {
    //循环体
}
```

该循环的含义为：对 expression（数组或集合）中的每个元素 identifier，执行一次循环体中的语句。这里，type 为数组或集合中的元素类型；expression 必须是一个数组或集合对象。

下面使用增强的 for 循环实现求数组 marks 中各元素的和，代码如下：

```
double sum = 0;
for(double score : marks){
    sum = sum + score;
}
System.out.println("总成绩=" + sum);
```

5.1.3 数组元素的复制

经常需要将一个数组的元素复制到另一个数组中。一种方法是将数组元素逐个复制到目标数组中。设有一个数组 source，其中有 4 个元素。现在定义一个数组 target，与原来数组类型相同，元素个数相同。使用下面方法将源数组的每个元素复制到目标数组中。

```
int[] source = {10,30,20,40};              //源数组
int[] target = new int[source.length];     //目标数组
for(int i = 0; i < source.length; i++)
    target[i] = source[i] ;
```

除上述方法外，还可以使用 System 类的 arraycopy()方法，格式如下：

```
public static void arraycopy(Object src, int srcPos,
                             Object dest, int destPos,int length)
```

其中，src 为源数组；srcPos 为源数组的起始下标；dest 为目的数组；destPos 为目的数组下标；length 为复制的数组元素个数。下面代码实现将 source 中的每个元素复制到数组 target 中。

```
int[] source = {10,30,20,40};
int[] target = new int[source.length];
System.arraycopy(source, 0, target, 0, 4);
```

使用 arraycopy()方法可以将源数组的一部分元素复制到目标数组中。需要注意的是，如果目标数组不足以容纳源数组元素，会抛出异常。

程序 5.2　**ArrayCopyDemo.java**

```
package com.demo;
public class ArrayCopyDemo{
  public static void main(String[] args){
    int[] a = {1,2,3,4};
    int[] b ={8,7,6,5,4,3,2,1};
    int[] c = {10,20};
    try{
      System.arraycopy(a, 0, b, 0, a.length);
      //下面语句发生异常，目标数组c容纳不下原数组a的元素
      System.arraycopy(a, 0, c, 0, a.length);
    }catch(ArrayIndexOutOfBoundsException e){
      System.out.println(e);
    }
    for(int elem: b){
      System.out.print(elem+"  ");
    }
    System.out.println();
    for(int elem: c){
      System.out.print(elem+"  ");
    }
    System.out.println("\n");
  }
}
```

程序运行结果为：

```
java.lang.ArrayIndexOutOfBoundsException
1 2 3 4 4 3 2 1
10  20
```

💬 **注意**：不能使用下列方法试图将数组 source 中的每个元素复制到 target 数组中。

```
int[] source = {10,30,20,40};
int[] target = source ;    //这是引用赋值
```

上述两条语句实现对象的引用赋值，两个数组引用指向同一个数组对象，如图 5-3 所示。

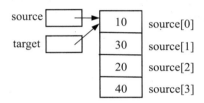

图 5-3 将 source 赋值给 target 的效果

5.1.4 数组参数与返回值

数组可以作为方法的参数和返回值。

可以将数组对象作为参数传递给方法。例如，下面代码定义了一个求数组元素和的方法。

```
public static double sumArray(double array[]){
    double sum = 0;
    for(int i = 0; i < array.length; i++){
        sum = sum + array[i];
    }
    return sum;
}
```

💬 **注意**：由于数组是对象，因此将其传递给方法是按引用传递。当方法返回时，数组对象不变。但要注意，如果在方法体中修改了数组元素的值，则该修改反映到返回的数组对象。

一个方法也可以返回一个数组对象。例如，下面的方法返回参数数组的元素反转后的一个数组。

```
public static int[] reverse(int[] list){
    int[] result = new int[list.length];  //创建一与参数数组大小相同的数组
    for(int i = 0, j = result.length - 1; i < list.length; i++ , j--){
```

```
        result[j] = list[i];      //实现元素反转
    }
    return result;                //返回数组
}
```

有了上述方法，可以使用如下语句实现数组反转。

```
int[] list = {6, 7, 8, 9, 10};
int[] list2 = reverse(list);
```

5.1.5　可变参数的方法

Java 语言允许定义方法（包括构造方法）带可变数量的参数，这种方法称为可变参数（variable argument）方法。具体做法是，在方法参数列表的最后一个参数的类型名之后、参数名之前使用省略号。例如：

```
public static double average(double … values){
    //方法体
}
```

这里，参数 values 被声明为一个 double 型值的序列。其中参数的类型可以是引用类型。对可变参数的方法，调用时可以为其传递任意数量指定类型的实际参数。在方法体中，编译器将为可变参数创建一个数组，并将传递来的实际参数值作为数组元素的值，这相当于为方法传递一个指定类型的数组。

程序 5.3　VarargsDemo.java

```
package com.demo;
public class VarargsDemo{
    public static double average(double … values){
        double sum = 0;
        for(double value:values){
            sum = sum + value;    //求数组元素之和
        }
        double average = sum / values.length;
        return average;
    }
    public static void main(String[] args){
        System.out.println(average(60,70,86));
    }
}
```

程序定义了带可变参数的方法 average()，它的功能是返回传递给该方法多个 double 型数的平均值。该程序调用了 average() 方法并为其传递三个参数，输出结果为 72.0。

在可变参数的方法中还可以有一般的参数，但是可变参数必须是方法的最后一个参数。例如，下面定义的方法也是合法的：

```
public static double average(String name,double … values){
    //方法体
}
```

> 📢 **注意**：在调用带可变参数的方法时，可变参数是可选的。如果没有为可变参数传递一个值，那么编译器将生成一个长度为 0 的数组。如果传递一个 null 值，将产生一个运行时 NullPointerException 异常。

5.1.6 实例：随机抽取 4 张牌

从一副有 52 张的纸牌中随机抽取 4 张，打印抽取的是哪几张牌。可以定义一个有 52 个元素的名为 deck 的数组，用 0～51 填充这些元素。

```
int [] deck = new int[52];
for(int i = 0; i < deck.length; i++)  //填充每个元素
    deck[i] = i;
```

设元素值 0～12 为黑桃，13～25 为红桃，26～38 为方块，39～51 为梅花。然后打乱每个元素的牌号值（洗牌），之后从中取出前 4 张牌，最后用 cardNumber/13 确定花色，用 cardNumber%13 确定哪一张牌。

程序 5.4 DeckOfCards.java

```
package com.demo;
public class DeckOfCards{
    public static void main(String[]args){
        int[]deck = new int[52];
        String[] suits = {"黑桃","红桃","方块","梅花"};
        String[] ranks = {"A","2","3","4","5","6","7","8",
                        "9","10","J","Q","K"};
        //初始化每一张牌
        for(int i = 0; i < deck.length;i++)
            deck[i] = i;
        //打乱牌的次序
        for(int i =0; i<deck.length;i++){
            //随机产生一个元素下标0～51
            int index = (int)(Math.random()*deck.length);
            int temp = deck[i];                        //将当前元素与产生的元素交换
            deck[i] = deck[index];
            deck[index] = temp;
        }
        //显示输出前4张牌
        for(int i = 0; i < 4; i++){
            String suit = suits[deck[i]/13];        //确定花色
            String rank = ranks[deck[i]%13];        //确定次序
            System.out.println(suit + "   " + rank);
```

```
        }
    }
}
```

下面是一次运行结果：

```
方块    2
红桃    K
梅花    5
红桃    6
```

5.1.7 实例：一个整数栈类

栈是一种后进先出（last in first out, LIFO）的数据结构，在计算机领域应用广泛。例如，编译器就使用栈来处理方法调用。当一个方法被调用时，方法的参数和局部变量被推入栈中，当方法又调用另一个方法时，新方法的参数和局部变量也被推入栈中。当方法执行完返回调用者时，该方法的参数和局部变量从栈中弹出，释放其所占空间。

可以定义一个类模拟栈结构。为简单起见，设栈中存放 int 类型值，StackOfIntegers 程序的代码如下。

程序 5.5　StackOfIntegers.java

```
package com.demo;
public class StackOfIntegers{
    private int[] elements;  //用数组存放栈的元素
    private int size = 0;
    public static final int DEFAULT_CAPACITY = 10;
    //构造方法定义
    public StackOfIntegers(){
        this(DEFAULT_CAPACITY);
    }
    public StackOfIntegers(int capacity){
        elements = new int[capacity];
    }
    //进栈方法
    public void push(int value){
        if(size >= elements.length){
            //创建一个长度是原数组长度2倍的数组
            int[] temp = new int[elements.length * 2];
            //将原来数组元素复制到新数组中
            System.arraycopy(elements,0,temp,0,elements.length);
            elements = temp;
        }
        elements[size++] = value;
    }
    //出栈方法
    public int pop(){
```

```
      return elements[--size];
   }
   //返回栈顶元素方法
   public int peek(){
      return elements[size - 1];
   }
   //判空方法
   public boolean empty(){
      return size == 0;
   }
   public int getSize(){
      return size;
   }
}
```

该栈类使用数组实现。元素存储在名为 elements 的整型数组中，当创建栈对象时将同时创建一个数组对象。使用默认构造方法创建的栈包含 10 个元素，也可以使用带参数构造方法指定数组初始大小。变量 size 用来记录栈中元素个数，下标为 size−1 的元素为栈顶元素。如果栈空，size 值为 0。

StackOfIntegers 类实现了栈的常用方法，其中包括 push()将一个整数存入栈中；pop()方法为元素出栈方法；peek()方法返回栈顶元素但不出栈；empty()方法返回栈是否为空；getSize()方法返回栈中元素个数。

程序 5.6　StackOfIntegersDemo.java

```
package com.demo;
public class StackOfIntegersDemo{
   public static void main(String[] args){
      StackOfIntegers stack = new StackOfIntegers();
      //向栈中存入10个整数
      for(int i = 10; i < 20; i++)
         stack.push(i);
      //弹出栈中的所有元素
      while(!stack.empty())
         System.out.print(stack.pop() + " ");
   }
}
```

程序运行结果为：

```
19 18 17 16 15 14 13 12 11 10
```

5.2　Arrays 类

教学视频

java.util.Arrays 类定义了若干静态方法对数组操作，包括对数组排序、在已排序的数组中查找指定元素、复制数组元素、比较两个数组是否相等、将一个值填充到数组的每个元素中。上述操作都有多个重载的方法，可用于所有的基本数据类型和 Object 类型。

5.2.1 数组的排序

使用 Arrays 的 sort()方法可以对数组元素排序。使用该方法的排序是稳定的（stable），即相等的元素在排序结果中不会改变顺序。对于基本数据类型，按数据的升序排序。对于对象数组的排序要求数组元素的类必须实现 Comparable 接口，若要改变排序顺序，还可以指定一个比较器对象。整型数组和对象数组的排序方法格式如下：

- public static void sort(int[] a)：对数组 a 按自然顺序排序。
- public static void sort(int[] a, int fromIndex, int toIndex)：对数组 a 中的元素从起始下标 fromIndex 到终止下标 toIndex 之间的元素排序。
- public static void sort(Object[] a)：对数组 a 按自然顺序排序。
- public static void sort(Object[] a, int fromIndex, int toIndex)：对数组 a 中的元素从起始下标 fromIndex 到终止下标 toIndex 之间的元素排序。
- public static <T>void sort(T[] a, Comparator <?super T>c)：使用比较器对象 c 对数组 a 排序。

注意：不能对布尔型数组排序。

下面代码演示了对一个字符串数组的排序，对字符串排序是按字符的 Unicode 码排序的。

```
String[] ss = {"China", "England","France","America","Russia",};
for(int i = 0;i<ss.length;i++)
    System.out.print(ss[i]+" ");
System.out.println();
Arrays.sort(ss);        //对数组ss排序
for(String s : ss)
    System.out.print(s + " ");
```

代码输出结果为：

```
China England France America Russia
America China England France Russia
```

5.2.2 元素的查找

对排序后的数组可以使用 binarySearch()方法从中快速查找指定元素，该方法也有多个重载的方法。下面是对整型数组和对象数组的查找方法：

- public static int binarySearch (int[] a, int key)；
- public static int binarySearch (Object[] a, Object key)。

查找方法根据给定的键值，查找该值在数组中的位置，如果找到指定的值，则返回该值的下标值。如果查找的值不包含在数组中，方法的返回值为（–插入点–1）。插入点为指定的值在数组中应该插入的位置。

例如，下面代码输出结果为–3。

```
int[] a = new int[]{1,5,7,3};
Arrays.sort(a);
int i = Arrays.binarySearch(a,4);
System.out.println(i);        //输出-3
```

📢 **注意**：使用 binarySearch()方法前，数组必须已经排序。

5.2.3 数组元素的复制

使用 Arrays 类的 copyOf()方法和 copyOfRange()方法将一个数组中的全部或部分元素复制到另一个数组中。有 10 个重载的 copyOf()方法，其中 8 个为各基本类型的，2 个为对象类型的。下面给出几个方法的格式。

- public static boolean[] copyOf(boolean[] original,int newLength);
- public static double[] copyOf(double[] original, int newLength);
- public static <T> T[] copyOf(T[] original, int newLength)。

这些方法的 original 参数是原数组，newLength 参数是新数组的长度。如果 newLength 小于原数组的长度，则将原数组的前面若干元素复制到目标数组。如果 newLength 大于原数组的长度，则将原数组的所有元素复制到目标数组，目标数组的长度为 newLength。

下面代码创建了一个包含 4 个元素的数组，将 numbers 的内容复制到它的前三个元素中。

```
int[] numbers = {3, 7, 9};
int[] newArray = Arrays.copyOf(numbers, 4);
```

当然，也可以将新数组重新赋给原来的变量：

```
numbers = Arrays.copyOf(numbers, 4);
```

与 copyOf()类似的另一个方法是 copyOfRange()，它可以将原数组中指定位置开始的若干元素复制到目标数组中。下面是几个方法的格式。

- public static boolean[] copyOfRange (boolean[] original,int from, int to);
- public static double[] copyOfRange (double[] original, int from, int to);
- public static <T> T[] copyOfRange (T[] original, int from, int to)。

上述方法中，from 参数指定复制的元素在原数组中的起始下标，to 参数是结束下标(不包含)，将这些元素复制到目标数组中。

```
char[] letter = {'a','b', 'c','d','e','f','g'};
letter = Arrays.copyOfRange(letter, 1, 5);
```

上述代码执行后，letter 数组的长度变为 4，包含'b'、'c'、'd'和'e'等 4 个元素。

5.2.4 填充数组元素

调用 Arrays 类的 fill()方法可以将一个值填充到数组的每个元素中，也可将一个值填充到数组的几个连续元素中。下面是向整型数组和对象数组中填充元素的方法：

- public static void fill (int[] a, int val)：用指定的 val 值填充数组 a 中的每个元素。
- public static void fill (int[] a, int fromIndex, int toIndex, int val)：用指定的 val 值填充数组中的下标从 fromIndex 开始到 toIndex 为止的每个元素。
- public static void fill (Object[] a, Object val)：用指定的 val 值填充对象数组中的每个元素。
- public static void fill (Object[] a, int fromIndex, int toIndex, Object val)：用指定的 val 值填充对象数组中的下标从 fromIndex 开始到 toIndex 为止的每个元素。

下面代码创建一个整型数组，然后使用 fill() 方法为其每个元素填充一个两位随机整数。

```
int[] intArray = new int[10];
for(int i = 0;i < intArray.length;i++){
    int num = (int)(Math.random()*90) + 10;
    Arrays.fill(intArray, i, i + 1, num);
}
for(int i : intArray)
    System.out.print(i+" ");
}
```

下面是该程序某次输出结果为：

```
58  73  92  34  56  32  13  67  30  98
```

5.2.5 数组的比较

使用 Arrays 的 equals() 方法可以比较两个数组，被比较的两个数组要求数据类型相同且元素个数相同，比较的是对应元素是否相同。对于引用类型的数据，如果两个对象 e1、e2 值都为 null 或 e1.equals(e2)，则认为 e1 与 e2 相等。

下面是布尔型数组和对象数组 equals() 方法的格式：

- public static boolean equals(boolean[] a, boolean[] b)：比较布尔型数组 a 与 b 是否相等。
- public static boolean equals(Object[] a, Object[] b)：比较对象数组 a 与 b 是否相等。

下面的程序给出了 equals() 方法的示例。

程序 5.7 EqualsTest.java

```
package com.demo;
import java.util.*;
public class EqualsTest {
    public static void main(String[] args) {
        int[] a1 = new int[10];
        int[] a2 = new int[10];
        Arrays.fill(a1, 47);
        Arrays.fill(a2, 47);
        System.out.println(a1.equals(a2));           //输出 false
        System.out.println(Arrays.equals(a1, a2));    //输出true
```

```
        a2[3] = 11;
        System.out.println(Arrays.equals(a1, a2));  //输出 false
        String[] s1 = new String[5];
        Arrays.fill(s1, "Hi");
        String[] s2 = {"Hi", "Hi", "Hi", "Hi", "Hi"};
        System.out.println(Arrays.equals(s1, s2));  //输出 true
    }
}
```

使用数组对象的 equals()方法用来比较两个引用是否相同。使用 Arrays 类的 equals() 方法用来比较两个数组对应元素是否相同。

📖 提示：除上述讨论的方法外，Arrays 类中还提供了其他对数组操作的方法，请读者参
考 Java API 文档。

5.3 二 维 数 组

教学视频

Java 语言中数组元素还可以是一个数组，这样的数组称为数组的数组或二维数组。

5.3.1 二维数组定义

二维数组的使用也分为声明、创建和初始化三个步骤。

1. 二维数组声明

二维数组有下面三种等价的声明格式：

```
elementType[][] arrayName;
elementType[] arrayName[];
elementType arrayName[][];
```

这里，elementType 为数组元素的类型，arrayName 为数组名。推荐使用第一种方法声明二维数组。下面语句声明了一个整型二维数组 matrix 和一个 String 型二数组 cities。

```
int [][] matrix;
String [][] cities;
```

2. 创建二维数组

创建二维数组就是为二维数组的每个元素分配存储空间。系统先为高维分配引用空间，然后再顺次为低维分配空间。二维数组的创建也使用 new 运算符，分配空间有两种方法，下面是直接为每一维度分配空间。

```
int [][]matrix = new int[2][3];    //直接为每一维分配空间
```

这种方法适用于数组的低维具有相同个数的数组元素。在 Java 中，二维数组是数组的数组，即数组元素也是一个数组。上述语句执行后创建的数组如图 5-4 所示，二维数组 matrix 有 matrix[0]和 matrix[1]两个元素，它们又都是数组，各有三个元素。在图 5-4 中，共有 matrix、

数组

matrix[0]和 matrix[1]三个对象。

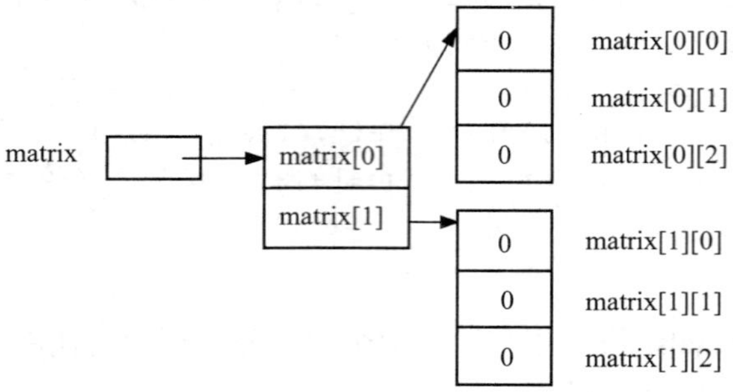

图 5-4　matrix 数组元素空间的分配

创建了二维数组后，它的每个元素被指定为默认值。上述语句执行后，数组 matrix 的 6 个元素值都被初始化为 0。

在创建二维数组时，也可以先为第一维分配空间，然后再为第二维分配空间。

```java
int[][]matrix = new int[2][];      //先为第一维分配空间
matrix[0] = new int[3];            //再为第二维分配空间
matrix[1] = new int[3];
```

5.3.2　数组元素的使用

访问二维数组的元素，使用下面的形式：

```java
arrayName[index1][index2]
```

其中 index1 和 index2 为数组元素下标，可以是整型常数或表达式。同样，每一维的下标也是从 0 到该维的长度减 1。

下面代码给 matrix 数组元素赋值：

```java
matrix[0][0] = 80;
matrix[0][1] = 75;
matrix[0][2] = 78;
matrix[1][0] = 67;
matrix[1][1] = 87;
matrix[1][2] = 98;
```

下面代码输出 matrix[1][2]元素值：

```java
System.out.println(matrix[1][2]);
```

与访问一维数组一样，访问二维数组元素时，下标也不能超出范围，否则抛出异常。可以用 matrix.length 得到数组 matrix 的大小，结果为 2；用 matrix[0].length 得到 matrix[0]数组的大小，结果为 3。

对二维数组的第一维通常称为行，第二维称为列。要访问二维数组的所有元素，应该使用嵌套的 for 循环。如下面代码输出 matrix 数组中所有元素。

```java
for(int i = 0; i < matrix.length; i ++){
    for(int j = 0; j < matrix[0].length; j ++){
        System.out.print(matrix[i][j] +" ");
    }
    System.out.println();        //换行
}
```

同样，在访问二维数组元素的同时，可以对元素处理，如计算行的和或列的和等。

5.3.3 数组初始化器

对于二维数组也可以使用初始化器在声明数组的同时为数组元素初始化。例如：

```java
int[][] matrix = {{15,56,20,-2},
                  {10,80,-9,31},
                  {76,-3,99,21},};
```

matrix 数组是 3 行 4 列的数组。多维数组每一维也都有一个 length 成员表示数组的长度。matrix.length 的值是 3，matrix[0].length 的值是 4。

5.3.4 实例：矩阵乘法

使用二维数组可以计算两个矩阵的乘积。如果矩阵 A 乘以矩阵 B 得到矩阵 C，则必须满足如下要求：

（1）矩阵 A 的列数与矩阵 B 的行数相等。

（2）矩阵 C 的行数等于矩阵 A 的行数，列数等于矩阵 B 的列数。

例如，下面的例子说明两个矩阵是如何相乘的。

$$\begin{bmatrix} 1 & 2 & 1 \\ -2 & 4 & 1 \end{bmatrix} \times \begin{bmatrix} 4 & 3 & 0 & -1 \\ 2 & 3 & 5 & 2 \\ 1 & 0 & 6 & 3 \end{bmatrix} = \begin{bmatrix} 9 & 9 & 16 & 6 \\ 1 & 6 & 26 & 13 \end{bmatrix}$$

在结果矩阵中，第 1 行第 1 列的元素是 9，它是通过下列计算得来的。

$$1 \times 4 + 2 \times 2 + 1 \times 1 = 9$$

即若矩阵 $A_{mn} \times B_{nl} = C_{ml}$，则

$$c_{ij} = \sum_{k=1}^{n} a_{ik} \times b_{kj}$$

其中，A_{mn} 表示 m×n 矩阵，c_{ij} 是矩阵 C 的第 i 行 j 列元素。

程序 5.8　MatrixMultiply.java

```java
package com.demo;
public class MatrixMultiply {
    public static void main(String[]args){
        int a[][]={{1,2,1},
                   {-2,4,1}};
        int b[][]={ {4,3,0,-1},
                    {2,3,5,2},
```

```
                             {1,0,6,3}};
        int c[][] = new int[2][4];
        //计算矩阵乘法
        for(int i = 0; i < 2; i++)
            for(int j = 0; j < 4; j++)
                for(int k = 0; k < 3; k++)
                    c[i][j] = c[i][j] + a[i][k] * b[k][j];
        //输出矩阵结果
        for(int i = 0; i < 2; i++){
            for(int j = 0; j < 4; j++)
                System.out.print(c[i][j] + "  ");
            System.out.println();
        }
    }
}
```

程序运行结果为：

```
9  9  16   6
1  6  26  13
```

5.3.5 不规则二维数组

Java 的二维数组是数组的数组，对二维数组声明时可以只指定第一维的大小，第二维的每个元素可以指定不同的大小。例如：

```
String [][]cities = new String[2][];    //cities数组有2个元素
cities[0] = new String[3];              //cities[0]数组有3个元素
cities[1] = new String[2];              //cities[1]数组有2个元素
```

这种方法适用于低维数组元素个数不同的情况，即每个数组的元素个数可以不同。对于引用类型的数组，除了为数组分配空间外，还要为每个数组元素的对象分配空间。

```
cities[0][0] = new String("北京");
cities[0][1] = new String("上海");
cities[0][2] = new String("广州");
cities[1][0] = new String("伦敦");
cities[1][1] = new String("纽约");
```

cities 数组元素空间的分配情况如图 5-5 所示。

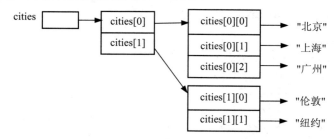

图 5-5 cities 数组元素空间的分配

杨辉三角形，又称帕斯卡三角形，是二项式系数在三角形中的一种几何排列。下面的程序打印输出前 10 行杨辉三角形。

程序 5.9　Triangle.java

```java
package com.demo;
public class Triangle{
    public static void main(String[] args){
        int i, j;
        int level = 10;
        int triangle[][] = new int[level][];
        for(i = 0;i < triangle.length;i++)
          triangle[i] = new int[i+1];
        //为triangle数组的每个元素赋值
        triangle [0][0] = 1;
        for(i = 1;i < triangle.length;i++){
          triangle[i][0] = 1;
          for(j = 1; j < triangle[i].length-1; j++)
            triangle[i][j] = triangle[i-1][j-1]+ triangle[i-1][j];
          triangle[i][triangle[i].length-1] = 1;
        }
        //打印输出triangle数组的每个元素
        for(i = 0;i < triangle.length; i++){
          for(j = 0;j < triangle[i].length;j++)
            System.out.print(triangle[i][j]+" ");
          System.out.println();  //换行
        }
    }
}
```

程序运行结果为：

```
1
1  1
1  2  1
1  3  3  1
1  4  6  4  1
1  5  10  10  5  1
1  6  15  20  15  6  1
1  7  21  35  35  21  7  1
1  8  28  56  70  56  28  8  1
1  9  36  84  126  126  84  36  9  1
```

📖 提示：Java 支持多维数组，如下面代码声明并创建一个三维数组。

```java
double [][][] sales = new double[3][3][4];
```

5.4　小　　结

（1）使用 elementType[] arrayName 或 elementType arrayName[]声明一个数组类型的变量，尽管这两种语法都是合法的，但推荐使用前者的风格。

（2）与基本数据类型变量的声明不同，声明数组变量并不给数组分配任何空间。数组变量是引用类型的变量。数组变量包含的是对数组的引用。

（3）只有创建数组后才能给元素赋值。使用 new 操作符创建数组，语法为：new elementType[arraySize]。

（4）数组中的每个元素都使用 arrayName[index]语法表示。下标必须是一个整数或整数表达式。

（5）创建数组后，它的大小不能改变，可以使用 arrayName.length 得到数组的大小。由于数组的下标是从 0 开始，所以，最后一个下标是 arrayName.length−1。如果试图访问数组界外的元素，就会发生越界错误。

（6）当创建一个数组时，如果其中元素的基本数据类型是数值型，那么赋默认值 0。字符类型的默认值是'\u0000'，布尔类型的默认值是 false。如果数组元素是引用类型，默认值是 null。

（7）Java 有一个称为数组初始化器（array initializer）的简捷表达式，它将数组的声明、创建和初始化合并为一条语句，其语法为：

```
elementType [] arrayName = {value1, value2,…,valuen};
```

（8）将数组作为参数传递给方法时，实际上传递的是数组的引用。也就是说，被调用的方法可以修改调用者的原始数组元素。

（9）可以使用增强的 for 循环访问数组的每个元素。

（10）可以定义可变参数的方法，可变参数必须是方法的最后一个参数。可以将一个数组作为参数传递给可变参数的方法。

（11）可以使用 java.util.Arrays 类中定义静态方法对数组排序、查找、复制、比较及填充元素等操作。

（12）可以使用二维数组存储表格数据。使用下面语法声明一个二维数组变量：

```
elementType[][] arrayName;
```

（13）使用下面语法创建二维数组变量：

```
arrayName = new elementType[rowSize][columnSize];
```

（14）可以使用数组初始化器创建二维数组变量，语法如下：

```
elementType arrayName = {{rowValues1},{rowValues2},…,{rowValuesn}};
```

编 程 练 习

5.1　编写程序，从键盘上输入 5 个整数，并存放到一个数组中，然后计算所有元素的和、最大值、最小值及平均值。

5.2 编写程序，随机产生 100 个 1～6 的整数，统计每个数出现的次数。修改程序，使之产生 1000 个 1～6 的随机数，并统计每个数出现的次数。比较不同的结果并给出结论。

5.3 编写一个方法，求一个 double 型数组中最小元素：

```
public static double min(double[] array)
```

编写测试程序，提示用户输入 5 个 double 型数，并存放到一个数组中，然后调用这个方法返回最小值。

5.4 编写程序，定义一个有 10 个元素的整型数组，然后将其前 5 个元素与后 5 个元素对换，即：第 1 个元素与第 10 个元素互换，第 2 个元素与第 9 个元素互换……第 5 个元素与第 6 个元素互换。分别输出数组原来各元素的值和互换后各元素的值。

5.5 编写程序，定义一个有 8 个元素的整型数组，然后使用选择排序法对该数组按升序排序。选择排序法先找到数列中最小的数，然后将它和第一个元素交换。在剩下的数中找到最小数，将它和第二个元素交换，依次类推，直到数列中仅剩一个数为止。

5.6 编程打印输出 Fibonacci 数列的前 20 个数。Fibonacci 数列是第一和第二个数都是 1，以后每个数是前两个数之和，用公式表示为 $f_1 = f_2 = 1$, $f_n = f_{n-1} + f_{n-2}$ ($n \geqslant 3$)。要求使用数组存储 Fibonacci 数。

5.7 编写一个方法，计算给定的两个数组之和，格式如下：

```
public static int[] sumArray(int[] a, int[] b)
```

要求返回的数组元素是两个参数数组对应元素之和，不对应的元素直接赋给相应的位置，如{1,2,4} + {2,4,6,8}={3,6,10,8}。

5.8 编写一个方法，合并给定的两个数组，并以升序返回合并后的数组，格式如下：

```
public static int[] arrayMerge(int[] a, int[] b)
```

例如，一个数组是{16,13,15,18}，另一个数组是{29,36,100,9}，返回的数组应该是{9,13,15,16,29,36,100}。

5.9 编写程序，使用下面的方法头编写一个解二次方程式的方法：

```
public static int solveQuadratic(double [] eqn, double[] roots)
```

二次方程式 $ax^2+bx+c=0$ 的系数都传给数组 eqn，然后将两个非复数的根存在 roots 中。方法返回根的个数。

5.10 编写程序，使用筛选法求出 2～100 的所有素数。筛选法是在 2～100 的数中先去掉 2 的倍数，再去掉 3 的倍数……依次类推，最后剩下的数就是素数。注意 2 是最小的素数，不能去掉。

5.11 如果两个数组 list1 和 list2 的长度相同，而且对于每个 i，list1[i]都等于 list2[i]，那么认为 list1 和 list2 是完全相同的。使用下面的方法头编写一个方法，如果 list1 和 list2 完全相同，那么这个方法返回 true。

```
public static boolean equals(int [] list1, int [] list2)
```

5.12 编程求解约瑟夫（Josephus）问题：有 12 个人排成一圈，从 1 号开始报数，凡是数到 5 的人就离开，然后继续报数，试问最后剩下的一人是谁？

5.13 编写程序，从一副 52 张的牌中选出 4 张，然后计算它们的和。A、J、Q 和 K 分别表示 1、11、12 和 13。程序应该显示得到和 24 的选牌次数。

5.14 编写程序，提示用户从键盘输入一个正整数，然后以降序的顺序输出该数的所有最小因子。例如，如果输入的整数为 120，应显示的最小因子为 5，3，2，2，2。请使用 StackOfInteger 类存储这些因子（如 2，2，2，3，5）然后以降序检索和显示它们。

5.15 有下面两个矩阵 A 和 B：

$$A = \begin{bmatrix} 1 & 3 & 5 \\ -3 & 6 & 0 \\ 13 & -5 & 7 \\ -2 & 19 & 25 \end{bmatrix} \qquad B = \begin{bmatrix} 0 & -1 & -2 \\ 7 & -1 & 6 \\ -6 & 13 & 2 \\ 12 & -8 & -13 \end{bmatrix}$$

编写程序，计算：A+B、A–B、矩阵 A 的转置。

5.16 编写下面的方法，返回二维数组中最大元素的位置。

```
public static int[] locateLargest(double [][] a)
```

返回值是包含两个元素的一维数组。这两个元素表示二维数组中最大元素的行下标和列下标。编写一个测试程序，提示用户输入一个二维数组，然后显示这个数组中最大元素的位置。

```
请输入数组的行数和列数： 3  4
请输入每行元素值：
23.5  35  2  10
4.5  3  45  3.5
35  44  5.5  9.6
最大元素的位置是(1,2)。
```

5.17 编写程序，打印 n×n 的魔方（1，2，…，n^2 的排列，且每行、每列和每条对角线上的和都相等）。由用户指定 n 的值，这里只计算 n 为奇数的魔方。

```
请输入魔方矩阵的大小（1～99）：5
17        24        1        8        15
23         5        7       14        16
 4         6       13       20        22
10        12       19       21         3
11        18       25        2         9
```

把魔方数存储在二维数组中。首先把 1 放在第 0 行的中间，剩下的数 2,3,…,n^2 依次向上移动一行，并向右移动一列。当可能越过数组边界时需要“绕回”到数组的另一端。例如，如果需要把下一个数放到–1 行，就将其存储到 n–1 行（最后一行）；如果需要把下一个数放到第 n 列，就将其放到第 0 列。如果某个特定的数组元素已被占用，就把该数存储在前一个数的正下方。

第6章 字　符　串

本章学习目标
- 学会用字符串常量和 String 类构造方法创建字符串对象；
- 熟悉 String 类基本方法操作字符串；
- 使用 indexOf()方法查找字符串；
- 掌握字符串的各种比较方法；
- 理解 String 对象的不变性；
- 学会字符串的拆分和组合；
- 掌握字符串的格式化；
- 了解命令行参数的使用；
- 学会创建 StringBuilder 对象；
- 掌握 StringBuilder 基本操作方法；
- 理解 StringBuilder 对象的可变性。

6.1　String 类

教学视频

字符串是字符的序列，是许多程序设计语言的基本数据结构。有些语言中的字符串是通过字符数组实现的（如 C 语言），Java 语言是通过字符串类实现的。Java 语言提供了三个字符串类：String 类、StringBuilder 类和 StringBuffer 类。

String 类是不变字符串，StringBuilder 和 StringBuffer 是可变字符串，这三种字符串都是 16 位的 Unicode 字符序列，并且这三个类都被声明为 final，因此不能被继承。这三个类各有不同的特点，应用于不同场合。

String 类是最常用的字符串类。在前面章节中已多次使用字符串对象。

6.1.1　创建 String 类对象

在 Java 程序中，有一种特殊的创建 String 对象的方法，直接利用字符串字面值创建字符串对象。例如：

```
String str = "Java is cool";
```

一般使用 String 类的构造方法创建一个字符串对象。String 类有十多个重载的构造方法，可以生成一个空字符串，也可以由字符或字节数组生成字符串。常用的构造方法如下：
- public String()：创建一个空字符串。
- public String(char[] value)：使用字符数组中的字符创建字符串。

- public String(char[] value, int offset, int count)：使用字符数组中 offset 为起始下标，count 个字符创建一个字符串。
- public String(byte[] bytes, String charsetName)：使用指定的字节数组构造一个新的字符串，新字符串的长度与字符集有关，因此可能与字节数组的长度不同。charsetName 为使用的字符集名，如 US-ASCII、ISO-8859-1、UTF-8、UTF-16 等。如果使用了系统不支持的字符集，将抛出 UnsupportedEncodingException 异常。
- public String(String original)：使用一个字符串对象创建字符串。
- public String(StringBuffer buffer)：使用 StringBuffer 对象创建字符串。
- public String(StringBuilder buffer)：使用 StringBuilder 对象创建字符串。

下面代码说明了使用字符串的构造方法创建字符串对象。

```
char []chars1 = {'A','B','C'};
char []chars2 = {'中','国','π','α','M','N'};
String s1 = new String(chars1);
String s2 = new String(chars2, 0, 4);
System.out.println("s1 = " + s1);      //s1 = ABC
System.out.println("s2 = " + s2);      //s2 = 中国π α
```

6.1.2 字符串基本操作

首先看字符串在内存的表示。假设有下面声明：

```
String str = new String("Java is cool");
```

该字符串对象在内存中的状态如图 6-1 所示。

图 6-1 字符串对象的内存表示

该字符串共包含 12 个字符，即长度为 12，其中每个字符都有一个下标，下标从 0 开始，可以通过下标访问每个字符。可以调用 String 类的方法操作字符串，下面是几个最常用方法。

- public int length()：返回字符串的长度，即字符串包含的字符个数。注意，对含有中文或其他语言符号的字符串，计算长度时，一个符号作为一个字符计数。
- public String substring(int beginIndex, int endIndex)：从字符串的下标 beginIndex 开始到 endIndex 结束产生一个子字符串。
- public String substring(int beginIndex)：从字符串的下标 beginIndex 开始到结束产生一个子字符串。
- public String toUpperCase()：将字符串转换成大写字母。
- public String toLowerCase()：将字符串转换成小写字母。
- public String trim()：返回删除了前后空白字符的字符串对象。
- public boolean isEmpty()：返回该字符串是否为空（""），如果 length()的结果为 0，方法返回 true，否则返回 false。

- public String concat(String str)：将调用字符串与参数字符串连接起来，产生一个新的字符串。
- public String replace(char oldChar, char newChar)：将字符串中的所有 oldChar 字符改变为 newChar 字符，返回一个新的字符串。
- public char charAt(int index)：返回字符串中指定位置的字符，index 表示位置，为 0~s.length()−1。
- public static String valueOf(double d)：将参数的基本类型 double 值转换为字符串。String 类中还定义了其他多个重载的 valueOf()方法。

下面代码演示了 String 类的几个方法的使用。

```
String s = "Java is cool";
System.out.println(s.length());              //12
System.out.println(s.substring(5,7));        //is
System.out.println(s.substring(8));          //cool
System.out.println(s.toUpperCase());         //JAVA IS COOL
System.out.println(s.toLowerCase());         //java is cool
String s1 = "Write Once,";
String s2 = "Run Anywhere.";
s1 = s1.concat(s2);
System.out.println(s1);                      //Write Once,Run Anywhere
System.out.println(s.replace('a','A'));      //JAvA is cool
System.out.println(s.isEmpty());             //false
```

下面程序要求从键盘输入一个字符串，判断该字符串是否是回文串。一个字符串，如果从前向后读和从后向前读都一样，则称该串为回文串。例如，"mom"和"上海海上"都是回文串。

对于一个字符串，先判断该字符串的第一个字符和最后一个字符是否相等，如果相等，检查第二个字符和倒数第二个字符是否相等。这个过程一直进行，直到出现不相等的情况或串中所有字符都检测完毕。当字符串有奇数个字符时，中间的字符不用检查。

程序 6.1　Palindrome.java

```
package com.demo;
import java.util.Scanner;
public class Palindrome {
  public static boolean isPalindrome(String s){
    int low = 0;
    int high = s.length() −1;
    while(low < high){
      if(s.charAt(low) != s.charAt(high))
        return false;
      low ++;
      high −−;
    }
    return true;
  }
```

第
6
章

字符串

```
public static void main(String[]args){
    Scanner sc = new Scanner(System.in);
    System.out.print("请输入一个字符串: ");
    String s = sc.nextLine();
    if(isPalindrome(s))
        System.out.println(s+": 是回文。");
    else
        System.out.println(s+": 不是回文。");
    }
}
```

6.1.3 字符串查找

String 类提供了从字符串中查找字符和子串的方法，如下所示。

- public int indexOf(int ch)：查找字符 ch 第一次出现的位置。如果查找不成功则返回 -1，下述方法相同。
- public int indexOf(int ch, int fromIndex)：查找字符 ch 从 fromIndex 开始第一次出现的位置（在原字符串中的下标）。
- public int indexOf(String str)：查找字符串 str 第一次出现的位置。
- public int indexOf(String str, int fromIndex)：查找字符串 str 从 fromIndex 开始第一次出现的位置（在原字符串中的下标）。
- public int lastIndexOf(int ch)：查找字符 ch 最后一次出现的位置。
- public int lastIndexOf(int ch, int endIndex)：查找字符 ch 到 endIndex 为止最后一次出现的位置。
- public int lastIndexOf(String str)：查找字符串 str 最后一次出现的位置。
- public int lastIndexOf(String str, int endIndex)：查找字符串 str 到 endIndex 为止最后一次出现的位置（在原字符串中的下标）。

下列代码演示了几个查找方法：

```
String s = new String("This is a Java string.");
System.out.println(s.length());            //22
System.out.println(s.indexOf('a'));        //8
System.out.println(s.lastIndexOf('a',12)); //11
System.out.println(s.indexOf("is"));       //2
System.out.println(s.lastIndexOf("is"));   //5
System.out.println(s.indexOf("my"));       //-1
```

6.1.4 字符串转换为数组

字符串不是数组，但是字符串能够转换成字符数组或字节数组。String 类提供了下列方法将字符串转换成数组。

- public char[] toCharArray()：将字符串中的字符转换为字符数组。
- public void getChars(int srcBegin, int srcEnd, char[] dst, int dstBegin)：将字符串中从起始位置(srcBegin)到结束位置(srcEnd)之间的字符复制到字符数组 dst 中，dstBegin 为

目标数组的起始位置。

- public byte[] getBytes()：使用平台默认的字符集将字符串编码成字节序列，并将结果存储到字节数组中。
- public byte[] getBytes(String charsetName)：使用指定的字符集将字符串编码成字节序列，并将结果存储到字节数组中。该方法抛出 java.io.UnsupportedEncodingException 异常。

下面代码使用 toCharArray()方法将字符串转换为字符数组，使用 getChars()方法将字符串的一部分复制到字符数组中。

```
String s = new String("This is a Java string.");
char[] chars = s.toCharArray();
System.out.println(chars);                          //This is a Java string.
char[] subs = new char[4];
s.getChars(10,14,subs,0);
System.out.println(subs);                           //Java
```

6.1.5 字符串比较

在 Java 程序中，经常需要比较两个字符串是否相等或比较两个字符串的大小。

1. 比较字符串相等

如果要比较两个字符串对象的内容是否相等，可以使用 String 类的 equals()方法或 equalsIgnoreCase()方法。

- public boolean equals(String anotherString)：比较两个字符串内容是否相等。
- public boolean equalsIgnoreCase(String anotherString)：比较两个字符串内容是否相等，不区分大小写。

下面代码演示了这两个方法的使用。

```
String s1 = new String("Hello");
String s2 = new String("Hello");
System.out.println(s1.equals(s2));                  //输出true
System.out.println(s1.equals("hello"));             //输出false
System.out.println(s1.equalsIgnoreCase("hello"));   //输出true
```

实际上 equals()是从 Object 类中继承来的，原来在 Object 类中，该方法比较的是对象的引用，而在 String 类中覆盖了该方法，比较的是字符串的内容。

特别注意，不能使用"=="号来比较字符串内容是否相等，请看下面代码。

```
String s1 = new String("Hello");
String s2 = new String("Hello");
System.out.println(s1 == s2);                       //输出false
```

这是因为在使用"=="比较引用类型的数据（对象）时，比较的是引用（地址）是否相等。只有两个引用指向同一个对象时，结果才为 true。上面使用构造方法创建的两个对象是不同的，因此 s1 和 s2 的引用是不同的，如图 6-2(a)所示。

再请看下面一段代码：

```
String s1 = "Hello";              //不是用构造方法创建的对象
String s2 = "Hello";
System.out.println(s1 == s2);  //输出true
```

这次输出结果为 true。这两段代码的不同之处在于创建 s1 和 s2 对象的代码不同。这里的 s1 和 s2 是用字符串常量创建的两个对象。字符串常量存储和对象存储不同，字符串常量是存储在常量池中，对内容相同的字符串常量在常量池中只有一个副本，因此 s1 和 s2 是指向同一个对象，如图 6-2(b)所示。

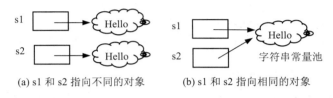

(a) s1 和 s2 指向不同的对象   (b) s1 和 s2 指向相同的对象

图 6-2　字符串对象与字符串常量的不同

2. 比较字符串的大小

使用 equals()方法只能比较字符串相等与否，要比较大小，可以使用 String 类的 compareTo()方法，格式为：

```
public int compareTo(String another)
```

该方法将当前字符串与参数字符串比较，并返回一个整数值。使用字符的 Unicode 码值进行比较。若当前字符串小于参数字符串，方法返回值小于 0；若当前字符串大于参数字符串，方法返回值大于 0；若当前字符串等于参数字符串，方法返回值等于 0。

下面语句输出−2，因为'C'的 Unicode 值比'E'的 Unicode 值小 2。

```
System.out.println("ABC".compareTo("ABE"));
```

如果在字符串比较时忽略大小写，可使用 compareToIgnoreCase(String anotherString) 方法。

> ◁» 注意：字符串不能使用>、>=、<、<=进行比较，要比较大小只能使用 compareTo()方法。但可以使用==和!=比较两个字符串，但它们比较的是两个字符串引用是否相同。

下面的例子使用起泡排序法，将给出的字符串数组按由小到大的顺序排序。

程序 6.2　StringSort.java

```
package com.demo;
public class StringSort{
  public static void main(String[] args){
    String[]str = {"China","USA","Russia","France","England"};
    for(int i = str.length-1; i >= 0; i--)
```

```
        for(int j = 0; j < i; j++){
          if(str[j].compareTo(str[j+1])>0){
            String temp = str[j];
            str[j] = str[j+1];
            str[j+1] = temp;
          }
        }
      for(String s: str)
        System.out.print(s+" ");
    }
}
```

程序输出结果为：

China England France Russia USA

String 类还提供了下面方法判断一个字符串是否以某个字符串开头或结尾或为另一个字符串的子串。

- public boolean startsWith(String prefix)：返回字符串是否以某个字符串开始。
- public boolean endsWith(String suffix)：返回字符串是否以某个字符串结尾。
- public boolean contains(String str)：如果参数字符串 str 是当前字符串的子串，则返回 true。

另外，String 类还提供了 regionMatches()方法比较两个字符串指定区域的字符串是否相等。

6.1.6 字符串的拆分与组合

使用String类的split()方法可以将一个字符串分解成子字符串或令牌(token)，使用join()方法可以将 String 数组中字符串连接起来，使用 matches()方法返回字符串是否与正则表达式匹配。

- public String[] split(String regex)：参数 regex 表示正则表达式，根据给定的正则表达式将字符串拆分成字符串数组。
- public boolean matches(String regex)：返回字符串是否与给定的正则表达式匹配。
- public static String join(CharSequence delimiter, CharSequence…elements)：使用指定的分隔符将 elements 的各元素组合成一个新字符串。

下面代码拆分一个字符串。

```
String ss= "one little,two little,three little.";
String [] str = ss.split("[ ,.]");
for(String s : str){
    System.out.println(s);
}
System.out.println(ss.matches(".*little.*"));  //输出true
```

在 split()中指定的正则表达式 "[,.]" 的含义是使用空格、逗号或点为分隔符拆分字符串。

String 类的静态 join()方法，实现将一个字符串数组按指定的分割符组合成一个字符串，它的功能与 split()方法相反。下面代码演示了 join()方法的使用。

```
String  joined = String.join("/","usr","local","bin");
System.out.println(joined);                    // 输出usr/local/bin
String [] seasons = {"春", "夏", "秋", "冬"};
String s = String.join("-" ,seasons);
System.out.println(s);                         //输出春-夏-秋-冬
```

6.1.7　String 对象的不变性

在 Java 程序中，一旦创建一个 String 对象，就不能对其内容进行改变，因此说 Java 的 String 对象是不可变的字符串。

有些方法看起来是修改字符串，但字符串修改后产生了另一个字符串，这些方法对原字符串没有任何影响，原字符串永远不会改变。请看下面的例子。

```
String s = new String("Hello,world");
s.replace('o','A');                            //s的值并没有改变
s = s.substring(0,6).concat("Java");
s.toUpperCase();                               //s的值并没有改变
System.out.println(s);
```

代码运行结果为：

```
Hello,Java
```

6.1.8　命令行参数

Java 应用程序从 main()方法开始执行，main()方法的声明格式为：

```
public static void main(String []args){}
public static void main(String…args){}
```

参数 String[] args 称为命令行参数，是一个字符串数组，该参数是在程序运行时通过命令行传递给 main()方法。

下面程序要求从命令行为程序传递三个参数，在 main()方法中通过 args[0]、args[1]、args[2]输出这三个参数的值。

程序 6.3　HelloProgram.java

```
package com.demo;
public class HelloProgram{
    public static void main(String[] args){
        System.out.println(args[0] +" " + args[1] + " " + args[2]);
    }
}
```

运行该程序需要通过命令行为程序传递三个参数。例如：

D:\study>java HelloProgram How are you!

程序运行结果为：

How are you!

在命令行中参数字符串是通过空格分隔的。如果参数本身包含空格，则需要用双引号将参数括起来。

Java 解释器根据传递的参数个数确定数组 args 的长度，如果给出的参数少于引用的元素，则抛出 ArrayIndexOutOfBoundsException 运行时异常。例如：

D:\study>java HelloProgram How are

上述命令中只提供了两个命令行参数，创建的 args 数组长度为 2，而程序中访问了第三个元素（args[2]），故产生运行时异常。

命令行参数传递的是字符串，若将其作为数值处理，需要进行转换。例如，可以使用 Integer 类的 parseInt()方法将参数转换为 int 类型的数据。

6.2 格式化输出

教学视频

可以使用 System.out.printf()方法在控制台上显示格式化输出，格式如下：

```
public PrintStream printf(String format, Object…args)
```

参数 format 是格式控制字符串，其中可以嵌入格式符（specifier）指定参数如何输出；args 为输出参数列表，参数可以是基本数据类型，也可以是引用数据类型。

格式符的一般格式如下：

```
%[argument_index$][flags][width][.precision]conversion
```

格式符以百分号（%）开头，至少包含一个转义字符，其他为可选内容。其中，argument_index 用来指定哪个参数应用该格式。例如，"%2$"表示列表中的第 2 个参数。flags 用来指定一个选项，如 "+"表示数据前面添一个加号，"0"表示数据前面用 0 补充。width 和 precision 分别表示数据所占最少的字符数和小数的位数。conversion 为指定的格式符，表 6-1 列出了常用的格式符。

表 6-1　常用的格式符

格式符	含义
%d	结果被格式化成十进制整数
%f	结果被格式化成十进制浮点数
%e	结果以科学计数法格式输出
%s	结果以字符串输出
%b	结果以布尔值（true 或 false）形式输出
%c	结果为 Unicode 字符
%n	换行格式符，它不与参数对应。与\n 含义相同，但%n 是跨平台的

下面详细介绍这几个常用的格式符。

1. "%d" 格式符

"%d" 用来输出十进制整数，可以有长度修饰。如果指定的长度大于实际的长度，则前面补以空格；如果指定的长度小于实际的长度，则以实际长度输出。

```
System.out.printf("year = |%6d|%n", 2017);
```

输出结果为：

```
year = |  2017|
```

"%d" 可以应用的数据类型有 byte、Byte、short、Short、int、Integer、long、Long、BigInteger。下面的语句是错误的，将产生运行时异常。

```
System.out.printf("%8d",23.45);
```

下面的语句是正确的，因为参数被转换成了 int 数：

```
System.out.printf("%8d",(int)23.45);
```

2. "%f" 格式符

"%f" 用来以小数方式输出。可以应用的浮点型数据有 float、Float、double、Double、BigDecimal。可以指定格式宽度和小数位，也可以仅指定小数位。

```
System.out.printf("|%8.3f|",2017.1234);
```

输出结果为：

```
|2017.123|
```

如果使用格式符 "%f"，而参数为整型数，也会产生运行时异常。例如，下面语句是错误的，因为 1234 是整数。

```
System.out.printf("|%8.3f|",1234);
```

异常的信息如下：

```
java.util.IllegalFormatConversionException: f != java.lang.Integer
```

3. "%e" 格式符

"%e" 用来以科学计数法的格式输出浮点数。可以应用的浮点型数据有 float、Float、double、Double、BigDecimal。可以指定格式宽度和小数位，也可以仅指定小数位。

```
System.out.printf("|%10.2e|%n",123.567);
```

输出结果为：

```
|1.24e+02|
```

注意：格式符与输出数据必须在类型上严格匹配。对于 "%f" 和 "%e"，指定的数据必须是浮点型值。int 型值不能匹配 "%f" 和 "%e"。

4. "%c" 格式符

"%c" 用来以字符方式输出。可以应用的数据类型有 char、Character、byte、Byte、short、Short，这些数据类型都能够转换成 Unicode 字符。

```
byte b = 65;
System.out.printf ("b = %c%n", b);
```

输出结果为：

```
b = A
```

5. "%b" 格式符

"%b" 格式符可以用在任何类型的数据上。对于 "%b" 格式符号，如果参数值为 null，结果输出 false；如果参数是 boolean 或 Boolean 类型的数据，结果是调用 String.valueOf() 方法的结果，否则结果是 true。

```
byte b = 0;
String s = null;
System.out.printf ("b1 = %b%n", b);
System.out.printf ("b2 = %b%n", true);
System.out.printf ("b3 = %b%n", s);
```

输出结果为：

```
b1 = true
b2 = true
b3 = false
```

6. "%s" 格式符

"%s" 格式符也可以用在任何类型的数据上。对于 "%s" 格式符号，如果参数值为 null，结果输出 null；如果参数实现了 Formatter 接口，结果是调用 args.formatTo() 的结果，否则结果是调用 args.toString() 的结果。

如果将上面代码中 "%b" 改为 "%s"，输出结果为：

```
b1 = 0
b2 = true
b3 = null
```

> 📖 提示：%用来作为标记格式，如果要在格式字符串里输出直接量%，需要使用%%。

在 String 类中还提供了两个重载的 format() 方法，它们的格式如下：

- public static String format(String format, Object…args)
- public static String format(Locale l, String format, Object…args)

这两个方法的功能是按照参数指定的格式，将 args 格式化成字符串返回。此外，在 java.io.PrintStream 类、java.io.PrintWriter 类以及 java.util.Formatter 类中都提供了相应的 format() 方法。它们的不同之处是方法的返回值不同。在各自类中的 format() 方法返回各自类的一个对象，如 Formatter 类的 format() 方法返回一个 Formatter 对象。有关这些方法的使用，请参阅 Java API 文档。

教学视频

6.3   StringBuilder 类和 StringBuffer 类

StringBuilder 类和 StringBuffer 类都表示可变字符串，即这两个类的对象内容是可以修改的。一般来说，只要使用字符串的地方，都可以使用 StringBuilder/StringBuffer 类，它们比 String 类更灵活。

6.3.1   创建 StringBuilder 对象

StringBuilder 类是 Java 5 新增加的，表示可变字符串。下面是 StringBuilder 类常用的构造方法。

- public StringBuilder()：创建一个没有字符的字符串缓冲区，初始容量为 16 个字符。此时 length() 方法的值为 0，而 capacity() 方法的值为 16。
- public StringBuilder(int capacity)：创建一个没有字符的字符串缓冲区，capacity 为指定的初始容量。
- public StringBuilder(String str)：利用一个已存在的字符串对象 str 创建一个字符串缓冲区对象，另外再分配 16 个字符的缓冲区。

设有下列代码：

```
StringBuilder str = new StringBuilder("Hello");
```

str 对象在内存中的状态如图 6-3 所示。

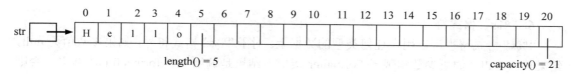

图 6-3   StringBuilder 对象的长度与容量

可以看到，在创建 StringBuilder 对象时，系统除为字符串分配空间外，还分配 16 个字符的缓冲区。缓冲区主要是为方便 StringBuilder 对象的修改。StringBuilder 对象是可变对象，即修改是在原对象上完成的。如果修改后的长度超过容量，则将容量修改为（原容量+1）的两倍。

6.3.2   StringBuilder 的访问和修改

StringBuilder 类除定义了 length()、charAt()、indexOf()、getChars() 等方法外，还提供了下列常用方法：

- public int capacity()：返回当前的字符串缓冲区的总容量。
- public void setCharAt(int index, char ch)：用 ch 修改指定位置的字符。
- public StringBuilder append(String str)：在当前的字符串的末尾添加一个字符串。该

方法有一系列的重载方法，参数可以是 boolean、char、int、long、float、double、char[]等任何数据类型。

- public StringBuilder insert(int offset, String str)：在当前字符串的指定位置插入一个字符串。这个方法也有多个重载的方法，参数可以是 boolean、char、int、long、float、double、char[]等类型。
- public StringBuilder deleteCharAt(int index)：删除指定位置的字符，后面字符向前移动。
- public StringBuilder delete(int start, int end)：删除从 start 开始到 end（不包括 end）的字符。
- public StringBuilder replace(int start, int end, String str)：用字符串 str 替换从 start 开始到 end（不包括 end）的字符。
- public StringBuilder reverse()：将字符串的所有字符反转。
- public String substring(int start)：返回从 start 开始到字符串末尾的子字符串。
- public String substring(int start, int end)：返回从 start 开始到 end（不包括 end）的子字符串。
- public void setLength(int newLength)：设置字符序列的长度。如果 newLength 小于原字符串的长度，字符串将被截短；如果 newLength 大于原字符串的长度，字符串将使用空字符（'\u0000'）扩充。

下面程序演示了 StringBuilder 对象及其方法的使用。

程序 6.4　StringBuilderDemo.java

```
package com.demo;
public class StringBuilderDemo{
    public static void main(String[] args){
        StringBuilder ss = new StringBuilder("Hello");
        System.out.println(ss.length());
        System.out.println(ss.capacity());
        ss.append("Java");
        System.out.println(ss);
        System.out.println(ss.insert(5,","));
        System.out.println(ss.replace(6,10,"World!"));
        System.out.println(ss.reverse());
    }
}
```

程序运行结果为：

```
5
21
HelloJava
Hello,Java
Hello,World!
!dlroW,olleH
```

字符串

使用 StringBuilder 对象可以方便地对其修改，而不需要生成新的对象。

6.3.3 运算符 "+" 的重载

在 Java 语言中不支持运算符重载，但有一个特例，即 "+" 运算符（包括+=）是唯一重载的运算符。该运算符除用于计算两个数之和外，还用于连接两个字符串。当用 "+" 运算符连接的两个操作数其中有一个是 String 类型时，该运算即为字符串连接运算。例如：

```
int age = 18 ;
String  s = "He is "+age+" years old.";
```

上述连接运算过程实际上是按如下方式进行的：

```
String s = new StringBuilder("He is ").append(age).append(
            " years old.").toString();
```

> 📖 **提示：** Java 还定义了 StringBuffer 类，它与 StringBuilder 类的主要区别是 StringBuffer 类的实例是线程安全的，而 StringBuilder 类的实例不是线程安全的。如果不需要线程同步，建议使用 StringBuilder 类。

6.4 小　　结

（1）字符串是一个字符序列。字符串的值包含在一对匹配的双引号（"）中，字符的值包含在一对匹配的单引号（'）中。可以用字符串直接量或字符数组创建一个字符串对象。

（2）字符串在 Java 中是对象，通常使用字符串的实例方法操作字符串对象。例如，length()方法返回字符串的长度，charAt(index)方法返回特定位置的字符。

（3）字符串对象是不可变的，replace()、substring()、toLowerCase()等方法都是在操作后创建一个新字符串，原来的字符串不改变。

（4）使用 equals()方法比较字符串是否相等，使用 compareTo()方法比较两个字符串的大小，使用 split()方法拆分字符串，matches()方法实现字符串与正则表达式匹配，join()方法用来按指定分隔符连接字符串。

（5）Java 应用程序的 main()方法带一个字符串数组参数，称为命令行参数。当调用 main()方法时，可以为它传递若干参数，Java 解释器将这些参数存储在 args 参数中。

（6）使用 PrintStream 类的 printf()方法可以为各种类型的数据指定输出格式。

（7）StringBuilder/StringBuffer 类可以用来代替 String 类。String 类是不可变的，但是可以向 StringBuilder/StringBuffer 对象中添加、插入或追加新的内容。如果字符串的内容不需要任何改变，则使用 String 类；如果可能改变，则使用 StringBuilder/StringBuffer 类。

编 程 练 习

6.1　编写程序，提示用户输入一个字符串，显示它的长度、第一个字符和最后一个字符。

6.2   编写程序，提示用户输入两个字符串，检测第二个字符串是否是第一个字符串的子串。

6.3   国际标准书号 ISBN 是由 13 位数字组成，分为 5 段。例如，978-7-111-50690-4 是一个合法的书号。编写程序，提示用户输入一个字符串书号，检查该书号是否合法。

6.4   使用下面的方法签名编写一个方法，统计一个字符串中包含字母的个数。

```
public static int countLetters(String s)
```

编写测试程序调用 countLetters("Beijing 2008")方法并显示它的返回值。

6.5   编写一个方法，将十进制数转换为二进制数的字符串，方法签名如下：

```
public static String toBinary(int value)
```

6.6   使用下列方法签名编写一个方法，返回排好序的字符串。例如，调用 sort("morning") 应返回"gimnnor"。

```
public static String sort(String s)
```

6.7   编写一个加密程序，要求从键盘输入一个字符串，然后输出加密后的字符串。加密规则是对每个字母转换为下一个字母表示，原来是 a 转换为 b，原来是 B 转换为 C。小写的 z 转换为小写的 a，大写的 Z 转换为大写的 A。

6.8   为上题编写一个解密程序，即输入密文，输出明文。

6.9   编写程序，将字符串"no pains,no gains."解析成含有 4 个单词的字符串数组。

6.10   编写程序，从命令行输入 3 个整数，输出其中的最大值。

6.11   编写程序，从命令行输入 3 个城市名，比较城市名字符串的大小，然后按从小到大的顺序输出。

6.12   在 Java API 文档中查找 java.lang 包中有哪些类，java.util 包中有哪些类，Scanner 类有哪些方法。

6.13   在 Java API 文档中查找 LocalDate 类，根据 API 文档说明写一个程序输出当前日期。

第7章 | 继承与多态

本章学习目标
- 通过继承由父类定义子类；
- 使用 super 关键字调用父类的构造方法和方法；
- 在子类中覆盖父类的方法；
- 区分方法覆盖与方法重载；
- 理解类的访问修饰符的作用；
- 理解类成员的访问修饰符的含义和使用；
- 使用 final 修饰符防止扩展和重写；
- 学会抽象类和抽象方法的定义；
- 理解子类型和父类型及其自动转换和强制转换；
- 学会 instanceof 运算符的使用；
- 理解多态与动态绑定。

教学视频

7.1 类 的 继 承

　　Java 是面向对象的语言，具有面向对象的所有特征，包括继承性、封装性和多态性。在 Java 语言中，继承的基本思想是可以从已有的类派生出新类。不同的类可能会有一些共同的特征和行为，可以将这些共同的特征和行为统一放在一个类中，使它们可以被其他类所共享。

　　例如，可以将人（person）定义为一个类，因为员工（employee）具有人的所有的特征和行为，则可以将员工类定义为人的子类，这就叫继承。进一步，还可以将经理（manager）定义为员工类的子类，经理也继承了员工的特征和行为，这样形成类的层次结构。

　　在类的层次结构中，被继承的类称为父类（parent class）或超类（super class），而继承得到的类称为子类（sub class）或派生类（derived class）。子类继承父类的状态和行为，同时也可以具有自己的特征。

7.1.1 类继承的实现

　　在 Java 语言中要实现类的继承，使用 extends 关键字，格式如下：

```
[public] class SubClass extends SuperClass{
    //类体定义
}
```

关键字 extends 把 SubClass 声明为 SuperClass 直接子类。这样声明后就说 SubClass 类继承了 SuperClass 类或者说 SubClass 类扩展了 SuperClass 类。如果 SuperClass 又是其他类的子类，则 SubClass 就为那个类的间接子类。

假设已经有一个 Person 类，现在需要设计一个 Employee 类，那么就没有必要从头定义 Employee 类，可以继承 Person 类。因为 Employee 除具有人员 Person 的特征，另外还有一些自己的特征（如描述员工工资、计算工资的操作等）。使用继承定义 Employee 类表示员工，代码如下所示。

程序 7.1 Person.java

```
package com.demo;
  public class Person{
  public String name;
  public int age;
  public Person(){                            //无参构造方法
  }
  public Person(String name, int age){       //带参数构造方法
      this.name = name;
      this.age = age;
  }
  public void sayHello(){
      System.out.print("My name is " + name);
  }
}
```

有了 Person 类，定义 Employee 类时就可继承 Person 类，重新定义的 Employee 代码如下。

程序 7.2 Employee.java

```
package com.demo;
public class Employee extends Person{
  public double salary;                        //表示员工工资
  //无参构造方法
  public Employee(){
  }
  //带一个参数构造方法
  public Employee(double salary){
      this.salary = salary;
  }
  //带3个参数构造方法
  public Employee (String name,int age,double salary){
      super(name,age);
      this.salary = salary;
  }
  public double computeSalary(int hours, double rate) {
      //这里计算员工的工资
```

```
        double salary = hours * rate;
        return this.salary + salary;
    }
}
```

128

这里，Employee 类继承或扩展了 Person 类，成为 Person 类的子类；Person 类成为 Employee 类的父类。

关于类继承的几点说明：

（1）子类继承父类中非 private 的成员变量和成员方法。例如，在 Employee 类中可以使用从父类继承来的 name 和 age 属性，还可以调用从父类继承来的方法，如 sayHello()方法。子类还可以定义自己的成员变量和成员方法，如 Employee 类定义了一个表示工资的变量 salary，还定义了 computeSalary()方法。

（2）定义类时若缺省 extends 关键字，则所定义的类为 java.lang.Object 类的直接子类。在 Java 语言中，一切类都是 Object 类的直接或间接子类。例如，Person 类是 Object 类的子类，也继承了 Object 类中定义的方法。Employee 类、Person 类和 Object 之间的类层次关系如图 7-1 所示。前面定义的所有类都是 Object 的子类。

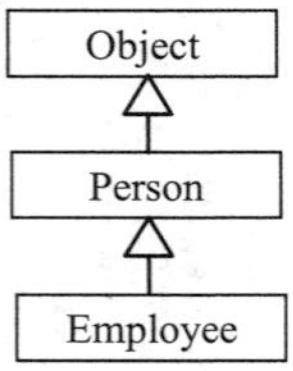

（3）Java 仅支持单重继承，即一个类至多只有一个直接父类。在 Java 中可以通过接口实现其他语言中的多重继承。

下面程序测试了 Employee 类的使用。

程序 7.3　EmployeeTest.java

```
package com.demo;
public class EmployeeTest{
    public static void main(String[] args){
        Employee emp = new Employee("刘明",30,5000);
        System.out.println("姓名 = " + emp.name);
        System.out.println("年龄 = " + emp.age);
        emp.sayHello();                                      //调用从父类继承的方法
        System.out.println(emp.computeSalary(10, 50.0));//调用子类中定义的方法
    }
}
```

图 7-1　类层次关系图

程序输出结果：

```
姓名 = 刘明
年龄 = 30
My name is  刘明
5500.0
```

该程序使用 Employee 类的构造方法创建了一个对象，然后访问从父类继承来的 name 和 age 变量，调用从父类继承来的 sayHello()方法，最后调用子类定义的 computeSalary() 方法。

◀))**注意**：父类中定义的 private 成员变量和方法不能被子类继承，因此在子类中不能直接

7.1.2　方法覆盖

在子类中可以定义与父类中的名字、参数列表、返回值类型都相同的方法，这时子类的方法就叫作覆盖（overriding）或重写了父类的方法。

假设要在 Employee 类中也定义一个 sayHello()方法，用它来输出员工信息，定义如下：

```java
public void sayHello(){
    System.out.println("Hello, I am " + name);
    System.out.println("I am " + age);
    System.out.println("My salary is  " + salary);
}
```

该方法就是对 Person 类的 sayHello()方法的覆盖。如果子类覆盖了超类的方法，在调用相同的方法时，调用的是子类的方法。

为了避免在覆盖方法时写错方法头，可以使用@Override 注解语法，即在要覆盖的方法前面添加@Override。例如，假设一个 Employee 类要覆盖 Object 类的 toString()方法，代码如下：

```java
@Override
public String toString(){
    return "姓名: " + name +"年龄: " + age ;
}
```

@Override 注解表示其后的方法必须是覆盖父类的一个方法。如果具有该注解的方法没有覆盖父类的方法，编译器将报告一个错误。例如，toString 如果被错误地写成 tosrting，将报告一个编译错误。如果没有使用注解，编译器不会报告错误。使用注解可以避免错误。

关于方法覆盖，有下面两点值得注意：

（1）private 方法不能覆盖。只有非 private 的实例方法才可以覆盖，如果在子类中定义了一个方法在父类中是 private 的，则这两个方法无关。

（2）父类中 static 方法可以被继承，但不能被覆盖。如果子类中定义了与父类中的 static 方法完全一样的方法，那么父类中的方法被隐藏。父类中被隐藏的 static 方法仍然可以使用"类名.方法名()"形式调用。

方法重载是在一个类中定义多个名称相同但参数不同的方法。而方法覆盖是在子类中为父类中的同名方法提供一个不同的实现。要在子类中定义一个覆盖的方法，方法的参数和返回值类型都必须与父类中的方法相同。请看下面例子。

```java
public class Parent{
    public void display(double i){
        System.out.println(i);
    }
}
```

```
//定义Parent类的子类
public class Child extends Parent{
    public void display(double i){    //覆盖父类的display()方法
        System.out.println(2 * i);
    }
}
//定义测试类
public class Test {
    public static void main(String[]args){
        Child obj = new Child();
        obj.display(10);
        obj.display(10.0);
    }
}
```

Parent 类中定义了 display()方法，Child 类的 display()与 Parent 类的 display()参数和返回值类型都相同，是方法覆盖，但实现不同。Test 类的 main()方法中对 Child 类对象 obj 的 display()方法的两次调用（参数类型不同）结果都为 20.0，说明调用的都是 Child 类中覆盖的方法。

如果将 Child 类中 display()方法的参数改为 int i，再次执行程序，输出结果是 20.0 和 10.0。这说明 Child 类中定义的 display()方法不是对父类的方法覆盖，而是父类中继承来的 display()方法的重载，因此当为 display()方法传递一个 double 型参数时，将执行父类中的方法。

在子类中可以定义与父类中同名的成员变量，这时子类的成员变量会隐藏父类的成员变量。

7.1.3 super 关键字

在子类中可以使用 super 关键字，用来引用当前对象的父类对象，它可用于下面三种情况。

（1）在子类中调用父类中被覆盖的方法，格式为：

```
super.methodName([paramlist])
```

（2）在子类中调用父类的构造方法，格式为：

```
super([paramlist])
```

（3）在子类中访问父类中被隐藏的成员变量，格式为：

```
super.variableName
```

这里，methodName 表示要调用的父类中被覆盖的方法名；paramlist 表示为方法传递的参数；variableName 表示要访问的父类中被隐藏的变量名。

程序 7.4 SuperTest.java

```
package com.demo;
```

```java
class Super{
    int x, y;
    public Super(){
        System.out.println("创建父类对象");
        setXY(5,5);
    }
    public void setXY(int x, int y){
        this.x = x;
        this.y = y;
    }
    public void display(){
        System.out.println("x = " + x + ",y = " + y);
    }
}
class Sub extends Super{
    int x, z;                    //x隐藏了父类Super中的变量x
    public Sub(){
        this(10,10);
        System.out.println("创建子类对象");
    }
    public Sub(int x,int z){
        super();                 //调用父类的默认构造方法
        this.x = x;
        this.z = z;
    }
    public void display(){       //覆盖了父类Super的display()方法
        super.display();         //访问父类的display()方法
        System.out.println("x = "+x+",y="+y);
        System.out.println("super.x = "+super.x+",super.y="+super.y);
    }
}
public class SuperTest{
    public static void main(String[] args){
        Sub b = new Sub();
        b.display();
    }
}
```

程序运行结果为:

创建父类对象
创建子类对象
x = 5, y = 5
x = 10, y = 5
super.x = 5, super.y = 5

继承与多态

7.1.4 调用父类的构造方法

子类不能继承父类的构造方法。要创建子类对象，需要使用默认构造方法或为子类定义构造方法。

1. 子类的构造方法

Java 语言规定，在创建子类对象时，必须先创建该类的所有父类对象。因此，在编写子类的构造方法时，必须保证它能够调用父类的构造方法。

在子类的构造方法中调用父类的构造方法有两种方式：

1）使用 super 来调用父类的构造方法

```
super([paramlist]);
```

这里，super 指直接父类的构造方法；paramlist 指调用父类带参数的构造方法。不能使用 super 调用间接父类的构造方法，如 super.super()是不合法的。

2）调用父类的默认构造方法

在子类构造方法中，若没有使用 super 调用父类的构造方法，则编译器将在子类的构造方法的第一句自动加上 super()，即调用父类无参数的构造方法。

另外，在子类构造方法中也可以使用 this 调用本类的其他构造方法。不管使用哪种方式调用构造方法，this 和 super 语句必须是构造方法中的第一条语句，并且最多只有一条这样的语句，不能既调用 this，又调用 super。

2. 构造方法的调用过程

在任何情况下，创建一个类的实例时，将会沿着继承链调用所有父类的构造方法，这叫作构造方法链。下面代码定义了 Vehicle 类、Bicycle 类和 ElectricBicycle 类，代码演示了子类和父类构造方法的调用。

```java
//定义Vehicle交通工具类
public class Vehicle{
    public Vehicle(){
        System.out.println("创建Vehicle对象");
    }
}
//Bicycle类扩展了Vehicle类
public class Bicycle extends Vehicle{
    private String brand;
    public Bicycle(){
        this("");
        System.out.println("创建Bicycle对象");
    }
    public Bicycle (String brand){
        this.brand = brand;
    }
}
//ElectricBicycle类扩展了Bicycle类
```

```
public class ElectricBicycle extends Bicycle{
    String factory;
    public ElectricBicycle(){
        System.out.println("创建ElectricBicycle对象");
    }
    public static void main(String[] args){
        ElectricBicycle myBicycle = new ElectricBicycle();
    }
}
```

执行程序，输出结果如下：

```
创建Vehicle对象
创建Bicycle对象
创建ElectricBicycle对象
```

这说明在创建子类对象时，系统首先调用所有父类的构造方法，包括所有类的根类 Object 类的构造方法。

7.2　封装性与访问修饰符

封装性是面向对象的一个重要特征。在 Java 语言中，对象就是一组变量和方法的封装体。通过对象的封装，用户不必了解对象是如何实现的，只须通过对象提供的接口与对象进行交互就可以。封装性实现了模块化和信息隐藏，有利于程序的可移植性和对象的管理。

对象的封装是通过下面两种方式实现的。

（1）通过包实现封装性。在定义类时使用 package 语句指定类属于哪个包。包是 Java 语言最大的封装单位，定义了程序对类的访问权限。

（2）通过类或类的成员访问权限实现封装性。

7.2.1　类的访问权限

类（包括接口和枚举等）的访问权限通过修饰符 public 实现，定义哪些类可以使用该类。public 类可以被任何其他类使用，而缺省访问修饰符的类仅能被同一包中的类使用。下面的 Employee 类定义在 com.demo 包中，该类缺省访问修饰符。

```
package com.demo;
class Employee{            //类的访问修饰符为缺省
    Employee(){
        System.out.println("创建Employee实例");
    }
}
```

下面的 EmployeeTest 类定义在 com.xxxy 包中，它与 Employee 类不在同一个包，在该类中试图使用 com.demo 包中的 Employee 类。

```
package com.xxxy;
import com.demo.Employee;    //试图导入Employee类
public class EmployeeTest{
    public static void main(String[] args){
        Employee Employee = new Employee();
    }
}
```

在 Eclipse 中程序不能被编译，程序第一行显示的错误信息是：

```
The type com.demo.Employee is not visible
```

意思是 Employee 类型在该类中不可见。对出现这样问题可以有两种解决办法：

（1）将 Employee 类的访问修饰符修改为 public，使它成为公共类，这样就可以被所有其他类访问。

（2）将 EmployeeTest 类和 Employee 类定义在一个包中，即 EmployeeTest 类的 package 语句定义如下。

```
package com.demo;
```

一般情况下，如果一个类只提供同一个包中的类访问可以不加访问修饰符，如果还希望被包外的类访问，则需要加上 public 访问修饰符。

7.2.2 类成员的访问权限

类成员的访问权限包括成员变量和成员方法的访问权限。共有 4 个修饰符，分别是 private、缺省的、protected 和 public，这些修饰符控制成员可以在程序的哪些部分被访问。

1. private 访问修饰符

用 private 修饰的成员称为私有成员，私有成员只能被这个类本身访问，外界不能访问。private 修饰符最能体现对象的封装性，从而可以实现信息的隐藏。

程序 7.5　AnimalTest.java

```
package com.demo;
class Animal{
    private String name = "Giant Panda";
    private void display(){
        System.out.println("My name is "+name);
    }
}
public class AnimalTest{
    public static void main(String[] args){
        Animal a = new Animal();
        System.out.println("a.name = "+a.name);
        a.display();
    }
```

```
    }
```

该程序将产生编译错误，因为在 Animal 类中变量 name 和 display()方法都声明为
private，因此在 AnimalTest 类的 main()方法中是不能访问的。

如果将上面程序的 main()方法写在 Animal 类中，程序能正常编译和运行。这时，main()
方法定义在 Animal 类中，可以访问本类中的 private 变量和 private 方法。

类的构造方法也可以被声明为私有的，这样其他类就不能生成该类的实例，一般通过
调用该类的方法来创建类的实例。

2. 缺省访问修饰符

缺省访问修饰符的成员，一般称为包可访问的。这样的成员可以被该类本身和同一个
包中的类访问。其他包中的类不能访问这些成员。对于构造方法，如果没有加访问修饰符，
也只能被同一个包的类产生实例。

3. protected 访问修饰符

当成员被声明为 protected 时，一般称为保护成员。该类成员可以被这个类本身、同一
个包中的类以及该类的子类（包括同一个包以及不同包中的子类）访问。

如果一个类有子类且子类可能处于不同的包中，为了使子类能直接访问父类的成员，
那么应该将其声明为保护成员，而不应该声明为私有或默认的成员。

4. public 访问修饰符

用 public 修饰的成员一般称为公共成员，公共成员可以被任何其他的类访问，但前提
是类是可访问的。

表 7-1 总结了各种修饰符的访问权限。

表 7-1　类成员访问权限比较

修饰符	同一个类	同一个包的类	不同包的子类	任何类
private	√			
缺省	√	√		
protected	√	√	√	
public	√	√	√	√

注：表 7-1 中的√号表示允许访问。

7.3　防止类扩展和方法覆盖

使用 final 修饰符可以修饰类、方法和变量。

7.3.1　final 修饰类

如果一个类使用 final 修饰，则该类就为最终类（final class），最终类不能被继承。下
面代码会发生编译错误：

```
final class AA{
    //…
}
```

```
class BB extends AA{   //这里发生错误
    //…
}
```

定义为 final 的类隐含定义了其中的所有方法都是 final 的。因为类不能被继承，因此也就不能覆盖其中的方法。有时为了安全的考虑，防止类被继承，可以在类的定义时使用 final 修饰符。在 Java 类库中就有一些类声明为 final 类，如 Math 类和 String 类都是 final 类，它们都不能被继承。

7.3.2　final 修饰方法

如果一个方法使用 final 修饰，则该方法不能被子类覆盖。例如，下面的代码会发生编译错误：

```
class AA{
    public final void method(){}
}
class BB extends AA{
    public void method(){}   //该语句发生编译错误
}
```

7.3.3　final 修饰变量

用 final 修饰的变量包括类的成员变量、方法的局部变量和方法的参数。一个变量如果用 final 修饰，则该变量为常值变量，一旦赋值便不能改变。

对于类的成员变量一般使用 static 与 final 组合定义类常量。这种常量称为编译时常量，编译器可以将该常量值代入任何可能用到它的表达式中，这可以减轻运行时的负担。

如果使用 final 修饰方法的参数，则参数的值在方法体中只能被使用而不能被改变，请看下面代码：

```
class Test{
    public static final int SIZE = 50;
    public void methodA(final int i){
      i = i + 1;                        //该语句产生编译错误，不能改变i的值
    }
    public int methodB(final int i){
      final int j = i + 1;             //该语句没有错误，可以使用i的值
      return j ;
    }
}
```

注意，如果一个引用变量使用 final 修饰，表示该变量的引用（地址）不能改变，一旦引用被初始化指向一个对象，就无法改变使它指向另一个对象。但对象本身是可以改变的，Java 没有提供任何机制使对象本身保持不变。

7.4 抽 象 类

教学视频

前面章节中定义的类可以创建对象，它们都是具体的类。在 Java 中，还可以定义抽象类。抽象类（abstract class）是包含抽象方法的类。

假设要开发一个图形绘制系统，需要定义圆类（Circle）、矩形类（Rectangle）和三角形类（Triangle）等，这些类都需要定义求周长和面积的方法，这些方法对不同的图形有不同的实现。这时就可以设计一个更一般的类，如几何形状类（Shape），在该类中定义求周长和面积的方法。由于 Shape 不是一个具体的形状，这些方法就不能实现，因此要定义为抽象方法（abstract method）。

定义抽象方法需要在方法前加上 abstract 修饰符。抽象方法只有方法的声明，没有方法的实现。包含抽象方法的类必须定义为抽象类，定义抽象类需要的类前加上 abstract 修饰符。下面定义的 Shape 类即为抽象类，其中定义了两个抽象方法。

程序 7.6　Shape.java

```java
package com.demo;
public abstract class Shape{
    String name;
    public Shape(){}                        //抽象类可以定义构造方法
    public Shape(String name){
    this.name = name;
    }
    public abstract double getArea();       //定义抽象方法
    public abstract double getPerimeter();  //定义抽象方法
}
```

类中定义了 getArea()和 getPerimeter()两个抽象方法，分别表示求形状的面积和周长，抽象方法使用关键字 abstract 定义。对抽象方法只有声明，不需要实现，即在声明后用一个分号（;）结束，而不需要用大括号。抽象方法的作用是为所有子类提供一个统一的接口。由于类中定义了抽象方法，类也需要使用 abstract 定义为抽象类。

在抽象类中可以定义构造方法，这些构造方法可以在子类的构造方法中调用。尽管在抽象类中可以定义构造方法，但抽象类不能被实例化，即不能生成抽象类的对象。例如，下列语句将会产生编译错误：

```java
Shape sh = new Shape();                     //抽象类不能实例化
```

在抽象类中可以定义非抽象的方法。可以创建抽象类的子类，抽象类的子类还可以是抽象类，只有非抽象的子类才能使用 new 创建该类的对象。抽象类中可以没有抽象方法，但仍然需要被子类继承，才能实例化。

> **注意：**因为 abstract 类必须被继承而 final 类不能被继承，所以 final 和 abstract 不能在定义类时同时使用。

继承与多态

下面定义了 Circle 类，它继承了 Shape 类并实现了其中的抽象方法。

程序 7.7　Circle.java

```java
package com.demo;
public class Circle extends Shape{
    private double radius;
    public Circle(){
        this(0.0);
    }
    public Circle(double radius){
        super("圆");                    //调用父类的构造方法
        this.radius = radius;
    }
    public void setRadius(double radius){
        this.radius = radius;
    }
    public double getRadius(){
        return radius;
    }
    @Override
    public double getPerimeter(){    //实现父类的抽象方法
        return 2 * Math.PI * radius;
    }
    @Override
    public double getArea(){         //实现父类的抽象方法
        return Math.PI * radius * radius;
    }
    @Override
    public String toString(){        //覆盖Object类的toString()方法
        return "[圆] radius = "+radius;
    }
}
```

这里定义的 Circle 类继承了抽象类 Shape 类，由于 Circle 类不是抽象类，因此它必须实现抽象类中 getArea() 和 getPerimeter() 两个方法，此外，它还定义了构造方法和其他普通方法。

还可以定义 Rectangle 类、Square 类和 Triangle 类继承 Shape 类，这些类的定义留给读者自行完成。

教学视频

7.5　对象转换与多态

面向对象程序设计的三大特征是封装性、继承性和多态性。前面已经学习了前两个，本节将介绍多态性。

为了讨论方便，先介绍两个术语：子类型和父类型。一个类实际上定义了一种类型。

子类定义的类型称为子类型,而父类(或接口)定义的类型称为父类型。因此,可以说 Circle 是 Shape 的子类型,Shape 类是 Circle 的父类型。

7.5.1 对象转换

继承关系使一个子类继承父类的特征,并且附加一些新特征。子类是它父类的特殊化,每个子类的实例也都是它父类的实例,但反过来不成立。因此,子类对象和父类对象在一定条件下也可以相互转换,这种类型转换一般称为对象转换或造型(casting)。对象转换也有自动转换和强制转换之分。

由于子类继承了父类的数据和行为,因此子类对象可以作为父类对象使用,即子类对象可以自动转换为父类对象。可以将子类型的引用赋值给父类型的引用。假设 parent 是一个父类型引用,child 是一个子类型(直接或间接)引用,则下面的赋值语句是合法的:

```
parent = child;                      //子类对象自动转换为父类对象
```

这种转换称为向上转换(up casting)。向上转换指的是在类的层次结构图中,位于下方的类(或接口)对象都可以自动转换为位于上方的类(或接口)对象,但这种转换必须是直接或间接类(或接口)。

反过来,也可以将一个父类对象转换成子类对象,这时需要使用强制类型转换。强制类型转换需要使用转换运算符"()"。下面程序演示了对象自动转换和强制转换。

程序 7.8 CastDemo.java

```java
package com.demo;
public class CastDemo{
    public static void main(String[] args){
        Employee emp = new Employee("刘明",30,5000);
        System.out.println(emp);
        Person p = emp;                //自动类型转换
        System.out.println(p);
        p.sayHello();
        emp = (Employee)p;             //强制类型转换
        emp.printState();
    }
}
```

程序运行结果为:

```
刘明  30  5000.0
刘明  30  5000.0
My name is 刘明 I am 30
姓名:刘明,年龄:30,工资:5000.0
```

向上转换可以将任何对象转换为继承链中任何一个父类型对象,包括 Object 类的对象,下面语句是合法的。

```
Object obj = new Employee();
```

继承与多态

注意，不是任何情况下都可以进行强制类型转换，请看下面代码：

```
Person p = new Person();
Employee emp = (Employee) p;  //不能把父类对象强制转换成子类对象
```

上述代码是要将父类对象转换为子类对象，代码编译时没有错误，但运行时会抛出 ClassCastException 异常。

当将一个子类型引用转换为一个父类型引用时，使用该引用可以调用父类型中定义的方法，但它看不到子类型中定义的方法。例如，在上述程序是可以调用 p.sayHello()方法，但不能调用 p.computeSalary()方法。语句：

```
System.out.println(p.computeSalary(0,0);
```

编译器将给出下面错误提示：

```
The method computeSalary() is undefined for the type Person
```

这是因为尽管 p 是由员工对象转换的，但现在 p 是一个 Person 对象引用，该引用不知道 computeSalary()方法，而将 p 再转换为 Employee 对象后就可以使用 computeSalary()方法了。

因此，将父类对象转换为子类对象，必须要求父类对象是用子类构造方法生成的，这样转换才正确。另外注意，转换只发生在有继承关系的类或接口之间。

7.5.2　instanceof 运算符

instanceof 运算符用来测试一个实例是否是某种类型的实例，这里的类型可以是类、抽象类、接口等。instanceof 运算符的格式为：

```
variable instanceof TypeName
```

该表达式返回逻辑值。如果 variable 是 TypeName 类型或父类型的实例，则返回 true，否则返回 false。

设有如图 7-2 所示的类层次结构，假设给出下面声明：

```
Fruit fruit = new Apple();
Orange orange = new Orange();
```

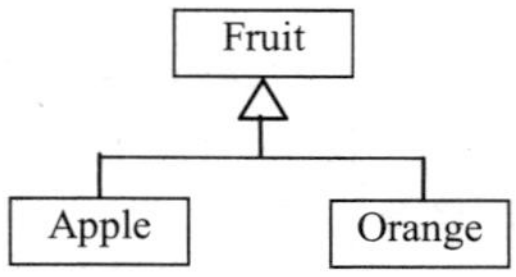

图 7-2　Fruit 类层次结构

表达式 fruit instanceof Orange 的结果是 false。
表达式 fruit instanceof Fruit 的结果是 true。
表达式 orange instanceof Fruit 的结果是 true。
表达式 orange instanceof Apple 的结果是 false。

如果一个实例是某种类型的实例，那么该实例也是该类型的所有父类型的实例。表达式 fruit instanceof Object 的结果也是 true。

7.5.3　多态与动态绑定

多态（polymorphism）就是多种形式，是指 Java 程序中一个类或多个类中可以定义多个同名方法，这多个同名方法完成的操作不同，这就是多态。多态性是指在运行时系统判断应该执行哪个方法的代码的能力。Java 语言支持两种类型的多态：

（1）静态多态：也叫编译时多态，是通过方法重载实现的。

（2）动态多态：也叫运行时多态，是通过方法覆盖实现的。

将方法调用与方法体关联起来称方法绑定（binding）。若在程序执行前进行绑定，叫前期绑定，如 C 语言的函数调用都是前期绑定。若在程序运行时根据对象的类型进行绑定，则称后期绑定或动态绑定。Java 中除 static 方法和 final 方法外都是后期绑定。

对重载的方法，Java 运行时系统根据传递给方法的参数个数和类型确定调用哪个方法，而对覆盖的方法，运行时系统根据实例类型决定调用哪个方法。对子类的一个实例，如果子类覆盖了父类的方法，运行时系统调用子类的方法，如果子类继承了父类的方法，则运行时系统调用父类的方法。

有了方法的动态绑定，就可以编写只与基类交互的代码，并且这些代码对所有的子类都可以正确运行。假设抽象类 Shape 定义了 getArea()方法，其子类 Circle、Rectangle 和 Square 都各自实现了 getArea()方法。下面的例子说明了多态和方法动态绑定的概念。

程序 7.9　PolymorphismDemo.java

```java
package com.demo;
public class PolymorphismDemo{
    public static void main(String[] args){
        Shape shapes[] = new Shape[3];
        double sumArea = 0;                              //求几个形状的面积和
        shapes[0] = new Circle(10);
        shapes[1] = new Rectangle(5,20);
        shapes[2] = new Square(10);
        //计算所有形状面积和
        for(Shape shape : shapes){
            System.out.println(shape.getArea());         //计算实际类型的面积
            //根据对象类型调用不同的getArea()方法
            sumArea = sumArea + shape.getArea();
        }
        System.out.println("所有形状的面积和是: " + sumArea);
    }
}
```

程序运行结果为：

```
314.1592653589793
100.0
100.0
所有形状的面积和是: 514.1592653589794
```

程序中使用抽象类 Shape 对象引用具体类的实例，在调用 getArea()方法时，运行时系统根据对象的实际类型调用相应的 getArea()方法。如果将来程序向数组中再增加一个

继承与多态

Shape 的子类（如 Triangle）对象，程序不需要修改。这可大大提高程序的可维护性和可扩展性。

7.6 小　　结

（1）可以使用 extends 通过现有类定义新类，这称为类的继承。新类称为子类或派生类，现有类称为父类、超类或基类。

（2）子类继承父类中非 private 成员变量和成员方法，子类可以覆盖父类中的实例方法，子类不能继承父类的构造方法。

（3）要覆盖一个方法，必须使用与它父类中方法相同的签名来定义类中的方法。私有方法不能被覆盖，如果子类中定义的方法在父类中是私有的，那么这两个方法完全没有关系。静态方法不能被覆盖，如果父类中定义的静态方法在子类中重新定义，那么父类中定义的方法被隐藏。

（4）可以使用 super 关键字访问父类的变量、方法和构造方法。若访问父类构造方法，调用必须是构造方法的第一条语句。如果没有显式地调用父类构造方法，编译器就会把 super() 作为构造方法的第一条语句，它调用的是父类的无参构造方法。

（5）Java 中的每个类都继承自 java.lang.Object 类。如果一个类在定义时没有指定继承关系，那么它的父类就是 Object。

（6）如果一个类使用 public 修饰，它可被所有包中的类使用，如果没有使用访问修饰符，它只能被与它在同一个包中的类使用。

（7）类成员可以使用 private、protected、public 和默认修饰符，它们决定成员的可访问性。

（8）使用 final 修饰的类是最终类，不能被继承；使用 final 修饰的方法是最终方法，不能被覆盖；若使用 final 修饰变量，则变量一旦赋值便不能被改变。

（9）抽象类使用 abstract 修饰，抽象方法是只有方法声明，没有方法实现。抽象类不能被实例化，只能被继承，在非抽象类中抽象方法必须被实现。

（10）因为子类的实例总是它的父类的实例，所以总是可以把一个子类的实例转换成一个父类的变量。当把父类实例转换类子类变量时，必须使用强制类型转换。

（11）可以使用 instanceof 运算符测试一个对象是否是某种类型的一个实例。

（12）如果一个方法的参数类型是父类（如 Shape），可以向该方法的参数传递任何子类（如 Circle）对象，这称为多态。

（13）当调用实例方法时，变量的实际类型在运行时决定使用方法的哪个实现，这称为动态绑定。

编　程　练　习

7.1　给定如图 7-3 所示的 Animal 类及其子类的继承关系 UML 图。编写代码实现这些类。

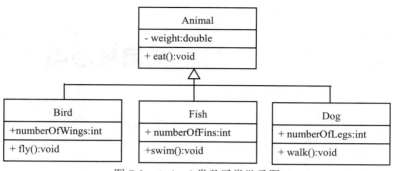

图 7-3　Animal 类及子类继承图

7.2　定义一个名为 Cylinder 类表示圆柱，它继承 Circle 类（参见编程练习 4.2），要求定义一个变量 height 表示圆柱高度。覆盖 getArea()方法求圆柱的表面积，定义 getVolume()方法求圆柱体积。定义默认构造方法和带 radius 和 height 两个参数的构造方法。

画出 Circle 类和 Cylinder 类的 UML 图，并实现这些类。编写测试程序，提示用户输入圆柱的底面圆的半径和高度，程序创建一个圆柱对象，计算并输出圆柱表面积和体积。

7.3　设计一个汽车类 Auto，其中包含一个表示速度的 double 型的成员变量 speed、表示启动的 start()方法、表示加速的 speedUp()方法以及表示停止的 stop()方法。再设计一个 Auto 类的子类 Bus 表示公共汽车，在 Bus 类中定义一个 int 型表示乘客数的成员变量 passenger，另外定义两个方法 gotOn()和 gotOff()表示乘客上车和下车。编写程序测试 Bus 类的使用。

7.4　定义一个名为 Square 的类表示正方形，使其继承 Shape 抽象类，覆盖 Shape 类中的抽象方法 getPerimeter()和 getArea()。编写程序测试 Square 类的使用。

7.5　定义一个名为 Cuboid 的长方体类，使其继承 Rectangle 类，其中包含一个表示高的 double 型成员变量 height；定义一个构造方法 Cuboid(double length, double width, double height)；再定义一个求长方体体积的 volume()方法。编写程序，求一个长、宽和高分别为 10、5、2 的长方体的体积。

继承与多态

第8章

Java 常用核心类

本章学习目标

- 描述 Object 类中定义的方法；
- 覆盖 Object 类中常用方法；
- 列出 Math 类中定义的常量和常用方法；
- 学会使用 Math 类的 random()方法生成任意范围的随机数；
- 列出 Java 基本类型包装类；
- 理解和使用自动装箱和自动拆箱；
- 学会字符串与基本类型值的转换；
- 了解大整数和大浮点数的使用；
- 掌握 LocalDate、LocalTime 等日期/时间 API 的使用；
- 学会日期和时间的解析与格式化。

教学视频

8.1 Object：终极父类

java.lang.Object 类是 Java 语言中所有类的根类，定义类时若没有用 extends 指明继承哪个类，编译器自动加上 extends Object。Object 类中共定义了 9 个方法，所有的类（包括数组）都继承该类中的方法，这些方法如表 8-1 所示。

表 8-1 Object 类定义的方法

方法	说明
public boolean equals(Object obj)	比较调用对象是否与参数对象 obj 相等
public String toString()	返回对象的字符串表示
public int hashCode()	返回对象的哈希码值
protected Object clone()	创建并返回对象的一个副本
protected void finalize()	当对该对象没有引用时由垃圾回收器调用
public Class<?> getClass()	返回对象所属的完整类名
public void wait()	使当前线程进入等待状态，直到另一个线程调用 notify()或
public void wait(long timeout)	notifyAll()方法
public void wait(long timeout, int nanos)	
public void notify()	通知等待该对象锁的单个线程或所有线程继续执行
public void notifyAll()	

其中后 3 个方法是有关线程操作的方法，将在第 17 章的"并发编程基础"中讨论。下面讨论 Object 类几个方法的使用。

8.1.1 toString()方法

toString()方法是 Object 类的一个重要方法，调用对象的 toString()方法可以返回对象的字符串表示。该方法在 Object 类中的定义是返回类名加一个@符号，再加一个十六进制整数。如果在 Employee 类中没有覆盖 toString()方法，执行下面的代码：

```
Employee emp = new Employee("刘明",30,5000);
System.out.println(emp.toString());
```

可能产生类似下面的输出：

```
com.demo.Employee@1db9742
```

这些信息没有太大的用途，因此通常在类中覆盖 toString()方法，使它返回一个有意义的字符串。例如，在 Employee 类中按如下覆盖 toString()方法：

```
@Override
public String toString(){
    return "员工信息:" + name +"  "+ age + "  "+ salary;
}
```

这时，语句 System.out.println(emp.toString());的输出结果为：

```
员工信息:刘明  30  5000.0
```

实际上，还可以仅使用对象名输出对象的字符串表示形式，而不用调用 toString()方法，这时 Java 编译器将自动调用 toString()方法。例如，下面两行等价：

```
System.out.println(emp);
System.out.println(emp.toString());
```

在 Java 类库中，有许多类覆盖了 toString()方法，输出时能够得到可理解的结果，LocalDate 类就是其一。

8.1.2 equals()方法

equals()方法主要用来比较两个对象是否相等，使用格式为：

```
obj1.equals(obj2)
```

上述表达式用来比较两个对象 obj1 和 obj2 是否相等，若相等则返回 true，否则返回 false。但两个对象比较的是什么呢？首先来看 equals()方法在 Object 类中的定义：

```
public boolean equals(Object obj){
    return (this == obj);
}
```

可以看到，该方法比较的是两个对象的引用，即相当于两个对象使用"=="号进行比较。

假设 Employee 类还定义了 id 成员，又假设我们要比较两个 Employee 对象是否相等，如果使用下面代码，将输出 false。

```
Employee emp1 = new Employee(101,"刘明",30,5000);
Employee emp2 = new Employee(101,"刘明",30,5000);
System.out.println(emp1.equals(emp2));
```

经常需要比较两个对象的内容是否相等。对于员工来说，如果两个员工的 id 相等，就认为它们相等。要达到这个目的就需要在 Employee 类中覆盖 equals()方法。

在 Employee 类中可以这样覆盖 equals()方法：

```
@Override
public boolean equals(Object obj){
    if(obj instanceof Employee)
      return this.id==((Employee)obj).id;
    else
      return false;
}
```

如果在 Employee 类中按上面方式覆盖了 equals()方法，再使用该方法比较两个 Employee 对象就是比较它们的 id 是否相等。

在 Java 类库中的许多类也覆盖了该方法，如 String 类。因此，对 String 对象使用 equals()方法的比较是字符串的内容是否相等。

注意：在子类中，使用签名 equals(ClassName obj)覆盖 equals()方法是一个常见的错误，应该使用 equals(Object obj)覆盖 equals()方法。

8.1.3　hashCode()方法

hashCode()方法返回一个对象的哈希码（hash code）值，它是一个整数，主要用来比较对象的大小。在 Object 类中 hashCode()方法的实现是返回对象在计算机内部存储的十进制内存地址，代码如下：

```
Employee emp = new Employee(101,"刘明",30,5000);
System.out.println(emp.hashCode());
```

可能的输出结果：31168322。

hashCode()方法和 equals()方法必须是兼容的，即对一个类的两个对象 x 和 y，如果 x.equals(y)返回 true，则 x.hashCode()==y.hashCode()也必须返回 true。如果你为一个类覆盖了 equals()方法，则也需要覆盖 hashCode()方法，以兼容 equals()方法。

在覆盖 Object 类的 hashCode()方法时，要保证相同对象的哈希码必须相同。哈希码是一个整数，可以使用不同算法生成对象的哈希码。例如，String 类使用下面算法生成它的哈希码：

```
int hash = 0;
for(int i =0; i < length(); i++)
   hash = 31 * hash +charAt(i);
```

该算法可以保证当两个 String 对象 x 和 y 是两个不相等的对象时，那么 x.hashCode()
和 y.hashCode()不同。例如，"Mary".hashCode()是 2390779，而"Myra".hashCode()是 2413819。

在覆盖 Object 类的 hashCode()时，可以直接联合类的每个实例变量的哈希码。例如，
下面是 Employee 类的 hashCode()方法：

```
public class Employee {
   public String name;
   public int age;
   public double salary;
   @Override
   public int hashCode() {
      return Objects.hash(name,age,salary);
   }
   ⋮
}
```

java.util.Objects 类的 hash()方法的参数是可变参数，该方法计算每个参数的哈希码，
并将它们组合起来。这个方法是空指针安全的。

如果类包含数组类型的实例变量，比较它们的哈希码时，首先使用静态方法
Arrays.hashCode()计算数组的每个元素哈希码组成的哈希码，然后将结果传给 Objects 的
hash()方法。

8.1.4　clone()方法

使用 Object 类的 clone()方法可以克隆一个对象，即创建一个对象的副本。要使类的对
象能够克隆，类必须实现 Cloneable 接口。

程序 8.1　Car.java

```
package com.demo;
public class Car implements Cloneable{
   private int id;          //编号
   private String brand;    //品牌
   private String color;    //颜色
   public Car(int id, String brand,String color){
      this.id = id;
      this.brand = brand;
      this.color = color;
   }
   public boolean equals(Object obj){
      return this.id == ((Car)obj).id ;
   }
```

```java
public String toString(){
    return "汽车:id = "+id+" brand="+brand +"color=" + color;
}
public static void main(String[] args)
        throws CloneNotSupportedException{
    Car c1 = new Car(101, "宝马","棕色");
    Car c2 = (Car)c1.clone();
    System.out.println(c1 == c2);
    System.out.println(c1.equals(c2));
    System.out.println(c1.getClass().getName());
    System.out.println(c1.hashCode());
    System.out.println(c1);
}
```

程序运行结果如下：

```
false
true
com.demo.Car
14576877
Car:id = 101 brand=宝马 color=棕色
```

程序中首先创建了一个 Car 对象 c1，然后调用 c1 的 clone()方法创建 c1 的一个副本。接下来使用 "=="比较两个对象，结果为 false，使用 equals()方法比较两个对象，结果为 true。clone()方法声明抛出 CloneNotSupportedException 异常，程序在 main()方法的声明中抛出了该异常。另外，clone()方法的返回值类型为 Object，因此需进行强制类型转换。

> 📖 **提示：** 使用 Object 类继承的 clone()方法克隆对象只是做了浅拷贝。它简单地从原对象中复制所有实例变量到目标对象中。如果实例变量是基本类型或不变对象（如 String），将没有问题；否则，原对象和克隆对象将共享可变的状态。

8.1.5　finalize()方法

在 Java 程序中，每个对象都有一个 finalize()方法。在对象被销毁之前，垃圾回收器允许对象调用该方法进行清理工作，这个过程称为对象终结（finalization）。

在程序中每个对象的 finalize()方法仅被调用一次。利用这一点，可以在 finalize()方法中清除在对象外被分配的资源。典型的例子是，对象可能打开一个文件，该文件可能仍处于打开状态。在 finalize()方法中，就可以检查如果文件没有被关闭，将该文件关闭。

finalize()方法的定义格式为：

```java
protected void finalize() throws Throwable
```

任何类都可继承该方法，在自定义类中可以覆盖该方法。程序 8.1 的 Car 类中可以定义如下的 finalize()方法。

```
protected void finalize() throws Throwable{
    System.out.println("The object is destroyed.");
}
```

在 main()方法中编写下面代码：

```
public static void main(String[]args){
    Car c1 = new Car(101,"宝马","蓝色");
    Car c2 = new Car(102,"奔驰","黑色");
    c1 = null;
    c2 = null;
    System.gc();    //执行垃圾回收
}
```

运行程序将输出：

```
The object is destroyed.
The object is destroyed.
```

教学视频

8.2　Math 类

java.lang.Math 类中定义了一些方法完成基本算术运算，如指数函数、对数函数、平方根函数以及三角函数等。Math 类是 final 类，因此不能被继承。其构造方法的访问修饰符是 private，因此不能实例化。Math 类中定义的两个常量 PI 和 E 以及所有的方法都是静态的，因此仅能通过类名访问。Math 类的常用方法如表 8-2 所示。

表 8-2　Math 类的常用方法

方法	说明
static double sin(double x)	返回角度 x 的正弦、余弦和正切的值，其中 x 的单位为弧度
static double cos(double x)	
static double tan(double x)	
static double asin(double x)	返回角度 x 的反正弦、反余弦、反正切和反双曲正切的值，其中 x 的单位为弧度
static double acos(double x)	
static double atan(double x)	
static double atan2(double y, double x)	
static double abs(double x)	返回 x 的绝对值，该方法另有 3 个重载的版本
static double exp(double x)	返回 e 的 x 次方的值
static double log(double x)	返回以 e 为底的自然对数的值
static double sqrt(double x)	返回 x 的平方根
static double pow(double x, double y)	返回 x 的 y 次方的值
static double max(double x, double y)	返回 x、y 的最大值和最小值，另有参数为 float、long 和 int 的重载版本
static double min(double x, double y)	
static double random()	返回 0.0～1.0 的随机数（包含 0.0 但不包含 1.0）
static double ceil(double x)	返回大于或等于 x 的最小整数
static double floor(double x)	返回小于或等于 x 的最大整数

Java 常用核心类

方法	说明
static double rint(double x)	返回与 x 最接近的整数，如果 x 到两个整数的距离相等，返回其中的偶数
static int round(float x)	返回(int)Math.floor(x+0.5)
static long round(double x)	返回(long)Math.floor(x+0.5)
static double IEEEremainder(double f1, double f2)	计算 f1 除以 f2 的余数，结果符合 IEEE754 标准的规定
static double toDegrees(double angrad)	将弧度转换为角度
static double toRadians(double angrad)	将角度转换为弧度

下面程序演示了 sqrt()、pow()、rint()、round()等方法以及常量 PI 的使用。

程序 8.2 MathDemo.java

```java
package com.demo;
public class MathDemo{
    public static void main(String[]args){
        System.out.println("sqrt(2) = " + Math.sqrt(2));
        System.out.println("pow(2,5) = " + Math.pow(2,5));
        System.out.println("rint(2.5) = " + Math.rint(2.5));
        System.out.println("rint(-3.5) = " + Math.rint(-3.5));
        System.out.println("round(3.5) = " + Math.round (3.5));
        System.out.println("round(-3.5) = " + Math.round (-3.5));
        double pi = Math.PI;
        pi = Math.round(pi * 10000) / 10000.0;     //四舍五入到小数点后4位
        System.out.println("PI = " + pi);
    }
}
```

程序运行结果为：

```
sqrt(2) = 1.4142135623730951
pow(2,5) = 32.0
rint(2.5) = 2.0
rint(-3.5) = -4.0
round(3.5) = 4
round(-3.5) = -3
PI = 3.1416
```

Math 类中的 random()方法用来生成大于等于 0.0 小于 1.0 的 double 型随机数（0<=Math.random()<1.0）。该方法十分有用，可以用它来生成任意范围的随机数。例如：

```
(int)(Math.random() * 10)              //返回0～9的随机整数
50  + (int)(Math.random() * 51)        //返回50～100的随机整数
```

一般地，a + (int)(Math.random() * (b+1)) 返回 a～a+b 的随机数，包括 a+b。

下面程序随机生成 100 个小写字母。由于小写字母的 ASCII 码值在 97（'a'）和 122（'z'）

之间，因此本题只需随机产生 100 个 97～122 的整数，然后把它们转换成字符即可。

程序 8.3　RandomCharacter.java

```java
package com.demo;
public class RandomCharacter {
    public static char getLetter(){
        return (char)(97 + Math.random() * (26));
    }
    public static void main (String[] args) {
      for(int i = 1 ;i <= 100 ; i ++){
         System.out.print(getLetter()+" ");
            if( i % 20 ==0)      //每输出20个字母换行
              System.out.println();
        }
    }
}
```

下面是该程序某次运行结果：

```
t b o w b m c i y m q v i z g t k h b z
u m k f b t v z i d y z v d m x f v m m
h u w h c f n d k n z w b g k u q s n d
u k a i j j h v f g c w w s t a d q g i
z x q v u s s w l b a p i y e j h z d y
```

8.3　基本类型包装类

教学视频

Java 语言提供了 8 种基本数据类型，如整型（int）、字符型（char）等。这些数据类型不属于 Java 的对象层次结构。Java 语言保留这些数据类型主要是为了提高效率。这些类型的数据在方法调用时是采用值传递的，不能采用引用传递。

有时需要将基本类型数据作为对象处理，如许多 Java 方法需要对象作参数。因此，Java 为每种基本数据类型提供了一个对应的类，这些类称为基本数据类型包装类（wrapper class），通过这些类，可以将基本类型的数据包装成对象。

基本数据类型与包装类的对应关系如表 8-3 所示。

表 8-3　基本数据类型包装类

基本数据类型	对应的包装类	基本数据类型	对应的包装类
boolean	Boolean	int	Integer
char	Character	long	Long
byte	Byte	float	Float
short	Short	double	Double

8.3.1　Character 类

Character 类对象封装了单个字符值。可以使用 Character 类的构造方法创建 Character

Java 常用核心类

对象，其格式为：

```
public Character(char value)
```

下面代码创建了几个 Character 对象并演示了有关方法的使用。

```
Character a = new Character('A'),
          b = new Character('π'),
          c = new Character('中');
System.out.println(a.compareTo('D'));                      //-3
System.out.println(Character.isJavaIdentifierStart(b));    //true
System.out.println(Character.isDigit(c));                  //false
```

Character 类的常用方法有：

- public char charValue()：返回 Character 对象所包含的 char 值。
- public int compareTo(Character anotherChar)：比较两个字符对象。如果该字符对象与参数字符对象相等，返回 0；若小于参数字符，返回值小于 0；若大于参数字符，则返回值大于 0。
- public static boolean isDigit(char ch)：返回参数字符是否是数字。
- public static boolean isLetter(char ch)：返回参数字符是否是字母。
- public static boolean isLowerCase(char ch)：返回参数字符是否是小写字母。
- public static boolean isUpperCase(char ch)：返回参数字符是否是大写字母。
- public static boolean isWhiteSpace(char ch)：返回参数字符是否是空白字符。
- public static char toLowerCase(char ch)：将参数字符转换为小写字母返回。
- public static char toUpperCase(char ch)：将参数字符转换为大写字母返回。
- public static boolean isJavaIdentifierStart(char ch)：返回参数字符是否允许作为 Java 标识符的开头字符。
- public static boolean isJavaIdentifierPart (char ch)：返回参数字符是否允许作为 Java 标识符的中间字符。

8.3.2 Boolean 类

Boolean 类的对象封装了一个布尔值（true 或 false），该类有下面两个构造方法：

- public Boolean(boolean value)：用一个 boolean 型值创建一个 Boolean 对象。
- public Boolean(String s)：用一个字符串创建 Boolean 对象。如果字符串 s 不为 null，且其值为 "true"（不区分大小写）就创建一个 true 值，否则创建一个 false 值。

Boolean 类的常用方法有：

- public boolean booleanValue()：返回该 Boolean 对象所封装的 boolean 值。
- public static boolean parseBoolean(String s)：将参数 s 解析为一个 boolean 值。如果参数不为 null，且等于 "true"（不区分大小写），则返回 true，否则返回 false。
- public static Boolean valueOf(boolean b)：将参数 b 的值转换为 Boolean 对象。
- public static Boolean valueOf(String s)：将参数 s 的值转换为 Boolean 对象。

下面代码定义了几个 Boolean 型变量：

```
boolean b = true;
Boolean b2 = new Boolean(b);          //定义一个Boolean类型变量
Boolean b3 = new Boolean("True");     //创建一个值为true的Boolean对象
Boolean b4 = new Boolean("Yes");      //一个值为false的Boolean对象
```

使用下列方法可以将一个字符串转换为 boolean 类型值。

```
boolean b5 = Boolean.parseBoolean("true"); //将字符串true转换成boolean值
```

8.3.3 创建数值类对象

6 种数值型包装类都有两个构造方法。一个是以该类型的基本数据类型作为参数；另一个是以一个字符串作为参数。

例如，Integer 类有下面两个构造方法：

- public Integer (int value)：使用 int 类型的值创建包装类型 Integer 对象。
- public Integer (String s)：使用字符串构造 Integer 对象，如果字符串不能转换成相应的数值，则抛出 NumberFormatException 异常。

要构造一个包装了 int 型值 314 的 Integer 型对象，可以使用下面两种方法：

```
Integer intObj = new Integer(314);
Integer intObj = new Integer("314");
```

每种包装类型都覆盖了 toString()方法和 equals()方法，因此使用 equals()方法比较包装类型的对象时是比较内容或所包装值。

每种数值类都定义了若干实用方法，下面是 Integer 类的一些常用方法。

- public static String toBinaryString(int i)：返回整数 i 用字符串表示的二进制序列。
- public static String toHexString(int i)：返回整数 i 用字符串表示的十六进制序列。
- public static String toOctalString(int i)：返回整数 i 用字符串表示的八进制序列。
- public static int highestOneBit(int i)：返回整数 i 的二进制补码的最高位 1 所表示的十进制数，如 7（111）的最高位的 1 表示的值为 4。
- public static int lowestOneBit(int i)：返回整数 i 的二进制补码的最低位 1 所表示的十进制数，如 10（1010）的最低位的 1 表示的值为 2。
- public static int reverse(int i)：返回将整数 i 的二进制序列反转后的整数值。
- public static int signum(int i)：返回整数 i 的符号。若 i 大于 0，返回 1；若 i 等于 0，返回 0，若 i 小于 0 则返回-1。

> **注意**：每种包装类型的对象中所包装的值是不可改变的，要改变对象中的值必须重新生成新的对象。

下面程序演示了 Integer 类几个方法的使用。

程序 8.4   IntegerDemo.java

```
package com.demo;
```

Java 常用核心类

```java
public class IntegerDemo {
    public static void main (String[] args) {
        System.out.println(Integer.toBinaryString(13));
        System.out.println(Integer.toHexString(13));
        System.out.println(Integer.toOctalString(13));
        System.out.println(Integer.toBinaryString(Integer.reverse(13)));
        System.out.println(Integer.highestOneBit(13));
        System.out.println(Integer.lowestOneBit(13));
    }
}
```

程序运行结果为：

```
1101
d
15
10110000000000000000000000000000
8
1
```

每个数值包装类都定义了 byteValue()、shortValue()、intValue()、longValue()、floatValue() 和 doubleValue()方法，这些方法返回包装对象的基本类型值。

```java
System.out.println(new Double(12.4).intValue());          //输出12
System.out.println(new Integer(12).doubleValue());        //输出12.0
```

8.3.4 数值类的常量

每个数值包装类都定义了 SIZE、BYTES、MAX_VALUE、MIN_VALUE 常量。SIZE 表示每种类型的数据所占的位数，BYTES 表示数据所占的字节数。MAX_VALUE 表示对应基本类型数据的最大值。对于 Byte、Short、Integer 和 Long 来说，MIN_VALUE 表示 byte、short、int 和 long 类型的最小值。对 Float 和 Double 来说，MIN_VALUE 表示 float 和 double 型的最小正值。

除了上面的常量外，在 Float 和 Double 类中还分别定义了 POSITIVE_INFINITY、NEGATIVE_INFINITY、NaN（not a number），它们分别表示正、负无穷大和非数值。请看下面代码：

```java
double d = 5.0 / 0.0;                   //d的结果是Infinity,表示正无穷大
System.out.println(d==Double.POSITIVE_INFINITY); //输出true
System.out.println(-5.0 / 0.0);   //输出-Infinity,表示负无穷大
System.out.println(0.0 / 0.0);    //输出NaN,表示不是一个数（Not a Number）
```

使用整型包装类的方法还支持无符号数学计算。例如，byte 类型值可以表示−128～127 的有符号数，使用 Byte 类的静态 toUnsignedInt()方法可以把一个 byte 型数转换成 0～255 的整数。Short 类也定义了 toUnsignedInt()方法把 short 类型值转换成无符号整数。Integer 类还定义了 toUnsignedString()方法把 int 值转换成字符串。

8.3.5 自动装箱与自动拆箱

为方便基本类型和包装类型之间转换，Java 5 版提供了一种新的功能，称为自动装箱和自动拆箱。自动装箱（autoboxing）是指基本类型的数据可以自动转换为包装类的实例，自动拆箱（unboxing）是指包装类的实例自动转换为基本类型的数据。例如，下面表达式就是自动装箱：

```
Integer value = 308;              //自动装箱
```

该赋值语句将基本类型数据 308 自动转换为包装类型，然后赋值给包装类的变量 value。下面的语句是自动拆箱：

```
int x = value;                    //自动拆箱
```

它把 Integer 类型的变量 value 中的数值 308 解析出来，然后赋值给基本类型的整型变量 x。

自动装箱和自动拆箱在很多上下文环境中都是自动应用的。除了上面的赋值语句外，在方法参数传递中也适用。例如，当方法需要一个包装类对象（如 Character）时，可以传递给它一个基本数据类型（如 char），传递的基本类型将自动转换为包装类型。

这里需要注意，这种自动转换不是在任何情况下都能进行的。例如，对于基本类型的变量 x，表达式 x.toString()就不能通过编译，但可以通过先对其进行强制转换来解决这个问题。例如：

```
((Object)x).toString()
```

它将 x 强制转换为 Object 类型，然后再调用其 toString()方法。

由于包装类的对象是不可变的，并且两个具有相同值的对象可能是不同的，因此，在Java 语言中存在这样一个事实：对于某些类型来说，对相同值的装箱转换总是产生相同的值，这些类型包括 boolean、byte、char、short 和 int 类型。例如，假设有下面的方法：

```
static boolean isSame(Integer a, Integer b){
    return a == b;
}
```

对于下面的调用将返回 true：

```
isSame(30, 30);
```

而对于下面的调用将返回 false：

```
isSame(30, new Integer(30));
```

因为 30 转换的包装类对象与包装类对象 Integer(30)是不同的对象。另外要注意，对于−128～127（byte 类型）的数在装箱时都只生成一个实例，其他的整数在装箱时生成不同的实例，因此调用 isSame(129,129)的结果为 false。

从上述程序可以看到，自动装箱与自动拆箱方便了程序员编程，避免了基本类型和包

Java 常用核心类

装类型之间的来回转换。

8.3.6　字符串转换为基本类型

将字符串转换为基本数据类型，可通过包装类的 parseXxx() 静态方法实现，这些方法定义在各自的包装类型中。例如，在 Integer 类中定义了 parseInt() 静态方法，该方法将字符串 s 转换为 int 型数。

```
public static int parseInt(String s)
```

如果 s 不能正确转换成整数，抛出 NumberFormatException 异常。例如，将字符串"314"转换成 int 型值，可用下列代码：

```
int d = Integer.parseInt("314");
```

其他包装类中定义的相应方法如下：
- public static byte parseByte(String str)：将字符串参数 str 转换为 byte 类型值。
- public static short parseShort(String str)：将字符串参数 str 转换为 short 类型值。
- public static int parseInt(String str)：将字符串参数 str 转换为 int 类型值。
- public static long parseLong(String str)：将字符串参数 str 转换为 long 类型值。
- public static float parseFloat(String str)：将字符串参数 str 转换为 float 类型值。
- public static double parseDouble(String str)：将字符串参数 str 转换为 double 类型值。
- public static boolean parseBoolean(String str)：将字符串参数 str 转换为 boolean 类型值。

仅包含一个字符的字符串转换成字符型数据，用下列方法：

```
String str = "A";
char c = str.charAt(0);          //返回字符串的第一个字符
```

若要将基本类型的值转换为字符串，可以使用 String 类中定义的 valueOf() 静态方法。例如，下面代码将 double 值 3.14159 转换为字符串：

```
double d = 3.14159;
String s = String.valueOf(d);   //将double值转换为字符串
```

> **注意**：将字符串转换为基本数据类型，字符串的格式必须与要转换的数据格式匹配，否则产生 NumberFormatException 异常。

8.3.7　BigInteger 和 BigDecimal 类

如果在计算中需要非常大的整数或非常高精度的浮点数，可以使用 java.math 包中定义的 BigInteger 类和 BigDecimal 类。这两个类都扩展了 Number 类并实现了 Comparable 接口，它们的实例都是不可变的。BigInteger 的实例可以表示任何大小的整数。可以使用 new BigInteger(String) 和 new BigDecimal(String) 创建 BigInteger 和 BigDecimal 实例，然后使用 add()、subtract()、multiply()、divide() 以及 remainder() 等方法执行算术运算，还可以使用 compareTo() 方法比较它们的大小。下面代码创建两个 BigInteger 实例然后对它们相乘：

```
BigInteger a = new BigInteger("9223372036854775807");  //long型最大值
BigInteger b = new BigInteger("2");
BigInteger c = a.multiply(b);
System.out.println(c);                      //输出18446744073709551614
```

下面程序可计算任何整数的阶乘。

程序 8.5   LargeFactorial.java

```
package com.demo;
import java.math.*;
public class LargeFactorial{
  public static BigInteger factorial(long n){
    BigInteger result = BigInteger.ONE;//BigInteger.ONE常量，表示1
    for (long i = 1; i <= n; i++){
      result = result.multiply(new BigInteger(i+""));
    }
  return result;
  }
  public static void main(String[]args){
      System.out.println("50! is \n" + factorial(50));
  }
}
```

程序运行结果如下：

```
50! is
30414093201713378043612608166064768844377641568960512000000000000
```

对 BigDecimal 对象，其精度没有限制。使用 divide()方法时，如果运算不能终止，将
抛出 ArithmeticException 异常。但是，可以使用重载的 divide(Bigdecimal d, int scale, int
roundingMode)方法来指定精度和圆整的模式以避免异常。这里，scale 为小数点后最小的
位数。下面代码创建两个 BigDecimal 对象，然后执行除法运算，保留 20 位小数，圆整模
式为 BigDecimal.ROUND_UP。

```
BigDecimal a = new BigDecimal(10.0);
BigDecimal b = new BigDecimal(6.0);
BigDecimal c = a.divide(b, 20, BigDecimal.ROUND_HALF_UP);
System.out.println(c);                       //输出1.66666666666666666667
```

调用 BigDecimal 的 valueOf(n,e)返回 BigDecimal 实例，其值为 $n \times 10^{-e}$。下面表达式输
出精确结果 0.9。也可以使用字符串构造函数创建 BigDecimal 实例。

```
BigDecimal a = BigDecimal.valueOf(2,0);
BigDecimal b = BigDecimal.valueOf(11,1);
System.out.println(a.subtract(b));            //输出0.9
```

Java 常用核心类

8.4　日期-时间 API

时间是自然界无处不在的客观属性。在自然界中，时间每时每刻都存在、连续发生一去不复返的。为了方便在计算机中表示时间，人们使用时间轴表示时间点，时间点是时间轴上离散的点，相邻时间点之间距离等于一个最小不可分割的时间单位。

Java SE 8 开始提供了一个新的日期-时间 API，它们定义在 java.time 包中。常用的类包括 LocalDate、LocalTime、LocalDateTime、YearMonth、MonthDay、Year、Instant、Duration 及 Period 等类。

8.4.1　本地日期类 LocalDate

LocalDate 对象用来表示带年月日的日期，不带时间信息。使用 LocalDate 对象可记录重要的事件，如人的出生日期、产品的出厂日期等。可以使用下列方法创建 LocalDate 对象。

- public static LocalDate now()：获得默认时区的系统时钟的当前日期。
- public static LocalDate of(int year, int month, int dayOfMonth)：通过指定的年、月、日值获得一个 LocalDate 对象。月份的有效值为 1～12，日的有效值为 1～31。如果指定的值非法将抛出 java.time.DateTimeException 异常。
- public static LocalDate of(int year, Month month, int dayOfMonth)：通过指定的年、月、日值获得一个 LocalDate 对象。
- public static LocalDate now(Clock clock)：获得默认时区的指定时钟的日期。

下面语句创建两个 LocalDate 实例。

```
LocalDate today = LocalDate.now();
LocalDate birthDay = LocalDate.of(2002, Month.OCTOBER, 20);
```

日期-时间 API 中大多数类创建的对象都是不可变的，即对象一经创建就不能改变，这些对象也是线程安全的。创建日期-时间对象使用工厂方法而不是构造方法，如 now()方法、of()方法、from()方法、with()方法等。这些类也没有修改方法。

表 8-4 给出了 LocalDate 类的常用方法。

表 8-4　LocalDate 类的常用方法

方法	说明
now, of	这些静态方法可以根据当前日期或指定的年、月、日构造 LocalDate 对象
plusDays, plusWeeks, plusMonths, plusYears	给当前的 LocalDate 对象增加几天、几周、几个月或几年
minusDays, minusWeeks, minusMonths, minusYears	给当前的 LocalDate 对象减少几天、几周、几个月或几年
plus, minus	给当前的 LocalDate 对象增加或减少一个 Duration 或 Period
withDayOfMonth, withDayOfYear, withMonth, withYear	将月的第几天、年的第几天作为新 LocalDate 对象返回或将月份或年修改为指定值并返回一个新的 LocalDate 对象

方法	说明
getDayOfWeek	返回星期几，返回值是 DayOfWeek 的一个枚举值
getDayOfMonth	返回月份中的第几天（1～31）
getDayOfYear	返回年份中的第几天（1～366）
getMonth, getMonthValue	返回 Month 的枚举值或月份的数字值（1～12）
getYear	返回年份值（−999 999 999～999 999 999）
until	得到两个日期之间的 Period 对象或指定 ChronoUnits 的数字
isBefore, isAfter	将当前 LocalDate 对象和另外 LocalDate 对象比较
isLeapYear	返回 LocalDate 对象是否是闰年，如果是，返回 true。即年份能被 4 整除但不能被 100 整除或能被 400 整除
lengthOfMonth, lengthOfYear	返回 LocalDate 对象月的天数和年的天数

下面代码使用 plusYears 和 plusDays()方法创建 LocalDate 实例。

```
LocalDate newBirthday = birthDay.plusYears(18);
LocalDate pday = LocalDate.of(2017,1,1).plusDays(255);//2017年的程序员日
```

LocalDate 类提供了一些访问方法获取日期的有关信息，如 getDayOfWeek()方法可以获得日期中星期，下列代码返回"SUNDAY"。

```
DayOfWeek dofw = LocalDate.of(2018, Month.SEPTEMBER, 2).getDayOfWeek();
```

下面代码使用 TemporalAdjuster 对象检索指定日期后的第一个星期三（Wednesday）。

```
LocalDate date = LocalDate.of(2018, Month.NOVEMBER, 18);
TemporalAdjuster adj = TemporalAdjusters.next(DayOfWeek.WEDNESDAY);
LocalDate nextWed = date.with(adj);
System.out.printf("For the date of %s, the next Wednesday is %s.%n",
                date, nextWed);
```

运行上述代码，输出结果如下。

```
For the date of 2018-11-18, the next Wednesday is 2018-11-21.
```

下面程序从键盘输入一个年份和一个月份，输出该月的日历。

程序 8.6 PrintCalendar.java

```
package com.demo;
import java.util.Scanner;
import java.util.Locale;
import java.time.LocalDate;
import java.time.format.TextStyle;
public class PrintCalendar {
    public static void main(String[] args){
        Scanner input = new Scanner(System.in);
        System.out.print("输入一个年份和月份(如2015 2):");
        int year = input.nextInt();
```

```
int month = input.nextInt();
//得到本月第一天日期
LocalDate dates = LocalDate.of(year,month,1);
String monthName=dates.getMonth().getDisplayName(
        TextStyle.FULL,Locale.getDefault());
//返回当前月的天数
int daysOfMonth = dates.lengthOfMonth();
System.out.println(year+"年        " + monthName);
System.out.println("---------------------------");
System.out.printf("%10s%10s%10s%10s%10s%10s%10s%n",
        "一","二","三","四","五","六","日");
//返回1月1日是周几，返回1是周一，返回7是周日
int dayOfWeek = dates.getDayOfWeek().getValue();
//输出前导空格，如果是周一（dayOfWeek值为1）不输出空格
for(int i = 2;i<= dayOfWeek; i++)
  System.out.printf("%4s"," ");
//输出该月的日期
for(int i = 1; i <= daysOfMonth;i++){
  System.out.printf("%4d",i);
  if((dayOfWeek + i-1)%7==0)
    System.out.println();
  }
 }
}
```

程序运行结果如下：

```
输入一个年份和月份(如2015 2):2016 7
2016年        七月
---------------------------
    一    二    三    四    五    六    日
                          1    2    3
    4    5    6    7    8    9    10
   11   12   13   14   15   16   17
   18   19   20   21   22   23   24
   25   26   27   28   29   30   31
```

8.4.2　本地时间类 LocalTime

LocalTime 对象表示本地时间，包含时、分和秒，它是不可变对象，最小精度是纳秒。例如，时间 13:45:30 可以用 LocalTime 对象存储。时间对象中不包含日期和时区。使用下面方法创建 LocalTime 对象。

- public static LocalTime now()：获得默认时区系统时钟的当前时间。
- public static LocalTime now(ZoneId zone)：获得指定时区系统时钟的当前时间。
- public static LocalTime of(int hour, int minute, int second)：根据给定的时、分、秒创

建一个 LocalTime 实例。

- public static LocalTime of(int hour, int minute, int second, int nanoOfSecond)：根据给定的时、分、秒和纳秒创建一个 LocalTime 实例。

下面代码创建了两个 LocalTime 对象：

```
LocalTime rightNow = LocalTime.now();
LocalTime bedTime = LocalTime.of(22, 30); //或LocalTime.of(22, 30, 0)
```

表 8-5 给出了 LocalTime 类的常用方法。

表 8-5　LocalTime 类的常用方法

方法	说明
now, of	这些静态方法可以根据当前时间或指定的小时、分钟、可选的秒、纳秒构造 LocalTime 对象
plusHours, plusMinutes, plusSeconds, plusNanos	给当前的 LocalTime 对象增加几小时、几分钟、几秒或几纳秒
minusHours, minusMinutes, minusSeconds, minusNanos	给当前的 LocalTime 对象减少几小时、几分钟、几秒或几纳秒
plus, minus	给当前的 LocalTime 对象增加或减少一个 Duration
withHour, withMinute, withSecond, withNano	将小时、分钟、秒或纳秒修改为指定值，并返回一个新的 LocalTime 对象
getHour, getMinute, getSecond, getNano	获得当前 LocalTime 对象的小时、分钟、秒或纳秒
toSecondOfDay, toNanoOfDay	返回午夜到当前 LocalTime 之间相隔的秒数或纳秒数
isBefore, isAfter	比较两个 LocalTime 的前后

LocalTime 类 now()方法创建的对象默认带纳秒时间，也可以用 truncatedTo()方法将其截短，不保留纳秒，如下所示。

```
LocalTime time = LocalTime.now();
LocalTime truncatedTime = time.truncatedTo(ChronoUnit.SECONDS);
```

8.4.3　本地日期时间类 LocalDateTime

LocalDateTime 类用来处理日期和时间，该类对象实际是 LocalDate 和 LocalTime 对象的组合，用来表示一个特定事件的开始时间等，如北京奥林匹克运动会开幕时间是 2008 年 8 月 8 日下午 8 点。

除了 now()方法外，LocalDateTime 类还提供了 of()方法创建对象，如下所示。

- public static LocalDateTime now()：获得默认时区系统时钟当前日期和时间对象。
- public static LocalDateTime of(int year, int month, int dayOfMonth, int hour, int minute)：通过指定的年月日和时分获得日期时间对象，秒和纳秒设置为 0。
- public static LocalDateTime of(int year, int month, int dayOfMonth, int hour, int minute, int second)：通过指定的年月日和时分秒获得日期时间对象。
- public static LocalDateTime now(ZoneId zone)：获得指定时区系统时钟当前日期和时间对象。

LocalDateTime 类定义了 from()方法可从另一种时态格式转换成 LocalDateTime 实例，

也定义了在 LocalDateTime 实例上加、减小时、分钟、周和月等，下面代码演示了几个方法的使用。

```
System.out.printf("now: %s%n", LocalDateTime.now());
System.out.printf("Apr 15, 1994 @ 11:30am: %s%n",
                LocalDateTime.of(1994, Month.APRIL, 15, 11, 30));
//从当前时刻获得当前日期时间
System.out.printf("now (from Instant): %s%n",
                LocalDateTime.ofInstant(Instant.now(),
                        ZoneId.systemDefault()));
//当前时间的6个月之后和6个月之前的时间
System.out.printf("6 months from now: %s%n",
                LocalDateTime.now().plusMonths(6));
System.out.printf("6 months ago: %s%n",
                LocalDateTime.now().minusMonths(6));
```

下面是可能的输出结果。

```
now: 2013-07-24T17:13:59.985
Apr 15, 1994 @ 11:30am: 1994-04-15T11:30
now (from Instant): 2016-09-13T11:37:04.932
6 months from now: 2017-03-13T11:35:29.907
6 months ago: 2016-03-13T11:35:30.025
```

📖 提示：Java 还提供 ZonedDateTime 表示更复杂的时区时间，有关时区和时间偏移的类还有 ZonedId、OffsetDateTime 和 OffsetTime 等，这些对象都带有时区信息。

8.4.4 Instant 类、Duration 类和 Period 类

Instant 类表示时间轴上的一个点。Duration 类和 Period 类都表示一段时间，前者是基于时间的（秒、纳秒）；后者是基于日期的（年、月、日）。

1. Instant 类

时间轴上的原点是格林尼治时间 1970 年 1 月 1 日 0 点（1970-01-01T00:00:00Z）。从那一时刻开始时间按照每天 86 400 秒精确计算，向前向后都以纳秒计算。Instant 值可以追溯到 10 亿年前（Instant.MIN），最大值 Instant.MAX 是 1 000 000 000 年 12 月 31 日。

静态方法 Instant.now()返回当前的瞬间时间点。

```
Instant timestamp = Instant.now();
```

调用 Instant 类的 toString()实例方法返回结果如下：

```
2016-10-08T03:11:59.182Z
```

Instant 类定义了一些实例方法，如加减时间，下面代码在当前时间上加 1 小时：

```
Instant oneHourLater = Instant.now().plusSeconds(60*60);
```

Instant 类还定义了 isAfter()、isBefore()方法比较两个 Instant 实例。

```
final Clock clock = Clock.systemUTC();        //返回系统时钟时刻
Instant instant = clock.instant();
Instant now = Instant.now().plusSeconds(5);
System.out.println(instant.isBefore(now)); //输出true
```

2. Duration 类

Duration 对象用来表示机器时间，它的测度是基于秒、纳秒的。如果创建 Duration 实例结束点在开始点之前，它的值可以为负值。

为了计算两个瞬时点的时间差，可以使用静态方法 Duration.between()。例如，下面代码计算一个算法的运行时间。

```
Instant start = Instant.now();                //算法开始执行时刻
runAlgorithm();                               //执行算法代码
Instant end = Instant.now();                  //算法执行结束时刻
Duration timeElapsed = Duration.between(start, end);
long millis = timeElapsed.toMillis();         //得到算法执行的毫秒数
```

下面代码在 Instant 对象上加 10 秒钟。

```
Instant start = Instant.now();
Duration gap = Duration.ofSeconds(10);
Instant later = start.plus(gap);
```

一个 Duration 就是两个瞬时点之间的时间量，可以调用 toNanos()、toMillis()、toSeconds()、toMinutes()、toHours()以及 toDays()将 Duration 的转换为常用的时间单位。

3. Period 类

Period 类表示基于日期的（年、月、日）一段时间，该类提供了 getDays()、getMonths()、getYears()等方法从 Period 中抽取一段时间。整个时间段用年、月、日表示，如果要用单一时间单位表示，可以使用 ChronoUnit.between()方法。

假设你的出生日期是 1990 年 1 月 1 日，下面代码可计算你的年龄。

```
LocalDate today = LocalDate.now();
LocalDate birthday = LocalDate.of(1990, Month.JANUARY, 1);
Period p = Period.between(birthday, today);
//计算两个日期之间相差的天数
long p2 = ChronoUnit.DAYS.between(birthday, today);
System.out.println("You are " + p.getYears() + " years, "
                + p.getMonths() + " months, and " + p.getDays()
                + " days old. (" + p2 + " days total)");
```

下面是一个可能的结果（2015 年 6 月 25 运行代码）：

```
You are 25 years, 5 months, and 24 days old. (9306 days total)
```

8.4.5　其他常用类

除上述介绍的类外，日期-时间 API 还定义了一些其他表示日期和时间的类，包括 Clock 类、Year 类、YearMonth 类与 MonthDay 类、Month 枚举以及 ZonedDateTime 与 OffsetDateTime 等。

Year 表示一年，下面代码使用它的 isLeap()方法确定给定的年是否是闰年。2012 年是闰年，代码返回 true。

```
boolean validLeapYear = Year.of(2012).isLeap();
```

YearMonth 对象表示年月。下面代码使用 lengthOfMonth()方法确定一些年月包含的天数。

```
YearMonth date2 = YearMonth.of(2010, Month.FEBRUARY);
System.out.printf("%s: %d%n", date2, date2.lengthOfMonth());
YearMonth date3 = YearMonth.of(2012, Month.FEBRUARY);
System.out.printf("%s: %d%n", date3, date3.lengthOfMonth());
YearMonth date = YearMonth.now();
System.out.printf("%s: %d%n", date, date.lengthOfMonth());
```

可能的输出结果如下。

```
2010-02: 28
2012-02: 29
2015-06: 30
```

MonthDay 对象表示月日，如新年是 1 月 1 日。下面代码使用 isValidYear()方法确定 2010 年 2 月 29 日是否合法，代码返回 false 表示 2010 年不是闰年。

```
MonthDay date = MonthDay.of(Month.FEBRUARY, 29);
boolean validLeapYear = date.isValidYear(2010);
```

8.4.6　日期时间解析和格式化

日期-时间 API 提供了 parse()方法解析包含日期和时间信息，还提供了 format()方法格式化时态数据。

1. 时态数据解析

LocalDate 类的带一个参数的 parse(CharSequence)方法使用 ISO_LOCAL_DATE 格式化器将一个字符串（如"2015-07-09"）解析成日期数据。若需要指定不同的格式化器，可使用带两个参数的 parse(CharSequence, DateTimeFormatter)方法。若字符串不能解析成对应的日期-时间数据，将抛出 java.time.format.DateTimeParseException 异常。

下面代码使用 ISO_LOCAL_DATE 格式化器将"2018-07-09"解析成日期 2018 年 7 月 9 日。

```
String in = "2018-07-09";
LocalDate date = LocalDate.parse(in);
```

可以使用预定义的格式化器，将它传递给 parse()方法解析日期数据。下面代码使用预定义的 BASIC_ISO_DATE 格式化器将"20180709"解析成 2018 年 7 月 9 日。格式化器类是 java.time.format.DataTimeFormatter。

```
String in = "20180709";
LocalDate date = LocalDate.parse(in, DateTimeFormatter.BASIC_ISO_DATE);
```

也可以通过指定的模式定义格式化器。下面代码使用模式"yyyy-MM-dd"创建一个格式化器，该格式用 4 位数字表示年、2 位数字表示月，2 位数字表示日期。用该模式创建的格式化器可以识别"2018-08-31"字符串。

```
String text = "2018-08-31";
try {
    DateTimeFormatter formatter =
            DateTimeFormatter.ofPattern("yyyy-MM-dd");
    LocalDate date = LocalDate.parse(text, formatter);
    System.out.printf("%s%n", date);
}catch (DateTimeParseException exc) {
    System.out.printf("%s 不能被解析!%n", text);
    throw exc;          //再抛出异常
}
```

从 Java API 文档中可以找到 DateTimeFormatter 类的完整模式符号列表。也可以使用 LocalTime 类的 parse()方法将表示时间的字符串（如"10:15:30"）解析成 LocalTime 对象。

2. 时态数据格式化

format(DateTimeFormatter)方法使用指定的格式将时态对象表示成字符串。下面代码使用"yyyy MM dd"格式将当前日期格式化成字符串。

```
LocalDate date = LocalDate.now();
DateTimeFormatter formatter = DateTimeFormatter.ofPattern("yyyy-MM-dd");
String text = date.format(formatter);
System.out.printf("%s%n", text);
```

下面代码使用"MMM d yyy hh:mm a"格式将 LocalDateTime 实例转换为字符串，该格式中包含了月、日、年、小时、分钟和上下午信息（a 表示上午）。

```
ZoneId leavingZone = ZoneId.of("America/Los_Angeles");;
LocalDateTime departure = LocalDateTime.of(2016,Month.JULY,20,19,30);
ZoneId arrvingZone = ZoneId.of("Asia/Shanghai");;
LocalDateTime arrive = LocalDateTime.of(2016,Month.JULY,21,22,20);
//将本地日期时间格式化
try {
    DateTimeFormatter format =
            DateTimeFormatter.ofPattern("MMM d yyyy  hh:mm a");
    String out = departure.format(format);
    System.out.printf("LEAVING:  %s (%s)%n", out, leavingZone);
```

Java 常用核心类

```
    out = arrive.format(format);
    System.out.printf("ARRIVNG:  %s (%s)%n", out, arrvingZone);
}catch (DateTimeException exc) {
    System.out.printf("%s can't be formatted!%n", departure);
    throw exc;
}
```

下面是代码的输出。

```
LEAVING:  七月20 2016  07:30 PM (America/Los_Angeles)
ARRIVING: 七月21 2016  10:20 PM (Asia/Shanghai)
```

8.5　小　　结

（1）Object 类是 Java 语言中所有类的根类，定义类时若没有用 extends 指明继承哪个类，编译器自动加上 extends Object。

（2）Object 类中定义了 toString()、equals()等方法，这些方法被子类继承，子类也可以覆盖这些方法。

（3）Java 在 Math 类中提供了数学方法 sin、cos、tan、asin、acos、atan、toRadians、toDegree、exp、log、log10、pow、sqrt、floor、ceil、rint、round、min、max、abs 以及 random，用于执行数学函数。

（4）使用 Math 类的 random()方法可以随机生成 0.0～1.0（不包含）的一个 double 型数。在此基础上通过编写简单的表达式，生成任意范围的随机数。

（5）每种基本数据类型都有一个对应的包装类型，包装类型提供常用方法对包装的对象操作。基本数据类型与包装类型可以自动转换，称为自动装箱和自动拆箱。

（6）使用包装类型的 parseXXX()静态方法可以将字符串转换成基本类型值，使用 String 类的 valueOf()方法可以把基本类型值转换成字符串。

（7）使用 BigInteger 类和 BigDecimal 类可以对大整数和大浮点数执行有关计算。

（8）使用 LocalDate 类和 LocalTime 类可以对本地日期和本地时间进行操作。

（9）使用 Instant 类、Duration 类和 Period 类可以操作时间点和一段时间。

（10）日期-时间 API 提供了 parse()方法解析包含日期和时间信息，还提供了 format()方法将时态数据格式化成字符串。

编　程　练　习

8.1　定义一个名为 Square 的类表示正方形，它有一个名为 length 的成员变量表示边长，一个带参数的构造方法，要求该类对象能够调用 clone()方法进行克隆。覆盖父类的 equals()方法，当边长相等时认为两个 Square 对象相等。覆盖父类的 toString()方法，要求当调用该方法时输出 Square 对象格式如下：Square[length=100]，这里 100 是边长。编写一个程序测试 clone()、equals()和 toString()方法的使用。

8.2　编写程序，随机生成 1000 个 1～6 的整数，统计 1～6 每个数出现的概率。修改程序，使之生成 1000 个随机数并统计概率，比较结果并给出结论。

8.3　有一个三角形的两条边长分别为 4.0 和 5.0，夹角为 30°，编写程序计算该三角形的面积。

8.4　编写程序，输出 6 种数值型包装类的最大值和最小值。

8.5　System 类称为系统类，该类定义了几个静态成员和若干静态方法。通过网络或 API 文档学习这些方法并编写代码测试有关方法。

8.6　程序员日是每年的第 256 天，编写程序计算 2017 年的程序员日是哪一天？

8.7　编写程序，计算并输出从你出生到现在已经过去多少天？

8.8　编写程序，提示用户输入一个年份（如 2018），程序在控制台输出年历。

8.9　编写程序，要求从键盘输入一个出生日期（要求公历），输出该出生日期所属的星座。

第9章 内部类、枚举和注解

本章学习目标

- 描述内部类及其类型；
- 掌握成员内部类的定义和使用；
- 掌握匿名内部类的定义和使用；
- 了解局部内部类和静态内部类的定义；
- 学会枚举类型的定义和使用；
- 了解枚举类型的常用方法；
- 掌握枚举类型在 switch 结构中的使用；
- 学会常用标准注解的使用；
- 掌握注解类型的定义；
- 了解标准元注解的使用。

教学视频

9.1 内 部 类

Java 语言允许在一个类的内部定义另一个类（接口、枚举或注解），这种类称为内部类（inner class）或嵌套类（nested class），如下所示。

```
public class OuterClass{
    //成员变量和方法
    class InnerClass{          //一个内部类的定义
        //成员变量和方法
    }
}
```

InnerClass 类就是内部类，而 OuterClass 类为外层类（enclosing class）。Java 语言允许使用内部类的目的是增强两个类之间的联系，并可以使程序代码清晰、简洁。

使用内部类的优点：对只在一处使用的类进行分组；提高封装性；增强代码的可读性和可维护性。

有多种类型的内部类，大致可分为成员内部类、局部内部类、匿名内部类和静态内部类。下面分别讨论这几种内部类的定义和使用。

> 📖 **提示**：如果按照内部类是否使用 static 修饰，可将内部类分为两种类型：静态的和非静态的。使用 static 声明的内部类称为静态嵌套类（static nested class）。非静态嵌套类称为内部类（inner class），内部类包括成员内部类、局部内部类和匿名内部类。

9.1.1 成员内部类

成员内部类是没有用 static 修饰且定义在外层类的类体中。下面程序在 OuterClass 类中定义了一个成员内部类 InnerClass。

程序 9.1　OuterClass.java

```
package com.demo;
public class OuterClass{
    private int x = 200;
    public class InnerClass{                    //成员内部类定义
        int y = 300;
        public int calculate(){
            return x + y;                       //可以访问外层类的成员x
        }
    }
    public void makeInner(){
        InnerClass ic = new InnerClass();       //创建内部类对象
        System.out.println(ic.calculate());
    }

    public static void main(String[] args){
        OuterClass outer = new OuterClass();
        OuterClass.InnerClass inner = outer.new InnerClass();
        System.out.println(inner.calculate());      //输出500
    }
}
```

程序中 InnerClass 是 OuterClass 的成员内部类。内部类编译后将单独生成一个类文件，如上述代码编译后将生成两个类文件：OuterClass.class 和 OuterClass$InnerClass.class。

在成员内部类中可以定义自己的成员变量和方法（如 calculate()），也可以定义自己的构造方法。成员内部类的访问修饰符可以是 private、public、protected 或缺省。成员内部类可以看成是外层类的一个成员，因此可以访问外层类的所有成员，包括私有成员。

在外层类的方法中（如 makeInner）可以直接创建内部类的实例。在外层类的外面要创建内部类的实例必须先创建一个外层类的对象，因为内部类对象对外层类对象有一个隐含的引用。下面代码首先使用外层类的构造方法创建一个外层类对象 outer，然后通过该对象创建内部类对象 inner：

```
OuterClass outer = new OuterClass();
OuterClass.InnerClass inner = outer.new InnerClass();
System.out.println(inner.calculate());    //输出500
```

创建内部类对象也可以使用下面的语句实现：

```
OuterClass.InnerClass inner = new OuterClass().new InnerClass();
```

内部类、枚举和注解

在使用成员内部类时需要注意下面几个问题：

- 成员内部类中不能定义 static 变量和 static 方法。
- 成员内部类也可以使用 abstract 和 final 修饰，其含义与其他类一样。
- 成员内部类还可以使用 private、public、protected 或包可访问修饰符。

9.1.2　局部内部类

可以在方法体或语句块内定义类。在方法体或语句块　（包括方法、构造方法、局部块、初始化块或静态初始化块）内部定义的类称为局部内部类（local inner class）。

局部内部类不能视作外部类的成员，只对局部块有效，同局部变量一样，在说明它的块之外完全不能访问，因此也不能有任何访问修饰符。下面程序演示了局部内部类的定义。

程序 9.2　OuterClass2.java

```java
package com.demo;
public class OuterClass2{
    private String x = "hello";
    public void makeInner(int param){
        final String y = "local variable";
        class InnerClass{          //局部内部类
            public void seeOuter(){
                System.out.println("x = " + x);
                System.out.println("y = " + y);
                System.out.println("param = " + param);
            }
        }
        new InnerClass().seeOuter();
    }
    public static void main(String[] args){
        OuterClass2 oc = new OuterClass2();
        oc.makeInner(47);
    }
}
```

在 OuterClass2 类的 makeInner()方法中定义了一个局部内部类 InnerClass，该类只在 makeInner()方法中有效，就像方法中定义的变量一样。在方法体的外部不能创建 InnerClass 类的对象。在局部内部类中可以访问外层类的实例变量（x）、访问方法的参数（param）以及访问方法的 final 局部变量（y）。

在 main()方法中创建了一个 OuterClass2 类的实例并调用它的 makeInner()方法，该方法创建一个 InnerClass 类的对象并调用其 seeOuter()方法，输出如下。

```
x = hello
y = local variable
param = 47
```

使用局部内部类时要注意下面问题：

（1）局部内部类同方法局部变量一样，不能使用 private、protected 和 public 等访问修饰符，也不能使用 static 修饰，但可以使用 final 或 abstract 修饰。

（2）局部内部类可以访问外层类的成员，若要访问其所在方法的参数和局部变量，这些参数和局部变量不能修改。

（3）static 方法中定义的局部内部类，可以访问外层类定义的 static 成员，不能访问外层类的实例成员。

9.1.3　匿名内部类

定义类最终目的是创建一个类的实例，但如果某个类的实例只使用一次，可以将类的定义和实例的创建在一起完成，或者说在定义类的同时就创建一个实例。以这种方式定义的没有名字的类称为匿名内部类（anonymous inner class）。

声明和构建匿名内部类的一般格式如下：

```
new TypeName(){
    /* 此处为类体 */
}
```

匿名内部类可以继承一个类或实现一个接口，这里 TypeName 是匿名内部类所继承的类或实现的接口。如果实现一个接口，该类是 Object 类的直接子类。匿名类继承一个类或实现一个接口不需要使用 extends 或 implements 关键字。匿名内部类不能同时继承一个类和实现一个接口，也不能实现多个接口。

因为匿名内部类没有名称，所以类体中不能定义构造方法。又因为不知道类名，所以只能在定义类的同时用 new 关键字创建类的实例。实际上，匿名内部类的定义、创建对象发生在同一个地方。

另外，上式是一个表达式，它返回一个对象的引用，所以可以直接使用或将其赋给一个引用变量。

```
TypeName obj = new TypeName(){
    /* 此处为类体 */
};
```

同样，也可以将构建的对象作为方法调用的参数。

```
someMethod(new TypeName() {
        /* 此处为类体 */
    });
```

下面程序通过继承 Animal 类定义一个匿名内部类并创建一个对象。

程序 9.3　AnimalTest.java

```
package com.demo;
class Animal{
    public void eat(){
        System.out.println("I like eat anything.");
```

内部类、枚举和注解

```
        }
    }
    public class AnimalTest{
        public static void main(String[]args){
            Animal dog = new Animal(){      //继承Animal类
                @Override
                public void eat(){
                    System.out.println("I like eat bones.");
                }
            };                              //这里的分号是赋值语句的结束
            dog.eat();
        }
    }
```

这里创建的匿名内部类实际上继承了 Animal 类，是 Animal 类的子类，并覆盖了 Animal 类的 eat()方法。同时，代码创建一个匿名类的实例，并用 dog 指向它。

下面程序中的匿名内部类实现一个 Printable 接口。

程序 9.4　PrintableTest.java

```
package com.demo;
interface Printable{
    public abstract void print(String message);
}
public class PrintableTest{
    public static void main(String[]args){
        Printable printer = new Printable(){
            @Override
            public void print(String message){
                System.out.println(message);
            }
        };
        printer.print("这是惠普打印机");
    }
}
```

Printable 是一个接口，其中声明了一个 print()抽象方法。在 PrintableTest 类的 main() 方法中声明了一个 Printable 接口变量，然后用 new Printable()创建一个实现该接口的对象。关于接口的详细内容，请参阅第 10 章"接口与 Lambda 表达式"。

匿名内部类的一个重要应用是编写 JavaFX 图形界面的事件处理程序。如为按钮对象 button 注册事件处理器，就可以使用匿名内部类。

```
button.setOnAction(new EventHandler<ActionEvent>(){
    @Override
    public void handle(ActionEvent event){
        label.setText("你单击了'确定'按钮");
```

```
        }
});
```

这里，EventHandler<ActionEvent>是匿名内部类实现的接口，handle()是该接口中定义的方法。关于 JavaFX 图形界面的事件处理请参阅第 15 章"事件处理与常用组件"。

9.1.4 静态内部类

与类的其他成员类似，静态内部类使用 static 修饰，静态内部类也称嵌套类（nested class），例如：

```
public class OuterClass{
    //成员变量或方法
    static class InnerClass{
        //成员变量或方法
    }
}
```

InnerClass 是静态内部类。静态内部类与成员内部类的行为完全不同，下面是它们的不同之处：

- 静态内部类中可以定义静态成员，而成员内部类不能；
- 静态内部类只能访问外层类的静态成员，成员内部类可以访问外层类的实例成员和静态成员；
- 创建静态内部类的实例不需要先创建一个外层类的实例；相反，创建成员内部类实例，必须先创建一个外层类的实例。

程序 9.5 MyOuter.java

```
package com.demo;
public class MyOuter{
    private static int x = 100;
    public static class MyInner{                    //静态内部类
        private String y = "hello";
        public void innerMethod(){
            System.out.println("x is "+ x);         //可以访问外层类的静态成员x
            System.out.println("y is "+ y);
        }
    }

    public static void main(String[] args){
        //不需要外层类的实例就可以直接创建一个静态内部类实例
        MyOuter.MyInner snc = new MyOuter.MyInner();
        snc.innerMethod();
    }
}
```

内部类、枚举和注解

程序运行结果为：

```
x is 100
y is hello
```

静态内部类实际是一种外部类，它不存在对外部类的引用，不通过外部类的实例就可以创建一个对象。程序中的静态内部类的完整名称为 MyOuter.MyInner，此时必须使用完整的类名（如 MyOuter.MyInner）创建对象。因此，有时将静态内部类称为顶层类。

静态内部类不具有任何对外层类实例的引用，因此静态内部类中的方法不能使用 this 关键字访问外层类的实例成员，然而这些方法可以访问外层类的 static 成员。这一点与一般类的 static 方法的规则相同。

在类的内部还可以定义内部接口，内部接口的隐含属性是 static 的，当然也可以指定。嵌套的类或接口可以有任何访问修饰符，如 public、protected、private。在内部类中还可以定义下一层的内部类，形成类的多层嵌套。

程序 9.6　MyOuter2.java

```java
package com.demo;
public class MyOuter2{
    String s1 = "Hello";
    static String s2 = "World";
    interface MyInterface{                          //内部接口的声明
        void show();
    }
    static class MyInner2 implements MyInterface{
        public void show(){
            System.out.println("s1 = " + new MyOuter2().s1);
            System.out.println("s2 = " + s2);       //可以访问外层类的static变量
        }
    }
    public static void main(String[] args){
        MyOuter2.MyInner2 inner2 = new MyOuter2.MyInner2();
        inner2.show();
    }
}
```

在 MyOuter2 类内部定义了一个 MyInterface 接口、一个 static 内部类并且该类实现了 MyInterface 接口。在 main()方法中使用静态内部类的完整名称（MyOuter2.MyInner2）创建对象并调用它的 show()方法。

程序运行结果为：

```
s1 = Hello
s2 = World
```

9.2 枚 举 类 型

在实际应用中，有些数据的取值被限定在几个确定的值之内。例如，一年有 4 个季度，一周有 7 天、一副纸牌有 4 种花色等。这种类型的数据，以前通过在类或接口中定义常量实现。Java 5 中增加了枚举类型，这种类型的数据可以定义为枚举类型。

9.2.1 枚举类型的定义

枚举类型是一种特殊的引用类型，它的声明和使用与类和接口有类似的地方。它可以作为顶层的类型声明，也可以像内部类一样在其他类的内部声明，但不能在方法内部声明枚举。下面程序定义了一个名为 Direction 的枚举类型，它表示 4 个方向。

程序 9.7 Direction.java

```
package com.demo;
public enum Direction{
    EAST, SOUTH, WEST, NORTH;
}
```

枚举类型的声明使用 enum 关键字，Direction 为枚举类型名，其中声明了 4 个常量，分别表示 4 个方向。由于枚举类型的实例是常量，因此按照命名惯例它们都用大写字母表示。上面的程序经过编译后产生一个 Direction.class 类文件。

上述声明中，最后一个常量 NORTH 后面的分号可以省略，但如果枚举中还声明了方法，最后的分号不能省略。

9.2.2 枚举类型的方法

任何枚举类型都隐含地继承了 java.lang.Enum 抽象类，Enum 类又是 Object 类的子类，同时实现了 Comparable 接口和 Serializable 接口。每个枚举类型都包含了若干方法，下面是一些常用的。

- public static E[] values()：返回一个包含所有枚举常量的数组，这些枚举常量在数组中是按照它们的声明顺序存储的。
- public static E valueOf(String name)：返回指定名字的枚举常量。如果这个名字与任何一个枚举常量的名字都不能精确匹配，将抛出 IllegalArgumentException 异常。
- public final int compareTo(E o)：返回当前枚举对象与参数枚举对象的比较结果。
- public final Class<E> getDeclaringClass()：返回对应该枚举常量的枚举类型的类对象。两个枚举常量 e1、e2，当且仅当 e1.getDeclaringClass()==e2.getDeclaringClass() 时，这两个枚举常量类型相同。
- public final String name()：返回枚举常量名。
- public final int ordinal()：返回枚举常量的顺序值，该值是基于常量声明的顺序的，第一个常量的顺序值是 0，第二个常量的顺序值为 1，依次类推。
- public String toString()：返回枚举常量名。

内部类、枚举和注解

为了使用枚举类型，需要创建一个该类型的引用，并将某个枚举实例赋值给它。下面代码可以输出每个枚举常量名和它们的顺序号。

程序 9.8　EnumDemo.java

```java
package com.demo;
public class EnumDemo {
    public static void main(String[] args){
        //声明一个枚举类型变量，并用一个枚举赋值
        Direction left = Direction.WEST;
        System.out.println(left);    //输出WEST
        //输出每个枚举对象的序号
        for(Direction d : Direction.values()){
            System.out.println(d.name()+",序号"+d.ordinal());
        }
    }
}
```

程序输出如下：

```
WEST
EAST,序号0
SOUTH,序号1
WEST,序号2
NORTH,序号3
```

9.2.3　枚举在 switch 中的应用

枚举类型有一个特别实用的特性，它可以在 switch 语句中使用。java.time.DayOfWeek 是一个枚举类型，其中包括一周的 7 天，分别为 MONDAY、TUESDAY、WEDNESDAY、THURSDAY、FRIDAY、SATURDAY 和 SUNDAY，序号为 0～6。下面程序在 switch 结构中使用 DayOfWeek 枚举。

程序 9.9　EnumSwitch.java

```java
package com.demo;
import java.time.DayOfWeek;
public class EnumSwitch{
    public static void describe (DayOfWeek day) {
        switch (day) {
            case MONDAY:
                System.out.println("Mondays are bad.");
                break;
            case FRIDAY:
                System.out.println("Fridays are better.");
                break;
            case SATURDAY:
            case SUNDAY:
```

```
            System.out.println("Weekends are best.");
            break;
        default:
            System.out.println("Midweek days are so-so.");
        break;
        }
    }

    public static void main(String[] args) {
        DayOfWeek firstDay = DayOfWeek.MONDAY;
        describe (firstDay);
        DayOfWeek thirdDay = DayOfWeek.WEDNESDAY;
        describe (thirdDay);
        DayOfWeek seventhDay = DayOfWeek.SUNDAY;
        describe(seventhDay);
    }
}
```

程序运行结果为：

```
Mondays are bad.
Midweek days are so-so.
Weekends are best.
```

9.2.4　枚举类型的构造方法

在枚举类型的声明中，除了枚举常量外还可以声明构造方法、成员变量和其他方法，下面程序定义了 Color 枚举，它包含 4 种颜色。

程序 9.10　Color.java

```
package com.demo;
public enum Color {
    RED("红色", 1), GREEN("绿色", 2), WHITE("白色", 3), YELLOW("黄色", 4);
    //成员变量
    private String name;
    private int index;
    //构造方法
    private Color(String name, int index) {
        this.name = name;
        this.index = index;
    }
    //普通方法
    public static String getName(int index) {
        for (Color c : Color.values()) {
            if (c.getIndex() == index) {
                return c.name;
```

内部类、枚举和注解

```
        }
      }
      return null;
    }
    //getter和setter 方法
    public String getName() {
      return name;
    }
    public void setName(String name) {
      this.name = name;
    }
    public int getIndex() {
      return index;
    }
    public void setIndex(int index) {
      this.index = index;
    }
    //覆盖方法
    @Override
    public String toString() {
      return this.index + "_" + this.name;
    }

    public static void main (String[] args) {
      Color c = Color.RED;           //自动调用构造方法
      System.out.println(c.toString()); //输出：1-红色
    }
  }
```

枚举类型 Color 中声明了 4 个枚举常量，同时声明了两个 private 的成员变量 name 和 index 分别表示颜色名和索引，另外声明了一个 private 的构造方法、成员的 setter 方法和 getter 方法，最后还覆盖了父类的 toString()方法。

◀)) 注意：枚举常量必须在任何其他成员的前面声明。

教学视频

9.3 注 解 类 型

注解类型（annotation type）是 Java 5 新增的功能。注解以结构化的方式为程序元素提供信息，这些信息能够被外部工具（编译器、解释器等）自动处理。

注解有许多用途，其中包括：

- 为编译器提供信息。编译器可以使用注解检测错误或阻止编译警告。
- 编译时或部署时处理。软件工具可以处理注解信息生成代码、XML 文件等。
- 运行时处理。有些注解在运行时可以被检查。

像使用类一样，要使用注解必须先定义注解类型（也可以使用语言本身提供的注解类型）。

9.3.1 注解概述

注解是为 Java 源程序添加的说明信息，这些信息可以被编译器等工具使用。可以给 Java 包、类型（类、接口、枚举）、构造方法、方法、成员变量、参数及局部变量进行标注。例如，可以给一个 Java 类进行标注，以便阻止 javac 程序可能发出的任何警告；也可以对一个想要覆盖的方法进行标注，让编译器知道是要覆盖这个方法而不是重载它。

1. 注解和注解类型

学习注解会经常用到下面两个术语：注解（annotation）和注解类型（annotation type）。注解类型是一种特殊的接口类型，注解是注解类型的一个实例。就像接口一样，注解类型也有名称和成员。注解中包含的信息采用"键/值"对的形式，可以有零或多个"键/值"对，并且每个键有一个特定类型。它可以是一个 String、int 或其他 Java 类型。没有"键/值"对的注解类型称作标记注解类型（marker annotation type）。如果注解只需要一个"键/值"对，则称为单值注解类型。

2. 注解语法

在 Java 程序中为程序元素指定注解的语法如下：

```
@AnnotationType
```

或

```
@AnnotationType(elementValuePairs)
```

在使用注解类型注解程序元素时，对每个没有默认值的元素，都应该以 name = value 的形式对元素初始化。初始化的顺序并不重要，但每个元素只能出现一次。如果元素有默认值，可以不对该元素初始化，也可以用一个新值覆盖默认值。

如果注解类型是标记注解类型（无元素），或者所有的元素都具有默认值，那么就可以省略初始化器列表。

如果注解类型只有一个元素，可以使用缩略的形式对注解元素初始化，即不用使用 name = value 的形式，而是直接在初始化器中给出唯一元素的值。例如，假设注解类型 Copyright 只有一个 String 类型的元素，用它注解程序元素时就可以写作：

```
@Copyright("copyright 2010-2015")
```

9.3.2 标准注解

注解的功能很强大，但程序员很少需要定义自己的注解类型。大多数情况下使用语言本身定义的注解类型。下面介绍几个 Java API 中定义的注解类型。

Java 语言规范中定义了 3 个注解类型，它们是供编译器使用的。这 3 个注解类型定义在 java.lang 包中，分别为 @Override、@Deprecated 和 @SuppressWarnings。

1. Override

Override 是一个标记注解类型，可以用在一个方法的声明中，它告诉编译器这个方法要覆盖父类中的某个方法。使用该注解可以防止程序员在覆盖某个方法时出错。例如，考虑下面的 Parent 类：

```
class Parent{
  public double calculate(double x,double y){
    return x * y;
  }
}
```

假设现在要扩展 Parent 类，并覆盖它的 calculate()方法。下面是 Parent 类的一个子类：

```
class Child extends Parent{
  public int calculate(int x,int y){
    return (x + 1) * y;
  }
}
```

Child 类可以编译。然而，Child 类中的 calculate()方法并没有覆盖 Parent 中的方法，因为它的参数是两个 int 型，而不是两个 double 型。使用 Override 注解就可以很容易防止这类错误。当想要覆盖一个方法时，就在这个方法前声明 Override 注解类型：

```
class Child extends Parent{
  @Override
  public int calculate(int x,int y){
    return (x + 1) * y;
  }
}
```

这样，如果要覆盖的方法不是父类中的方法，编译器会产生一个编译错误，并指出 Child 类中的 calculate()方法并没有覆盖父类中的方法。

2. Deprecated

Deprecated 是一个标记注解类型，可以应用于某个方法或某个类型，指明方法或类型已被弃用。标记已被弃用的方法或类型，是为了警告其代码用户，不应该使用或覆盖该方法，或不该使用或扩展该类型。一个方法或类型被标记弃用通常是因为有了更好的方法或类型。当前的软件版本中保留这个被弃用的方法或类型是为了向后兼容。

下面代码使用了 Deprecated 注解。

```
public class DeprecatedDemo{
  @Deprecated
  public void badMethod(){
    System.out.println("Deprecated");
  }
  public static void main(String[]args){
    DeprecatedDemo dd = new DeprecatedDemo();
    dd.badMethod();
  }
}
```

编译该文件，编译器将发出警告。

3. SuppressWarnings

使用 SuppressWarnings 注解指示编译器阻止某些类型的警告，具体的警告类型可以用初始化该注解的字符串来定义。该注解可应用于类型、构造方法、方法、成员变量、参数以及局部变量。它的用法是传递一个 String 数组，其中包含需要阻止的警告。语法如下：

```
SuppressWarnings (value={string-1,…,string-n})
```

以下是 SuppressWarnings 注解的常用有效参数：

- unchecked：未检查的转换警告。
- deprecation：使用了不推荐使用方法的警告。
- serial：实现 Serializable 接口但没有定义 serialVersionUID 常量的警告。
- rawtypes：如果使用旧的语法创建泛型类对象时发出的警告。
- finally：任何 finally 子句不能正常完成的警告。
- fallthrough：switch 块中某个 case 后没有 break 语句的警告。

下面程序阻止了代码中出现的几种编译警告。

程序 9.11　SuppressWarningDemo.java

```java
package com.demo;
import java.io.Serializable;
import java.util.*;
@SuppressWarnings(value={"unchecked","serial","deprecation"})
public class SuppressWarningDemo implements Serializable {
    public static void main(String[] args) {
        Date d = new Date();
        System.out.println(d.getDay());
        List myList = new ArrayList();    //该语句仍然有警告
        myList.add("one");
        myList.add("two");
        myList.add("three");
        System.out.println(myList);
    }
}
```

该类通过 SuppressWarnings 注解阻止了三种警告类型：unchecked、serial 和 deprecation。如果没有使用 SuppressWarnings 注解，当程序代码出现这几种情况时，编译器将给出警告信息。

9.3.3　定义注解类型

除了可以使用 Java 类库提供的注解类型外，用户也可以定义和使用注解类型。注解类型的定义与接口类型的定义类似。注解类型的定义使用 interface 关键字，前面加上 @ 符号。

```java
public @interface CustomAnnotation{
    //…
```

内部类、枚举和注解

```
}
```

默认情况下，所有的注解类型都扩展了 java.lang.annotation.Annotation 接口。该接口定义一个返回 Class 对象的 annotationType() 方法，具体如下：

```
Class <?extends Annotation> annotationType()
```

另外，该接口还定义了 equals() 方法、hashCode() 方法和 toString() 方法。

下面程序定义了名为 ClassInfo 的注解类型。

程序 9.12   ClassInfo.java

```
package com.demo;
public @interface ClassInfo{
   String created();
   String author();
   String lastModified();
   int version();
}
```

可以像类和接口一样编译该注解类型，编译后产生 ClassInfo.class 类文件。在注解类型中声明的方法称为注解类型的元素，它的声明类似于接口中的方法声明，没有方法体，但有返回类型。元素的类型有一些限制，如只能是基本类型、String、枚举类型、其他注解类型等，并且元素不能声明任何参数。

实际上，注解类型的元素就像对象的域一样，所有应用该注解类型的程序元素都要对这些域实例化。这些域的值是在应用注解时由初始化器决定，或由元素的默认值决定。

在定义注解时可以使用 **default** 关键字为元素指定默认值。例如，假设定义一个名为 Version 的注解类型表示软件版本，**major** 和 **minor** 两个元素表示主版本号和次版本号，并分别指定其默认值分别为 1 和 0（表示 1.0 版），该注解类型定义如下：

```
public @interface Version{
   int major() default 1;
   int minor() default 0;
}
```

Version 注解类型可以用来标注类和接口，也可以供其他注解类型使用。例如，可以用它来重新定义 ClassInfo 注解类型：

```
public @interface ClassInfo{
   String created();
   String author();
   String lastModified();
   Version version();
}
```

注解类型中也可以没有元素，这样的注解称为标记注解（marker annotation），这与标记接口类似。例如，下面定义了一个标记注解类型 Preliminary：

```
public @interface Preliminary { }
```

如果注解类型只有一个元素，这个元素应该命名为 value。例如，Copyright 注解类型只有一个 String 类型的元素，则其应该定义为：

```
public @interface Copyright {
    String value();
}
```

这样，在为程序元素注解时就不需要指定元素名称，而采用一种缩略的形式：

```
@Copyright("flying dragon company")。
```

9.3.4 标准元注解

元注解（meta annotation）是对注解进行标注的注解。在 java.lang.annotation 包中定义 Documented、Inherited、Retention 和 Target 四个元注解类型。本节讨论这几个注解。

1. Documented

Documented 是一种标记注解类型，用于对一个注解类型的声明进行标注，使该注解类型的实例包含在用 javadoc 工具产生的文档中。

2. Inherited

用 Inherited 标注的注解类型的任何实例都会被继承。如果 Inherited 标注一个类，那么注解将会被这个被标注类的所有子类继承。

3. Retension

Retension 注解指明被标注的注解保留多长时间。Retension 注解的值为 RetensionPolicy 枚举的一个成员：

- SOURCE：表示注解仅存于源文件中，注解将被编译器丢弃。
- CLASS：表示注解将保存在类文件中，但不被 JVM 保存的注解，是默认值。
- RUNTIME：表示要被 JVM 保存的注解，在运行时可以利用反射机制查询。

例如，SuppressWarnings 注解类型的声明就利用@Retension 进行标注，并且它的值为 SOURCE。

```
@Retension(value=SOURCE)
public @interface SuppressWarnings
```

4. Target

Target 注解用来指明哪个（些）程序元素可以利用被标注的注解类型进行标注。Target 的值为 java.lang.annotation.ElementType 枚举的一个成员：

- ANNOTATION_TYPE：可以对注解类型标注。
- CONSTRUCTOR：可以对构造方法进行标注。
- FIELD：可以对成员的声明进行标注。
- LOCAL_VARIABLE：可以对局部变量进行标注。
- METHOD：可以对方法进行标注。

内部类、枚举和注解

- PACKAGE：可以对包进行标注。
- PARAMETER：可以对参数声明进行标注。
- TYPE：可以对类型声明进行标注。

例如，Override 注解类型使用了 Target 注解标注，使得 Override 只适用于方法声明：

```
@Target(value=METHOD)
```

在 Target 注解中可以有多个值。例如，SuppressWarnings 注解类型的声明如下：

```
@Target(value={TYPE,FIELD,METHOD,PARAMETER,CONSTRUCTOR,LOCAL_VARIABLE})
@Retention(value=SOURCE)
public @interface SuppressWarnings
```

此外，在 javax.jws 包中定义了一些用来创建 Web 服务的注解类型，在 javax.xml.ws 包和 javax.xml.bind.annotation 包中也定义了许多注解类型。注解类型在 Java Web 开发和 Java EE 开发中被广泛使用。

9.4 小　　结

（1）成员内部类声明在类体中，是外层类的成员，因此可以使用访问修饰符（如 private 或 public），也可以使用 abstract 或 final 修饰。

（2）在包含类的内部可以直接实例化成员内部类，如 MyInner mi = new MyInner()，若在包含类的外部实例化成员内部类，必须要有一个外部类的实例，如下所示：

```
MyOuter mo = new MyOuter();
MyOuter.MyInner inner = mo.new MyInner();
```

（3）在成员内部类中 this 表示内部类实例的引用，如果要获得外部类实例的引用，应该使用 MyOuter.this。

（4）局部内部类定义在外层类的方法中，要使用局部内部类，必须在定义它的方法中实例化，并且在局部内部类声明之后。

（5）一个局部内部类不能使用其方法中的声明的变量（包括参数），如果这些变量或参数声明为 final，则可以使用。

（6）匿名内部类没有名称，它要么实现一个接口，要么是一个类的子类。

（7）匿名内部类可以实现一个接口或扩展一个类，但不能同时实现接口和扩展类，也不能实现多个接口。

（8）静态内部类使用 static 修饰符定义在类体中的类。它实际是一种顶层嵌套类。创建静态内部类对象不需要外层类的实例，但需同时指定外层类和内部类名，如下所示。

```
BigOuter.Nested  n = new BigOuter.Nested();
```

（9）静态嵌套类不能访问外层类非静态成员，因为它不具有对外层类任何实例的引用。换句话说，嵌套类实例不能访问外层类的 this 引用。

（10）枚举类型是一个枚举值的列表，每个值是一个标识符，使用 enum 定义枚举。它也被作为一种特殊类型对待。枚举值可用在 switch 结构中。

（11）注解类型以结构化的方式为程序元素提供信息，这些信息能够被外部工具（编译器、解释器等）自动处理。

（12）可以给 Java 包、类型（类、接口、枚举）、构造方法、方法、成员变量、参数及局部变量进行标注。

（13）Java 语言规范中定义了 3 个注解类型，它们定义在 java.lang 包中，分别为 @Override、@Deprecated 和@SuppressWarnings。

（14）注解类型的定义使用 interface 关键字，前面加上@符号。在定义注解时可以使用 default 关键字为元素指定默认值。

（15）在 java.lang.annotation 包中定义 Documented、Inherited、Retention 和 Target 四个元注解类型。

编 程 练 习

9.1　编译和执行下面的 MyClass 类，输出结果如何？

```java
public class MyClass {
  protected InnerClass ic;
  public MyClass() {
    ic = new InnerClass();
  }
  public void displayStrings() {
    System.out.println(ic.getString() + ".");
    System.out.println(ic.getAnotherString() + ".");
  }
  //内部类定义
  protected class InnerClass {
    public String getString() {
      return "InnerClass: getString invoked";
    }
    public String getAnotherString() {
      return "InnerClass: getAnotherString invoked";
    }
  }
  public static void main(String[] args) {
      MyClass mc = new MyClass();
      mc.displayStrings();
  }
}
```

9.2　编写一个名为 Outer 的类，它包含一个名为 Inner 的类。在 Outer 中添加一个方法，它返回一个 Inner 类型的对象。在 main()方法中，创建并初始化一个指向某个 Inner 对象的引用。

内部类、枚举和注解

9.3　编写程序，证明下面的叙述：局部内部类可以访问外层类的成员，若要访问其所在方法的参数和局部变量，这些参数和局部变量必须使用 final 修饰。

9.4　定义一个类，类中包含私有数据成员和私有方法。在这个类中定义一个内部类，内部类中定义一个方法修改外部类的数据成员值，并调用外部类的私有方法。在外部类的公共静态方法中创建内部类对象，并调用内部类的方法。

9.5　给定下列代码有编译错误，请找出。

（1）使用匿名内部类改写该程序。

（2）使用 Lambda 表达式实现该程序功能。

```java
import java.util.*;
public class Pockets{
  public static void main(String[] args){
    String[] sa = {"east", "west", "south", "north"};
    Sorter s = new Sorter();
    for(String s2: sa) System.out.print(s2 + " ");
    Arrays.sort(sa,s);
    System.out.println();
    for(String s2: sa) System.out.print(s2 + " ");
  }
  class Sorter implements Comparator<String>{
    public int compare(String a, String b) {
      return b.compareTo(a);
    }
  }
}
```

9.6　定义一个名为 TrafficLight 的 enum 类型。它包含 GREEN、RED 和 YELLOW 三个常量表示交通灯的三种颜色。通过 values()方法和 ordinal()方法循环并打印每一个值及其顺序值。编写一个 switch 语句，为 TrafficLight 的每个常量输出有关信息。

9.7　一副纸牌有 52 张，每张牌有两个不同属性：花色和等级。定义两个枚举类型 Suit 和 Rank 分别表示花色和等级，Suit 的枚举值包括 DIAMONDS、CLUBS、HEARTS 和 SPADES，Rank 的枚举值包括 DEUCE、THREE、FOUR、FIVE、SIX、SEVEN、EIGHT、NINE、TEN、JACK、QUEEN、KING 和 ACE。定义 Card 类表示一张牌，它包含两个 private 属性 Suit 和 Rank，一个带两个参数的构造方法，getSuit()、getRank()和 toString()方法。下面的 Deck 类表示一副纸牌，使用了 Suit 和 Rank 枚举以及 Card 类。

```java
import java.util.*;
public class Deck {
    private static Card[] cards = new Card[52];
    public Deck() {
        int i = 0;
        for (Suit suit : Suit.values()) {
            for (Rank rank : Rank.values()) {
```

```
                cards[i++] = new Card(rank, suit);
            }
        }
    }
}
```

9.8 定义一个名为 Enhancement 的注解类型，包含 id、synopsis、engineer 和 date 四个元素，为 engineer 和 date 分别指定默认值"unsigned"和"unknown"。

9.9 下面代码为 Employee 类添加了 Author 注解，请编写程序定义该注解。

```
@Author(
  firstName="ZEGANG",
  lastName="SHEN",
  internalEmployee=true
)
public class Employee {
    //...
}
```

内部类、枚举和注解

第 10 章 接口与 Lambda 表达式

本章学习目标
- 描述接口定义、继承与实现;
- 描述接口的默认方法和静态方法;
- 掌握 Comparable 接口和 Comparator 接口的使用;
- 掌握 Lambda 表达式的各种语法;
- 了解什么是函数式接口;
- 熟悉预定义函数式接口的使用;
- 熟悉方法引用和构造方法引用。

10.1 接　　口

教学视频

　　Java 语言中所有的类都处于一个类层次结构中,除 Object 类以外,所有的类都只有一个直接父类,即子类与父类之间是单继承的关系,而不允许多重继承。现实问题类之间的继承关系往往是多继承的关系,为了实现多重继承,Java 语言通过接口使得处于不同层次、甚至互不相关的类具有相同的行为。

10.1.1　接口定义

　　接口(interface)定义了一种可以被类层次中任何类实现行为的协议,是常量、抽象方法、默认方法和静态方法的集合。接口可以用来实现多重继承。

　　接口的定义与类的定义类似,包括接口声明和接口体两部分。接口声明使用 interface 关键字,格式如下:

```
[public] interface InterfaceName [extends SuperInterfaces ]{
    //1. 常量的定义
    //2. 抽象方法的定义
    //3. 静态方法的定义
    //4. 默认方法的定义
}
```

　　InterfaceName 为接口名。extends 表示该接口继承(扩展)了哪些接口。如果接口使用 public 修饰,则该接口可以被所有的类使用,否则接口只能被同一个包中的类使用。

　　大括号内为接口体,接口体中可以定义常量、抽象方法、默认方法和静态方法等。下面代码定义了一个简单接口 Eatable(可吃的):

```
package com.demo;
public interface Eatable{
    // 抽象方法的定义
    public abstract String howToEat();
}
```

接口被看作是一种特殊的类型。与常规类一样，每个接口都被编译为独立的字节码文件。使用接口与使用抽象类相似。接口可以作为引用变量的数据类型或类型转换的结果等。与抽象类一样，不能用 new 运算符创建接口的实例。

接口中的抽象方法只有声明，没有实现。抽象方法也可以省略修饰符，省略修饰符编译器自动加上 public、abstract。下面两行代码等价。

```
public abstract String howToEat();
String howToEat();
```

在 UML 中，接口的表示与类图类似，图 10-1 所示为 Eatable 接口的 UML 图，其中接口名上方使用<<interface>>表示接口，接口名和抽象方法名使用斜体表示。

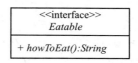

图 10-1　Eatable 接口的 UML 图

接口通常表示某种能力，因此接口名后缀通常是 able，如 Comparable 表示可比较的、Flyable 表示可飞的、Runnable 表示可执行的。

10.1.2　接口的实现

实现接口就是实现接口中定义的抽象方法，这需要在类声明中用 implements 子句来表示实现接口，一般格式如下：

```
[public] class ClassName implements InterfaceList{
    //类体定义
}
```

一个类可以实现多个接口，这需要在 implements 子句中指定要实现的接口并用逗号分隔。在这种情况下，如果把接口理解成特殊的类，那么这个类利用接口实际上实现了多继承。

如果实现接口的类不是 abstract 类，则在类的定义部分必须实现接口中的所有抽象方法，即必须保证非 abstract 类中不能存在 abstract 方法。

一个类在实现某接口的抽象方法时，必须使用与接口完全相同的方法签名，否则只是重载的方法而不是实现已有的抽象方法。

接口方法的访问修饰符都是 public，所以类在实现方法时，必须显式使用 public 修饰符，否则编译器警告缩小了访问控制范围。

下面的 Orange 类实现了 Eatable 接口：

接口与 Lambda 表达式

```
package com.demo;
public class Orange implements Eatable{
    @Override
    public String howToEat(){
        return "Make Orange Juice";
    }
}
```

Orange 类不是抽象类，它必须实现 Eatable 接口中的 howToEat()方法。

10.1.3　接口的继承

一个接口可以继承一个或多个接口。下面代码定义了三个接口，其中 CC 接口继承了 AA 接口和 BB 接口。

```
public interface AA {
    int STATUS = 100;                       //常量声明
    public abstract void display();         //一个抽象方法
}
public interface BB {
    public abstract void show();            //一个抽象方法
    public default void print(){            //一个默认方法
        System.out.println("这是接口BB的默认方法");
    }
}
//接口CC继承了接口AA和接口BB
public interface CC extends AA, BB{
    int NUM = 3;                            //定义一个常量
}
```

与类的继承类似，子接口继承父接口中的常量、抽象方法、默认方法。在接口 CC 中，除本身定义的常量和各种方法外，它将继承所有超接口中的常量和方法，因此，在接口 CC 中包含两个常量、两个抽象方法和一个默认方法。与类的继承不同的是，接口可以多继承。

一个类要实现 CC 接口，它必须实现 CC 接口的两个抽象方法。

程序 10.1　DD.java

```
package com.demo;
public class DD implements CC{
    //实现AA接口中的display方法
    public void display(){
        System.out.println("接口AA的display方法");
    }
    //实现BB接口中的show方法
    public  void show(){
        System.out.println("接口BB的show方法");
    }
}
```

```
   //测试DD类的使用
   public static void main(String[] args){
       DD dd = new DD();
       System.out.println(DD.STATUS);
       dd.show();
       dd.print();                         //调用继承来的默认方法
       AA aa = new DD();
       aa.display();
   }
}
```

程序的输出结果为：

```
100
接口BB的show方法
这是接口BB的默认方法
接口AA的display方法
```

上述 AA、BB、CC 接口与 DD 类之间的关系如图 10-2 所示，图中虚线表示接口实现。可以看到，接口允许多继承，而类的继承只能是单继承。

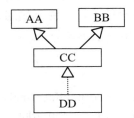

图 10-2　接口与类的层次关系

一个类也可以实现多个接口，下面的 AB 类实现了 AA 接口和 BB 接口。

```
package com.demo;
public class AB implements AA, BB{
    //实现AA接口的display方法
    public void display(){
      System.out.println("接口AA的display方法");
    }
    //实现BB接口的show方法
    public  void show(){
      System.out.println("接口BB的show方法");
    }
}
```

一个类实现多个接口就要实现每个接口中的抽象方法。接口中的常量和默认方法都被实现类继承，但接口中的静态方法不被继承。

接口与 Lambda 表达式

10.1.4　接口类型的使用

接口也是一种引用类型，任何实现该接口的实例都可以存储在该接口类型的变量中。当通过接口对象调用某个方法时，Java 运行时系统确定该调用哪个类中的方法。对 10.1.3 小节中定义的 AA、BB、CC 接口和 DD 类，下面代码是合法的。

```
AA aa = new DD();              //向上自动类型转换
BB bb = new DD();
CC cc = new DD();
aa.display();                  //调用实现类的方法
bb.show();
cc.print();                    //调用继承的默认方法
```

代码的输出结果为：

```
接口AA的display方法
接口BB的print方法
这是接口BB的默认方法
```

代码中创建了 3 个 DD 类的对象，并分别赋给 AA、BB 和 CC 接口对象，在这 3 个对象上可以调用接口本身定义的和继承的方法。注意调用 cc.print() 的输出，尽管 print() 方法是 BB 接口的默认方法，在 DD 类中继承了该方法。

10.1.5　常量

定义在接口中的任何变量都自动加上 public、final、static 属性，因此它们都是常量，常量的定义可以省略修饰符，下面三行代码效果相同。

```
int STATUS = 100;
public int STATUS = 100;
public final static int STATUS = 100;
```

按照 Java 标识符命名惯例，常量名都使用大写字母命名。接口中的常量应该使用接口名引用。不推荐在接口中定义常量，因为使用枚举类型描述一组常量集合比接口中定义常量更好。关于枚举类型的定义和使用请参考 9.2 节。

由于接口可以多继承，可能出现常量冲突问题。如果常量名不冲突，子接口可以继承父接口的常量。如果多个父接口中有同名的常量，则子接口中不能继承。但子接口可以重新定义一个同名的常量。

教学视频

10.2　静态方法和默认方法

在 Java 的早期版本中，接口的所有方法都必须是抽象的。从 Java SE 8 开始可以在接口中添加两种有具体实现的方法：静态方法和默认方法。

10.2.1 静态方法

在一个类中可以定义静态方法，它被该类的所有实例共享。在 Java SE 8 中，可以在接口中定义静态方法，与接口有关的静态方法都可以在接口中定义，而不再需要辅助类。定义静态方法使用 static 关键字，默认的访问修饰符是 public。

```
public interface SS {
    int STATUS = 100;
    public static void display(){          //静态方法
        System.out.println(STATUS);
    }
}
```

接口的静态方法使用"接口名.方法名()"的形式访问。接口的静态方法不能被子接口继承，也不被实现类继承。

10.2.2 默认方法

可以给接口中任何方法提供一个默认实现，这称为默认方法（default method）。默认方法需要使用 default 关键字定义。

```
public interface BB {
    public void show();                    //一个抽象方法
    public default void print(){           //默认方法
        System.out.println("这是接口BB的默认方法");
    }
}
```

默认方法需要通过引用变量调用。默认方法可以被子接口和实现类继承，但子接口中若定义相同的默认方法，父接口的默认方法被隐藏。

10.2.3 解决默认方法冲突

如果一个类实现了两个接口，其中一个接口有个默认方法，另一个接口也有一个名称和参数类型相同的方法（默认方法或非默认方法），此时将产生冲突。如果出现这种情况，必须解决冲突。

假设有接口 Person，它包含名为 getID() 的默认方法。

```
public interface Person {
    public String getName();
    public default int getID(){
        return 0;
    }
}
```

假设还有个接口 Identified，它也包含一个 getID() 的默认方法。

接口与 Lambda 表达式

```
public interface Identified {
  public default int getID(){
    return Math.abs(hashCode());
  }
}
```

现在假设要定义一个 Employee 类，实现上述两个接口，代码如下所示：

```
public class Employee implements Person, Identified {
    String name;
    @Override
    public String getName(){
        return this.name;
    }
}
```

由于两个接口中都包含 getID()默认方法，编译器不知道应该继承哪个默认方法，编译器会报错。要解决这种冲突，可以在 Employee 类中提供 getID()方法的一个新实现，或委托其中一个父接口中的默认方法，代码如下所示。

```
public class Employee implements Person, Identified {
    String name;
    public String getName(){
        return this.name;
    }
    //委托父接口Identified的getID()方法
    public int getID(){
        return Identified.super.getID();
    }
}
```

现在假设 Identified 接口不提供 getID()方法的默认实现，而是定义为一个抽象方法。

```
public interface Identified {
    public int getID();
}
```

Employee 类同样不能编译。错误提示是，从两个接口继承来的 getID()方法发生冲突。

> 📖 提示：如果父接口都没有为共享方法提供默认实现，那么就不会发生冲突。实现类有两种选择：实现方法；或不实现方法并将该类声明为抽象类。

如果一个类继承一个父类并实现一个接口，而且从父类和接口继承了同样的方法，处理规则比较简单。此时采用"类比接口优先"原则，即只继承父类的方法，而忽略来自接口的默认方法。

10.3　接　口　示　例

教学视频

Java 类库中也定义了许多接口，有些接口中没有定义任何方法，这些接口称为标识接口，如 java.lang 包中定义的 Cloneable 接口、java.io 包中的 Serializable 接口。有些接口中定义了若干方法，如 java.lang 包中 Comparable 接口中定义的 comapreTo()方法、AutoClosable 接口定义的 close()方法、Runnable 接口中定义的 run()方法。

10.3.1　Comparable 接口

要比较两个 String 对象的大小，可以使用 String 类的 compareTo()方法。现在假设要比较两个 Circle 对象的大小，该如何做呢？Circle 类是用户定义的类，无法比较大小。要想比较 Circle 对象的大小，如按面积比较，需要实现 Comparable<T>接口的 compareTo()方法。Comparable<T>接口的定义如下：

```
package java.lang;
public interface Comparable<T>{
    int compareTo(T other);
}
```

Comparable<T>是泛型接口。在实现该接口时，将泛型类型 T 替换成一种具体的类型。如果希望一个类的对象能够比较大小，类必须实现 Comparable<T>接口的 compareTo()方法。该方法实现当前对象与参数对象比较，返回一个整数值。当调用对象小于、等于、大于参数对象时，该方法分别返回负整数、0 和正整数。按这种方法比较出的对象顺序称为自然顺序（natural order）。

下面程序通过实现 Comparable<T>接口对 Circle 类的对象能够根据其面积大小进行比较。

程序 10.2　Circle.java

```
package com.demo;
import java.util.Arrays;
public class Circle implements Comparable<Circle>{
    private double radius;
    public Circle(){}
    public Circle(double radius){
        this.radius = radius;
    }
    public double getPerimeter(){      //求周长方法
        return 2 * radius * Math.PI;
    }
    public double getArea(){           //求面积方法
        return radius * radius * Math.PI;
    }
    @Override
```

接口与 Lambda 表达式

```java
        public int compareTo(Circle circle){
            if(getArea() > circle.getArea())
                return 1;
            else if (getArea() < circle.getArea())
                return -1;
            else
                return 0;
        }

        public static void main(String[] args){
            Circle[] circles = new Circle[]{
                new Circle(3.4), new Circle(2.5), new Circle(5.8), };
            System.out.println(circles[0].compareTo(circles[1]));
            //对circles数组中3个Circle对象排序
            Arrays.sort(circles);
            for(Circle c : circles)
                System.out.printf("%6.2f%n",c.getArea());
        }
    }
```

程序运行结果为：

```
1
19.63
 36.32
105.68
```

比较浮点数大小时，如果希望返回两个浮点数的比较结果(–1,0 或 1)，应该使用 Double 类的 compare()方法。上面的 compareTo()方法可以写成如下形式。

```java
public int compareTo(Circle circle){
    return Double.compare(this.getArea(),circle.getArea());
}
```

Java API 中许多类实现了 Comparable<T>接口，如基本数据类型包装类（Byte、Short、Integer、Long、Float、Double、Character、Boolean）。File 类、String 类、LocalDate 类、BigInteger 类和 BigDecimal 类也实现了 Comparable<T>接口，这些类的对象都可按自然顺序排序。

下面代码比较两个本地日期的大小。

```java
LocalDate d1 = LocalDate.now();
LocalDate d2 = LocalDate.of(2016,10,1);
System.out.println(d1.compareTo(d2));        //输出结果是1
```

上述代码输出结果是 1，表明当前日期 d1 大于 2016 年 10 月 1 日这个日期。

10.3.2 Comparator 接口

假设需要根据长度而不是字典顺序对字符串排序，可以使用 Arrays 类的带两个参数的 sort()方法，格式如下：

```
public static <T>void sort(T[] a, Comparator<? super T>c)
```

第一个参数 a 是任意类型的数组，第二个参数 c 是一个实现了 java.util.Comparator 接口的实例。Comparator<T>接口中声明了 compare()抽象方法，如下所示。

```
public interface Comparator<T> {
    int compare(T first, T second);
    //其他静态方法和默认方法
}
```

compare()方法用来比较它的两个参数对象。当第一个参数小于、等于、大于第二个参数时，该方法分别返回负整数、0、正整数。

要想按长度比较字符串，可以定义一个实现 Comparator<String>接口的类。

```
package com.demo;
import java.util.Comparator;
public class LengthComparator implements Comparator<String>{
    @Override
    public int compare(String first, String second){
        return first.length()-second.length();
    }
}
```

有了 LengthComparator 类就可以按长度比较字符串。下面代码使用 Arrays.sort()方法对 String 数组排序。

```
String[] ss = {"this", "is","a","test","string"};
Arrays.sort(ss, new LengthComparator());       //对数组ss按长度排序
for(String s : ss)
    System.out.print(s + " ");
```

代码输出结果为：

```
a is this test string
```

由于 Comparator<String>接口只声明了一个 compare()方法，还可以使用匿名内部类的方式实现排序，如下所示：

```
String[] ss = {"this", "is","a","test","string"};
Arrays.sort(ss, new Comparator<String>(){
    @Override
    public int compare(String first,String second){
```

接口与 Lambda 表达式

```
        return first.length()-second.length();
    }
});
for(String s : ss)
    System.out.print(s + " ");
```

关于匿名内部类可参考 9.1 节。

教学视频

10.4 Lambda 表达式

Lambda 表达式是 Java SE 8 新增的一个语言特征。它将 Java 的面向对象编程范式与函数式编程结合起来，可以增强 Java 在并发编程和事件驱动编程中的优势。

10.4.1 Lambda 表达式简介

Lambda 表达式是可以传递给方法的一段代码，可以是一个语句，也可以是一个代码块。在学习 Lambda 表达式语法之前，先看一个老版本 Java 中倒序排列字符串的实例。

```
String []names = {"peter", "anna", "mike", "john"};
Arrays.sort(names, new Comparator<String>() {
    @Override
    public int compare(String a, String b) {
        return b.compareTo(a);
    }
});
```

只需要给静态方法 Arrays.sort 传入一个 String 数组以及一个比较器来指定按什么顺序排列。通常做法都是创建一个匿名的比较器对象然后将其传递给 sort 方法。

在 Java SE 8 中就没必要使用这种传统的匿名对象的方式了，而是可以使用 Lambda 表达式的语法：

```
Arrays.sort(names, (String a, String b) -> {
    return b.compareTo(a);
});
```

使用 Lambda 表达式，代码变得更短且更具有可读性，但是实际上还可以写得更短。对于函数体只有一行代码的，可以去掉大括号{}以及 return 关键字，如下所示：

```
Arrays.sort(names, (String a, String b) -> b.compareTo(a));
```

Java 编译器可以自动推导出参数类型，所以还可以省略参数类型的指定。

再举一个例子，在 JavaFX 图形界面开发中，在处理按钮点击事件时，可以使用下列代码：

```
Button button = new Button();
//为按钮注册事件处理器对象
```

```
button.setOnAction(new EventHandler<ActionEvent>() {
    public void handle(ActionEvent event) {
        System.out.println("Hello World");
    }
});
```

这里也是使用匿名内部类，实现了 EventHandler 接口的 handle()方法，当按钮被单击时执行 handle()方法中的代码。使用 Lambda 表达式的代码如下：

```
button.setOnAction((event) -> System.out.println("Hello World") );
```

使用 Lambda 表达式不仅使代码简洁、易读，代码的执行效率也更高。

10.4.2　函数式接口

函数式接口（function interface）是指仅包含一个抽象方法的接口，因此也称为单抽象方法（single abstract method，SAM）接口。每一个 Lambda 表达式都对应一个函数式接口类型。可以将 Lambda 表达式看作实现函数式接口的类的一个实例。默认方法不是抽象方法，所以在函数式接口中可以定义默认方法。

可以根据需要定义函数式接口，只要接口只包含一个抽象方法即可。在定义函数式接口时可以给接口添加@FunctionalInterface 注解，如果接口定义多于一个的抽象方法，编译器会报错。

下面代码定义了一个函数式接口 Converter<F,T>，它是一个泛型接口。convert()方法功能可用于将类型 F 值转换成类型 T 值。

```
@FunctionalInterface
interface Converter<F, T> {
    T convert(F from);
}
```

下面代码通过 Lambda 表达式创建该接口对象，并使用它的 convert()方法将一个字符串转换为整数。

```
Converter<String, Integer> converter = (from) -> Integer.valueOf(from);
Integer converted = converter.convert("234");
System.out.println(converted);                      //输出234
```

在 Java API 中有些接口就只含有一个抽象方法，如 Runnable 接口、AutoCloseable 接口、Comparable 接口和 Comparator 接口等。此外，java.util.function 中包含几十个函数式接口。函数式接口之所以重要是因为可以使用 Lambda 表达式创建一个与匿名内部类等价的对象。

10.4.3　Lambda 表达式的语法

在字符串排序和按钮事件处理代码中，使用 Lambda 表达式将代码传递给方法，有两种方式指定 Lambda 表达式，一般格式如下：

接口与 Lambda 表达式

```
(参数1，参数2，…) -> 表达式；
(参数1，参数2，…) -> { /* 代码块 */ };
```

Lambda 表达式以参数列表开头，参数用括号定界，然后是一个箭头符号->（连字符加大于号），最后是表达式主体。与 Java 方法类似，括号中的参数传递给表达式。如果表达式只包含一个语句，语句块的大括号可以省略。

如果 Lambda 表达式没有参数，则仍然需要提供一对空的小括号，同不含参数的方法一样。

```
() ->{
  for(int i = 0; i < 1000; i++)
    doWork();      //执行某种操作
}
```

如果 Lambda 表达式的参数类型是可以推导的，那么还可以省略它们的类型。例如：

```
Arrays.sort(names, (String a, String b) -> b.compareTo(a));
```

可以写成下面形式：

```
Arrays.sort(names, (a, b) -> b.compareTo(a));
```

编译器可以推导出参数 a 和 b 的类型应该为 String，因为 sort()方法比较的是字符串。

如果某个方法只含一个参数，并且该参数的类型可以被推导出来，则参数的小括号也可以省略：

```
button.setOnAction(event -> System.out.println("Hello World") );
```

10.4.4 预定义的函数式接口

在 java.util.function 包中定义了大量的函数式接口，它们使编写 Lambda 表达式变得容易。表 10-1 给出了常用的预定义函数式接口。

表 10-1 预定义的函数式接口

函数式接口	说明
Function<T, R>	表示带一个参数且返回一个结果的函数，结果类型可与参数类型不同
BiFunction<T, U, R>	表示带两个参数且返回一个结果的函数，结果类型可与参数类型不同
UnaryOperator<T>	表示一种有一个操作数的运算且返回一个结果，结果类型与操作数类型相同。UnaryOperator 可以认为是一种 Function，它的返回类型与参数类型相同。实际上，UnaryOperator 是 Function 的子接口
BinaryOperator<T>	表示一种有两个操作数的运算，结果类型必须与操作数类型相同
Predicate<T>	带一个参数的函数，它基于参数值返回 true 或 false 值
Supplier<T>	表示结果的提供者
Comsumer<T>	带一个参数且不返回结果的操作

下面介绍这些函数式接口的用法。

1. Function 和 BiFunction 接口

Function<T, R>接口定义了 apply()方法，带一个参数，并返回一个值。它是参数化类型，定义如下：

```
public interface Function<T, R>{
    R apply(T argument);
}
```

这里，T 是参数类型；R 是结果类型。使用 Function 接口，需要覆盖该方法。例如，下面代码定义一个 Function 实现英里与千米的转换（1 英里大约等于 1.6 千米），它带一个 Integer 参数，返回 Double 值。

程序 10.3　FunctionDemo.java

```
package com.demo;
import java.util.function.Function;
    public class FunctionDemo {
        public static void main(String[] args) {
        Function<Integer, Double> milesToKms = (input) -> 1.6 * input;
        int miles = 3;
        double kms = milesToKms.apply(miles);
        System.out.printf("%d miles = %3.2f kilometers\n",miles, kms);
    }
}
```

程序运行结果如下：

```
3 miles = 4.80 kilometers
```

BiFunction<T, U, R>是 Function 接口的一个变体，它的 apply()方法带两个参数，返回一个结果。下面代码使用 BiFunction 创建一个函数通过给定的 width 和 length 计算面积。

程序 10.4　BiFunctionDemo.java

```
package com.demo;
import java.util.function.BiFunction;
public class BiFunctionDemo {
    public static void main(String[] args) {
        BiFunction<Float, Float, Float> area =
                (width, length) -> width * length;
        float width = 7.0F;
        float length = 10.0F;
        float result = area.apply(width, length);
        System.out.println(result);        //输出70.0
    }
}
```

UnaryOperator<T>接口是 Function 的子接口，它的 apply(T t)方法的参数类型与返回类型相同。BinaryOperator 接口是 BiFunction 的子接口，它的 apply(T t, U u)方法带两个类型相同的参数且返回值类型与参数类型相同。

接口与 Lambda 表达式

2. Predicate 接口

Predicate<T>函数接口定义了 test(T t)方法，它带一个参数 T，基于参数 T 值返回布尔值 true 或 false。

```java
public interface Predicate<T>{
    boolean test(T t);
}
```

下面代码定义一个 Predicate 计算如果一个输入字符串的每个字符都是数字，方法返回 true。

程序 10.5　PredicateDemo.java

```java
package com.demo;
import java.util.function.Predicate;
public class PredicateDemo {
    public static void main(String[] args) {
        Predicate<String> numbersOnly = (input) -> {
          for (int i = 0; i < input.length(); i++) {
            char c = input.charAt(i);
            if ("0123456789".indexOf(c) == -1) {
                return false;
            }
          }
          return true;
        };
        System.out.println(numbersOnly.test("12345"));
        System.out.println(numbersOnly.test("100a"));
    }
}
```

运行程序，输出结果如下：

```
true
false
```

3. Supplier 接口

Supplier<T>接口定义一个不带参数 get()方法，它返回一个值。

```java
public interface Supplier<T>{
    T get();
}
```

实现类必须覆盖 get()抽象方法且返回类型参数的一个实例。下面代码演示了 Supplier 的使用，它返回一位随机数，并使用 for 循环打印 5 个随机数。

程序 10.6　SupplierDemo.java

```java
package com.demo;
```

```
import java.util.Random;
import java.util.function.Supplier;
public class SupplierDemo{
    public static void main(String[] args) {
        Supplier<Integer> oneDigitRandom = () -> {
            Random random = new Random();
            return random.nextInt(10);
        };
        for (int i = 0; i < 5; i++) {
            System.out.println(oneDigitRandom.get());
        }
    }
}
```

Java API 还提供了 Supplier 接口的各种变体，如 DoubleSupplier（返回 Double）、IntSupplier 以及 LongSupplier 等。

4. Consumer 接口

Consumer<T>是一种无返回的操作，有一个名为 accept(T t)的抽象方法。

```
public interface Consumer<T>{
    void accept(T t);
}
```

下面代码演示了 Consumer 的使用，它带一个字符串参数，将它居中对齐打印。

程序 10.7 ConsumerDemo.java

```
package com.demo;
import java.util.function.Consumer;
import java.util.function.Function;
public class ConsumerDemo{
    public static void main(String[] args) {
        Function<Integer, String> spacer = (count) -> {
            StringBuilder sb = new StringBuilder(count);
            for (int i = 0; i < count; i++) {
                sb.append(" ");
            }
            return sb.toString();
        };

        int lineLength = 60;    //每行最大字符串
        Consumer<String> printCentered = (input) -> {
            int length = input.length();
            String spaces = spacer.apply(
                (lineLength - length) / 2);
                System.out.println(spaces + input);
        };
```

接口与 Lambda 表达式

```
        printCentered.accept("A lambda expression a day");
        printCentered.accept("makes you");
        printCentered.accept("look smarter");
    }
}
```

程序中 Consumer 接收一个字符串，为它添加一定数量的前缀空格串后将该串打印出来。假设每行最多为 60 个字符。空格串通过调用名为 spacer 的 Function 获得。Consumer 的 accept() 方法通过 Lambda 表达式实现。

运行程序，输出结果如下：

```
A lambda expression a day
        makes you
        look smarter
```

同样，Java API 还提供了 Consumer 接口的各种变体，如 DoubleConsumer（返回 Double）、IntConsumer 以及 LongConsumer 等。

10.4.5 方法引用与构造方法引用

1. 方法引用

Java 中有许多方法带一个函数式接口对象作为参数。如果传递的表达式有实现的方法，可以使用一种特殊的语法，方法引用（method referencing）代替 Lambda 表达式。例如，想打印列表的全部元素。ArrayList 类有个 forEach() 方法，它的参数是 Consumer<T> 实例，它会在所有元素上执行一个 accept() 函数。可以给 forEach() 方法传递一个 Lambda 表达式，如下所示。

```
list.forEach(x->System.out.println(x));
```

在这种情况下，只需要将 println() 方法传递给 forEach() 方法，如下所示。

```
list.forEach(System.out::println);
```

这里，System.out::println 就是方法引用，它与下面的 Lambda 表达式等价：

```
x->System.out.println(x)
```

再如，java.util.Arrays 类有一个 sort() 方法就接收一个 Comparator 实例，该接口是函数式接口，sort() 方法格式如下。

```
public static T[] sort(T[] array, Comparator<? super T> comparator)
```

假设想不区分大小写地对字符串数组 names 排序，可以这样调用：

```
Arrays.sort(names,(x, y)-> x.compareToIgnoreCase(y));
```

也可以传入方法表达式：

```
Arrays.sort(names,String::compareToIgnoreCase);
```

表达式 String::compareToIgnoreCase 是方法引用，等同于 Lambda 表达式(x, y)->
x.compareToIgnoreCase(y)。

从这些例子可以看到，方法引用是类名或对象引用，后跟两个冒号（::），然后是方法
名。双冒号（::）是 Java SE 8 引进的一种新运算符，可以引用静态方法、实例方法甚至构
造方法。方法引用有以下三种使用方式：

对象::实例方法名
类名::静态方法名
类名::实例方法名

使用第一种方式，在对象上调用实例方法，将给定的参数传递给实例方法，因此，
System.out::println 等同于 x-> System.out.println(x)。

使用第二种方式，用类名调用静态方法，将给定的参数传递给静态方法。例如，
java.util.Objects 类定义了 isNull()静态方法，调用 Objects.isNull(x)直接返回 x==null 的值。
使用 list.removeIf(Objects::isNull)将从列表中删除所有的 null 值。

使用第三种方式，用类名调用实例方法，第一个参数作为方法的调用者，其他参数传
递给方法。例如，String::compareToIgnoreCase 等同于(x, y)-> x.compareToIgnoreCase(y)。

> 📖 **提示：** 当有多个同名的重载方法时，编译器会试图从上下文中找到匹配的那个。例如，
> System.out 有对象个版本 println 方法。当传递给 ArrayList<String>的 forEach()
> 方法时，编译器会选择 println(String)方法。

2. 构造方法引用

构造方法引用与方法引用类似，不同的是构造方法引用中需要使用 new 运算符。例如，
Employee::new 是 Employee 构造方法引用。如果一个类有多个构造方法，选择哪个构造方
法取决于上下文。

下面是构造方法引用的例子。假设有一个字符串列表：

```
List<String> names = Arrays.asList("Alexis", "anna", "Kyleen");
```

想要一个员工列表，每个员工名对应一个员工。不需要使用循环，使用 Stream 就可以。
将 list 对象放入流中，并调用 map()方法。它应用函数并收集结果。

```
Stream<Employee> stream = names.stream().map(Employee::new);
```

因为 names.stream()返回包含 String 的流对象，编译器知道 Employee::new 引用
Employee(String)构造方法。

可以使用数组类型编写构造方法引用。例如，int[]::new 是一个含有一个参数的构造方
法引用，该参数为数组长度。它等同于 Lambda 表达式 n->new int[n]。

数组构造方法引用可以用来绕过 Java 中的一个限制：在 Java 中，无法构造一个泛型
数组。因此，诸如 Stream.toArray()方法返回一个 Object 数组，而不是一组元素类型的数组。

```
Object[] employees = stream.toArray();
```

但是用户想要的是 Employee 数组，而不是 Object 数组。为了解决这个问题，可以使用另一个版本的 toArray()方法，它接受构造方法引用。

```
Employee []employees = stream.toArray(Employee[]::new);
```

toArray()方法调用 Employee 构造方法来获得一个正确类型的数组，然后它会填充并返回该数组。

10.5　小　　结

（1）接口是一种与类相似的结构，为相关或不相关类的多个对象指定共同行为。使用 interface 定义接口。

（2）在接口中可以定义常量、抽象方法、静态方法和默认方法。

（3）在 Java 中接口被认为是一种特殊的类型。就像常规类一样，每个接口都被编译成独立的字节码文件。

（4）一个接口可以继承一个或多个接口。类实现接口就是实现接口中定义的抽象方法。一个类可以实现一个或多个接口。

（5）接口中定义的默认方法可以被子接口或实现类继承，静态方法不能被继承，静态方法使用接口名调用。

（6）java.lang.Comparable 接口定义了 compareTo()方法用来比较对象，Java 类库中很多类实现了 Comparable 接口。

（7）java.util.Comparator 接口定义了 compare()方法用来实现比较器对象，可以将它传递给有关方法实现非自然顺序的比较。

（8）使用 Lambda 表达式可以将一段代码传递给方法，它可以是一个语句，也可以是一个代码块。

（9）Lambda 表达式以参数列表开头，参数用括号定界，然后是一个箭头符号->（连字符加大于号），最后是表达式主体。

（10）函数式接口是指仅包含一个抽象方法的接口，Lambda 表达式实际是函数式接口对象实现的方法中的代码。在 java.util.function 包中定义了大量的函数式接口。

（11）如果为方法传递的 Lambda 表达式有实现的方法，可以使用方法引用这种特殊的语法，它可以代替 Lambda 表达式。

编 程 练 习

10.1　设计一个名为 Swimmable 的接口，其中包含 void swim()方法；设计另一个名为 Flyable 的接口，其中包含 void fly()方法。定义一个 Duck 类实现上述两个接口。定义测试类，演示接口类型的使用。

10.2　设计一个名为 IntSequence 的接口表示整数序列，该接口包含 boolean hasNext()

和 int next()两个方法。定义一个名为 RandomIntSequence 的类实现 IntSequence 接口，其中包含一个 private 整型变量 n。在 hasNext()方法中随机生成一个两位整数，存储到变量 n 中，然后返回 true。在 next()方法中返回 n 的值。

10.3　设计一个名为 SequenceTest 的类，在其中编写一个 static 方法用于计算一个整数序列前 n 个整数的平均值，方法签名如下：

```
public static double average(IntSequence seq, int n)
```

在 main()方法中编写代码通过 RandomIntSequence 的方法获得前 10 个随机整数，并计算它们的平均值。

10.4　编写程序，证明下面叙述：接口的静态方法不能被子接口继承，也不被实现类继承。

10.5　编写程序，修改 Employee 的定义，使它能够根据员工的年龄（age 字段值）进行比较，年龄大的员工排在前面。

10.6　编写程序，修改 Circle 的定义，使它能够按圆的面积大小比较，要求 compareTo()方法返回两个圆的面积差。

10.7　设计一个 Position 类，该类有 x 和 y 两个成员变量表示坐标。要求该类实现 Comparable 接口的 compareTo()方法，实现比较两个 Position 对象到原点（0，0）的距离之差。

11.8　编写一个类实现 java.util.Comparator 接口，使用该类对象实现 Student 对象按姓名顺序排序。

10.9　编写程序，实现 Comparator 接口，实现字符串按降序排序。编写测试类，使用 Arrays 类的带两个参数的 sort()方法对一个 String 数组进行降序排序。

10.10　有下列事物：汽车、玩具汽车、玩具飞机、阿帕奇直升机。请按照它们之间的关系，使用接口和抽象类，编写有关代码。

10.11　有如图 10-3 所示的接口和类的层次关系图，请编写代码实现这些接口和类。

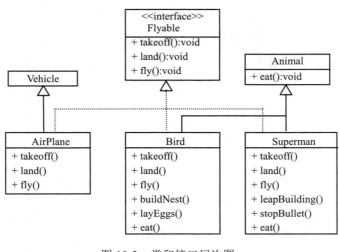

图 10-3　类和接口层次图

接口与 Lambda 表达式

10.12　有一个函数式接口 Calculator，包含单一的 calculate()抽象方法，另外还包含两个默认方法，定义如下。

```java
@FunctionalInterface
public interface Calculator{
    public abstract double calculate(int a, int b);   //唯一的抽象方法
    public default int subtract(int a, int b) {
        return a - b;
    }
    public default int add(int a, int b) {
        return a + b;
    }
}
```

编写程序，使用 Lambda 表达式实现 calculate()方法，使该方法可以计算 $a^2 + b^2$。

第 11 章　泛型与集合

本章学习目标

- 描述什么是泛型类型，学会定义泛型类型；
- 了解泛型方法、通配符的使用和有界类型参数；
- 熟悉集合的基本操作；
- 掌握 ArrayList 类的使用；
- 了解 Set 接口及实现类的使用；
- 理解对象顺序、Comparable 接口和 Comparator 接口的使用；
- 了解 Queue 接口和实现类的使用；
- 掌握 Map 接口及实现类的使用；
- 掌握使用 Collections 类的实用方法操作 List 对象；
- 了解 Stream API 的使用。

教学视频

11.1　泛　型　介　绍

　　泛型是 Java 5 引进的新特征，是类和接口的一种扩展机制，主要实现参数化类型机制。泛型被广泛应用在 Java 集合 API 中，在 Java 集合框架中大多数的类和接口都是泛型类型。使用泛型，程序员可以编写更安全的程序。

11.1.1　泛型类型

　　简单地说，泛型（generics）是带一个或多个类型参数（type parameter）的类或接口。例如，下面代码定义一个泛型 Node 类表示节点，类型参数 T 表示节点中存放的值。

　　程序 11.1　Node.java

```
package com.demo;
public class Node<T> {
    private T value;                //泛型成员
    public Node(){}                 //默认构造方法
    public Node(T value){           //带参数构造方法
        this.value = value;
    }
    public T get() {                //访问方法定义
        return value;
    }
```

```
    public void set(T value) {           //修改方法定义
        this.value = value;
    }
    //显示类型名
    public void showType(){
        System.out.println("T的类型是: "+value.getClass().getName());
    }
}
```

这里声明的 Node 类就是一个泛型类。在 Node 类声明中使用尖括号引进了一个名为 T 的类型变量，该变量可在类的内部任何位置使用。可以将 T 看作是一种特殊类型的变量，它可以是任何类或接口，但不能是基本数据类型。T 可以看作是 Node 类的一个形式参数，泛型也被称为参数化类型（parameterized type）。这种技术也适用于接口。

泛型类型的使用与方法调用类似，方法调用需向方法传递参数，使用泛型需传递一个类型参数，即用某个具体的类型替换 T。例如，如果要在 Node 对象中存放 Integer 对象，就需要在创建 Node 对象时为其传递 Integer 类型参数。要实例化泛型类对象，也使用 new 运算符，但在类名后面需加上要传递的具体类型。

```
Node<Integer> intNode = new Node<Integer>();
```

一旦创建了 intNode 对象，就可以调用 set()方法设置其中的 Integer 对象，如下代码所示。

```
public static void main(String[]args){
    Node<Integer> intNode = new Node<Integer>();
    intNode.set(new Integer(999));
    System.out.println(intNode.get());
    intNode.showType();
}
```

然而，如果向 intNode 中添加不相容的类型（如 String），将发生编译错误，从而在编译阶段保证了类型的安全。

```
intNode.set(new String("hello"));       //该语句发生编译错误
```

由于编译器能够从上下文中推断出泛型参数的类型，所以从 Java SE 7 开始，在创建泛型类型时可使用菱形（diamond）语法，即仅用一对尖括号（<>）。上述创建 intNode 的语句可以写成：

```
Node<Integer> intNode = new Node<>();
```

按照约定，类型参数名使用单个大写字母表示。常用的类型参数名有 E（表示元素）、K（表示键）、N（表示数字）、T（表示类型）、V（表示值）等。

注意，泛型可能具有多个类型参数，但在类或接口的声明中，每个参数名必须是唯一的。下面的 Entry 是泛型接口，带两个类型参数。

```java
public interface Entry<K, V> {
    public K getKey();
    public V getValue();
}
```

下面是泛型类 Pair 的定义，它实现了 Entry 泛型接口。

程序 11.2　Pair.java

```java
package com.demo;
public class Pair<K, V> implements Entry<K, V>{
    private K key;
    private V value;
    public Pair(K key, V value) {      //构造方法
        this.key = key;
        this.value = value;
    }
    public void setKey(K key) { this.key = key; }
    public K getKey() { return key; }
    public void setValue(V value) { this.value = value; }
    public V getValue() { return value; }
}
```

下面语句创建两个 Pair 类实例：

```java
Pair<Integer, String> p1 = new Pair<>(20, "twenty");
Pair<String, String>  p2 = new Pair<>("china", "Beijing");
```

11.1.2　泛型方法

泛型方法（generic method）是带类型参数的方法。类的成员方法和构造方法都可以定义为泛型方法。泛型方法的定义与泛型类型的定义类似，但类型参数的作用域仅限于声明的方法和构造方法内。泛型方法可以定义为静态的和非静态的。

下面的 Util 类中定义两个 static 的泛型方法 swap() 和 compare()。swap() 方法用于交换任何数组中两个元素（数组元素类型不是基本类型），compare() 方法用于比较两个泛型类 Pair 对象的参数 K 和 V 是否相等。注意，对于泛型方法必须在方法返回值前指定泛型，如<K,V>。

程序 11.3　Util.java

```java
package com.demo;
public class Util {
    public static <T> void swap(T[] array,int i, int j){
        T temp = array[i];
        array[i] = array[j];
        array[j] = temp;
    }
    public static <K, V> boolean compare(Pair<K, V> p1, Pair<K, V> p2) {
```

```
        return p1.getKey().equals(p2.getKey()) &&
            p1.getValue().equals(p2.getValue());
    }

    public static void main(String[] args) {
        Integer[] numbers = {1, 3, 5, 7};
        Util.<Integer>swap(numbers, 0, 3);
        for(Integer n:numbers){
            System.out.println(n + " ");    //输出7 3 5 1
        }
        Pair<Integer, String> p1 = new Pair<>(1, "apple");
        Pair<Integer, String> p2 = new Pair<>(2, "orange");
        //调用泛型方法
        boolean same = Util.<Integer,String>compare(p1, p2);
        System.out.println(same);               //输出false
    }
}
```

程序 11.3 创建一个 Integer 数组，调用 Util 的静态泛型方法 swap()交换两个元素位置。另外创建两个 Pair 对象，然后调用 Util 类的静态泛型方法 compare()比较两个对象。在调用 swap()和 compare()方法时，明确指定了泛型方法的参数类型。这里的参数类型可以省略，编译器可以推断出所需要的类型。以下代码是合法的。

```
Util.swap(numbers, 0, 3);
boolean same = Util.compare(p1, p2);
```

11.1.3 通配符（?）的使用

泛型类型本身是一个 Java 类型，就像 java.lang.String 和 java.time.LocalDate 一样，为泛型类型传递不同的类型参数会产生不同的类型。例如，下面的 list1 和 list2 就是不同的类型对象。

```
List<Object> list1 = new ArrayList<Object>();
List<String> list2 = new ArrayList<String>();
```

这里 List 和 ArrayList 是泛型接口和泛型类。尽管 String 是 Object 的子类，但 List<String>与 List<Object>却没有关系，List<String>并不是 List<Object>的子类型。因此，把一个 List<String>对象传给一个需要 List<Object>对象的方法，将会产生一个编译错误。请看下面代码。

```
public static void printList(List<Object> list){
    for(Object element : list){
        System.out.println(element);
    }
}
```

该方法的功能是打印传递列表的所有元素。如果传递给该方法一个 List<String>对象，将发生编译错误。如果要使上述方法可打印任何类型的列表，可将其参数类型修改为 List<?>，如下所示：

```java
public static void printList(List<?> list){
    for(Object element : list){
        System.out.println(element);
    }
}
```

这里，问号（?）就是通配符，表示该方法可接受的元素是任何类型的 List 对象。

程序 11.4 WildCardDemo.java

```java
package com.demo;
import java.util.*;
public class WildCardDemo {
    public static void printList(List<?> list){
        for(Object element : list){
            System.out.println(element);
        }
    }
    public static void main(String[] args) {
        List<String> myList = new ArrayList<String>();
        myList.add("cat");
        myList.add("dog");
        myList.add("horse");
        printList(myList);
    }
}
```

11.1.4 有界类型参数

有时，需要限制传递类型参数的类型种类。例如，要求一个方法只接受 Number 类或其子类的实例，这就需要使用有界类型参数（bounded type parameter）。

有界类型分为上界和下界，上界用 extends 指定，下界用 super 指定。例如，要声明上界类型参数，应使用问号（?），后跟 extends 关键字，然后是上界类型。这里，extends 具有一般的意义，对类表示扩展（extends），对接口表示实现（implements）。

假如要定义一个 getAverage()方法，它返回一个列表中所有数字的平均值，这里希望该方法能够处理 Integer 列表、Double 列表等各种数字列表。但是，如果把 List<Number>作为 getAverage()方法的参数，它将不能处理 List<Integer>列表或 List<Double>列表。为了使该方法更具有通用性，可以限定传给该方法的参数是 Number 对象或其子类对象的列表，这里 Number 类型就是列表中元素类型的上界（upper bound）。具体表示如下。

```java
List<? extends Number> numberList
```

泛型与集合

程序 11.5　BoundedTypeDemo.java

```java
package com.demo;
import java.util.*;
public class BoundedTypeDemo {
    public static double getAverage(List<? extends Number> numberList){
        double total = 0.0;
        for(Number number :numberList){
            total += number.doubleValue();
        }
        return total/numberList.size();
    }

    public static void main(String[] args) {
        List<Integer> integerList = new ArrayList<Integer>();
        integerList.add(3);
        integerList.add(30);
        integerList.add(300);
        System.out.println(getAverage(integerList));  //111.0
        List<Double> doubleList = new ArrayList<>();
        doubleList.add(5.5);
        doubleList.add(55.5);
        System.out.println(getAverage(doubleList));  //30.5
    }
}
```

上述 getAverage()方法的定义要求类型参数为 Number 类或其子类对象，这里的 Number 就是上界类型。因此，若给 getAverage()方法传递 List<Integer>和 List<Double>类型都是正确的，传递一个非 List<Number>对象（如 List<Date>）将产生编译错误。

如果还要求类型实现某个接口，则应使用&符号。例如：

```java
<U extends Number & MyInterface>
```

也可以通过使用 super 关键字替代 extends 指定一个下界（lower bound）。例如：

```java
List<? super Integer> integerList
```

这里，"? super Integer"的含义是"Integer 类型或其父类型的某种类型"。Integer 类型构成类型的一个下界。

11.1.5　类型擦除

当实例化泛型类型时，编译器使用一种叫类型擦除（type erasure）的技术转换这些类型。在编译时，编译器将清除类和方法中所有与类型参数有关的信息。类型擦除可让使用泛型的 Java 应用程序与之前不使用泛型类型的 Java 类库和应用程序兼容。

例如，Node<Integer>被转换成 Node，它称为源类型（raw type）。源类型是不带任何类型参数的泛型类或接口名。这说明在运行时找不到泛型类使用的是什么类型。下面的操作是不可能的。

```java
public class MyClass<E> {
    public static void myMethod(Object item) {
        if (item instanceof E) {        //编译错误
            ...
        }
        E item2 = new E();              //编译错误
        E[] iArray = new E[10];         //编译错误
        E obj = (E)new Object();        //非检查的造型警告
    }
}
```

因为编译器在编译时擦除了实际类型参数（用 E 表示的）的所有信息，黑体代码的操作在运行时是没有意义的。

类型擦除存在的目的是使新代码与早期遗留代码共存。为任何其他目的使用源类型都应该避免。当使用泛型代码与遗留代码混合时，编译器将产生警告，请看下面的例子。

程序 11.6   WarningDemo.java

```java
package com.demo;
public class WarningDemo {
    //该方法是非泛型方法
    public static Node createNode(){
        return new Node();
    }
    public static void main(String[] args){
        Node<String> node = createNode();
        node.set("hello");
        node.showType();
    }
}
```

上述代码将产生警告信息。对泛型类若没有给出类型参数，警告信息如下：

Node is a raw type.References to generic type Node<T> should be parameterized.

该信息表明使用泛型类应给出类型参数。可使用泛型修改 createNode()方法，代码如下：

```java
public static <T> Node <T> createBox(){
    return new Node<T>();
}
```

11.2   集 合 框 架

教学视频

在编写面向对象的程序时，经常要用到一组类型相同的对象。可以使用数组来集中存放这些类型相同的对象，但数组一经定义便不能改变大小。因此，Java 提供了一个集合框

泛型与集合

架（Collections Framework），该框架定义了一组接口和类，使得处理对象组更容易。

集合是指集中存放一组对象的一个对象。集合相当于一个容器，提供了保存、获取和操作其他元素的方法。集合能够帮助 Java 程序员轻松地管理对象。Java 集合框架由两种类型构成，一个是 Collection；另一个是 Map。Collection 对象用于存放一组对象，Map 对象用于存放一组"关键字/值"的对象。Collection 和 Map 是最基本的接口，它们又有子接口，这些接口的层次关系如图 11-1 所示。

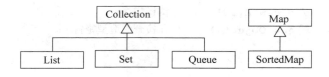

图 11-1 集合框架的接口继承关系

Collection<E>接口是所有集合类型的根接口，继承了 Iterable<E>接口。它有三个子接口：Set 接口、List 接口和 Queue 接口。Collection 接口定义了集合操作的常用方法，这些方法可以简单分为基本操作、批量操作、数组操作和流操作。

1. 基本操作

实现基本操作的方法有添加元素、删除指定元素、返回集合中元素的个数、返回集合的迭代器对象。

- boolean add(E e)：向集合中添加元素 e。
- boolean remove(Object o)：从集合中删除指定的元素 o。
- boolean contains(Object o)：返回集合中是否包含指定的元素 o。
- boolean isEmpty()：返回集合是否为空，即不包含元素。
- int size()：返回集合中包含的元素个数。
- Iterator iterator()：返回包含所有元素的迭代器对象。
- default void forEach(Consumer<? super T> action) ：从父接口继承的方法，在集合的每个元素上执行指定的操作。

2. 批量操作

下面的方法可实现集合的批量操作。

- boolean addAll(Collection<? extends E> c)：将集合 c 中的所有元素添加到当前集合中。
- boolean removeAll(Collection<?> c)：从当前集合中删除 c 中的所有元素。
- default boolean removeIf(Predicate<? super E> filter)：从当前集合中删除满足谓词的所有元素。
- boolean containsAll(Collection<?> c)：返回当前集合是否包含 c 中的所有元素。
- boolean retainAll(Collection<?> c)：在当前集合中只保留指定集合 c 中的元素，其他元素删除。
- void clear()：将集合清空。

3. 数组操作

下面方法可以将集合元素转换成数组元素。

- Object[] toArray()：返回包含集合中所有元素的对象数组。
- <T> T[] toArray(T[] a)：返回包含集合中所有元素的数组，返回数组的元素类型是指定的数组类型。

设 c 是一个 Collection 对象，下面的代码将 c 中的对象转换成一个新的 Object 数组，数组的长度与集合 c 中的元素个数相同。

```
Object[] a = c.toArray();
```

假设知道 c 中只包含 String 对象，可用下面代码将其转换成 String 数组，它的长度与 c 中元素个数相同。

```
String[] a = c.toArray(new String[0]);
```

4. 流（Stream）操作方法

Stream API 是 Java 8 新增的功能，称为流 API。可以在集合上创建一个 Stream 对象，然后在其上执行有关操作。

- public default Stream<E> stream()：以当前集合作为源返回一个顺序 Stream 对象。
- public default Stream<E> paralellStream()：以当前集合作为源返回一个并行 Stream 对象。

11.3　List 接口及实现类

教学视频

List 接口是 Collection 的子接口，实现一种线性表的数据结构。存放在 List 中的所有元素都有一个下标（从 0 开始），可以通过下标访问 List 中的元素。List 中可以包含重复元素。List 接口及其实现类如图 11-2 所示。List 接口的实现类包括 ArrayList、LinkedList、Vector 和 Stack。

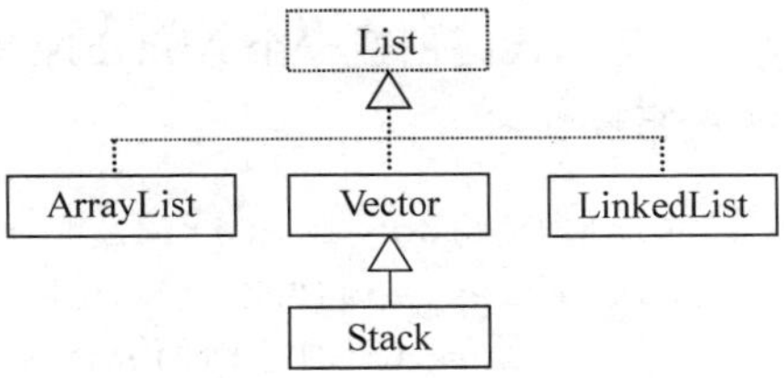

图 11-2　List 接口及实现类

11.3.1　List 的操作

List 接口除继承 Collection 的方法外，还定义了一些自己的方法。使用这些方法可以实现定位访问、查找、迭代和返回子线性表。List 的常用方法如下。

- E get(int index)：返回指定下标处的元素。
- E set(int index, E element)：修改指定下标处的元素。
- void add(int index, E element)：将指定元素插入到指定下标处。
- E remove(int index)：删除指定下标处的元素。
- abstract boolean addAll(int index, Collection<? extends E> c)：在指定下标处插入集合 c 中的全部元素。

泛型与集合

- int indexOf(Object o)：查找指定对象第一次出现的位置。
- int lastIndexOf(Object o)：查找指定对象最后一次出现的位置。
- List<E> subList(int from, int to)：返回从 from 到 to 元素的一个子线性表。
- default void replaceAll(UnaryOperator<E> operator)：将操作符应用于元素，并使用其结果替代每个元素。

List 从 Collection 接口继承的操作与 Collection 接口类似，但有的操作有些不同。例如，remove()方法总是从线性表中删除指定首次出现的元素；add()和 addAll()方法总是将元素插入到线性表的末尾。下面的代码可以实现连接两个线性表：

```
list1.addAll(list2);
```

如果不想破坏原来的线性表，可以按下面的代码实现：

```
List<String> list3 = new ArrayList<>(list1);
list3.addAll(list2);
```

11.3.2 ArrayList 类

ArrayList 是最常用的线性表实现类，通过数组实现的集合对象。ArrayList 类实际上实现了一个变长的对象数组，其元素可以动态地增加和删除。它的定位访问时间是常量时间。ArrayList 的构造方法如下：

- ArrayList()：创建一个空的数组线性表对象，默认初始容量是 10。初始容量指的是线性表可以存放多少元素。当线性表填满而又需要添加更多元素时，线性表大小会自动增大。
- ArrayList(Collection c)：用集合 c 中的元素创建一个数组线性表对象。
- ArrayList(int initialCapacity)：创建一个空的数组线性表对象，并指定初始容量。

下列代码创建一个 ArrayList 对象并向其中插入几个元素，并使用 ArrayList 的有关方法对它操作。

```
List<String> bigCities = new ArrayList<String>();
bigCities.add("北京");
bigCities.add("上海");
bigCities.add("广州");
System.out.println(bigCities.size());
bigCities.add(1,"伦敦");
bigCities.set(1,"纽约");
System.out.println(bigCities.contains("北京"));
System.out.println(bigCities);
System.out.println(bigCities.indexOf("巴黎"));
```

集合都是泛型类型，在声明时需通过尖括号指定要传递的具体类型，实例化泛型类对象使用 new 运算符，也可以使用菱形语法，如下所示。

```
List<String> bigCities = new ArrayList<>();
```

11.3.3 遍历集合元素

在使用集合时，遍历集合元素是最常见的任务。遍历集合中的元素有多种方法：用简单的 for 循环、用增强的 for 循环和用 Iterator 迭代器对象。

1. 使用简单的 for 循环

使用简单的 for 循环可以遍历集合中的每个元素。

```
for(int i = 0; i < bigCities.size(); i++){
    System.out.print(bigCities.get(i) + "  ");
}
```

2. 使用增强的 for 循环

使用增强的 for 循环不但可以遍历数组的每个元素，还可以遍历集合中的每个元素。下面的代码打印集合的每个元素：

```
for (String city : bigCities)
  System.out.println(city);
```

上述代码的含义是：将集合 bigCities 中的每个对象存储到 city 变量中，然后打印输出。使用这种方法只能按顺序访问集合中的元素，不能修改和删除集合元素。

如果只是简单输出每个元素，可以调用集合对象的 forEach()方法，向它传递一个 System.out::println 方法引用。

```
bigCities.forEach(System.out::println);
```

3. 使用迭代器

迭代器是一个可以遍历集合中每个元素的对象。调用集合对象的 iterator()方法可以得到 Iterator 对象，再调用 Iterator 对象的方法就可以遍历集合中的每个元素。Iterator 接口定义了如下 3 个方法。

- boolean hasNext()：返回迭代器中是否还有对象。
- E next()：返回迭代器中下一个对象。
- void remove()：删除迭代器中的当前对象。

Iterator 使用一个内部指针，开始指向第一个元素的前面。如果在指针的后面还有元素，hasNext()方法返回 true。调用 next()方法，指针将移到下一个元素，并返回该元素。remove()方法将删除指针所指的元素。假设 myList 是 ArrayList 的一个对象，要访问 myList 中的每个元素，可以按下列方法实现：

```
Iterator iterator = myList.iterator();   //得到迭代器对象
while (iterator.hasNext()){
    System.out.println(iterator.next());
}
```

使用 Iterator 也可以用 for 循环访问集合元素。

```
for(Iterator iterator = myList.iterator();iterator.hasNext();){
```

第 11 章

泛型与集合

```
        System.out.println(iterator.next());
    }
```

> 🔊 **注意**：Iterator 接口的 remove()方法用来删除迭代器中当前的对象，该方法同时从集合中删除对象。

下面程序演示了 ArrayList 的使用。

程序 11.7　ListDemo.java

```java
package com.demo;
import java.util.*;
public class ListDemo{
    public static void main(String[] args){
        List<String> myPets = new ArrayList<String>();
        myPets.add("cat");
        myPets.add("dog");
        myPets.add("horse");
        for(String pet: myPets){
            System.out.print(pet + "  ");
        }
        String[] bigPets = {"tiger","lion"};
        Collection<String> coll = new ArrayList<> ();
        coll.add(bigPets[0]);
        coll.add(bigPets[1]);
        myPets.addAll(coll);
        System.out.println(myPets);
        Iterator<String> iterator = myPets.iterator();
        while(iterator.hasNext()){
            String pet = iterator.next();
            System.out.println(pet);
        }
    }
}
```

程序输出结果为：

```
cat dog horse
[cat, dog, horse, tiger, lion]
cat
dog
horse
tiger
lion
```

4.　双向迭代器

List 还提供了 listIterator()方法返回 ListIterator 对象。它可以从前后两个方向遍历线性表中元素，在迭代中修改元素以及获得元素的当前位置。ListIterator 是 Iterator 的子接口，不但继承了 Iterator 接口中的方法，还定义了自己的方法。ListIterator 接口定义的常用方法如下：

- boolean hasNext()：返回是否还有下一个元素。
- E next()：返回下一个元素。
- boolean hasPrevious()：返回是否还有前一个元素。
- E previous()：返回前一个元素。
- int nextIndex()：返回下一个元素的索引。
- int previousIndex()：返回前一个元素的索引。
- void remove()：删除当前元素。
- void set(E o)：修改当前元素。
- void add(E o)：在当前位置插入一个元素。

使用迭代器可以修改线性表中的元素，但不能同时使用两个迭代器修改一个线性表中的元素，否则将抛出异常。下面程序使用 ListIterator 对象实现反向输出线性中的元素。

程序 11.8   IteratorDemo.java

```
package com.demo;
import java.util.*;
public class IteratorDemo{
    public static void main(String[] args) {
        List<String> myList = new ArrayList<String>();
        myList.add("one");
        myList.add("two");
        myList.add("three");
        myList.add("four");
        ListIterator<String> iterator = myList.listIterator();
        //将迭代器指针移到线性表末尾
        while(iterator.hasNext()){
            iterator.next();
        }
        //从后向前访问线性表每个元素
        while (iterator.hasPrevious())
            System.out.println(iterator.previous());
    }
}
```

程序运行结果如下。

```
four
three
two
one
```

泛型与集合

11.3.4 数组转换为 List 对象

java.util.Arrays 类提供了一个 asList()方法，实现将数组转换成 List 对象的功能，该方法的定义如下：

```
public static <T> List<T> asList(T…a)
```

该方法提供了一个从多个元素创建 List 对象的途径，它的功能与 Collection 接口的 toArray()方法相反。

```
String[] str = {"one","two","three","four"};
List<String> list = Arrays.asList(str); //将数组转换为列表
System.out.println(list);
```

也可以将数组元素直接作为 asList()方法的参数写在括号中。例如：

```
List<String> list = Arrays.asList("one", "two", "three", "four");
```

数组元素还可以使用基本数据类型，如果使用基本数据类型，则转换成 List 对象元素时进行了自动装箱操作。

注意，Arrays.asList()方法返回的 List 对象是不可变的，如果对该 List 对象进行添加、删除等操作，将抛出 UnsupportedOperationException 异常。如果要实现对 List 对象的操作，可以将其作为一个参数传递给另一个 List 的构造方法，如下所示：

```
List<String> list = new ArrayList<> (Arrays.asList(str));
```

11.3.5 Vector 类和 Stack 类

Vector 类和 Stack 类是 Java 早期版本提供的两个集合类，分别实现向量和对象栈。Vector 类和 Stack 类的方法都是同步的，适合在多线程的环境中使用。

11.4 Set 接口及实现类

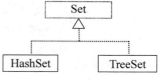
教学视频

Set 接口是 Collection 的子接口，Set 接口对象类似于数学上的集合概念，其中不允许有重复的元素。Set 接口没有定义新的方法，只包含从 Collection 接口继承的方法。Set 接口有几个常用的实现类，它们的层次关系如图 11-3 所示。

Set 接口的常用实现类有 HashSet 类、TreeSet 类和 LinkedHashSet 类。

图 11-3 Set 接口及实现类

11.4.1 HashSet 类

HashSet 类用散列方法存储元素，具有最好的存取性能，但元素没有顺序。HashSet 类的构造方法有：

- HashSet()：创建一个空的散列集合，该集合的默认初始容量是 16,默认装填因子（load

factor）是 0.75。装填因子决定何时对散列表进行再散列。例如，如果装填因子为 0.75（默认值），而表中超过 75%的位置已经填入元素，这个表就会用双倍的桶数自动地进行再散列。对于大多数应用程序来说，装填因子为 75%是比较合理的。

- HashSet(Collection c)：用指定的集合 c 的元素创建一个散列集合。
- HashSet(int initialCapacity)：创建一个散列集合，并指定集合的初始容量。
- HashSet(int initialCapacity, float loadFactor)：创建一个散列集合，并指定的集合初始容量和装填因子。

下面代码演示了 HashSet 的使用。

```
Set<String> words = new HashSet<>();
words.add("one");
words.add("two");
words.add("three");
words.add("four");
words.add("one");      //不能将重复的元素添加到集合中
for(String w : words)
    System.out.println(w);
```

从结果可以看到，在向 Set 对象中添加元素时，重复的元素不能添加到集合中。另外，由于程序中使用的实现类为 HashSet，它并不保证集合中元素的顺序。

LinkedHashSet 类是 HashSet 类的子类。与 HashSet 不同的是它对所有元素维护一个双向链表，该链表定义了元素的迭代顺序，这个顺序是元素插入集合的顺序。

11.4.2 用 Set 对象实现集合运算

使用 Set 对象的批量操作方法，可以实现标准集合代数运算。假设 s1 和 s2 是 Set 对象，下面的操作可实现相关的集合运算。

s1.addAll(s2)：实现集合 s1 与 s2 的并运算。

s1.retainAll(s2)：实现集合 s1 与 s2 的交运算。

s1.removeAll(s2)：实现集合 s1 与 s2 的差运算。

s1.containAll(s2)：如果 s2 是 s1 的子集，该方法返回 true。

设集合中存放的元素类型为 Integer。为了计算两个集合的并、交、差运算而又不破坏原来的集合，可以通过下面代码实现。

```
Set<Integer> union = new HashSet<>(s1);
union.addAll(s2);
Set<Integer> intersection = new HashSet<>(s1);
intersection.retainAll(s2);
Set<Integer> difference = new HashSet<>(s1);
difference.removeAll(s2);
```

11.4.3 TreeSet 类

TreeSet 实现一种树集合，使用红-黑树为元素排序，添加到 TreeSet 中的元素必须是可比较的，即元素的类必须实现 Comparable<T>接口。它的操作要比 HashSet 慢。

TreeSet 类的默认构造方法创建一个空的树集合，其他构造方法如下。

- TreeSet(Collection c)：用指定集合 c 中的元素创建一个新的树集合，集合中的元素按自然顺序排序。
- TreeSet(Comparator c)：创建一个空的树集合，元素的排序规则按给定的比较器 c 的规则排序。
- TreeSet(SortedSet s)：用 SortedSet 对象 s 中的元素创建一个树集合，排序规则与 s 的排序规则相同。

TreeSet 类实现了 SortedSet 接口中下面的常用方法：

- E first()：返回有序集合中的第一个元素。
- E last()：返回有序集合中最后一个元素。
- SortedSet <E> subSet(E fromElement, E toElement)：返回有序集合中的一个子有序集合，它的元素从 fromElement 开始到 toElement 结束（不包括最后元素）。
- SortedSet <E> headSet(E toElement)：返回有序集合中小于指定元素 toElement 的一个子有序集合。
- SortedSet <E> tailSet(E fromElement)：返回有序集合中大于等于 fromElement 元素的子有序集合。
- Comparator<? super E> comparator()：返回与该有序集合相关的比较器，如果集合使用自然顺序则返回 null。

下面的程序创建一个 TreeSet 对象，其中添加了 4 个字符串对象。

程序 11.9   TreeSetDemo.java

```
package com.demo;
import java.util.*;
public class TreeSetDemo{
   public static void main(String[] args){
      Set<String> ts = new TreeSet<>();  //TreeSet中的元素将自动排序
      String[] s = new String[]{"one","two","three","four"};
      for (int i = 0; i < s.length; i++){
         ts.add(s[i]);
      }
      System.out.println(ts);
   }
}
```

程序输出结果为：

```
[four, one, three, two]
```

从输出结果中可以看到，这些字符串是按照字母的顺序排列的。

11.4.4   对象顺序

创建 TreeSet 类对象时如果没有指定比较器对象，集合中的元素按自然顺序排列。所谓自然顺序（natural order）是指集合对象实现了 Comparable 接口的 compareTo()方法，对象则根据该方法排序。如果试图对没有实现 Comparable 接口的集合元素排序，将抛出 ClassCastException 异常。另一种排序方法是创建 TreeSet 对象时指定一个比较器对象，这样，元素将按比较器的规则排序。如果需要指定新的比较规则，可以定义一个类实现 Comparator 接口，然后为集合提供一个新的比较器。

> 📖 提示：关于 Comparable 和 Comparator 接口的具体使用方法，请参阅 10.3 节 "接口示例"。

字符串的默认比较规则是按字母顺序比较。假如按反顺序比较，可以定义一个类实现 Comparator<T>接口，然后用该类对象作为比较器。下面的程序就可以实现字符串的降序排序。

程序 11.10　DescSortDemo.java

```java
package com.demo;
import java.util.*;
public class DescSortDemo{
  public static void main(String[] args){
    String[] s = {"China", "England","France","America","Russia",};
    Set<String> ts = new TreeSet<> ();
    for(int i = 0; i < s.length; i ++)
      ts.add(s[i]);
    System.out.println(ts);
    //使用Lambda表达式实现字符串倒序
    ts = new TreeSet<>((String s1, String s2) -> s2.compareTo(s1));
    //将数组s中元素添加到TreeSet对象中
    for(int i = 0; i < s.length; i ++)
      ts.add(s[i]);
    System.out.println(ts);
  }
}
```

该程序运行结果为：

```
[America, China, England, French, Russia]
[Russia, French, England, China, America]
```

输出的第一行是按字符串自然顺序的比较输出，第二行的输出使用了自定义的比较器，按与自然顺序相反的顺序输出。

11.5　Queue 接口及实现类

Queue 接口是 Collection 的子接口，是以先进先出（first in first out，FIFO）的方式排列其元素，一般称为队列。图 11-4 给出了 Queue 接口及实现类。Deque 接口对象实现双端队列，ArrayDeque 和 LinkedList 是它的两个实现类。PriorityQueue 实现的是一种优先队列，优先队列中元素的顺序是根据元素的值排列的。

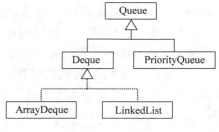

图 11-4　Queue 接口及其实现类

11.5.1 Queue 接口和 Deque 接口

Queue 接口除了提供 Collection 的操作外，还提供了插入、删除和检查操作。Queue 接口的常用方法如下：

- boolean add(E e)：将指定的元素 e 插入到队列中。
- E remove()：返回队列头元素，同时将其删除。
- E element()：返回队列头元素，但不将其删除。
- boolean offer(E e)：将指定的元素 e 插入到队列中。
- E poll()：返回队列头元素，同时将其删除。
- E peek()：返回队列头元素，但不将其删除。

Queue 接口的每种操作都有两种形式：一个是在操作失败时抛出异常；另一个是在操作失败时返回一个特定的值（根据操作的不同，可能返回 null 或 false）。

add()方法和 offer()方法都向队列中插入一个元素。使用 add()方法如果队列的容量限制遭到破坏，它将抛出 IllegalStateExcepion 异常。offer()方法在插入元素失败时返回 false，一般用在受限队列中。

remove()和 poll()方法都是删除并返回队头元素。它们的区别是当队列为空时 remove()方法抛出 NoSuchElementException 异常，而 poll()方法返回 null。

element()和 peek()方法返回队头元素但不删除。区别是如果队列为空 element()方法抛出 NoSuchElementException 异常，而 peek()方法返回 null。

Deque 接口实现双端队列，支持从两端插入和删除元素，同时实现了 Stack 和 Queue 的功能。Deque 接口中定义的基本操作方法，如表 11-1 所示。

表 11-1　Deque 接口常用方法

操作类型	队首元素操作	队尾元素操作
插入元素	addFirst(e)	addLast(e)
	offerFirst(e)	offerLast(e)
删除元素	removeFirst()	removeLast()
	pollFirst	pollLast()
返回元素	getFirst()	getLast()
	peekFirst()	peekLast()

表 11-1 中的每组操作有两个方法，第一个方法在操作失败时抛出异常；第二个方法操作失败返回一个特殊值。除表中定义的基本方法外，Deque 接口还定义了 removeFirst Occurence()和 removeLastOccurence()方法，分别用于删除第一次出现的元素，删除最后出现的元素。

11.5.2 ArrayDeque 类和 LinkedList 类

Deque 的常用实现类包括 ArrayDeque 类和 LinkedList 类，前者是可变数组的实现；后者是线性表的实现。LinkedList 类比 ArrayDeque 类更灵活，实现了线性表的所有操作，其中可以存储 null 元素，但 ArrayDeque 对象不能存储 null。

可以使用增强的 for 循环和迭代器访问 Deque 的元素。

```
ArrayDeque<String> aDeque = new ArrayDeque<String>();
    ┆
for (String str : aDeque) {
    System.out.println(str);
}
```

使用迭代器访问 Deque 元素代码如下：

```
ArrayDeque<String> aDeque = new ArrayDeque<String>();
    ┆
for (Iterator<String> iter = aDeque.iterator(); iter.hasNext();  ) {
    System.out.println(iter.next());
}
```

下面程序演示了 ArrayDeque 类的使用。

程序 11.11   DequeDemo.java

```
package com.demo;
import java.util.*;
public class DequeDemo{
    public static void main(String[]args){
        int[] elements = {1,2,3,0,7,8,9};
        ArrayDeque<Integer> queue = new ArrayDeque<>();
        //将元素5添加到队列中
        queue.addFirst(5);
        //将数组中前3个元素添加到queue中
        for(int i = 0; i < 3;i++)
            aQueue.addFirst(elements[i]);
        //将数组中后3个元素添加到queue中
        for(int i = 4; i < 7;i++)
            queue.offerLast(elements[i]);
        //访问queue中每个元素
        for(Integer v: queue)
            System.out.print(v +"  ");
        System.out.println("\nsize = "+queue.size());
    }
}
```

程序输出结果如下：

泛型与集合

```
3 2 1 5  7 8 9
size = 7
```

队列的实现类一般不允许插入 null 元素，但 LinkedList 类是一个例外。由于历史的原因，它允许 null 元素。

如果需要经常在线性表的头部添加元素或在内部删除元素，就应该使用 LinkedList。这些操作在 LinkedList 中是常量时间，在 ArrayList 中是线性时间。而对定位访问 LinkedList 是线性时间，ArrayList 是常量时间。

LinkedList 的构造方法如下：

- LinkedList()：创建一个空的链表。
- LinkedList(Collection c)：用集合 c 中的元素创建一个链表。

创建 LinkedList 对象不需要指定初始容量。LinkedList 类除实现 List 接口中方法外，还定义了 addFirst()、getFirst()、removeFirst()、addLast()、getLast()和 removeLast()等方法。注意，LinkedList 同时实现了 List 接口和 Queue 接口。

下面程序使用 LinkedList 类实现一个 10 秒倒计时器。程序首先将 10 到 1 存储到队列中，然后从 10 到 1 每隔 1 秒钟输出一个数。

程序 11.12 CountDown.java

```java
package com.demo;
import java.util.*;
public class CountDown {
  public static void main(String[] args){
    int time = 10;
    Queue<Integer> queue = new LinkedList<>();
    for(int i = time; i > 0; i --)
      queue.add(i);                              //将10到1存储到队列中
    while(!queue.isEmpty()){
      System.out.println(queue.remove());        //从队列中删除一个元素
      try{
        Thread.sleep(1000);                      //当前线程睡眠1秒钟
      }catch(InterruptedException e){
        e.printStackTrace();
      }
    }
  }
}
```

为了模拟倒计时效果，程序中在输出一个数后使用 Thread 类 sleep()方法使当前线程睡眠 1 秒钟，sleep()方法抛出异常 InterruptedException，因此使用 try…catch 结构处理异常。关于异常请参阅第 12 章"异常处理"。

11.5.3 集合转换

集合实现类的构造方法一般都接受一个 Collection 对象，可以将 Collection 转换成不同类型的集合。下面是一些实现类的构造方法：

```
public ArrayList(Collection c)
public HashSet(Collection c)
public LinkedList(Collection c)
```

下面代码将一个 Queue 对象转换成一个 List：

```
Queue<String> queue = new LinkedList<>();
queue.add("hello");
queue.add("world");
List<String> myList = new ArrayList(queue);
```

以下代码又可以将一个 List 对象转换成 Set 对象：

```
Set<String> set = new HashSet(myList);
```

11.6　Map 接口及实现类

教学视频

Map 是用来存储"键/值"对的对象。在 Map 中存储的关键字和值都必须是对象，并要求关键字是唯一的，而值可以重复。

11.6.1　Map 接口

Map 接口及实现类的层次关系如图 11-5 所示。Map 接口常用的实现类有 HashMap 类、TreeMap 类、Hashtable 类和 LinkedHashMap 类。

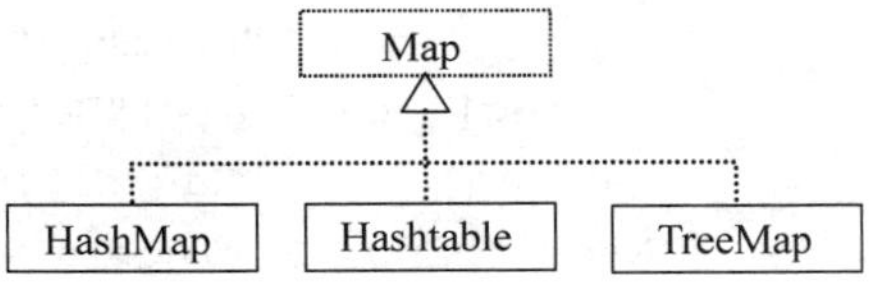

1. 基本操作

Map 接口实现基本操作的方法包括添加"键/值"对、返回指定键的值、删除"键/值"对等。

图 11-5　Map 接口及实现类

- public V put(K key, V value)：向映射对象中添加一个"键/值"对。
- public V get(Object key)：返回指定键的值。
- public V remove(Object key)：从映射中删除指定键的"键/值"对。
- public boolean containsKey(Object key)：返回映射中是否包含指定的键。
- public boolean containsValue(Object value)：返回映射中是否包含指定的值。
- default V replace(K key, V value)：若指定的"键/值"对存在于映射中，用指定的"键/值"对替换之。
- default void forEach(BiConsumer<? super K, ? super V>)：对映射中的每项执行一次动作，直到所有项处理完或发生异常。
- public int size()：返回映射中包含的"键/值"对个数。
- public boolean isEmpty()：返回映射是否为空。

2. 批量操作

- public void putAll(Map<? extends K,? extends V> map)：将参数 map 中的所有"键/

泛型与集合

值"对添加到映射中。

- public void clear(): 删除映射中所有"键/值"对。
- public Set<K> keySet(): 返回由键组成的 Set 对象。
- public Collection<V> values(): 返回由值组成的 Collection 对象。
- public Set<Map.Entry<K,V>> entrySet(): 返回包含 Map.Entry<K,V>的一个 Set 对象。

11.6.2　Map 接口的实现类

Map 接口的常用实现类有 HashMap、TreeMap 和 Hashtable 类。

1. HashMap 类

HashMap 类以散列方法存放"键/值"对，它的构造方法如下：

- HashMap(): 创建一个空的映射对象，使用默认的装填因子（0.75）。
- HashMap(int initialCapacity): 用指定初始容量和默认装填因子创建一个映射对象。
- HashMap(Map m): 用指定的映射对象 m 创建一个新的映射对象。

下面程序使用 HashMap 存放几个国家名称和首都名称对照表，国家名称作为键，首都名作为值，然后对其进行各种操作。

程序 11.13　MapDemo.java

```java
package com.demo;
import java.util.*;
public class MapDemo {
  public static void main(String[] args) {
    String[] country={"China","India","Australia",
                "Germany","Cuba","Greece","Japan"};
    String[] capital={"Beijing","New Delhi","Canberra","Berlin",
                "Havana","Athens","Tokyo"};
    Map<String, String> m = new HashMap<>();
    for(int i = 0;i<country.length;i++){
      m.put(country[i], capital[i]);
    }
    System.out.println("共有 " + m.size() + " 个国家:");
    System.out.println(m);
    System.out.println(m.get("China"));
    m.remove("Japan");
    Set<String> coun = m.keySet();
    for(Object c : coun)
      System.out.print(c + " ");
  }
}
```

程序运行结果为：

共有　7 个国家:
{Cuba=Havana, Greece=Athens, Australia=Canberra, Germany=Berlin,

```
Japan=Tokyo, China=Beijing, India=New Delhi}
Beijing
Cuba Greece Australia Germany China India
```

2. TreeMap 类

TreeMap 类实现了 SortedMap 接口,保证 Map 中的"键/值"对按关键字升序排序。
TreeMap 类的构造方法如下:

- TreeMap():创建根据键的自然顺序排序的空映射。
- TreeMap(Comparator c):根据给定的比较器创建一个空映射。
- TreeMap(Map m):用指定的映射 m 创建一个新的映射,根据键的自然顺序排序。

在程序 11.13 中,假设希望按国家名的顺序输出 Map 对象,仅将 HashMap 改为 TreeMap
即可。输出结果将为:

```
{Australia=Canberra, China=Beijing, Cuba=Havana, Germany=Berlin,
Greece=Athens, India=New Delhi, Japan=Tokyo}
```

这里,键的顺序是按字母顺序输出的。"键/值"对是按键的顺序存放到 TreeMap 中。
下面程序从一文本文件中读取数据,统计该文件中共有多少不同的单词及每个单词出
现的次数,设文件名为 proverb.txt,内容为下面 3 行:

```
no pains, no gains.
well begun is half done.
where there is a will, there is a way.
```

程序 11.14　WordFrequency.java

```java
package com.demo;
import java.util.*;
import java.io.*;
public class WordFrequency{
  public static void main(String[] args)throws IOException{
    String line = null;
    String[] words = null;
    Map<String, Integer> m = new TreeMap<>();
    //创建文件输入流
    BufferedReader br = new BufferedReader(new FileReader("proverb.txt"));
    while((line = br.readLine())!=null){
      words = line.split("[ ,.]");        //每读一行将其解析成字符串数组
      for(String s : words){
        Integer count = m.get(s);         //返回单词的数量
        if(count == null)                 //表示s不在m中
          m.put(s,1);
        else
          m.put(s,count + 1);
      }
    }
```

泛型与集合

```
        System.out.println("共有" + m.size() + "个不同单词。");
        System.out.println(m);
    }
}
```

该程序使用 FileReader 创建文件输入流，从中读取每一行并解析出每个单词，并添加到 TreeMap 中，同时记录每个单词的数量。程序运行结果为：

```
共有13 个不同单词。
{a=2, begun=1, done=1, gains=1, half=1, is=3, no=2, pains=1, there=2, way=1,
well=1, where=1, will=1}
```

由于程序中使用了 TreeMap，输出单词的顺序是按字母顺序排列的。

3. Hashtable 类和 Enumeration 接口

Hashtable 类是 Java 早期版本提供的一个存放"键/值"对的实现类，实现了一种散列表，也属于集合框架。Hashtable 类的方法都是同步的，因此它是线程安全的。

任何非 null 对象都可以作为散列表的关键字和值。但是要求作为关键字的对象必须实现 hashCode()方法和 equals()方法，以使对象的比较成为可能。

Hashtable 类的 keys()方法和 elements()方法的返回类型都是 Enumeration 接口类型的对象，通过该接口中 hasMoreElements()方法和 nextElement()方法可以对枚举对象元素迭代。

下面代码创建一个包含数字的散列表对象，使用数字名作为关键字。

```
Hashtable<Integer, String> numbers = new Hashtable<>();
numbers.put(new Integer(1), "one");
numbers.put(new Integer(2), "two");
numbers.put(new Integer(3), "three");
```

要检索其中的数字描述，可以使用下面代码：

```
String s = numbers.get(2);                    //返回键为2的值
if (s != null) {
    System.out.println("2 = " + s);
}
```

调用 Hashtable 对象的 elements()方法可以返回包含值的 Enumeration 对象。

```
Enumeration<String> values = numbers.elements();
while(values.hasMoreElements()){
    System.out.println(values.nextElement());     //输出所有值的元素
}
```

4. 在键和值上迭代

在 Map 对象的键上迭代可以使用增强的 for 循环，也可以使用迭代器，如下所示：

```
for (String key : map.keySet())
    System.out.println(key);
```

如果使用迭代器，可通过下面方式实现：

```
for (Iterator<String> it = map.keySet().iterator(); it.hasNext(); )
   if (it.next().isBogus())
       it.remove();
```

在值上迭代与在键上迭代类似。可以使用 values()方法得到值的 Collection 对象，然后在其上迭代。

```
for (Integer value : map.values())
    System.out.println(value);
```

要迭代映射中的"键/值"对，可使用 entrySet()方法返回 Set<Map.Entry<K,V>>集合。Map.Entry 是 Map 接口定义的一个内部接口，其中定义了 3 个抽象方法，分别为 getKey()、getValue()和 setValue()方法。使用下面代码可以在"键/值"对上迭代。

```
for(Map.Entry<String, Integer> entry : map.entrySet()){
    String k = entry.getKey();
    Integer v = entry.getValue();
    System.out.println(k +":" + v);
}
```

或简单地使用 forEach()方法：

```
map.forEach((k,v)->{
    System.out.println(k +":" + v);
});
```

教学视频

11.7　Collections 类

Collections 类是 java.util 包中定义的工具类，这个类提供了若干 static 方法实现集合对象的操作。这些操作大多对 List 操作，主要包括排序、重排、查找、求极值以及常规操作等。

1. 排序

对线性表排序使用 sort()方法，它有下面两种格式：

- public static<T> void sort(List<T> list);
- public static<T> void sort(List <T>list, Comparator<? super T> c)。

该方法实现对 List 的元素按升序或指定的比较器顺序排序。该方法使用优化的归并排序算法，因此排序是快速和稳定的。在排序时如果没有提供 Comparator 对象，则要求 List 中的对象必须实现 Comparable 接口。

下面代码对字符串 List 倒序排序。

```
List<String> names = Arrays.asList("peter", "anna", "mike", "xenia");
Collections.sort(names, (a ,b)-> b.compareTo(a));
names.forEach(System.out::println);
```

泛型与集合

这里使用 Lambda 表达式创建比较器对象，然后将其传递给 sort 方法。

2. 查找

使用 binarySearch()方法可以在已排序的 List 中查找指定的元素，该方法格式如下：

- public static<T> int binarySearch(List<T> list, T key);
- public static <T>int binarySearch(List<T> list, T key, Comparator c)。

第一个方法指定 List 和要查找的元素。该方法要求 List 按元素自然顺序的升序排序。第二个方法除了指定查找的 List 和要查的元素外，还要指定一个比较器，并且假定 List 按该比较器升序排序。在执行查找算法前必须先执行排序算法。

如果 List 包含要查找的元素，方法返回元素的下标，否则返回值为（−插入点−1），插入点为该元素应该插入到 List 中的下标位置。

下面的代码可以实现在 List 查找指定的元素，如果找不到，将该元素插入到适当的位置。

```
List<Integer> list = Arrays.asList(5,3,1,7);
Collections.sort(list);
Integer key = 4;
int pos = Collections.binarySearch(list, key);
if( pos < 0){
   List<Integer> nlist = new ArrayList<>(list);
   nlist.add(-pos-1, key);
   System.out.println(nlist);
}
```

注意： 不能在原来的 List 上执行插入操作，否则会引发 UnsupportedOperation Exception 异常。

3. 打乱元素次序

使用 shuffle()方法可以打乱 List 对象中元素的次序，该方法格式为：

- public static void shuffle(List<?> list)：使用默认的随机数打乱 List 中元素的次序。
- public static void shuffle(List<?> list, Random rnd)：使用指定的 Random 对象，打乱 List 中元素的次序。

下面的代码说明 sort()方法和 shuffle()方法的使用：

```
Integer [] num = {1, 3, 5, 6, 4, 2, 7, 9, 8, 10};
List<Integer> list = Arrays.asList(num);
System.out.println(list);          //按插入顺序输出
Collections.sort(list);
System.out.println(list);          //按排序后顺序输出
Collections.shuffle(list,new Random());
System.out.println(list);          //打乱顺序后再输出
```

代码运行结果如下：

```
[1, 3, 5, 6, 4, 2, 7, 9, 8, 10]
[1, 2, 3, 4, 5, 6, 7, 8, 9, 10]
[6, 8, 7, 9, 1, 5, 2, 10, 3, 4]
```

4. 求极值

Collections 类提供了 max()和 min()方法用来在集合中查找最大值和最小值。它们的格式为：

- public static <T> T max(Collection<? extends T> coll)：返回集合中的最大值。
- public static <T> T max(Collection<? extends T> coll, Comparator<? super T> comp)：根据比较器 comp 返回集合中最大值。
- public static <T> T min(Collection<? extends T> coll)：返回集合中的最小值。
- public static <T> T min(Collection<? extends T> coll, Comparator<? super T> comp)：根据比较器 comp 返回集合中最小值。

这里每个方法都有两种形式。简单的形式只带一个 Collection 参数，它根据元素的自然顺序返回集合中的最大值或最小值。带比较器的方法是根据比较器返回集合中的最大值或最小值。

5. 其他常用方法

- public static void reverse(List<?> list)：该方法用来反转 List 中元素的顺序。
- public static void fill(List<? super T> list, T obj)：用指定的值覆盖 List 中原来的每个值，该方法主要用于对 List 进行重新初始化。
- public static void copy(List<? super T> dest, List<? extends T> src)：该方法有两个参数，目标 List 和源 List。它实现将源 List 中的元素复制到目标 List 中并覆盖其中的元素。使用该方法要求目标 List 的元素个数不少于源 List。如果目标 List 的元素个数多于源 List，其余元素不受影响。
- public static void swap(List<?> list, int i, int j)：交换 List 中指定位置的两个元素。
- public static void rotate(List<?> list, int distance)：旋转列表，将 i 位置的元素移动到 (i+distance)%list.size()的位置。
- public static<T> boolean addAll(Collection<? super T> c, T…elements)：该方法用于将指定的元素添加到集合 c 中，可以指定单个元素或数组。
- public static int frequency(Collection<?> c, Object o)：返回指定的元素 o 在集合 c 中出现的次数。
- public static boolean disjoint(Collection<?> c1, Collection<?> c2)：判断两个集合是否不相交。如果两个集合不包含相同的元素，该方法返回 true。

11.8　Stream API

本节介绍 Stream API，也称为流 API，它是 Java SE 8 新增的功能。要理解 Stream，需要了解如何使用 Lambda 表达式及 java.util.function 包中预定义的函数式接口。

泛型与集合

11.8.1　流概述

流（stream）就像一个管道，将数据从源传输到目的地。流可分为顺序流和并行流。如果计算机支持多核 CPU，使用并行流将大大提高效率。

流初看起来像集合，但流并不是存储对象的数据结构，仅用来移动数据，因此不能像集合一样向流中添加元素。

使用流的主要原因是它支持顺序和并行的聚集操作。例如，可以很容易地过滤、排序或转换流中的元素。

Stream API 定义在 java.util.stream 包中。Stream 接口是最常用的类型。Stream 对象可用来传输任何类型的对象。还有一些特殊的 Stream，如 IntStream、LongStream、DoubleStream 等。上述的 Stream 都派生自 BaseStream。

表 11-2 给出了 Stream 接口中定义的常用方法。

表 11-2　Stream 接口中定义的常用方法

方法名	说明
of	根据给定的值返回一个流
concat	连接两个流，返回的流是第一个流中元素后接第二个流中的元素
sorted	返回以自然顺序排序的一个新流
forEach	在流的每个元素上执行一次动作
count	返回流中元素的个数
empty	创建并返回一个空流
filter	返回一个新流，它的元素是所有与给定谓词匹配的元素
limit	返回一个新流，它的元素数是当前流中指定的最大数量
map	返回一个流，包含在流上应用一个给定函数得到的结果元素
max	返回根据给定的比较器流中的最大元素
min	返回根据给定的比较器流中的最小元素
reduce	使用一个标识和一个累加器在流的元素上执行归约操作
toArray	返回包含流中所有元素的数组

Stream 的有些方法执行中间操作，有些方法执行终止操作。中间操作是将一个流转换成另一个流，sorted、filter 和 map 方法执行中间操作。终止操作产生一个最终结果，count、forEach 方法执行终止操作。值得注意的是，流操作是延迟的，在源上的计算只有当终止操作开始时才执行。

后面章节将对 Stream 的方法详细讨论。

11.8.2　创建与获得流

可以使用 Stream 的 of()静态方法创建一个顺序流。例如，下面代码创建一个包含 3 个 Integer 元素的 Stream。

```
Stream<Integer> stream = Stream.of(100, 200, 300);
```

也可以把一个数组传递给 of()方法：

```
String[] names = {"Taylor", "Lisa", "Victor"};
Stream<String> stream = Stream.of(names);
```

在 java.util.Arrays 类中也包含一个 stream()方法可以将一个数组转换成顺序流。例如，可以使用 Arrays 类重写上面代码：

```
String[] names = {"Taylor", "Lisa", "Victor"};
Stream<String> stream = Arrays.stream(names);
```

此外，java.util.Collection 接口也有一个 stream()方法返回顺序流，另一个 parallelStream() 方法返回并行流。它们的签名如下：

- default java.util.stream.Stream<E> stream();
- default java.util.stream.Stream<E> parallelStream()。

由于这两个方法定义在 Collection 中，因此从 List 或 Set 等集合对象上获得 Stream 对象很容易。

Stream 接口中还有两个静态方法可以创建无限的流。generate()方法接受一个无参数的函数（Supplier<T>）。当需要一个 Stream 值时，可以调用该方法产生一个值。使用下面方法创建一个包含常量值的 Stream。

```
Stream<String> echos = Stream.generate(()->"hello");
```

使用下面代码可以创建一个包含随机数的无限 Stream：

```
Stream<Double> randoms = Stream.generate(Math::random);
```

创建无限流的另一个方法是 iterate()，它接受一个"种子"值和一个函数（从技术上讲，是一个 UnaryOperator<T>接口的对象），并且会对之前的值重复应用该函数。例如，下面代码可以创建一个 0，1，2，3，…这样的无穷序列。

```
Stream<BigInteger> integers =
    Stream.iterate(BigInteger.ZERO, n-> n.add(BigInteger.ONE));
```

序列中的第一个元素是种子 BigInteger.ZERO，第二个元素是 f(seed)或 1，下一个元素是 f(f(seed))或 2，以此类推。

11.8.3 连接流和限制流

Stream 接口的 concat()静态方法用于将两个流连接起来，该操作是延迟的。方法返回一个新流，结果是第一个流的后面接第二个流的所有元素。

下面代码演示如何连接两个 String 流并对它们排序。

程序 11.15 StreamConcatDemo.java

```
package com.demo;
import java.util.stream.Stream;
public class StreamConcatDemo {
    public static void main(String[] args) {
```

泛型与集合

```
    Stream<String> stream1 = Stream.of("Beijing", "Shanghai");
    Stream<String> stream2 = Stream.of("Sydney", "London", "Paris");
    Stream.concat(stream1, stream2).sorted().
        forEach(System.out::println);
    }
}
```

程序首先用 concat()方法连接两个流，然后调用 sorted()方法对流中元素排序，最后用 forEach()方法迭代输出每个元素。运行程序输出结果如下：

```
Beijing
London
Paris
Shanghai
Sydney
```

Stream 类提供了两个 sorted()方法。其中一个用于其元素实现了 Comparable 接口的流；另一个接受一个 Comparator 对象。下面代码对字符串进行排序，最长的单词会出现在第一个位置。

```
String[] words = {"this", "is", "a", "java", "string"};
Stream<String> longFirst = Stream.of(words).sorted(
        Comparator.comparing(String::length).reversed());
longFirst.forEach(System.out::println);
```

使用 limit(n)方法可以限制返回流的元素个数，它返回一个包含 n 个元素的新流（如果原始流的长度小于 n，则返回原始流）。这个方法特别适合裁剪指定长度的流。例如，下面代码产生一个包含 10 个随机数的流。

```
Stream<Double> randoms = Stream.generate(Math::random).limit(10);
```

11.8.4　过滤流

过滤流是按某种规则选择流中的元素，返回一个包含选择元素的新流。调用 Stream 对象的 filter()方法过滤流，传递一个 Predicate 对象，Predicate 决定元素是否包含在新流中。下面是 filter()方法的签名：

```
Stream<T> filter(Predicate<? super T> predicate)
```

下面代码可将一个字符串流转换成另一个只包含长单词的流。

```
List<String> words = …;
Stream<String> longWords = words.stream().filter(w->w.length()>12);
```

下面例子使用流进行文件查找，具体来说是将给定目录及子目录中所有 Java 源文件显示出来。

程序 11.16　StreamFilterDemo.java

```java
package com.demo;
import java.io.IOException;
import java.nio.file.Files;
import java.nio.file.Path;
import java.nio.file.Paths;
import java.util.stream.Stream;
public class StreamFilterDemo {
    public static void main(String[] args) {
        Path parent = Paths.get("..");
        try {
            Stream<Path> list = Files.walk(parent);
            list.filter((Path p) -> p.toString().endsWith(".java")).
                forEach(System.out::println);
        } catch (IOException ex) {
            ex.printStackTrace();
        }
    }
}
```

程序首先创建一个 Path 对象，它指向当前目录的父目录，然后将该 Path 对象传递给
Files 类的 walk()方法返回一个 Stream<Path>对象并赋值给局部变量 list。接下来，调用该
流对象的 filter()方法，其参数是一个 Predicate，该流只包含扩展名为 java 的 Path 对象，最
后调用 forEach()方法打印所有文件。

11.8.5　流转换

在编程中，可能经常需要将一个流中的值进行某种形式的转换。这时可以使用 map()
方法，并且向它传递一个进行转换的函数。下面是 map()方法的签名。

```java
<R> Stream<R> map(Function<? super T, ? extends R> mapper)
```

该方法返回一个新 Stream，它的元素类型可能与原先流的元素类型不同。

下面例子通过 Stream 计算公司所有员工的平均年龄。首先通过 map()方法把 Employee
对象的 Stream 转换成 Period 对象的 Stream，新流中每个 Period 是当前日期和员工出生日
期之间的间隔，换句话说，每个 Period 元素都包含员工的年龄。最后，调用 mapToLong()
方法计算所有员工的平均年龄。

程序 11.17　StreamMapDemo.java

```java
package com.demo;
import java.time.LocalDate;
import java.time.Month;
import java.time.Period;
import java.util.stream.Stream;
public class StreamMapDemo {
```

239

第
11
章

泛型与集合

```java
class Employee {
    public String name;
    public LocalDate birthday;
    public Employee(String name, LocalDate birthday) {
        this.name = name;
        this.birthday = birthday;
    }
}
public Employee[] getEmployees() {
    Employee[] employees = {
        new Employee("Will Biteman", LocalDate.of(1984, Month.JANUARY, 1)),
        new Employee("Sue Everyman",LocalDate.of(1980, Month.DECEMBER, 25)),
        new Employee("Ann Wangi",LocalDate.of(1976, Month.JULY, 4)),
        new Employee("Wong Kaching",LocalDate.of(1980, Month.SEPTEMBER, 1))
    };
    return employees;
}
public double calculateAverageAge(Employee[] employees) {
    LocalDate today = LocalDate.now();
    Stream<Employee> stream = Stream.of(employees);
    Stream<Period> periods = stream.map(
        (employee)-> Period.between( employee.birthday, today));
    double avgAge = periods.mapToLong((period)->period.toTotalMonths())
        .average().getAsDouble() / 12;
    return avgAge;
}
public static void main(String[] args) {
    StreamMapDemo demo = new StreamMapDemo();
    Employee[] employees = demo.getEmployees();
    double avgAge = demo.calculateAverageAge(employees);
    System.out.printf("员工平均年龄:%2.2f\n",avgAge);
}
}
```

运行程序将输出所有员工的平均年龄。当然，输出结果与运行程序的时间有关。下面是一个输出结果。

```
员工平均年龄: 34.13
```

还有其他转换流的方法。distinct()方法会根据原始流中的元素返回一个具有相同顺序、不包含重复元素的新流。重复的元素不一定是相邻的。

```java
Stream<String> uniqueWords =
    Stream.of("one", "little", "two", "little",
            "three", "little").distinct();
uniqueWords.forEach(System.out::println);
```

11.8.6　流规约

经常需要从流中获得一个结果，如返回流中元素的数量。此时，可以使用流的 count() 方法实现。这样的方法称为规约方法（reduction），规约是终止操作。Stream 接口提供了几个简单的规约方法，除 count() 方法外，还有 max() 和 min() 方法，它们分别返回流中的最大值和最小值。需要注意的是，这两个方法返回一个 Optional<T> 类型的值，它可能会封装返回值，也可能表示没有返回（当流为空时）。

下面代码演示了如何获取流中的一个最大值。

```
Optional<String> largest = words.max(String::compareIgnoreCase);
System.out.println("Largest:" + largest.orElse(""));
```

findFirst() 方法返回非空集合中的第一个值。通常与 filter() 方法结合使用。例如，下面代码可以找出以字母 Q 开始的第一个单词（如果存在的话）：

```
Optional<String> startsWithQ =
        words.filter(s -> s.startsWith("Q")).findFirst();
```

如果只需找到任何一个匹配的元素，而不是第一个，使用 findAny() 方法。该方法在对流进行并行执行时非常有效，因为流可以报告它找到的任何匹配项而不是限制为第一个匹配。

```
Optional<String> startsWithQ =
        words.paralell().filter(s -> s.startsWith("Q")).findAny();
```

reduce() 方法是用来计算流中某个值的一种通用机制。最简单的形式是使用一个二元函数，从前两个元素开始，不断将它应用到流中的其他元素上。下面例子使用简单的求和函数。

```
List<Integer> values = …;
Optional<Integer> sum = values.stream().reduce((x,y) -> (x + y));
```

在这个例子中，reduce() 方法计算 $v_0+v_1+v_2+\cdots$，其中 v_i 表示流中的元素。这里加法运算是一个规约操作。规约操作应该是结合的，与元素的组合顺序无关。在数学上，给定一个规约操作 op，对流中元素 x、y 和 z，(x op y) op z 一定等于 x op (y op z)。这样就允许使用并行流进行高效的规约操作。

11.8.7　收集结果

当处理完流后，可能需要查看结果或将结果收集到其他容器中。可以使用 iterator() 方法，该方法可以生成一个能够用来访问元素的传统迭代器。

可以调用 toArray() 方法获得一个含有流中所有元素的数组。因为不可能在运行时创建一个泛型数组，所以表达式 stream.toArray() 返回一个 Object[] 类型数组。如果想获得相应类型数组，可以将类型传递给数组的构造方法：

泛型与集合

```
String[] result = stream.toArray(String[]::new);
```

为了将流中元素收集到另一个目标容器中，Stream 有一个方便的方法 collect()，它接受一个 Collection 接口实例。Collectors 类为普通集合提供了大量工厂方法。要将一个流收集到 List 或 Set 中，可以直接调用：

```
List<String> result = stream.collect(Collectors.toList());
et<String> result = stream.collect(Collectors.toSet());
```

如果想控制得到哪种 Set，使用以下调用方式：

```
TreeSet<String> result = stream.collect(
        Collectors.toCollection(TreeSet::new));
```

11.8.8 基本类型流

对于基本类型，可以使用其包装类创建流，如 Stream<Integer>。显然，将整数包装成包装类型效率较低。对 double、float、long、short、char、byte、boolean 等其他基本类型也存在同样的问题。为了直接将基本类型值存储到流中而不需要进行包装，Stream 类库提供了 IntStream、LongStream 和 DoubleStream 类型，对 short、char、byte、boolean 类型使用 IntStream 类型，对 float 使用 DoubleStream 类型。

要创建一个 IntStream，可以调用 IntStream.of()方法或 Arrays.stream()方法。

```
IntStream stream = IntStream.of(1, 1, 2, 3, 5, 8, 11);
stream = Arrays.stream(values, from, to);              //values是一个int型数组
```

IntStream 和 LongStream 拥有 range()和 rangeClosed()静态方法，用来产生步长为 1 的一个整数范围：

```
IntStream zeroTo99 = IntStream.range(0, 100)        //不包含上边界值100
IntStream zeroTo100 = IntStream.rangeClosed(0, 100)//包含上边界值100
```

当拥有一个对象流时，可以使用 mapToInt()、mapToLong()或 mapToDouble()方法将其转换成基本类型流。例如，如果有一个字符串流，希望按照它们的长度以整数进行处理，可以使用 IntStream 流。

```
Stream<String> words = Stream.of("this","is","a","java","string");
IntStream lengths = words.mapToInt(String::length);
```

要将一个基本类型流转换成一个对象流，可以使用 boxed()方法。

```
Stream<Integer> integers = IntStream.range(0,100).boxed();
```

基本类型流还定义了许多方法，有些与对象流上的方法类似，有些不同。例如，toArray()方法返回基本类型的数组；方法 sum()、average()、max()、min()分别返回总和、平均值、最大值和最小值。对象流中没有定义这些方法。

提示：Random 类中提供 了 ints()、longs()、doubles()方法，它们返回包含随机数的基本类型流。

11.8.9　并行流

如今，大多数计算机都是多核的。这意味着在这些计算机上可以并行执行多个线程。流使得并行计算变得容易。首先，需要有一个并行流。使用 Collection 的 paralellStream() 方法可以从任何集合获得一个并行流。

```java
Stream<String> paralellWords = words.paralellStream();
```

此外，使用 paralell()方法可将顺序流转换成并行流。

```java
Stream<String> paralellWords = Stream.of(wordArray).paralell();
```

当流操作以并行方式运行时，它的返回结果应当与顺序运行时返回的结果相同。下面程序计算 6 个整数的斐波那契数。此例目的是说明在多核计算机上并行流运行的速度更快。

程序 11.18　ParallelStreamDemo.java

```java
package com.demo;
import java.time.Duration;
import java.time.Instant;
import java.util.Arrays;
import java.util.List;
public class ParallelStreamDemo {
    //计算第n个斐波那契数方法
    public static long fibonacci(long n) {
        if (n == 1 || n == 2) {
            return 1;
        }
        return fibonacci(n - 1) + fibonacci(n - 2);
    }
    public static void main(String[] args) {
        List<Integer> numbers = Arrays.asList(10, 20, 30, 40, 41, 42);
        Instant start = Instant.now();    //记录开始时间
        numbers.parallelStream().map((input) -> fibonacci(input))
                .forEach(System.out::println);
        Instant end = Instant.now();        //记录结束时间
        System.out.printf("使用并行流用时: %d毫秒\n",
                Duration.between(start, end).toMillis());
        start = Instant.now();
        numbers.stream().map((input) -> fibonacci(input))
                .forEach(System.out::println);
        end = Instant.now();
```

泛型与集合

```
            System.out.printf("使用顺序流用时：%d毫秒\n",
                    Duration.between(start, end).toMillis());
        }
    }
```

在笔者的计算机上运行程序，得到下面结果：

```
55
6765
832040
102334155
165580141
267914296
使用并行流用时：734毫秒
55
6765
832040
102334155
165580141
267914296
使用顺序流用时：1367毫秒
```

从结果可以看到，使用并行流计算时间要比使用顺序流短。另外注意，使用并行流时，输出也可能不是按顺序输出的。

然而，使用并行流并不是总能使程序运行得更快。例如，如果将列表中的数修改如下：

```
List<Integer> numbers = Arrays.asList(3, 4, 5, 6, 7, 8);
```

重新运行程序，会发现使用并行流所用的时间要比使用顺序流所用的时间多。因此，对某些特定任务，在决定使用并行流之前应该测试并行流是否比顺序流更快。

11.9 小   结

（1）泛型是带一个或多个类型参数的类或接口。创建泛型类的实例时需要为其传递类型参数。

（2）泛型方法是带类型参数的方法。类的成员方法和构造方法都可以定义为泛型方法。泛型类和非泛型类都可以定义泛型方法。

（3）泛型类型是不变的，当 S 是 T 的子类型时，G<S>并不是 G<T>的子类型，两者没有关系。

（4）通过使用通配符 G<? extends T>或 G<? super T>，可以指定一个方法接受一个带子类型或父类型参数的泛型类型实例。

（5）当泛型类或方法被编译时，类型参数会被擦除。

（6）Collection 接口为所有集合类提供类共同方法。列表是一个有序集合，其中的每个元素都有一个整数索引，ArrayList 是它的常用实现类。Set 是不重复元素的集合，HashSet 和 TreeSet 是它的两个常用实现类。

（7）Queue 实现一种队列的数据结构，以先进先出（FIFO）的方式排列其元素。Deque 对象实现双端队列，ArrayDeque 和 LinkedList 是它的两个实现类。

（8）Map 用来存储"键/值"对的对象，要求关键字是唯一的，而值可以重复。Map 接口常用的实现类有 HashMap、TreeMap 类。

（9）java.util.Collections 工具类中针对 List 定义了大量操作算法，如排序、查找、重排、求极值等操作。

（10）使用迭代器可以遍历集合中的元素，但无法实现高效的并发执行。使用 Stream API 可以高效对集合操作。

（11）可以从集合、数组、生成器或迭代器创建 Stream。

（12）可以使用 Stream 的各种方法对流操作。使用 concat()方法连接两个流、使用 filter() 方法过滤流的元素、使用 map()方法对流元素转换，还有 limit()、distinct()和 sorted()等方法对流操作。

（13）要从流中获得结果，可以调用各种归约操作，如 count()、max()、min()、findFirst()、findAny()等。

（14）对基本数据类型如 int、long 和 double，Java 提供了专门的流。使用并行流可以提高流的操作效率。

编 程 练 习

11.1　定义一个泛型类 Point<T>，其中包含 x 和 y 两个类型为 T 的成员，定义带两个参数的构造方法，为 x 和 y 定义 setter 和 getter，另外定义 translate()方法将点移到新的坐标。编写 main()方法，创建 Point<Integer>对象和 Point<Double>对象。

11.2　定义一个类 Animal 表示动物，定义它的两个子类——Bird 表示鸟，Lion 表示狮子。定义一个泛型类 Cage 表示笼子，它继承 java.util.HashSet 类。创建 Animal、Bird 和 Lion 对象，创建 Cage<Animal>、Cage<Bird> 和 Cage<Lion>对象。动物对象可以添加到这些笼子对象中吗？笼子对象之间具有子类关系吗？如果要创建一个能装各种动物的笼子，应该使用什么通配符声明 Cage 对象？

11.3　下面的代码定义了一个媒体（Media）接口及其 3 个子接口：图书（Book）、视频（Video）和报纸（Newspaper），Library 类是一个非泛型类，请使用泛型重新设计该类。

```
import java.util.List;
import java.util.ArrayList;
interface Media { }
interface Book extends Media { }
```

泛型与集合

```
interface Video extends Media { }
interface Newspaper extends Media { }
public class Library {
    private List resources = new ArrayList();
    public void addMedia(Media x) {
      resources.add(x);
    }
    public Media retrieveLast() {
      int size = resources.size();
      if (size > 0) {
         return (Media)resources.get(size - 1);
      }
      return null;
    }
}
```

11.4 创建一个元素是字符串的 ArrayList 对象，在其中添加若干元素。编写程序，用下面 3 种方法将其中每个字符串转换成大写。

（1）通过索引循环访问。

（2）使用迭代器。

（3）调用 replaceAll()方法。

11.5 编写程序，将一个字符串中的单词解析出来，然后将它们添加到一个 HashSet 中，并输出每个重复的单词、不同单词的个数，消除重复单词后的列表。

11.6 编写程序，随机生成 10 个两位整数，将其分别存入 HashSet 和 TreeSet 对象，然后将它们输出，观察输出结果的不同。

11.7 编写程序，实现一个对象栈类 MyStack<T>，要求使用 ArrayList 类实现该栈，该栈类的 UML 图如图 11-6 所示。

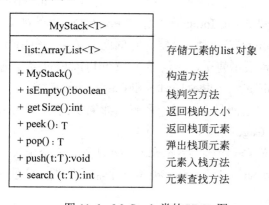

图 11-6 MyStack 类的 UML 图

11.8 假设 Employee 类包含一个 int 型成员 id，如果要求 Employee 可按 id 值比较大小，请编写 Employee 类。编写程序，创建几个 Employee 对象，将它们存放到 TreeSet 中并输出。

11.9 PriorityQueue 类是 Queue 接口的一个实现类，实现一种优先级队列。编写程序，创建一个 PriorityQueue 对象，将整型数组{1，5，3，7，6，9，8}的元素插入队列，然后输出并观察结果。

11.10 编写程序，生成一个包含 1000 个随机生成的 3 位整数的流，过滤该流，使其仅包含能被 7 整除或含有 7 的数。输出这些数和个数。

11.11 编写程序，分别使用顺序流和并行流计算 10、20、30 和 40 这几个数的阶乘，输出结果及完成计算的时间。使用并行流是否比使用顺序流快？

泛型与集合

第 12 章 | 异 常 处 理

本章学习目标

- 描述异常和异常类;
- 区分非检查异常和检查异常;
- 学会使用 try-catch-finally 捕获和处理异常;
- 学会使用 catch 捕获多个异常;
- 掌握使用 throw 抛出异常和使用 throws 声明方法抛出异常;
- 掌握 try-with-resource 结构的使用;
- 学会自定义异常类的使用;
- 了解和使用断言,学会开启和关闭断言。

教学视频

12.1　异常与异常类

如同大多数现代编程语言一样,Java 语言有着健壮的异常处理机制,将控制权从出错点转移给强壮的错误处理器。本节首先讨论异常和异常类,下一节讨论如何处理异常。

12.1.1　异常的概念

所谓异常(exception)是在程序运行过程中产生的使程序终止正常运行的错误对象,如数组下标越界、整数除法中零作除数、文件找不到等都可能使程序终止运行。

为了理解异常的概念,首先看下面的代码。

```
String name = null;
System.out.println(name.length());
```

该段代码编译不会发生错误,但运行时控制台输出如下:

```
Exception in thread "main" java.lang.NullPointerException
        at ExceptionDemo.main (ExceptionDemo.java:4)
```

该输出内容说明程序发生了异常,第一行给出了异常名称,第二行给出了异常发生的位置。

Java 语言规定当某个对象的引用为 null 时,调用该对象的方法或使用对象时就会产生 NullPointerException 异常。

再看下面一个程序,该程序试图从键盘上输入一个字符,然后输出。

程序 12.1　InputChar.java

```java
package com.demo;
public class InputChar{
    public static void main(String[] args){
        System.out.print("请输入一个字符: ");
        char c = (char)System.in.read();    //该行发生编译错误
        System.out.println("c = " + c);
    }
}
```

当编译该程序时会出现下列编译错误：

```
Unhandled exception type IOException
```

错误原因是程序没有处理 IOException 异常，该异常必须捕获或声明抛出。出现编译错误的原因是，read()方法在定义时声明抛出了 IOException 异常，因此程序中若调用该方法必须对该异常处理。

12.1.2　异常类

Java 语言的异常处理采用面向对象的方法，定义了多种异常类。Java 异常类都是 Throwable 类的子类，是 Object 类的直接子类，定义在 java.lang 包中。Throwable 类有两个子类，一个是 Error 类，另一个是 Exception 类，这两个子类又分别有若干个子类。

图 12-1 给出了 Throwable 类及其常见子类的层次结构。

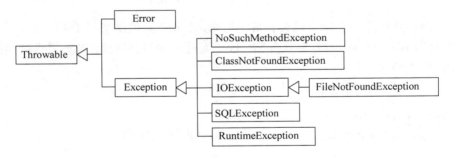

图 12-1　Exception 类及其子类的层次

Error 类描述的是系统内部错误，这样的错误很少出现。如果发生了这类错误，则除了通知用户及终止程序外，几乎什么也不能做，程序中一般不对这类错误处理。

Exception 类的子类一般又可分为两种类型：非检查异常和检查异常。

1. 非检查异常

非检查异常（unchecked exception）是 RuntimeException 类及其子类异常，也称为运行时异常。常见的非检查异常如图 12-2 所示。

非检查异常是在程序运行时检测到的，可能发生在程序的任何地方且数量较大，因此编译器不对非检查异常（包括 Error 类的子类）处理，这种异常又称免检异常。

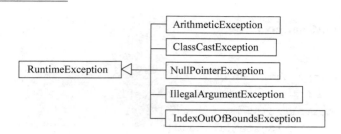

图 12-2   RuntimeException 类及其子类

程序运行时发生非检查异常时运行时系统会把异常对象交给默认的异常处理程序，在控制台显示异常的内容及发生异常的位置。

下面介绍几种常见的非检查异常。

- NullPointerException：空指针异常，即当某个对象的引用为 null 时调用该对象的方法或使用对象就会产生该异常。

例如：

```
String name = null;
System.out.println(name.length());  //该语句发生异常
```

- ArithmeticException：算术异常，在做整数的除法或整数求余运算时可能产生的异常，它是在除数为零时产生的异常。

例如：

```
int a = 5;
int b = a / 0;                           //该语句发生异常
```

注意，浮点数运算不会产生该类异常。例如，1.0/0.0 的结果为 Infinity。

- ClassCastException：对象转换异常，Java 支持对象类型转换，若不符合转换的规定，则产生类转换异常。

例如：

```
Object o = new Object();
String s = (String)o;                    //该语句发生异常
```

- ArrayIndexOutOfBoundsException：数组下标越界异常，当引用数组元素的下标超出范围时产生的异常。

例如：

```
int a[] = new int[5];
a[5] = 10;                               //该语句发生异常
```

因为定义的数组 a 的长度为 5，不存在 a[5]这个元素，因此发生数组下标越界异常。

- NumberFormatException：数字格式错误异常，在将字符串转换为数值时，如果字符串不能正确转换成数值则产生该异常。

例如：

```
double d = Double.parseDouble("5m7.8"); //该语句发生异常
```

异常的原因是字符串"5m7.8"不能正确转换成 double 型数据。

> 📢 **注意**：尽管编译器不对非检查异常处理，但程序运行时产生这类异常，程序也不能正常结束。为了保证程序正常运行，要么避免产生非检查异常，要么对非检查异常进行处理。

2. 检查异常

检查异常（checked exception）是除 RuntimeException 类及其子类以外的异常类，有时也称为必检异常。对这类异常，程序必须捕获或声明抛出，否则编译不能通过。程序 12.1中的 read()方法声明抛出 IOException 异常就是必检异常。例如，若试图使用 Java 命令运行一个不存在的类，则会产生 ClassNotFoundException 异常，若调用了一个不存在的方法，则会产生 NoSuchMethodException 异常。

12.2 异 常 处 理

教学视频

异常处理可分为下面几种：使用 try-catch-finally 捕获并处理异常；通过 throws 子句声明抛出异常；用 throw 语句抛出异常；使用 try-with-resources 管理资源。

12.2.1 异常的抛出与捕获

异常都是在方法中产生的。方法运行过程中如果产生了异常，在这个方法中就生成一个代表该异常类的对象，并把它交给系统，运行时系统寻找相应的代码来处理该异常。这个过程称为抛出异常。运行时系统在方法的调用栈中查找，从产生异常的方法开始进行回溯，直到找到包含相应异常处理的方法为止，这一过程称为捕获异常。

方法调用与回溯如图 12-3 所示。这里 main()方法调用 methodA()方法，methodA()方法调用 methodB()方法，methodB()方法调用 methodC()方法。假如在 methodC()方法发生异常，运行时系统首先在该方法中寻找处理异常的代码，如果找不到，运行时系统将在方法调用栈中回溯，把异常对象交给 methodB()方法，如果 methodB()方法也没有处理异常代码，将继续回溯，直到找到处理异常的代码。最后，如果 main()方法中也没有处理异常的代码，运行时系统将异常交给 JVM，JVM 将在控制台显示异常信息。

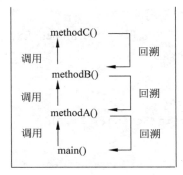

图 12-3 方法调用与回溯示意图

第 12 章

异常处理

12.2.2　try-catch-finally 语句

捕获并处理异常最常用的方法是用 try-catch-finally 语句，一般格式为：

```
try{
    //需要处理的代码
} catch (ExceptionType1 exceptionObject){
    //异常处理代码
}[catch (ExceptionType2 exceptionObject){
    //异常处理代码
}
finally{
    //最后处理代码
} ]
```

说明：

（1）try 块将程序中可能产生异常的代码段用大括号括起来，该块内可能抛出一种或多种异常。

（2）catch 块用来捕获异常，括号中指明捕获的异常类型及异常引用名，类似于方法的参数，指明了 catch 语句所处理的异常。大括号中是处理异常的代码。catch 语句可以有多个，用来处理不同类型的异常。

> ◀》 **注意**：若有多个 catch 块，异常类型的排列顺序必须按照从特殊到一般的顺序，即子类异常放在前面，父类异常放在后面，否则产生编译错误。

当 try 块中产生异常，运行时系统从上到下依次检测异常对象与哪个 catch 块声明的异常类相匹配，若找到匹配的或其父类异常，就进入相应 catch 块处理异常，catch 块执行完毕说明异常得到处理。

（3）finally 块是可选项。异常的产生往往会中断应用程序的执行，而在异常产生前，可能有些资源未被释放。有时无论程序是否发生异常，都要执行一段代码，这时就可以通过 finally 块实现。无论异常产生与否 finally 块都会被执行。即使是使用了 return 语句，finally 块也要被执行，除非 catch 块中调用了 System.exit()方法终止程序的运行。

另外需要注意，一个 try 块必须有一个 catch 块或 finally 块，catch 块或 finally 块也不能单独使用，必须与 try 块搭配使用。

下面使用 try-catch 结构捕获并处理一个 ArithmeticException 异常。

程序 12.2　DivideDemo.java

```
package com.demo;
public class DivideDemo{
  public static void main(String[] args){
    int a = 5;
    try{
      int b = a / 0;
```

```
        System.out.println("b = " + b);
    }catch(ArithmeticException e){
        e.printStackTrace();
    }
    //异常处理后程序继续执行
    System.out.println("a = " + a);
    }
}
```

程序运行结果如下：

```
java.lang.ArithmeticException: / by zero
a = 5
```

从上述结果可以看到，程序运行中发生的异常得到了处理，接下来程序继续运行。程序中调用了异常对象的 printStackTrace()方法，它从控制台输出异常栈跟踪。从栈跟踪中可以了解到发生的异常类型和发生异常源代码的行号。

在异常类的根类 Throwable 中还定义了其他方法，如下所示：

- public void printStackTrace()：在标准错误输出流上输出异常调用栈的轨迹。
- public String getMessage()：返回异常对象的细节描述。
- public void printStackTrace(PrintWriter s)：在指定输出流上输出异常调用栈的轨迹。
- public String toString()：返回异常对象的简短描述，是 Object 类中同名方法的覆盖。

这些方法被异常子类所继承，可以调用异常对象的方法获得异常的有关信息，方便程序调试。有关其他方法的详细内容，请参阅 Java API 文档。

下面是对程序 12.1 的修改，使用 try-catch 结构捕获异常。

程序 12.3　InputCharDemo.java

```
package com.demo;
import java.io.*;
public class InputCharDemo{
  public static void main(String[] args){
    System.out.print("请输入一个字符：");
    try{
      char c = (char)System.in.read();
      System.out.println("c = "+c);
    }catch(IOException e){
        System.out.println(e);
    }
  }
}
```

> 注意：catch 块中的异常可以是父类异常，另外 catch 块中可以不写任何语句，只要有一对大括号，系统就认为异常被处理了，程序编译就不会出现错误，编译后程序正常运行。catch 块内的语句只有在真的产生异常时才被执行。

异常处理

下面程序涉及多个异常的捕获和处理。

程序 12.4　MultiExceptionDemo.java

```java
package com.demo;
public class MultiExceptionDemo {
    public static void method(int value){
        try{
            if(value == 0){
                System.out.println("无异常发生.");
                return;
            }else if(value == 1){
                int i = 0;
                System.out.println(4 / i);
            }else if(value == 2){
                int iArray[] = new int [4];
                iArray[4] = 10;
            }
        }catch(ArithmeticException e){
            System.out.println("捕获到:"+e.toString());
        }catch(ArrayIndexOutOfBoundsException e){
            System.out.println("捕获到:"+e.toString());
        }catch(Exception e){
            System.out.println("Will not be excecuted");
        }finally{
            System.out.println("执行finally块:" + value);
        }
    }
    public static void main(String[] args){
        method(0);
        method(1);
        method(2);
    }
}
```

程序的输出如下：

```
无异常发生.
执行finally块:0
捕获到:java.lang.ArithmeticException: / by zero
执行finally块:1
捕获到:java.lang.ArrayIndexOutOfBoundsException: 4
执行finally块:2
```

12.2.3　用 catch 捕获多个异常

如前所述，一个 try 语句后面可以跟两个或多个 catch 语句。虽然每个 catch 语句经常提供自己特有的代码序列，但是有时捕获异常的两个或多个 catch 语句可能执行相同的代码序列。现在可以使用 JDK 7 提供的一个新功能，用一个 catch 语句处理多个异常，而不必单独捕获每个异常类型，减少了代码重复。

要在一个 catch 语句中处理多个异常，需要使用"或"运算符（|）分隔多个异常。下面的程序演示了捕获多个异常的方法。

程序 12.5　MultiCatchDemo.java

```java
package com.demo;
public class MultiCatchDemo{
    public static void main(String[] args){
        int a = 88, b = 0;
        int result;
        char[] letter = {'A', 'B', 'C'};
        for(int i = 0; i < 2; i ++){
            try{
                if(i ==0)
                    result = a / b;   //产生ArithmeticException
                else
                    letter[5] = 'X'; //产生ArrayIndexOutOfBoundsException
            }
            //这里捕获多个异常
            catch(ArithmeticException | ArrayIndexOutOfBoundsException me){
                System.out.println("捕获到异常: " + me);
            }
        }
        System.out.println("处理多重捕获之后。");
    }
}
```

程序运行当尝试除以 0 时，将产生一个 ArithmeticException 错误。当尝试越界访问 letter 数组时，将产生一个 ArrayIndexOutOfException 错误，两个异常被同一个 catch 语句捕获。注意，多重捕获的每个形参隐含地为 final，所以不能为其赋新值。

12.2.4　声明方法抛出异常

所有的异常都产生在方法（包括构造方法）内部的语句。有时方法中产生的异常不需要在该方法中处理，可能需要由该方法的调用方法处理，这时可以在声明方法时用 throws 子句声明抛出异常，将异常传递给调用该方法的方法处理。

声明方法抛出异常的格式如下：

```java
returnType methodName([paramlist]) throws ExceptionList{
    //方法体
}
```

按上述方式声明的方法，就可以对方法中产生的异常不作处理，若方法内抛出了异常，则调用该方法的方法必须捕获这些异常或再声明抛出。

上面的例子是在 method() 方法中处理异常，若不在该方法中处理异常，而由调用该方法的 main() 方法处理，程序修改如下。

程序 12.6　ThrowsExceptionDemo.java

```java
package com.demo;
public class ThrowsExceptionDemo{
    static void method (int value) throws ArithmeticException,
            ArrayIndexOutOfBoundsException{
        if(value == 0){
            System.out.println("无异常发生");
            return;
        }else if(value == 1){
            int iArray[] = new int[4];
            iArray[4] = 3;
        }
    }
    public static void main(String[] args){
        try{
            method (0);
            method (1);
            method (2);        //该语句不能被执行
        }catch(ArrayIndexOutOfBoundsException e){
            System.out.println("捕获到:" + e);
        }finally{
            System.out.println("执行finally块."); }
    }
}
```

该程序的输出结果为：

```
无异常发生
捕获到:java.lang.ArrayIndexOutOfBoundsException: 4
执行finally块.
```

🔊 **注意**：对于运行时异常可以不做处理，对于非运行时异常必须使用 try-catch 结构捕获或声明方法抛出异常。

前面讲到子类可以覆盖父类的方法，但若父类的方法使用 throws 声明抛出了异常，子类方法也可以使用 throws 声明异常。但是要注意，子类方法抛出的异常必须是父类方法抛出的异常或子异常。

```java
class AA{
    public void test() throws IOException{
        System.out.println("In AA's test()");
    }
```

256

```
    }
class BB extends AA{
    public void test () throws FileNotFoundException{     //允许
        System.out.println("In BB's test()");
    }
}
class CC extends AA{
    public void test () throws Exception{                 //错误
        System.out.println("In CC's test()");
    }
}
```

代码中 BB 类的 test()方法是对 AA 类 test()方法的覆盖,它抛出的 FileNotFoundException 异常是 IOException 异常类的子类,这是允许的。而在 CC 类的 test ()中抛出了 Exception 异常,该异常是 IOException 异常类的父类,这是不允许的,不能通过编译。

12.2.5　用 throw 语句抛出异常

到目前为止,处理的异常都是由程序产生的,并由程序自动抛出,然而也可以创建一个异常对象,然后用 throw 语句抛出,或将捕获到的异常对象用 throw 语句再次抛出。throw 语句的格式如下:

throw throwableInstance;

throwableInstance 可以是用户创建的异常对象,也可以是程序捕获到的异常对象,该实例必须是 Throwable 类或其子类的实例,请看下面例子。

程序 12.7　**ThrowExceptionDemo.java**

```
package com.demo;
import java.io.IOException;
public class ThrowExceptionDemo{
    public static void method() throws IOException{
        try{
            throw new IOException("文件未找到");
        }catch(IOException e){
            System.out.println("捕获到异常");
            throw e;     //将捕获到的异常对象再次抛出
        }
    }
    public static void main(String[] args){
        try{
            method();
        }catch(IOException e){
            System.out.println("再次捕获: " + e);
        }
```

异常处理

```
    }
}
```

程序的输出结果为：

捕获到异常
再次捕获：`java.io.IOException:`文件未找到

上述程序在 method()方法中 try 块中用 new 创建一个 IOException 异常对象并将其抛出，随后在 catch 块中捕获到该异常，然后又再次将该异常抛给 main()方法，在 main()方法的 catch 块中捕获并处理了该异常。

请注意，该程序在 method()方法需使用 throws 声明抛出 IOException 异常，因为该异常是必检异常，必须捕获或声明抛出。在 main()方法使用 try-catch 捕获和处理异常，也可以声明抛出。

12.2.6　try-with-resources 语句

Java 程序中经常需要创建一些对象（如 I/O 流、数据库连接），这些对象在使用后需要关闭。忘记关闭文件可能导致内存泄露，并引起其他问题。在 JDK 7 之前，通常使用 finally 语句来确保一定会调用 close()方法。

```
try{
    //打开资源
}catch(Exception e){
    //处理异常
}finally{
    //关闭资源
}
```

如果在调用 close()方法也可能抛出异常，那么也要处理这种异常。这样编写的程序代码会变得冗长。例如，下面是打开一个数据库连接的典型代码：

```
Connection connection = null;
try{
    //创建连接对象并执行操作
}catch(Exception e){
    //处理异常
}finally{
    if(connection!=null){
        try{
            connection.close();
        }catch(SQLException e){
            //处理异常
        }
    }
}
```

可以看到，为了关闭连接资源要在 finally 块中写这些代码，如果在一个 try 块中打开多个资源，代码会更长。JDK 7 提供的自动关闭资源的功能为管理资源（如文件流、数据库连接等）提供了一种更加简便的方式。这种功能是通过一种新的 try 语句实现的，称为 try-with-resources，有时也称为自动资源管理。try-with-resources 的主要优点是可以避免在资源（如文件流）不需要时忘记将其关闭。

try-with-resources 语句的基本形式如下：

```
try(resource-specification){
    //使用资源
}
```

这里，resource-specification 是声明并初始化资源（如文件）的语句，包含变量声明，用被管理对象的引用初始化该变量。这里可以创建多个资源，用分号分隔即可。当 try 块结束时，资源会自动释放。如果是文件，文件将被关闭，因此不需要显式调用 close()方法。try-with-resources 语句也可以包含 catch 语句和 finally 语句。

并非所有的资源都可以自动关闭。只有实现了 java.lang.AutoCloseable 接口的那些资源才可自动关闭。该接口是 JDK 7 新增的，定义了 close()方法。java.io.Closeable 接口继承了 AutoCloseable 接口。这两个接口被所有的 I/O 流类实现，包括 FileInputStream 和 FileOutputStream。因此，在使用 I/O 流（包括文件流）时，可以使用 try-with-resources 语句。

下面的例子演示了 try-with-resources 语句的使用。

程序 12.8　TryWithResources.java

```
package com.demo;
class Door implements AutoCloseable{
    public Door(){
        System.out.println("The door is created.");
    }
    public void open() throws Exception{
        System.out.println("The door is opened.");
        throw new Exception();  //模拟发生了异常
    }
    @Override
    public void close(){
        System.out.println("The door is closed.");
    }
}
class Window implements AutoCloseable{
    public Window (){
        System.out.println("The window is created.");
    }
    public void open() throws Exception{
        System.out.println("The window is opened.");
```

```
            throw new Exception();   //模拟发生了异常
        }
        @Override
        public void close(){
            System.out.println("The window is closed.");
        }
    }

    public class TryWithResources{
        public static void main(String[]args)throws Exception{
            try(Door door = new Door();
                Window window = new Window() ){
                    door.open();
                    window.open();
            }catch(Exception e){
                System.out.println("There is an exception.");
            }finally{
                System.out.println("The door and the window are all closed.");
            }
        }
    }
```

该程序输出如下：

```
The door is created.
The window is created.
The door is opened.
The window is closed.
The door is closed.
There is an exception.
The door and the window are all closed.
```

程序定义了 Door 类和 Window 类，它们都实现了 java.lang.AutoClosable 接口的 close() 方法。此外，还定义了 open() 方法，在 open() 方法中使用 throw 抛出异常。在程序的 main() 方法中使用 try-with-resources 语句创建了 door 对象和 window 对象，这两个对象就是可自动关闭的资源。在调用 door.open() 方法时抛出异常，程序控制转到异常处理代码，在此之前，程序调用两个资源的 close() 方法将 door 和 window 关闭，然后才处理异常。

12.3 自定义异常类

教学视频

尽管 Java 已经预定义了许多异常类，但有时还需要定义自己的异常。编写自定义异常类实际上是继承一个 API 标准异常类，用新定义的异常处理信息覆盖原有信息的过程。常用的编写自定义异常类的模式如下：

```
public class CustomException extends Exception {
```

```
public CustomException(){}
public CustomException(String message) {
    super(message);
}
}
```

当然也可选用 Throwable 作为父类。其中无参数构造方法为创建缺省参数对象提供了方便。第二个构造方法将在创建这个异常对象时提供描述这个异常信息的字符串，通过调用超类构造方法向上传递给父类，对父类中的 toString()方法中返回的原有信息进行覆盖。

下面讨论一个具体例子。假设程序中需要验证用户输入的数据值必须是正值。可以按照以上模式编写自定义异常类如下。

程序 12.9　NegativeValueException.java

```
package com.demo;
public class NegativeValueException extends Exception {
    public NegativeValueException()  {}
    public NegativeValueException(String message) {
            super(message);
    }
}
```

有了上述自定义异常，在程序中就可以使用它。假设编写程序要求用户输入圆半径，计算圆面积。该程序要求半径值应该为正值。程序代码如下。

程序 12.10　CustomExceptionTest.java

```
package com.demo;
import java.util.Scanner;
public class CustomExceptionTest{
  public static void main(String[] args){
      Scanner input = new Scanner(System.in);
      double radius = 0,area = 0;
      System.out.print("请输入半径值: ");
      try{
         radius = input.nextDouble();
         if(radius < 0){
          throw new NegativeValueException("半径值不能小于0.");
      } else{
         area = Math.PI * radius * radius;
         System.out.println("圆的面积是: " + area);
      }
    }catch(NegativeValueException nve){
        System.out.println(nve.getMessage());
    }
  }
}
```

运行程序，假设输入一个负值，程序会抛出 NegativeValueException 异常。

请输入半径值：-10
半径值不能小于0.

12.4 断 言

教学视频

断言是 Java 1.4 版新增的一个特性，并在该版本中增加了一个关键字 assert。断言功能可以被看成是异常处理的高级形式。所谓断言（assertion）是一个 Java 语句，其中指定一个布尔表达式，程序员认为在程序执行时该表达式的值应该为 true。系统通过计算该布尔表达式执行断言，若该表达式为 false，系统会报告一个错误。通过验证断言是 true，能够使程序员确信程序的正确性。

12.4.1 使用断言

断言是通过 assert 关键字来声明的，断言的使用有两种格式：

```
assert expression ;
assert expression : detailMessage ;
```

在上述语句中，expression 为布尔表达式，detailMessage 是基本数据类型或 Object 类型的值。当程序执行到断言语句时，首先计算 expression 的值，如果其值为 true，什么也不做，如果其值为 false，抛出 AssertionError 异常。

AssertionError 类有一个默认的构造方法和 7 个重载的构造方法，它们有一个参数，类型分别为 int、long、float、double、boolean、char 和 Object。对于第一种断言语句没有详细信息，Java 使用 AssertionError 类默认的构造方法。对于第二种带有一个详细信息的断言语句，Java 使用 AssertionError 类的与消息数据类型匹配的构造方法。由于 AssertionError 类是 Error 类的子类，当断言失败时（expression 的值为 false），程序在控制台显示一条消息并终止程序的执行。

下面是一个使用断言的例子。

程序 12.11 AssertionDemo.java

```java
package com.demo;
public class AssertionDemo{
  public static void main(String[]args){
    int i;
    int sum = 0;
    for(i = 0; i < 10; i++){
      sum = sum + i;
    }
    assert i == 10;   //断言i的值为10
    assert sum > 10 && sum < 5*10: "sum is " + sum;
    System.out.println("sum = "+sum);
```

```
        }
    }
```

程序中语句"assert i == 10;"断言 i 的值为 10，如果 i 的值不为 10 将抛出 Assertion Error 异常。语句"assert sum > 10&& sum < 5 * 10:"sum is "+sum;"断言 sum 大于 10 且小于 50，如果为 false，将抛出带有消息"sum is "+sum 的 AssertionError 异常。

假如现在错误地输入了 i < 100 而不是 i < 10，就会抛出下面的 AssertionError 异常：

```
Exception in thread "main" java.lang.AssertError
    at AssertionDemo,main(AssertionDemo.java:8)
```

假如将 sum = sum + i 错误地输入了 sum = sum + 1，就会抛出下面的 AssertionError 异常：

```
Exception in thread "main" java.lang.AssertError:sum is 10
    at AssertionDemo,main(AssertionDemo.java:9)
```

12.4.2　开启和关闭断言

编译带有断言的程序与一般程序相同，如下所示：

```
D:\study>javac AssertionDemo.java
```

默认情况下，断言在运行时是关闭的，要开启断言功能，在运行程序时需要使用 –enableassertions 或-ea 选项。例如：

```
D:\study>java -ea AssertionDemo
```

断言还可以在类的级别或包的级别打开或关闭。关闭断言的选项为-disableassertions 或-da。例如，下面的命令在包 package1 的级别打开断言，而在 Class1 类上关闭断言：

```
D:\study>java –ea:package1 –da:Class1 AssertionDemo。
```

12.4.3　何时使用断言

断言的使用是一个复杂的问题，因为这将涉及程序的风格、断言运用的目标、程序的性质等。通常，断言用于检查一些关键的值，并且这些值对整个应用程序或局部功能的实现有较大影响，并且当断言失败，这些错误是不容易恢复的。

以下是一些使用断言的情况，它们可以使 Java 程序的可靠性更高。

1．检查控制流

在 if-else 和 switch-case 结构中，可以在不应该发生的控制支流上加上 assert false 语句。如果这种情况发生了，断言就能够检查出来。例如，假设 x 的值只能取 1、2 或 3，可以编写下面的代码：

```
switch (x) {
    case 1: …;
```

```
        case 2: …;
        case 3: …;
        default: assert false : "x value is invalid:" + x;
}
```

2. 检查前置条件

在 private 修饰的方法前检查输入参数是否有效。对于一些 private 方法，如果要求输入满足一定的条件，可以在方法的开始处使用 assert 进行参数检查。对于 public 方法一般不使用 assert 进行检查，因为 public 方法必须对无效的参数进行检查和处理。例如，某方法可能要求输入的参数不能为 null，那么就可以在方法的开始加上下面语句：

```
assert param != null:"parameter is null in the method";
```

3. 检查后置条件

在方法计算之后检查结果是否有效。对于一些计算方法，运行完成后，某些值需要保证一定的性质，这时可以通过 assert 进行检查。例如，对一个计算绝对值的方法就可以在方法的结束处使用下面语句进行检查：

```
assert value >= 0:"Value should be bigger than 0:" + value;
```

通过这种方式就可以对方法计算的结果进行检查。

4. 检查程序不变量

有些程序中，存在一些不变量，在程序的运行过程中这些变量的值是不变的。这些不变量可能是一个简单表达式，也可能是一个复杂表达式。对于一些关键的不变量，可以通过 assert 进行检查。例如，在一个财务系统中，公司的收入和支出必须保持一定的平衡，这时就可以编写一个表达式检查这种平衡关系，如下所示：

```
private boolean isBalance(){
    ⋮
}
```

在这个系统中，在一些可能影响这种平衡关系的方法的前后，就可以加上 assert 断言：

```
assert isBalance():"balance is destroyed";
```

12.4.4 断言示例

下面定义的 ObjectStack 类使用对象数组实现一个简单的栈类，在 push()、pop()和 topValue()方法中使用了断言。

程序 12.12 ObjectStack.java

```
package com.demo;
public class ObjectStack{
    private static final int defaultSize = 10;
    private int size;
    private int top;
```

```
   private Object[] listarray;
   public ObjectStack(){
       initialize(defaultSize);
   }
   public ObjectStack(int size){
       initialize(size);
   }
   private void initialize(int size){          //栈初始化
       this.size = size;
       top = 0 ;
       listarray = new Object[size];
   }
   private void clear(){                        //栈清空方法
       top = 0 ;
   }
   private void push(Object it){                //进栈方法
       assert top < size :  "栈溢出.";
       listarray[top++] = it;
   }
   private Object pop(){                         //出栈方法
       assert !isEmpty(): "栈已空.";
       return listarray[--top];
   }
   private Object topValue(){                   //返回栈顶元素方法
       assert !isEmpty(): "栈已空.";
       return listarray[top-1];
   }
   private boolean isEmpty(){                    //判栈空方法
       return top ==0;
    }
   public static void main(String[]args){
      ObjectStack os = new ObjectStack(3);
      System.out.println(os.isEmpty());
      //os.pop();
      os.push(new Integer(30));
      os.push(new Integer(20));
      os.push(new Integer(10));
      //os.push(new Integer(40));
      System.out.println(os.pop());
      System.out.println(os.pop());
      System.out.println(os.pop());
   }
}
```

该程序的 push()方法、pop()方法和 topValue()方法中使用了断言。3 个断言的含义是在对象入栈时要求栈顶指针 top 小于栈的大小 size，在对象出栈和取栈顶元素时要求栈不为

异常处理

空（!isEmpty()）。程序中注释掉的两行都将引起断言失败，带-ea 选项执行程序时将抛出 AssertionError 异常，并显示断言失败的信息。

12.5 小　　结

（1）异常是在 Java 程序运行过程中产生的使程序终止正常运行的错误对象。Java 定义了各种异常类处理异常。

（2）Java 异常是扩展自 java.lang.Throwable 的类的实例。Java 提供大量的预定义的异常，如 Error、Exception、RuntimeException、ClassNotFoundException、NullPointerException 和 ArithmeticException。

（3）Java 异常一般分为两类：非检查异常（运行时异常），是 RuntimeException 类及其子类；检查异常（非运行时异常），Exception 类中除 RuntimeException 类外的子类。对运行时异常可以不处理，但程序运行若产生该类异常，运行时系统同样抛出。对非运行时异常，要求必须捕获或声明抛出。

（4）所有异常都是在方法中产生的，称为抛出异常。程序应该处理各种异常。最常用的方法是使用 try-catch-finally 结构。

（5）可以用一个 catch 块捕获多个异常，也可以用多个 catch 块捕获多个异常，此时异常的指定顺序是非常重要的，应该先指定捕获子类异常，后捕获父类异常，否则会导致编译错误。

（6）不管 try 块中是否出现了异常，在任何情况下，finally 块中的代码都将被执行，除非调用 System.exit()结束程序运行。

（7）在方法中捕获到的异常可以使用 throw 语句再次抛出，也可以使用 throws 声明方法抛出。

（8）使用 try-with-resources 结构可以打开实现了 java.lang.AutoCloseable 接口的那些资源，资源使用后可自动关闭，从而避免程序员忘记关闭资源的错误。

（9）根据需要可以定义自己的异常类，这需要继承 Exception 类或其子类。

（10）断言是 Java 的一个语句，用来对程序运行状态进行某种判断。断言包含一个布尔表达式，在程序运行中它的值应该为 true。断言用于保证程序的正确性，避免逻辑错误。

编 程 练 习

12.1　编写程序，要求从键盘输入一个 double 型的圆半径，计算并输出其面积。测试当输入的数据不是 double 型数据（如字符串"abc"）会抛出什么异常？试用异常处理方法修改程序。

12.2　编写程序，提示用户读取两个整数，然后显示它们的和。程序应该在输入不正确时提示用户再次读取数字。

12.3　编写程序，首先创建一个由 100 个随机选取的整数构成的数组，然后提示用户输入数组的下标，程序显示对应的元素值。如果指定的下标越界，则显示消息"下标越界"。

12.4 编写程序,在 main()方法中使用 try 块抛出一个 Exception 类的对象,为 Exception 的构造方法提供一个字符串参数,在 catch 块内捕获该异常并打印出字符串参数。添加一个 finally 块并打印一条消息。

12.5 编写程序,定义一个 static 方法 methodA(),令其声明抛出一个 IOException 异常,再定义另一个 static 方法 methodB(),在该方法中调用 methodA()方法,在 main()方法中调用 methodB()方法。试编译该类,看编译器会报告什么?对于这种情况应如何处理?由此可得到什么结论?

12.6 创建一个自定义的异常类,该类继承 Exception 类,为该类写一个构造方法,该构造方法带一个 String 类型的参数。写一个方法,令其打印出保存下来的 String 对象。再编写一个类,在 main()方法中使用 try-catch 结构创建一个 MyException 类的对象并抛出,在 catch 块中捕获该异常并打印传递的 String 消息。

第
12
章

异常处理

第13章

输 入 输 出

本章学习目标

- 描述 Java 输入输出流；
- 学会 File 类的使用；
- 学会常用二进制 I/O 流类的使用；
- 学会常用文本 I/O 流类的使用；
- 掌握控制台数据的读写方法；
- 了解对象序列化；
- 掌握文件 I/O 的方法；
- 掌握 Files 类的基本操作；
- 学会使用 Files 类创建各种流对象。

13.1 二进制 I/O 流

教学视频

输入输出（I/O）是任何程序设计语言都提供的功能，Java 语言从一开始就支持 I/O，最初是通过 java.io 包中的类和接口提供支持的。

目前 Java 支持文件 I/O 和流式 I/O。流式 I/O 分为输入流和输出流。程序为了获得外部数据，可以在数据源（文件、内存及网络套接字）上创建一个输入流，然后用 read()方法顺序读取数据。类似地，程序可以在输出设备上创建一个输出流，然后用 write()方法将数据写到输出流中。

所有的数据流都是单向的。使用输入流只能从中读取数据；使用输出流，只能向其写出数据，如图 13-1 所示。

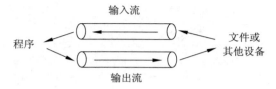

图 13-1　Java 输入输出流示意图

按照处理数据的类型分，数据流又可分为二进制流和文本流，也分别称为字节流和字符流，它们处理信息的基本单位分别是字节和字符。

不管数据来自何处或流向何处，也不管是什么类型，顺序读写数据的算法基本上是一样的。如果需要从外界获得数据，首先需要建立输入流对象，然后从输入流中读取数据；

如果需要将数据输出，需要建立输出流对象，然后向输出流中写出数据。

13.1.1　File 类应用

java.io.File 类用来表示物理磁盘上的实际文件或目录，但它不表示文件中的数据。首先看创建一个文件的例子。

```
import java.io.*;
public class FileDemo {
    public static void main(String [] args){
        File file = new File("Hello.txt");
        //此时文件还不存在
    }
}
```

在文件系统中，每个文件都存放在一个目录下。绝对文件名是由驱动器字母、完整的路径以及文件名组成，如 D:\study\Hello.txt 是 Windows 系统下的一个绝对文件名。相对文件名是相对于当前工作目录的。对于相对文件名而言，完整目录被忽略。例如，Hello.txt 是一个相对文件名。如果当前工作目录是 D:\study，绝对文件名是 D:\study\Hello.txt。

注意： 在 Windows 中目录的分隔符是反斜杠（\）。但是在 Java 中，反斜杠是一个特殊的字符，因此目录分隔符应该写成\\的形式。

编译并运行该程序，当查看当前目录，不能找到 Hello.txt 文件。这说明创建一个 File 实例并不是创建实际的文件，而仅仅创建一个表示文件的对象。如果要创建实际的文件，可使用下面代码：

```
try{
    boolean success = false;
    File file = new File("Hello.txt");
    System.out.println(file.exists());          //输出文件是否存在
    success = file.createNewFile();              //创建文件是否成功
    System.out.println(success);
    System.out.println(file.exists());          //输出文件是否存在
}catch(IOException e){
    System.out.println(e.toString());
}
```

首次执行该段代码，输出如下：

```
false
true
true
```

由于创建 File 对象并不实际在磁盘上创建一个文件，第一次调用 exists()方法返回 false。当调用 createNewFile()方法时实际创建一个文件，返回 true。此时在当前目录下产生一个

输入输出

空文件。再次执行程序，输出结果如下：

```
true
false
true
```

当文件存在再调用 createNewFile()方法将返回 false。另外，这里把创建文件对象的代码写在 try-catch 结构中，因为大多数 I/O 操作都抛出 IOException 检查异常，必须处理。

下面是 File 类最常用操作方法。

- public boolean exists()：测试 File 对象是否存在。
- public long length()：返回指定文件的字节长度，文件不存在时返回 0。
- public boolean createNewFile()：当文件不存在时，创建一个空文件时返回 true，否则返回 false。
- public boolean renameTo(File newName)：重命名指定的文件对象，正常重命名时返回 true，否则返回 false。
- public boolean delete()：删除指定的文件。若为目录，当目录为空时才能删除。
- public long lastModified()：返回文件最后被修改的日期和时间，计算的是从 1970 年 1 月 1 日 0 时 0 分 0 秒开始的毫秒数。

13.1.2 文本 I/O 与二进制 I/O

在计算机系统中通常使用文件存储信息和数据。文件通常可以分为文本文件和二进制文件。文本文件（text file）是包含字符序列的文件，可以使用文本编辑器查看或通过程序阅读。而内容必须按二进制序列处理的文件称为二进制文件（binary file）。

实际上，计算机并不区分二进制文件与文本文件。所有的文件都是以二进制形式来存储的，因此，从本质上说，所有的文件都是二进制文件。

对于文本 I/O 而言，在写入一个字符时，Java 虚拟机会将字符的统一码转换为文件指定的编码，在读取字符时，将文件指定的编码转换为统一码。编码和解码是自动进行的。例如，使用文本 I/O 将字符串"123"写入文件，那么每个字符的二进制编码都会写入到文件。字符"1"的统一码是\u0031，所以会根据文件的编码方案将统一码转换成一个字符。为了写入一个字符串"123"，就应该将 3 个字符\u0031、\u0032 和\u0033 发送到输出。

二进制 I/O 不需要进行转换。如果使用二进制 I/O 向文件写入一个数据，就是将内存中的值复制到文件中。例如，一个 byte 类型的数值 123 在内存中表示为 0111 1011，将它写入文件也是 0111 1011。使用二进制 I/O 读取一个字节时，就会从输入流中读取一个字节的二进制编码。

由于二进制的 I/O 不需要编码和解码，所以它的优点是处理效率比文本文件高。二进制文件与主机的编码方案无关，因此它是可移植的。

13.1.3 InputStream 类和 OutputStream 类

InputStream 类是二进制输入流的根类，有多个子类。InputStream 类及常用子类如

图 13-2 所示。

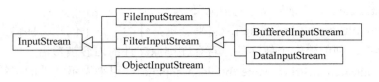

图 13-2　InputStream 类及常用子类

二进制输入流 InputStream 类定义的方法如下。

- public int read()：从输入流中读取下一个字节并返回它的值，返回值是 0~255 的整数值。如果读到输入流末尾，返回–1。
- public int read(byte[] b)：从输入流中读多个字节，存入字节数组 b 中，如果输入流结束，返回–1。
- public int available()：返回输入流中可读或可跳过的字节数。
- public void close()：关闭输入流，并释放相关的系统资源。

OutputStream 类是二进制输出流的根类，有多个子类，如图 13-3 所示。二进制输出流 OutputStream 类定义的方法如下：

- public void write(int b)：把指定的整数 b 的低 8 位字节写入输出流。
- public void write(byte[] b)：把指定的字节数组 b 的 b.length 个字节写入输出流。
- public void flush()：刷新输出流，输出全部缓存内容。
- public void close()：关闭输出流，并释放系统资源。

上述这些方法的定义都抛出了 IOException 异常，当程序不能读写数据时抛出该异常，因此使用这些方法时要么使用 try-catch 结构捕获异常，要么声明方法抛出异常。

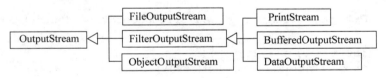

图 13-3　OutputStream 类及常用子类

13.1.4　常用二进制 I/O 流

本节介绍几个最常用的二进制输入输出流，使用它们可以实现二进制数据的读写。

1. FileInputStream 类和 FileOutputStream 类

FileInputStream 类和 FileOutputStream 类用来实现文件的输入输出处理，由它们所提供的方法可以打开本地机上的文件，并进行顺序读写。

FileInputStream 类的两个常用的构造方法如下：

- FileInputStream(String name)：用表示文件的字符串创建文件输入流对象。
- FileInputStream(File file)：用 File 对象创建文件输入流对象。

若指定的文件不存在，则产生 FileNotFoundException 异常，它是检查异常，必须捕获或声明抛出。也可以先创建 File 对象，然后测试该文件是否存在，若存在再创建文件输入流。

FileOutputStream 类的常用构造方法如下。

- FileOutputStream(String name)：用来表示文件的字符串创建文件输出流对象。若文件不存在，则创建一个新文件，若存在则原文件的内容被覆盖。
- FileOutputStream(String name, boolean append)：用来表示文件的字符串创建文件输出流对象。如果 append 参数为 true，则指明打开的文件输出流不覆盖原来的内容，而是从文件末尾写入新内容，否则覆盖原来的文件内容。使用该构造方法生成文件输出流对象要特别注意，以免删除原文件中的内容。
- FileOutputStream(File file)：用 File 对象创建文件输入流对象。

FileInputStream 类覆盖了父类的 read()、available()和 close()方法。FileOutputStream 类覆盖了父类的 write()方法，可以使用该方法向输出流中写数据。

InputStream 类和 OutputStream 类及其子类都实现了 java.lang.AutoClosable 接口，因此可以在 try-with-resources 语句中使用，当流使用后自动将它们关闭。

下面程序首先使用 FileOutputStream 对象向 output.dat 文件中写入 10 个 10～99 的随机整数，然后使用 FileInputStream 对象从 output.dat 文件中读出这 10 个数并输出。

程序 13.1　OutputInputDemo.java

```java
package com.demo;
import java.io.*;
public class OutputInputDemo {
    public static void main(String[] args) throws IOException {
        //向文件中写数据
        File outputFile = new File("output.dat");
        try(
            FileOutputStream out = new FileOutputStream(outputFile);)
        {
            for(int i = 0; i < 10;i++){
                int x =(int)(Math.random()*90)+10;
                out.write(x);            //只把整数低8位写入输出流
            }
            out.flush();            //刷新输出流
        }catch(IOException e){
            System.out.println(e.toString());
        }
        //从文件中读数据
        File inputFile = new File("output.dat");
        try(
            FileInputStream in = new FileInputStream(inputFile);)
        {
            int c = in.read();
            while(c! =-1){
                System.out.print(c + " ");
                c = in.read();
            }
```

```
        }catch(IOException e){
            System.out.println(e.toString());
        }
    }
}
```

程序中使用了 try-with-resources 语句，它将自动关闭打开的资源（文件输入输出流）。下面是该程序某次运行结果：

```
86 67 62 39 83 37 44 97 79 66
```

📖 提示：生成的 output.dat 是二进制文件，大小为 10 字节。如果使用记事本打开该文件，可以看到其内容是乱码，表明该文件不是文本文件。

2. BufferedInputStream 类和 BufferedOutputStream 类

BufferedInputStream 为缓冲输入流，BufferedOutputStream 为缓冲输出流，这两个类用来对流实现缓冲功能。使用缓冲流可以减少读写数据的次数，加快输入输出的速度。缓冲流使用字节数组实现缓冲，当输入数据时，数据成块地读入数组缓冲区，然后程序再从缓冲区中读取单个字节；当输出数据时，数据先写入数组缓冲区，然后再将整个数组写到输出流中。

BufferedInputStream 的构造方法如下。

- BufferedInputStream(InputStream in)：使用参数 in 指定的输入流对象创建一个缓冲输入流。
- BufferedInputStream(InputStream in, int size)：使用参数 in 指定的输入流对象创建一个缓冲输入流，并且通过 size 参数指定缓冲区大小，默认为 512 字节。

BufferedOutputStream 类的构造方法如下。

- BufferedOutputStream(OutputStream out)：使用参数 out 指定的输出流对象创建一个缓冲输出流。
- BufferedOutputStream(OutputStream out, int size)：使用参数 out 指定的输出流对象创建一个缓冲输出流，并且通过 size 参数指定缓冲区大小，默认为 512 字节。

使用上面两个类，可以把输入输出流包装成具有缓冲功能的流，从而提高输入输出的效率。

3. DataInputStream 类和 DataOutputStream 类

DataInputStream 和 DataOutputStream 类分别是数据输入流和数据输出流。使用这两个类可以实现基本数据类型的输入输出。这两个类的构造方法如下。

- DataInputStream(InputStream instream)：参数 instream 是字节输入流对象。
- DataOutputStream(OutputStream outstream)：参数 outstream 是字节输出流对象。

下面语句分别创建了一个数据输入流和数据输出流。第一条语句为文件 input.dat 创建了缓冲输入流，然后将其包装成数据输入流，第二条语句为文件 output.dat 创建了缓冲输出流，然后将其包装成数据输出流。

```
DataInputStream inFile = new DataInputStream(
                        new BufferedInputStream(
```

```
                                    new FileInputStream("input.dat")));
        DataOutputStream outFile = new DataOutputStream(
                                new BufferedOutputStream(
                                    new FileOutputStream("output.dat")));
```

  DataInputStream 类和 DataOutputStream 类中定义了读写基本类型数据和字符串的方法，这两个类分别实现了 DataInput 和 DataOutput 接口中定义的方法。

  DataInputStream 类定义的常用方法如下。

- public byte readByte()：从输入流读一个字节并返回该字节。
- public short readShort()：从输入流读 2 字节，返回一个 short 型值。
- public int readInt()：从输入流读 4 字节，返回一个 int 型值。
- public long readLong()：从输入流读 8 字节，返回一个 long 型值。
- public char readChar()：从输入流读一个字符并返回该字符。
- public boolean readBoolean()：从输入流读一个字节，非 0 返回 true，0 返回 false。
- public float readFloat()：从输入流读 4 字节，返回一个 float 型值。
- public double readDouble()：从输入流读 8 字节，返回一个 double 型值。
- public String readLine()：从输入流读下一行文本。该方法已被标记为不推荐使用。
- public String readUTF()：从输入流读 UTF-8 格式的字符串。

DataOutputStream 类定义的常用方法如下。

- public void writeByte(int v)：将 v 低 8 位写入输出流，忽略高 24 位。
- public void writeShort(int v)：向输出流写一个 16 位的整数。
- public void writeInt(int v)：向输出流写一个 4 字节的整数。
- public void writeLong(long v)：向输出流写一个 8 字节的长整数。
- public void writeChar(int v)：向输出流写一个 16 位的字符。
- public void writeBoolean(boolean v)：将一个布尔值写入输出流。
- public void writeFloat(float v)：向输出流写一个 4 字节的 float 型浮点数。
- public void writeDouble(double v)：向输出流写一个 8 字节的 double 型浮点数。
- public void writeBytes(String s)：将参数字符串每个字符的低位字节按顺序写到输出流中。
- public void writeChars(String s)：将参数字符串每个字符按顺序写到输出流中，每个字符占 2 字节。
- public void writeUTF(String s)：将参数字符串字符按 UTF-8 的格式写出到输出流中。UTF-8 格式的字符串中每个字符可能是 1、2 或 3 字节，另外字符串前要加 2 字节存储字符数量。

  下面程序使用 DataOutputStream 流将数据写入到文件中，这里还将数据流包装成缓冲流。之后，使用 DataInputStream 流从文件中读取数据并在控制台输出。

程序 13.2　DataStreamDemo.java

```
package com.demo;
import java.io.*;
public class DataStreamDemo{
    public static void main(String[] args){
```

```
//向文件中写数据
try(
   FileOutputStream output = new FileOutputStream("data.dat");
   DataOutputStream dataOutStream = new DataOutputStream(
       new BufferedOutputStream(output));
){
  dataOutStream.writeDouble(123.456);
  dataOutStream.writeInt(100);
  dataOutStream.writeUTF("Java语言");
}catch(IOException e){
   e.printStackTrace();
}
System.out.println("数据已写到文件中。");
//从文件中读取数据
try(
   FileInputStream input = new FileInputStream("data.dat");
   DataInputStream dataInStream = new DataInputStream(
           new BufferedInputStream(input));
){
  while(dataInStream.available()>0){
     double d = dataInStream.readDouble();
     int i = dataInStream.readInt();
     String s = dataInStream.readUTF();
     System.out.println("d = "+d);
     System.out.println("i = "+i);
     System.out.println("s = "+s);
  }
}catch(IOException e){
   e.printStackTrace();
   }
 }
}
```

该程序执行后,查看 data.dat 文件的属性可知该文件的大小是 24 字节。这是因为 double 型数占 8 字节,int 型数占 4 字节,每个汉字占 3 字节,另有 2 字节记录字符串字符个数。

如果将 writeUTF()方法改为 writeBytes()方法,文件大小为 18 字节,若将 writeUTF() 方法改为 writeChars()方法,文件大小为 24 字节,每个字符用 2 字节输出。

从上述程序中可以看到,从输入流中读取数据时应与写入的数据的顺序一致,否则读出的数据内容不可预测。

在从输入流中读数据时,如果到达输入流的末尾还继续从中读取数据,就会发生 EOFException 异常,这个异常可用来检测是否已经到达文件末尾。

4. PrintStream 类

PrintStream 类为打印各种类型的数据提供了方便。PrintStream 类定义了多个 print()和 println()方法,可以打印各种类型的数据。这些方法都是把数据转换成字符串,然后输出。

如果输出到文件中则可以用记事本浏览。println()方法输出后换行，print()方法输出后不换行。当把对象传递给这两个方法时则先调用对象的 toString()方法将对象转换为字符串形式，然后输出。在前面章节大量使用的 System.out 对象就是 PrintStream 类的一个实例，用于向控制台输出数据。

13.1.5　标准输入输出流

计算机系统都有标准的输入设备和标准输出设备。对一般系统而言，标准输入设备通常是键盘，而标准输出设备是屏幕。Java 系统事先定义了两个对象 System.in 和 System.out，分别与系统的标准输入和标准输出相联系，另外还定义了标准错误输出流 System.err。

System.in 是 InputStream 类的实例。可以使用 read()方法从键盘上读取字节，也可以将它包装成数据流读取各种类型的数据和字符串。

教学视频

System.out 和 System.err 是 PrintStream 类的实例，可以使用该类定义的方法输出各种类型数据。

13.2　文本 I/O 流

13.1 节介绍的二进制输入输出流是以字节为信息的基本单位，本节介绍以字符为基本单位的文本 I/O 流，也叫字符 I/O 流。文本 I/O 流的类层次结构如图 13-4 和图 13-5 所示。

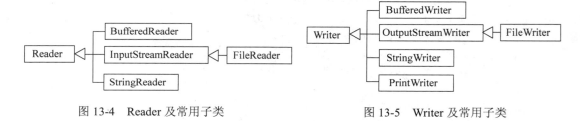

图 13-4　Reader 及常用子类　　　　　　图 13-5　Writer 及常用子类

13.2.1　Reader 类和 Writer 类

抽象类 Reader 和 Writer 分别是文本输入流和输出流的根类，它们实现字符的读写。Reader 类是文本输入流的根类，定义的方法主要有：

- public int read()：读取一个字符，返回 0～65 535 的 int 型值，如果到达流的末尾返回−1。
- public int read(char[] cbuf)：读取多个字符到字符数组 cbuf 中，如果到达流的末尾返回−1。
- public void close()：关闭输入流。

Writer 类是字符输出流的根类，定义的方法主要有：

- public void write(int c)：向输出流中写一个字符，实际是将 int 型的 c 的低 16 位写入输出流。
- public void write(char [] cbuf)：把字符数组 cbuf 中的字符写入输出流。
- public void write(String str)：把字符串 str 写入输出流中。

- public void flush()：刷新输出流。
- public void close()：关闭输出流。

Reader 类和 Writer 类的方法在发生 I/O 错误时都抛出 IOException 异常，因此在程序中应该捕获异常或声明抛出异常。

13.2.2　FileReader 类和 FileWriter 类

FileReader 类是文件输入流，FileWriter 类是文件输出流。当操作的文件中是文本数据时，推荐使用这两个类。

FileReader 类构造方法如下。

- public FileReader(String fileName)：用字符串表示的文件构造一个文件输入流对象。
- public FileReader(File file)：用 File 对象表示的文件构造一个文件输入流对象。

FileWriter 类构造方法如下。

- public FileWriter(String fileName)：用参数 fileName 指定的文件创建一个文件输出流对象。
- public FileWriter(File file)：用参数 file 指定的 File 对象创建一个文件输出流对象。
- public FileWriter(String fileName, boolean append)：使用该构造方法创建文件输出流对象时，如果参数 appent 指定为 true，则可以向文件末尾追加数据，否则覆盖文件原来的数据。

FileReader 类是 InputStreamReader 的子类，实现二进制输入流向文本输入流的转换功能；FileWriter 类是 OutputStreamWriter 的子类，实现文本输出流向二进制输出流的转换。

下面的 FileCopyDemo.java 程序使用 FileReader 和 FileWriter 将文件 input.txt 的内容复制到 output.txt 文件中。

程序 13.3　FileCopyDemo.java

```
package com.demo;
import java.io.*;
public class FileCopyDemo{
  public static void main(String[] args){
      File inputFile = new File("input.txt");
      File outputFile = new File("output.txt");
      try(
        FileReader in = new FileReader(inputFile);
        FileWriter out = new FileWriter(outputFile);)
      {
        int c = in.read();
        while (c!= -1){
          out.write(c);
          c = in.read();
        }
      }catch(IOException e){
```

输入输出

```java
        System.out.println(e.toString());
      }
    }
  }
```

13.2.3 BufferedReader 类和 BufferedWriter 类

BufferedReader 类和 BufferedWriter 类分别实现了具有缓冲功能的字符输入输出流。这两个类用来将其他的字符流包装成缓冲字符流，以提高读写数据的效率。

BufferedReader 类的构造方法如下。

- public BufferedReader(Reader in)：使用默认的缓冲区大小创建缓冲字符输入流。
- public BufferedReader(Reader in, int sz)：使用指定的缓冲区大小创建缓冲字符输入流。

下面代码创建了一个 BufferedReader 对象：

```java
BufferedReader in = new BufferedReader(new FileReader("input.txt"));
```

BufferedReader 类除覆盖了父类 Reader 类的方法外，还定义了下面的常用方法：

- public String readLine()：从输入流中读取一行文本。

BufferedWriter 类的构造方法如下。

- BufferedWriter(Writer out)：使用默认的缓冲区大小创建缓冲字符输出流。
- BufferedWriter(Writer out, int sz)：使用指定的缓冲区大小创建缓冲字符输出流。

除继承 Writer 类的方法外，该类提供了一个 void newLine() 方法，用来写一个行分隔符。它是系统属性 line.separator 定义的分隔符。通常 Writer 直接将输出发送到基本的字符或字节流，建议在 Writer 上（如 FileWriter 和 OutputStreamWriter）包装 BufferedWriter。例如：

```java
BufferedWriter br = new BufferedWriter(
                        new FileWriter("output.txt"));
```

下面程序统计文本文件 article.txt 中的单词数量。

程序 13.4　WordsCount.java

```java
package com.demo;
import java.io.*;
public class WordsCount{
  public static void main(String[] args) throws Exception{
    String fileName = "article.txt";
    FileReader inFile = new FileReader(fileName);
    BufferedReader reader = new BufferedReader(inFile);
    int sum = 0;
    String aLine = reader.readLine();
    while(aLine != null){
      String [] words = aLine.split("[ ,.]");
      sum = sum + words.length;
```

```
        aLine = reader.readLine();
    }
    reader.close();
    System.out.println("sum = "+sum);
  }
}
```

　　程序逐行读取文本文件，对每行解析单词数组并统计每个单词数组元素之和，从而统计文章中单词数量。这里假设单词的分隔符只用空格、逗号和点号 3 种。

13.2.4　PrintWriter 类

　　PrintWriter 类实现字符打印输出流，它的构造方法如下。
- PrintWriter(Writer out)：使用参数指定的输出流对象 out 创建一个打印输出流。
- PrintWriter(Writer out, boolean autoFlush)：如果 autoFlush 指定为 true，则在输出之前自动刷新输出流。
- PrintWriter(OutputStream out)：使用二进制输出流创建一个打印输出流。
- PrintWriter(OutputStream out, boolean autoFlush)：如果 autoFlush 指定为 true，则在输出之前自动刷新输出流。

　　PrintWriter 类定义的常用方法如下。
- public void println(boolean b)：输出一个 boolean 型数据。
- public void println(char c)：输出一个 char 型数据。
- public void println(char[] s)：输出一个 char 型数组数据。
- public void println(int i)：输出一个 int 型数据。
- public void println(long l)：输出一个 long 型数据。
- public void println(float f)：输出一个 float 型数据。
- public void println(double d)：输出一个 double 型数据。
- public void println(String s)：输出一个 String 型数据。
- public void println(Object obj)：将 obj 转换成 String 型数据，然后输出。
- public PrintWriter printf(String format, Object…args)：使用指定的格式 format，输出 args 参数指定的数据。

　　这些方法都是把数据转换成字符串，然后输出。当把对象传递给这两个方法时则先调用对象的 toString()方法将对象转换为字符串，然后输出。

　　下面程序随机产生 10 个 100~200 的整数，然后使用 PrintWriter 对象输出到文件 number.txt 中。

程序 13.5　PrintWriterDemo.java

```
package com.demo;
import java.io.*;
public class PrintWriterDemo{
  public static void main(String[]args) throws IOException{
    String fileName = "number.txt";
```

输入输出

```
FileWriter out = new FileWriter(new File(fileName));
PrintWriter pw = new PrintWriter(out,true);
//向文件中随机写入10个整数
for(int i = 0; i < 10; i++){
    int num = (int)(Math.random()*101)+100;
    pw.println(num);
}
//从文件中读出10个整数
FileReader in = new FileReader(new File(fileName));
BufferedReader reader = new BufferedReader(in);
String aLine = reader.readLine();
while(aLine != null){
    System.out.println(aLine);
    aLine = reader.readLine();
}
pw.close();
reader.close();
    }
}
```

该程序运行后在项目目录下创建一个 number.txt 文本文件，并且写入 10 个整数，该文件可以用记事本打开。

13.2.5 使用 Scanner 对象

使用 Scanner 类从键盘读取数据，在创建 Scanner 对象时将标准输入设备 System.in 作为其构造方法的参数。使用 Scanner 还可以关联文本文件，从文本文件中读取数据。

Scanner 类的常用的构造方法如下。

- public Scanner(String source)：用指定的字符串构造一个 Scanner 对象，以便从中读取数据。
- public Scanner(InputStream source)：用指定的输入流构造一个 Scanner 对象，以便从中读取数据。

创建 Scanner 对象后，就可以根据分隔符对源数据进行解析。使用 Scanner 类的有关方法可以解析每个标记（token）。默认的分隔符是空白，包括回车、换行、空格、制表符等，也可以指定分隔符。

Scanner 类的常用方法如下。

- public byte nextByte()：读取下一个标记并将其解析成 byte 型数。
- public short nextShort()：读取下一个标记并将其解析成 short 型数。
- public int nextInt()：读取下一个标记并将其解析成 int 型数。
- public long nextLong()：读取下一个标记并将其解析成 long 型数。
- public float nextFloat()：读取下一个标记并将其解析成 float 型数。
- public double nextDouble()：读取下一个标记并将其解析成 double 型数。
- public boolean nextBoolean()：读取下一个标记并将其解析成 boolean 型数。

- public String next()：读取下一个标记并将其解析成字符串。
- public String nextLine()：读取当前行作为一个 string 型字符串。
- public Scanner useDelimiter(String pattern)：设置 Scanner 对象使用分隔符的模式。pattern 为一个合法的正则表达式。
- public void close()：关闭 Scanner 对象。

对上述每个 nextXxx()方法，Scanner 类还提供一个 hasNextXxx()方法。使用该方法可以判断是否还有下一个标记。下面程序使用 Scanner 类从程序 13.5 创建的文本文件 number.txt 中读出每个整数。

程序 13.6 TextFileDemo.java

```java
package com.demo;
import java.io.*;
import java.util.Scanner;
public class TextFileDemo{
    public static void main(String[] args){
        File file = new File("number.txt");
        try(
            InputStream input = new FileInputStream(file);
            Scanner sc = new Scanner(input) )
        {
          while (sc.hasNextInt()) {
            int token = sc.nextInt();
            System.out.println(token);
          }
        }catch(IOException e){
            e.printStackTrace();}
    }
}
```

运行程序将输出 number.txt 文件中的内容。

教学视频

13.3　对象序列化

对象的寿命通常随着创建该对象程序的终止而终止。有时可能需要将对象的状态保存下来，在需要时再将其恢复。对象状态的保存和恢复可以通过对象 I/O 流实现。

13.3.1　对象序列化与对象流

1. Serializable 接口

将程序中的对象输出到外部设备（如磁盘、网络）中，称为对象序列化（serialization）；反之，从外部设备将对象读入程序中称为对象反序列化（deserialization）。一个类的对象要实现对象序列化，必须实现 java.io.Serializable 接口，该接口的定义如下。

```java
public interface Serializable{}
```

Serializable 接口只是标识性接口，其中没有定义任何方法。一个类的对象要序列化，除了必须实现 Serializable 接口外，还需要创建对象输出流和对象输入流，然后，通过对象输出流将对象状态保存下来，通过对象输入流恢复对象的状态。

2. ObjectInputStream 类和 ObjectOutputStream 类

在 java.io 包中定义了 ObjectInputStream 和 ObjectOutputStream 两个类，分别称为对象输入流和对象输出流。ObjectInputStream 类继承了 InputStream 类，实现了 ObjectInput 接口，而 ObjectInput 接口又继承了 DataInput 接口。ObjectOutputStream 类继承了 OutputStream 类，实现了 ObjectOutput 接口，而 ObjectOutput 接口又继承了 DataOutput 接口。

13.3.2 向 ObjectOutputStream 中写入对象

若将对象写到外部设备需要建立 ObjectOutputStream 类的对象，构造方法为：

```
public ObjectOutputStream(OutputStream out)
```

参数 out 为一个字节输出流对象。创建了对象输出流后，就可以调用它的 writeObject() 方法将一个对象写入流中，该方法格式为：

```
public final void writeObject(Object obj) throws IOException
```

若写入的对象不是可序列化的，该方法会抛出 NotSerializableException 异常。由于 ObjectOutputStream 类实现了 DataOutput 接口，该接口中定义多个方法用来写入基本数据类型，如 writeInt()、writeFloat() 及 writeDouble() 等，可以使用这些方法向对象输出流中写入基本数据类型。

下面代码将一些数据和对象写到对象输出流中。

```
FileOutputStream fos = new FileOutputStream("data.ser");
ObjectOutputStream oop = new ObjectOutputStream(fos);
oos.writeInt(2010);
oos.writeObject("你好");
oos.writeObject(LocalDate.now());
```

ObjectOutputStream 必须建立在另一个字节流上，该例是建立在 FileOutputStream 上的。然后向文件中写入一个整数、字符串"你好"和一个 LocalDate 对象。

13.3.3 从 ObjectInputStream 中读出对象

若要从外部设备上读取对象，需建立 ObjectInputStream 对象，该类的构造方法为：

```
public ObjectInputStream(InputStream in)
```

参数 in 为字节输入流对象。通过调用 ObjectInputStream 类的方法 readObject() 方法可以将一个对象读出，该方法的声明格式如下。

```
public final Object readObject() throws IOException
```

在使用 readObject()方法读出对象时，其类型和顺序必须与写入时一致。由于该方法返回 Object 类型，因此在读出对象时需要适当的类型转换。

ObjectInputStream类实现了DataInput接口，该接口中定义了读取基本数据类型的方法，如 readInt()、readFloat()及 readDouble()，使用这些方法可以从 ObjectInputStream 流中读取基本数据类型。

下面代码在 InputStream 对象上建立一个对象输入流对象。

```
FileInputStream fis = new FileInputStream("data.ser");
ObjectInputStream oip = new ObjectInputStream(fis);
int i = ois.readInt();
String today = (String)ois.readObject();
LocalDate date = (LocalDate)ois.readObject();
```

与 ObjectOutputStream 一样，ObjectInputStream 也必须建立在另一个流上，本例中就是建立在 FileInputStream 上的。接下来使用 readInt()方法和 readObject()方法读出整数、字符串和 LocalDate 对象。

下面的例子说明如何实现对象的序列化和反序列化，这里的对象是 Customer 类的对象，它实现了 Serializable 接口。

程序 13.7   Customer.java

```
package com.demo;
import java.io.*;
public class Customer implements Serializable{
    public int id;                  //客户号
    public String name;             //姓名
    public String address;          //地址
    public Customer(int id,String name,String address){
        this.id = id;
        this.name = name;
        this.address = address;
    }
}
```

下面的程序实现将 Customer 类的对象序列化和反序列化。

程序 13.8   ObjectSerializeDemo.java

```
package com.demo;
import java.io.*;
import java.time.LocalDate;
public class ObjectSerializeDemo {
    public static void main(String[]args){
        Customer customer = new Customer(
                     101,"刘明","北京市海淀区");
        LocalDate today = LocalDate.now();
        //序列化
```

输入输出

```
try(
  OutputStream output =
        new FileOutputStream("D:\\study\\customer.dat");
  ObjectOutputStream oos = new ObjectOutputStream(output)){
  oos.writeObject(customer);    //写入一个客户对象
  oos.writeObject(today);          //写入一个日期对象
}catch(IOException e){
  e.printStackTrace();
}
//反序列化
try(
  InputStream input =
        new FileInputStream("D:\\study\\customer.dat");
  ObjectInputStream ois = new ObjectInputStream(input)){
  while(true){
    try{
      customer = (Customer)ois.readObject();
      System.out.println("客户号:"+customer.id);
      System.out.println("姓名:"+customer.name);
      System.out.println("地址:"+customer.address);
      today = (LocalDate)ois.readObject();
      System.out.println("日期:" + today);
    }catch(EOFException e){
      break;
    }
  }
}catch(ClassNotFoundException | IOException e){
  e.printStackTrace();
}
}
}
```

对象序列化需要注意的事项如下。

- 序列化只能保存对象的非 static 成员，不能保存任何成员方法和 static 成员变量，而且序列化保存的只是变量的值；
- 用 transient 关键字修饰的变量为临时变量，也不能被序列化；
- 对于成员变量为引用类型时，引用的对象也被序列化。

13.3.4 序列化数组

如果数组中的所有元素都是可序列化的，这个数组就是可序列化的。一个完整的数组可以用 writeObject()方法存入文件，之后用 readObject()方法读取到程序中。

下面程序将一个有 5 个元素的 int 型数组和一个有 3 个元素的 String 型数组存储到文件中，然后将它们从文件中读出显示在控制台上。

程序 13.9　ArraySerialDemo.java

```java
package com.demo;
import java.io.*;
public class ArraySerialDemo {
    public static void main(String[]args){
        try{
            int[] numbers = {1, 2, 3, 4, 5};
            String [] cities = {"北京","上海","广州"};
            //序列化
            try(
                FileOutputStream output = new FileOutputStream("array.dat",true);
                ObjectOutputStream oos = new ObjectOutputStream(output);
            ){
                oos.writeObject(numbers);   //将numbers数组写入文件
                oos.writeObject(cities);    //将cities数组写入文件
            }catch(IOException e){
                e.printStackTrace();
            }
            //反序列化
            try(
                FileInputStream input = new FileInputStream("array.dat");
                ObjectInputStream ois = new ObjectInputStream(input);
            ){
            //读取数组对象
                int [] newNumbers = (int[])ois.readObject();
                String [] newStrings = (String[])ois.readObject();
                for(int n : newNumbers)
                    System.out.print(n + "  ");
                System.out.println();
                for(String s : newStrings)
                    System.out.print(s + "  ");
            }catch(ClassNotFoundException | IOException e){
                e.printStackTrace();
            }
        }
    }
}
```

程序运行结果如下所示：

```
1  2  3  4  5
北京  上海  广州
```

程序将两个数组 numbers 和 cities 写入文件 array.dat，之后将这两个数组按存储的顺序从文件中读出。由于 readObject()方法返回 Object 对象，所以程序使用类型转换将其分别转换成 int[]和 String[]。

13.4 NIO 和 NIO.2

教学视频

为了增强 Java I/O 功能，在 JDK 1.4 中增加了一些新的 API，称为 NIO（new I/O），NIO API 是 java.nio 包及其子包的一部分。在 JDK 7 中又新引进了一些包，称作 NIO.2，用来对现有技术进行补充。NIO.2 的接口和类通过 java.nio.file 包及其子包提供。

13.4.1 文件系统和路径

一个文件系统可以包含三类对象：文件、目录（也称文件夹）和符号链接（symbolic link）。当今的大多数操作系统都支持文件和目录，并且允许目录包含子目录。处于目录树顶部的目录称作根目录。Linux/UNIX 类操作系统只有一个根目录："/"，且支持符号链接。Windows 系统可以有多个根目录："C:\""D:\" 等，且不支持符号链接。

在文件系统中，文件和目录都是通过路径表示的，路径可以是绝对的，也可以是相对的。路径通常以根结点开头。图 13-6 显示了一个 Windows 系统中目录树结构。这里的根目录是"D:\"。report.txt 文件表示如下：

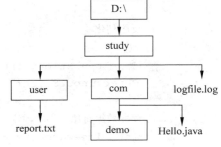

图 13-6　一个目录结构示意图

    D:\study\user\report.txt

这里，"D:\" 表示根结点，反斜线（\）为路径分隔符。

绝对路径是以根元素为起点的路径。例如，D:\study\user\report.txt 就是绝对路径。绝对路径包含定位文件的所有信息。相对路径是不包含根元素的路径。例如，study\com\Hello.java 是相对路径。只通过相对路径不能定位文件，要准确定位文件还需要另外的路径信息。

提示：在 Solaris OS 和 Linux 系统中，文件系统是单根结构，根结点为（/），路径分隔符为斜线（/）。

13.4.2 FileSystem 类

顾名思义，FileSystem 表示一个文件系统，是一个抽象类，可以调用 FileSystems 类的 getDefault()静态方法来获取当前的文件系统。

    FileSystem fileSystem = FileSystems.getDefault();

FileSystem 类中定义了下面一些常用方法。

- abstract Path getPath(String first, String…more)：返回字符串 first 指定的路径对象。可选参数 more 用来指定后续路径。

- abstract String getSeparator()：返回路径分隔符。在 Windows 系统中，它是 "\"，在 UNIX/Linux 系统中，它是 "/"。
- abstract Iterable<Path>getRootDirectores()：返回一个 Iterable 对象，可以用来遍历根目录。
- abstract boolean isOpen()：返回该文件系统是否打开。
- abstract boolean isReadOnly()：返回该文件系统是否只读。

13.4.3　Path 对象

在 Java 7 之前，文件和目录用 File 对象表示。由于使用 File 类存在着许多不足，因此在 Java 7 中应使用 NIO.2 的 java.nio.file.Path 接口代替 File。

Path 对象在文件系统中表示文件或目录。这个接口命名比较恰当，表示一个路径，可以是一个文件、一个目录，也可以是一个符号链接，还可以表示一个根目录。

正如名称所示，Path 在文件系统中表示路径。一个 Path 对象包含构成路径的目录列表和文件名，用来检查、定位和操作文件。在 Windows 系统中，Path 对象使用 Windows 语法表示（如 D:\study\com\demo）。

有多种方式创建和操作 Path 实例，可以把一个 Path 对象追加到另一个 Path 对象上、抽取 Path 对象部分内容、与另一个 Path 对象比较等。

> 📖 提示：对 JDK 7 之前使用 java.io.File 的代码，可以使用 File 类的 toPath()方法转换成 Path 对象，从而利用 Path 功能。

1. 创建 Path 实例

Path 实例包含确定文件或目录位置的信息。在创建 Path 实例时，通常要提供一系列名称，如根元素或文件名等。一个 Path 可以只包含路径名或文件名。

可以使用 Paths（注意是复数）类的 get()方法创建 Path 对象：

```
Path p1 = Paths.get("D:\\study\\com\\Hello.java");
Path p2 = Paths.get(args[0]);
Path p3 = Paths.get(URI.create("file:///users/joe/FileTest.java"));
```

实际上，Paths 类的 get()方法是下面代码的简化形式：

```
Path p4 = FileSystems.getDefault().getPath("D:\\study\\com\\Hello.java");
```

> 🔊 注意：创建一个 Path 对象并不意味着在磁盘中创建一个物理意义上的文件或目录。与 Path 对应的文件或目录可以不存在。为了创建文件或目录，需要使用 Files 类。

2. 检索路径信息

Path 对象可以看作是一个名称序列，每一级目录可以通过索引指定。目录结构的顶层索引为 0，目录结构的底层元素索引是 n–1，n 是总层数。例如，getName(0)方法将返回最顶层目录名称。下面代码演示了 Path 接口的几个方法。

```
Path path = Paths.get("D:\\study\\user\\report.txt");
```

```
System.out.println("toString:" + path.toString());
System.out.println("getFileName:" + path.getFileName());
System.out.println("getName(0): " + path.getName(0));
System.out.println("getNameCount: " + path.getNameCount());
System.out.println("subpath(0,2): " + path.subpath(0,2));
System.out.println("getParent: " + path.getParent());
System.out.println("getRoot: " + path.getRoot());
```

上述代码的输出结果如下。

```
toString: D:\study\user\report.txt
getFileName: report.txt
getName(0): study
getNameCount: 3
subpath(0,2): study\user
getParent: D:\study\user
getRoot: D:\
```

13.5 Files 类操作

教学视频

java.nio.file.Files 类是一个功能非常强大的类。该类定义了大量的静态方法用来读、写和操纵文件与目录。Files 类主要操作 Path 对象。

13.5.1 创建和删除目录及文件

Files 类提供了下面的方法创建、删除目录和文件。

- public static Path createDirectory(Path dir, FileAttribute<?>···attrs)：创建由 dir 指定的目录，参数 attrs 指定目录的属性，如果不需要设置属性，可忽略该参数。如果创建的目录已经存在，该方法将抛出 FileAlreadyExistsException 异常。
- public static Path createFile(Path file, FileAttribute<?>···attrs)：创建由 file 指定的文件。如果文件的父目录不存在，该方法会抛出一个 IOException 异常。如果已经存在一个同名的文件，将抛出 FileAlreadyExistsException 异常。
- public static void delete(Path path)：删除由 path 指定的目录或文件。如果 path 是一个目录，要求目录必须为空。如果 path 不存在，则抛出 NoSuchFileException 异常。
- public static void deleteIfExists(Path path)：如果 path 对象存在则将其删除。如果 path 是目录，要求目录必须为空，如果不为空则抛出 DirectoryNotEmptyException 异常。

Files 类提供了两个删除文件或目录的方法。delete(Path)方法删除文件，如果删除失败抛出异常。例如，如果文件不存在将抛出 NoSuchFileException 异常，可以捕获有关异常确定删除文件失败的原因。

```
try {
    Files.delete(path);
} catch (NoSuchFileException x){
    System.out.println("No such file " + path);
```

```
} catch (DirectoryNotEmptyException x){
    System.err.format("The directory is not empty");
} catch (IOException x){
    //文件许可问题在此捕获
    System.err.println(x);
}
```

deleteIfExists(Path)方法也可删除文件，但如果文件不存在将不抛出异常。这在多个线程删除文件、又不想抛出异常时特别有用，因为可能一个线程先执行了删除。

13.5.2 文件属性操作

可以使用 Files 类的方法检查 Path 对象表示的文件或目录是否存在、是否可读、是否可写、是否可执行等。

- public static boolean exists(Path path, LinkOption…options)：检查 path 所指的文件或目录是否存在。
- public static boolean notExists(Path path, LinkOption…options)：检查 path 所指的文件或目录是否不存在。注意，!Files.exists(path)与 Files.notExists(path)并不等价。如果 exists(path)与 notExists(path)都返回 false，表示文件不能检验。
- public static boolean isReadable(Path path)：检查 path 所指的文件或目录是否可读。
- public static boolean isWritable(Path path)：检查 path 所指的文件或目录是否可写。
- public static boolean isExecutable(Path path)：检查 path 所指的文件或目录是否可执行。
- static boolean isRegularFile(Path path, LinkOption…options)：如果指定的 Path 对象是一个文件返回 true。

下面代码检验一个文件是否存在、是否可执行。

```
Path file = Paths.get("D:\\study\data.ser");
boolean isRegular = Files.isRegularFile(file) & Files.isReadable(file)
            & Files.isExecutable(file);
```

Files 类中包含了下面一些获得或设置文件一个属性的方法。

- static long size(Path path)：返回指定文件的字节大小。
- static boolean isDirectory(Path path, LinkOption…options)：如果指定的 Path 对象是一个目录返回 true。
- static boolean isHidden(Path path)：如果指定的 Path 对象是隐藏的返回 true。
- static FileTime getLastModifiedTime(Path path, LinkOption…options)：返回指定文件的最后修改时间。
- static Path setLastModifiedTime(Path path, FileTime)：设置指定文件的最后修改时间。
- static UserPrincipal getOwner(Path path, LinkOption…options)：返回指定文件的所有者。
- static Path setOwner(Path path, UserPrincipal)：设置指定文件的所有者。

- static Object getAttribute(Path path, String, LinkOption…options)：返回用字符串指定文件的属性。
- static Path setAttribute(Path path, String, Object obj, LinkOption…options)：设置用字符串指定文件的属性。

下面程序演示了 Files 类几个方法的使用。

程序 13.10　FileDemo.java

```java
package com.demo;
import java.io.*;
import java.nio.file.*;
public class FileDemo {
    public static void main(String[] args){
        //声明一个路径和一个文件对象
        Path path = Paths.get("D:\\study\\demo"),
            file = Paths.get("D:\\study\\demo\\report.txt");
        try {
            if(!Files.exists(path))
                path = Files.createDirectory(path);    //创建路径
            if(!Files.exists(file))
                file = Files.createFile(file);         //创建文件
        } catch (FileAlreadyExistsException fe){
            fe.printStackTrace();
        } catch (IOException ie) {
            ie.printStackTrace();
        }
        System.out.println(Files.exists(file));
        System.out.println(Files.isReadable(file));
        try {
            Files.delete(path);                        //删除路径
        } catch (NoSuchFileException x) {
            System.out.println("No such file " + path);
        } catch (DirectoryNotEmptyException x){
            System.err.format("The directory is not empty");
        } catch (IOException x) {
            //文件许可问题在此捕获
            System.err.println(x);
        }
    }
}
```

运行该程序输出如下：

```
true
true
The directory is not empty
```

当要删除路径时，由于路径不空所以发生异常。可以先删除目录中的文件，然后再删除目录。

13.5.3 文件和目录的复制与移动

使用 Files 类的 copy() 方法可以复制文件和目录，使用 move() 方法可以移动目录和文件。copy() 方法的一般格式为：

```
public static Path copy(Path source, Path target, CopyOption…options)
```

source 为源文件；target 为目标文件；可选的参数 options 为 CopyOption 接口对象，是 java.nio.file 包的一个接口。StandardCopyOption 枚举是 CopyOption 接口的一个实现，提供了下面三个复制选项。

- ATOMIC_MOVE：将移动文件作为一个原子的文件系统操作。
- COPY_ATTRIBUTES：将属性复制到新文件中。
- REPLACE_EXISTING：如果文件存在，将它替换。

在复制文件时，如果源文件不存在，将产生 NoSuchFileException 异常。如果目标文件存在，将产生 FileAlreadyExistsException 异常。如果要覆盖目标文件，应指定 REPLACE_EXISTING 选项。目录也可以复制，但目录中的文件不能复制，也就是即使原来目录中包含文件，新目录也是空的。

下面代码说明了 copy() 方法的使用。

```
Path source = Paths.get("D:\\study\\demo\\report.txt"),
    target = Paths.get("D:\\study\\demo\\backup.txt");
try {
    Files.copy(source,target,
        StandardCopyOption.REPLACE_EXISTING);
}catch (NoSuchFileException nse) {
    nse.printStackTrace();
}catch (IOException ioe) {
    ioe.printStackTrace();
}
```

除了复制文件外，Files 类中还定义了在文件和流之间复制的方法。

- public static long copy(InputStream in, Path target, CopyOption…options)：从输入流中将所有字节复制到目标文件中。
- public static long copy(Path source, OutputStream out)：将源文件中的所有字节复制到输出流中。

使用 move() 方法可以移动或重命名文件和目录，格式如下。

```
public static Path move(Path source,Path target, CopyOption…options)
```

如果目标文件存在，移动将失败，除非指定了 REPLACE_EXISTING 选项。空目录也可以被移动。

输入输出

以下代码将 C:\temp\backup.bmp 文件移到 C:\data 目录中。

```
Path source = Paths.get("C:\\temp\\backup.bmp");
Path target = Paths.get("C:\\data\\backup.bmp");
try {
    Files.move(source,target,StandardCopyOption.REPLACE_EXISTING);
}catch(IOException e){
    e.printStackTrace();
}
```

13.5.4　获取目录的对象

使用 Files 类的 newDirectoryStream()方法，可以获取目录中的文件、子目录和符号链接，该方法返回一个 DirectoryStream，使用它可以迭代目录中的所有对象。newDirectoryStream()方法的格式如下。

```
public static DirectoryStream<Path> newDirectoryStream(Path path)
```

DirectoryStream 对象使用之后应该关闭。下面代码片段输出 D:\study 目录中的所有目录和文件名。

```
Path path = Paths.get("D:\\study");
try (
    DirectoryStream<Path> children =
            Files.newDirectoryStream(path)){
    for(Path child:children){
        System.out.println(child.toString());
    }
 }catch (IOException e){
    e.printStackTrace();
 }
```

13.5.5　小文件的读写

Files 类提供了从一个较小的二进制文件和文本文件读取与写入的方法。readAllBytes()方法和 readAllLines()方法分别是从二进制文件和文本文件读取。这些方法可以自动打开和关闭流，但不能处理大文件。

使用下面方法可以把字节或行写入文件。

- public static Path write(Path path, byte[] bytes,OpenOption…options)
- public static Path write(Path path, Iterable<extends CharSequence> lines,Charset cs, OpenOption…options)

第一个方法将字节数组 bytes 写入文件，第二个方法向文件写入若干行。这两个 write()方法都带一个可选的 OpenOption 参数，第二个方法还带一个 Charset。OpenOption 接口定义了打开文件进行写入的选项，StandardOpenOption 枚举实现了该接口并提供了以下这些值。

- APPEND：向文件末尾追加新数据。该选项与 WRITE 或 CREATE 同时使用。
- CREATE：若文件存在则打开，若文件不存在则创建新文件。
- CREATE_NEW：创建一个新文件，如果文件存在则抛出异常。
- DELETE_ON_CLOSE：当流关闭时删除文件。
- DSYNC：使文件内容与基本存储设备同步。
- READ：打开文件进行读取访问。
- SYNC：使文件内容和元数据与基本存储设备同步。
- TRUNCATE_EXISTING：截断文件使其长度为 0 字节，该选项与 WRITE 同时使用。
- WRITE：为写数据而打开文件。

使用下面方法可以从文件读取所有字节或行。

- public static byte[] readAllBytes(Path path)：从指定的二进制文件中读取所有字节。
- public static List<String> readAllLines(Path path, Charset cs)：从指定的文本文件中读取所有的行。cs 为使用的字符集。

下面的程序先向文件中写入多行，然后再从文件中读出。

程序 13.11　FileWriteRead.java

```java
package com.demo;
import java.io.IOException;
import java.nio.charset.Charset;
import java.nio.file.Files;
import java.nio.file.Paths;
import java.nio.file.Path;
import java.nio.file.StandardOpenOption;
import java.util.Arrays;
import java.util.List;
public class FileWriteRead{
    public static void main(String[] args){
        //写入文本
        Path textFile = Paths.get("D:\\study\\speech.txt");
        Charset charset = Charset.forName("UTF-8");
        String line1 = "使用java.nio.file.Files类";
        String line2 = "读写文件很容易。";
        List<String> lines = Arrays.asList(line1,line2);
        try{
            Files.write(textFile, lines, charset, StandardOpenOption.CREATE,
                    StandardOpenOption.TRUNCATE_EXISTING);
        }catch(IOException ex){
            ex.printStackTrace();
        }
        //读取文本
        List<String> linesRead = null;
        try{
```

```
        linesRead = Files.readAllLines(textFile, charset);
    }catch(IOException ex){
        ex.printStackTrace();
    }
    if(linesRead !=null){
        for(String line:linesRead){
            System.out.println(line);}
    }
  }
}
```

程序使用 Files.write()方法向文件中写入两行文本，使用 Files.readAllLines()方法从文件中读取所有行。在写入和读取行时指定了使用的字符集（UTF-8）编码。Charset 抽象类表示字符集，主要用来对字符进行编码和解码。创建 Charset 最容易的方法是调用 Charset.forName()方法，传递一个字符集名称，如 US-ASCII、UTF-8 等。例如，下面代码创建一个 UTF-8 字符集对象。

```
Charset utfset = Charset.forName("UTF-8");
```

运行程序输出结果如下：

```
使用java.nio.file.Files类
读写文件很容易
```

13.5.6 使用 Files 类创建流对象

有了 NIO.2 后，就可以调用 Files.newInputStream()方法，获得与文件关联的 InputStream 对象来读取数据，调用 Files.newOutputStream()方法获得与文件关联的 OutputStream 对象向文件写数据。

创建与文件关联的 InputStream 对象使用 Files 类的 newInputStream()方法，格式如下：

```
public static InputStream newInputStream(
        Path path, OpenOption…options) throws IOException
```

以下是部分样板代码：

```
Path path = Paths.get("src\\output.dat");
try(InputStream input = Files.newInputStream(path,
        StandardOpenOption.READ) ){
    //操作input输入流对象
}catch(IOException e){
    //处理e的异常信息
}
```

从 Files.newInputStream()方法返回的 InputStream 对象没有被缓存，因此可以将它包装到 BufferedInputStream 中以提高性能。

```
Path path = Paths.get("src\\output.dat");
try(InputStream input = Files.newInputStream(path,
            StandardOpenOption.READ);
    BufferedInputStream buffered = new BufferedInputStream(input) ){
    //操作input输入流对象
}catch(IOException e){
    //处理e的异常信息
}
```

创建与文件关联的 OutputStream 对象使用 Files 类的 newOutputStream()方法，格式如下：

```
public static OutputStream newOutputStream(
        Path path, OpenOption…options) throws IOException
```

以下是部分样板代码：

```
Path path = Paths.get("src\\output.dat");
try(OutputStream output = Files.newOutputStream(path,
            StandardOpenOption.CREATE, StandardOpenOption.APPEND) ){
    //操作output输出流对象
}catch(IOException e){
    //处理e的异常信息
}
```

从 Files.newOutputStream()方法返回的 OutputStream 对象没有被缓存，因此可以将它包装到 BufferedOutputStream 中以提高性能。

```
Path path = Paths.get("src\\output.dat");
try(OutputStream output = Files.newOutputStream(path,
            StandardOpenOption.CREATE, StandardOpenOption.APPEND);
    BufferedOutputStream buffered = new BufferedOutputStream(output)  ){
    //操作output输出流对象
}catch(IOException e){
    //处理e的异常信息
}
```

除使用 13.2 节介绍的方法创建 BufferedReader 和 BufferedWriter 对象外，使用 Files 类的 newBufferedReader()和 newBufferedWriter()方法也可创建这两个对象，格式如下：

```
public static BufferedReader newBufferedReader(Path path, Charset charset)
public static BufferedWriter newBufferedWriter(Path path,
                            Charset charset, OpenOption…options)
```

下面程序向文本文件中写入一行文本，然后读出并输出该文本行。

程序 13.12　TextWriteRead.java

```
package com.demo;
```

输入输出

```java
import java.io.*;
import java.nio.charset.Charset;
import java.nio.file.*;
public class TextWriteRead {
  public static void main(String[] args) {
    Path path = Paths.get("article.txt");
    Charset chinaSet = Charset.forName("GB2312");
    char[] chars={'\u4F60','\u597D',',','中','国'};
    //向文件中写入数据
    try(
      BufferedWriter output = Files.newBufferedWriter(path, chinaSet)
    ){
      output.write(chars);    //将字符数组写入文件
    }catch(IOException e){
      e.printStackTrace();
    }
    //从文件中读出数据
    try(
      BufferedReader input = Files.newBufferedReader(path, chinaSet)
    ){
      String line = input.readLine();
      while(line !=null){
        System.out.println(line);
        line = input.readLine();
      }
    }catch(IOException e){
        e.printStackTrace();
    }
  }
}
```

程序通过指定的文件创建 BufferedWriter 对象时指定了所使用的字符集，然后将字符数组写入文件。读取文本时使用 BufferedReader 对象，创建该对象时也指定了字符集，然后使用 readLine()方法读取所有行。

13.6 小   结

（1）使用 File 类可以获取文件或目录的属性，可以新建、重命名和删除文件或目录，但不能对文件进行读写操作。

（2）Java 的 I/O 可分为二进制 I/O 和文本 I/O。二进制 I/O 将数据解释成原始的二进制数值，文本 I/O 将数据解释成字符序列。文本在文件中存储依赖于文件的编码方式。Java 自动完成对文本 I/O 的编码和解码。

（3）使用 InputStream 和 OutputStream 可完成二进制 I/O。FileInputStream 和

FileOutputStream 可完成文件 I/O。BufferedInputStream 和 BufferedOutputStream 可以包装任何一个二进制 I/O 流以提高其性能。DataInputStream 和 DataOutputStream 类可以用来读写基本类型的数据和字符串。

（4）Java 的文本 I/O 需要使用字符输入输出流。Reader 和 Writer 类是所有字符 I/O 的根类。FileReader 和 FileWriter 是关联一个文件用于字符 I/O。BufferedReader 和 BufferedWriter 可以包装任何一个字符 I/O 流以提高其性能。

（5）可以使用 Scanner 来从一个文本文件中读取字符串和基本数据类型的值，使用 PrintWriter 来创建一个文件并且将数据写入文本文件。

（6）ObjectInputStream 和 ObjectOutputStream 类除了可以读写基本类型的数据值和字符串，还可以读写对象。为实现对象的可序列化，对象的定义类必须实现 java.io.Serializable 标记接口。

（7）从 Java 7 开始提供的 java.nio.file.Path 表示路径，可替代 File 类。通常使用 Paths 类的 get()方法获得 Path 对象。

（8）java.nio.file.Files 类是一个功能非常强大的类。该类定义了大量的静态方法用来读、写和操纵文件与目录。

（9）调用 Files.newInputStream()方法，获得与文件关联的 InputStream 对象来读取数据；调用 Files.newOutputStream()方法获得与文件关联的 OutputStream 对象向文件写数据。

（10）调用 Files.newBufferedReader()和 Files.newBufferedWriter()方法创建 BufferedReader 和 BufferedWriter 对象，通过这两个对象可以读写文本数据。

编 程 练 习

13.1 编写程序 RenameFile，使用 File 实现将一个文件重新命名。要求源文件名和目标文件名从命令行输入，如下所示：

```
D:\study>java RenameFile Welcome.java Welcome.txt
```

13.2 编写程序，程序执行后将一个指定的文件删除。如果该文件不存在，要求给出提示。

13.3 编写程序，使用 FileInputStream 和 FileOutputStream 对象实现文件的复制，要求源文件和目标文件从命令行输入。

13.4 编写程序，随机生成 10 个 1000～2000 的整数，将它们写到一个文件 data.dat 中，然后从该文件中读出这些整数，要求使用 DataInputStream 和 DataOutputStream 类实现。

13.5 编写程序，比较两个指定的文件内容是否相同。

13.6 定义一个 Employee 类，编写程序使用对象输出流将几个 Employee 对象写入 employee.ser 文件中，然后使用对象输入流读出这些对象。

13.7 编写程序，使用 Files 类的有关方法实现文件改名，要求源文件不存在时给出提示，目标文件存在也给出提示。

输入输出

13.8　编写程序，要求从命令行输入一个目录名称，输出该目录中所有子目录和文件。

13.9　编写程序，读取一指定小文本文件的内容，并在控制台输出。如果该文件不存在，要求给出提示。

13.10　编写程序，统计一个文本文件中的字符（包括空格）数、单词数和行的数目。

13.11　编写实现简单加密的程序，要求从键盘上输入一个字符，输出加密后的字符。加密规则是输入 A，输出 Z；输入 B 输出 Y；输入 a，输出 z；输入 b，输出 y。

13.12　编写程序，从一文本文件中读若干行，实现将重复的单词存入一个 Set 对象中，将不重复的单词存入另一个 Set 对象中。

JavaFX 基础

本章学习目标

- 理解 JavaFX 的舞台、场景、节点等概念；
- 编写简单的 JavaFX 应用程序；
- 掌握 JavaFX 属性与属性绑定；
- 学会 JavaFX 常用布局面板的使用；
- 使用 Color 类创建颜色；
- 使用 Font 类创建字体；
- 使用 Line、Rectangle、Circle、Ellipse、Arc、Polygon 等类创建形状；
- 使用 Text 类创建文本；
- 使用 Image 类创建图像及使用 ImageView 类创建图像视图；
- 使用 DropShadow、BoxBlur、Reflection、Glow 等类实现节点的阴影、模糊、倒影及发光等特效。

14.1　JavaFX 概述

教学视频

JavaFX 是 Java 的下一代图形用户界面（graphical user interface, GUI）开发工具，使开发人员能够快速构建跨平台的富 Internet 应用程序（rich Internet application，RIA）。JavaFX 充分发挥现代 GPU 的优势，通过硬件图形加速提供设计良好的编程接口，使得开发员将图形、动画和 UI 控件完美结合。最新的 JavaFX 8 是纯 Java 语言的 API，主要用于多种类型设备，如桌面计算机、平板电脑、嵌入设备、智能电话、电视等。

14.1.1　Java GUI 编程简史

为了开发图形界面程序，Java 从 1.0 开始就提供一个 AWT 类库，称为抽象窗口工具箱（abstract window toolkit，AWT），它是用于创建图形用户界面的工具。AWT 的目标是为各种操作系统上的按钮、文本框、滑块及其他控件提供一个统一的编程接口，但理想的"编写一次，到处运行"并没有实现。后来出现了 Swing，它也没有实现尽善尽美。Sun 公司在 2007 年推出了 JavaFX 技术实现 GUI 的开发，它运行在 JVM 上，使用其自己的编程语言，称为 JavaFX Script。

2011 年，Oracle 公司收购 Sun 公司后发布了一个新版本 JavaFX 2.0，它提供了 Java API 并且不需要使用另一门语言来编写 GUI 程序。现在，JavaFX 已经与 JDK 绑定，并且为了与 Java 8 的版本号一致，新的版本称为 JavaFX 8。

使用 JavaFX 8 可以开发桌面 GUI 程序，也可以开发作为 Applet 运行在浏览器中的程序。Java 现在也可以运行在 ARM 处理器上，并且很多嵌入式系统也需要用户界面，如车载显示设备等。

14.1.2　JavaFX 基本概念

JavaFX 的图形用户界面通常称为场景图（scene graph）。场景图是构建 JavaFX 应用程序的起点。JavaFX 场景图除包括各种布局面板、UI 控件、图像、媒体和图表等，另外还有嵌入式 Web 浏览器，还可包括基本形状，如直线、圆、矩形、文本等。

使用 JavaFX 场景图开发富客户界面需要通过视觉效果来增强应用程序外观。JavaFX 效果主要基于像素的图像，因此对场景图中的节点集合作为图像渲染，然后在其上应用指定的效果。特效包括阴影、倒影、发光、模糊等。

JavaFX 场景图中的每个节点都可以使用 javafx.scene.transform 包中的类进行变换，包括位置移动、缩放、旋转等。

JavaFX 媒体功能通过 javafx.scene.media 包的 API 实现，JavaFX 支持两种视听媒体。它支持 MP3、AIFF 和 WAV 音频文件以及 FLV 视频文件。

JavaFX 级联样式单（cascading style sheets，CSS）可以在不改变源代码的情况下为 JavaFX 应用程序的用户界面提供自定义的样式。

JavaFX 提供了一个嵌入浏览器组件，它是一个 UI 控件。该 Web 引擎组件基于 Webkit，是一个开源的 Web 浏览器引擎，支持 HTML5、CSS、JavaScript、DOM 和 SVG。

14.1.3　添加 JavaFX 软件包

JavaFX 框架 API 定义了 30 多个包，这些包以 javafx 开头，如 javafx.application 包、javafx.stage 包、javafx.scene 包、javafx.scene.layout 包等。JavaFX 应用程序的功能通过这些包中的接口和类实现。

在 JDK 中这些库文件被打包在名为 jfxrt.jar 文件中，存放在 JDK 安装目录的\jre\lib\ext 目录中。为编译和运行 JavaFX 程序，需要将该文件添加到类路径中。在 Eclipse 中右击项目，在弹出菜单中选择 Properties 选项，打开属性对话框，在左侧窗口中选择 Java Build Path 项，在右侧 Libraries 选项卡中单击 Add External JARs，将 jfxrt.jar 文件添加到项目中即可。

JavaFX API 在线文档地址为 https://docs.oracle.com/javase/8/javafx/api/index.html。

教学视频

14.2　JavaFX 程序基本结构

每个 JavaFX 程序都必须继承 javafx.application.Application 类，Application 类定义了应用程序生命周期方法，如初始化（init）、开始（start）、停止（stop）以及启动（launch）方法等。下面代码覆盖了 start()方法并在 main()方法中启动程序。

程序 14.1　HelloWorld.java

```
package com.gui;
```

```
import javafx.application.Application;
import javafx.scene.Scene;
import javafx.scene.control.Label;
import javafx.scene.layout.StackPane;
import javafx.stage.Stage;
public class HelloWorld extends Application {
    @Override
    public void start(Stage stage) {
        Label label = new Label("第一个JavaFX程序");
        StackPane rootNode = new StackPane();        //创建面板作为根节点
        rootNode.getChildren().add(label);           //将标签添加到根节点上
        //创建场景对象，指定根节点对象和大小
        Scene scene = new Scene(rootNode, 200, 60);
        stage.setTitle("JavaFX程序");
        stage.setScene(scene);                       //将场景设置到舞台中
        stage.show();                                //显示舞台窗口
    }
    public static void main(String[] args) {
        //启动JavaFX应用程序
        Application.launch(args);
    }
}
```

可以从命令行或 IDE（如 Eclipse）中测试和运行 JavaFX 程序。结果如图 14-1 所示。

图 14-1　简单的 JavaFX 窗口程序

14.2.1　舞台和场景

JavaFX 程序通过舞台（stage）和场景（scene）定义用户界面。Stage 对象是 JavaFX 的顶层容器，构成应用程序的主窗口。Scene 表示舞台中一个场景，是一个容器，可包含各种控件，如布局面板，按钮、复选框、文本和图形等。可以将这些元素添加到场景中。任何 JavaFX 程序至少有一个舞台和一个场景。

每个 JavaFX 应用都可自动访问一个 Stage，称为主舞台。主舞台是 JavaFX 应用启动时由运行时系统创建的，通过 start()方法的参数获得，用户不能自己创建。

使用下面构造方法创建场景对象。

- public Scene(Parent root)：使用指定的根节点创建一个场景对象，根节点对象可以是任何的 Parent 对象，通常使用某种面板对象作为根节点。
- public Scene(Parent root, double width, double height)：创建一个场景对象，width 和 height 参数分别指定场景的宽度和高度。
- public Scene(Parent root, double width, double height, Paint fill)：创建一个场景对象，fill 指定场景的背景填充颜色。

下面代码创建一个宽 300 像素、高 200 像素的场景对象，根节点是 rootNode，背景颜色为浅灰色。

```
Scene scene = new Scene(rootNode, 300, 200, Color.LIGHTGRAY);
```

舞台、场景、面板及控件的关系如图 14-2 所示。节点控件添加到面板中，面板作为场景的根节点，场景设置到舞台中。

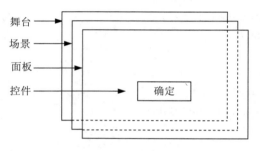

图 14-2　舞台、场景、面板和控件关系

14.2.2　场景图和节点

在 JavaFX 中，场景中的内容是通过层次结构表示的。场景中的元素称为节点（node），每个节点表示用户界面的可视元素。例如，按钮是一个节点。节点也可以由一组其他节点组成，节点可以有子节点。有子节点的节点称为父节点或分支节点，无子节点的节点称为叶节点。

场景图中的所有节点构成一个树形结构。在场景图中只能有一个根节点，它不能有父节点。除根节点外，其他节点都可以有父节点。根节点通常是一个面板（pane），管理场景中节点对象的摆放。例如，FlowPane 提供了流式布局，GridPane 支持行列的网格式布局，它们也都是 Node 的子类。

Node 是所有节点的根类，该类的子类包括 Parent、Group、Region 和 Control 等。Node 类的常用子类层次结构如图 14-3 所示。

节点是可视化组件，如一个形状、一个图像视图、一个 UI 组件、一个面板。形状是指文字、直线、圆、椭圆、矩形、弧、多边形、折线等。UI 组件是指标签、按钮、复选框、文本框、单选按钮等。一个场景可以显示在一个舞台中。Scene 可以包含 Pane 或 Control，但是不能包含 Shape 和 ImageView。

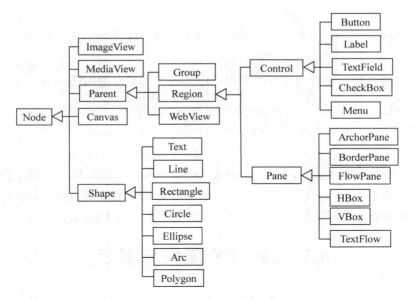

图 14-3　Node 及其子类的层次结构

14.2.3　Application 类生命周期方法

JavaFX 程序必须继承 javafx.application.Application 抽象类。Application 类定义了三个生命周期方法，包括 init()、start()和 stop()方法，在 JavaFX 程序中可以覆盖这些方法。

- public void init( );
- public abstract void start(Stage stage);
- public void stop( )。

init()方法在 JavaFX 程序开始执行，用来执行各种初始化操作，但不能创建舞台和场景对象。如果程序没有初始化部分，则不需要覆盖该方法。

start()方法在 init()之后调用，开始执行程序，可构建和设置场景。注意，运行时系统为该方法传递一个 Stage 引用，它是主舞台对象。该方法是抽象的，必须覆盖它。

stop()方法在程序终止时调用，这里可以释放和关闭有关资源。如果没有动作执行，不需要覆盖该方法。

14.2.4　JavaFX 程序启动

要运行 JavaFX 应用程序可以从 main()方法中调用 Application 类的静态方法 launch()，该方法启动一个独立的 JavaFX 程序。该方法启动后将调用 init()方法和 start()方法，当应用程序终止时，launch()方法才返回。下面是该方法的典型用法。

```
public static void main(String[] args) {
    Application.launch(args);
}
```

launch()方法的另一种使用格式如下：

```
public static void launch(Class<? extends Application> appClass,
                          String…args)
```

参数 appClass 指定要启动运行的应用程序类，下面是典型用法：

```
public static void main(String[] args) {
    Application.launch(MyApp.class, args);
}
```

如果从命令行或 Eclipse 中运行 JavaFX 程序，main()方法不是必需的。当运行一个没有 main()方法的 JavaFX 应用程序，JVM 自动调用 launch()方法运行应用程序。JavaFX 应用程序包含 main()方法可简化程序的调试，并且不需要创建 JAR 文件。

教学视频

14.3　JavaFX 属性与绑定

在 Java 中类的属性通常对应一个可以读写的字段，并为属性提供访问方法（getter）和修改方法（setter），它们读取和设置字段值。下面 User 类就是一个简单的 JavaBeans。

```
public class User {
    private String username;
    //属性的访问方法getter
    public String getUsername() {
        return username;
    }
    //属性的修改方法setter
    public void setUsername(String username) {
        this.username = username;
    }
}
```

在 JavaBeans 规范中，属性应该从访问和修改方法推断出来。例如，某个类中如果包含 String getText()方法和 void setText(String newValue)方法，那么就认为它有一个 text 属性。

14.3.1　JavaFX 属性

在 JavaFX 中，节点类的属性与上述规范不同。首先，属性的类型应为 XxxProperty，如 StringProperty 为字符串类型属性、IntegerProperty 为整型类型属性。其次，一个属性除访问和修改方法外，还应有第三个方法，它返回一个实现 Property 接口的对象。上述的 User 类如果用 JavaFX 属性定义如下。

```
public class User {
    //定义一个绑定属性
    private StringProperty username = new SimpleStringProperty();
    //值获取方法
```

```
    public final String getUsername() {
        return username.get();
    }
    //值设置方法
    public final void setUsername(String newValue) {
        username.set(newValue);
    }
    //属性获取方法
    public final StringProperty usernameProperty(){
        return username;
    }
}
```

这里，username 属性是一个绑定属性，它的类型是 StringProperty，用来包装一个字符串。User 类定义了值设置方法、值获取方法以及属性获取方法。

尽管 JavaFX 不要求一定将属性的访问和修改方法声明为 final，但 JavaFX 的设计者通常建议这样做。

上例定义了一个 StringProperty 类型的绑定属性。对于基本类型 double、float、long、int、boolean 类型的属性值，它的绑定属性类型分别是 DoubleProperty、FloatProperty、LongProperty、IntegerProperty、BooleanProperty 类。此外，JavaFX 还提供了集合类型的绑定属性，如 ListProperty、SetProperty、MapProperty。对于其他的所有对象，都可以使用 ObjectProperty<T>。所有这些类都是抽象类，它们对应着具体子类 SimpleIntegerProperty、SimpleObjectProperty 等，这些类定义在 javafx.beans.property 包中。

JavaFX 属性的主要功能是属性绑定和事件处理。通过属性的 addListener()方法可以为其注册监听器，通过属性的 bind()方法可以实现属性绑定。当被绑定的对象属性发生改变时，将自动反映到绑定的对象上。

下面看如何实现属性绑定。下面程序在一个面板显示一个圆。

程序 14.2   ShowCircle.java

```
package com.gui;
import javafx.application.Application;
import javafx.scene.Scene;
import javafx.scene.layout.Pane;
import javafx.scene.paint.Color;
import javafx.scene.shape.Circle;
import javafx.stage.Stage;
public class ShowCircle extends Application{
    @Override
    public void start(Stage stage){
        Pane rootNode = new Pane();
        Circle circle = new Circle(45,45,40,Color.WHITE);
        circle.setStroke(Color.BLUE);                      //设置笔画颜色为蓝色
        //将圆添加到根面板中
        rootNode.getChildren().add(circle);
```

```
        Scene scene = new Scene(rootNode, 100, 100);
        stage.setTitle("显示圆对象");              //设置舞台标题
        stage.setScene(scene);                    //设置主舞台的场景
        stage.show();                             //显示主舞台
    }
    public static void main(String[] args) {
        Application.launch(args);
    }
}
```

程序创建一个 Circle 对象，并把它的圆心设置在（45,45）坐标点，圆的半径设置为 40，填充颜色（即用于填充圆的颜色）为白色，笔画颜色（即画圆所使用的颜色）为蓝色。创建场景给出的宽度和高度分别是 100 和 100，因此圆心是在场景的中央。注意，JavaFX 图形的尺寸单位都是像素。

程序创建一个 Pane 面板对象作为根节点，将圆对象添加到面板上。然后，在创建场景时将面板置于场景中，最后将场景设置于舞台中。

程序运行结果如图 14-4 所示。如果改变窗体的大小，圆不再显示在窗体的中央，如图 14-5 所示。

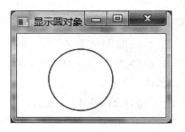

图 14-4　在场景中央显示圆

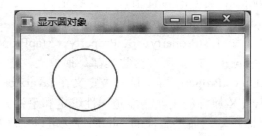

图 14-5　窗体大小改变，圆不居中

为了实现当窗体大小改变时仍然保证圆显示在窗体的中央，这就需要改变圆心 x 和 y 坐标，通过设置属性绑定就可以达到这个效果。

14.3.2　属性绑定

属性绑定是 JavaFX 引入的一个新概念。可以将一个目标对象和一个源对象绑定。如果源对象的属性值改变了，目标对象的属性值随之自动改变。目标对象称为绑定对象或绑定属性，源对象称为可绑定对象或可观察对象。

对 14.3.1 小节的例子，为实现窗体大小改变保证圆仍然显示在中央，可以将圆心坐标属性 centerX 和 centerY 属性分别绑定到面板的 width/2 以及 height/2 上。使用下面代码实现属性绑定。

```
circle.centerXProperty().bind(rootNode.widthProperty().divide(2));
circle.centerYProperty().bind(rootNode.heightProperty().divide(2));
```

Circle 类具有 centerX 和 centerY 属性，用于表示圆心的 x 和 y 坐标。与许多 JavaFX 类的属性一样，在属性绑定中，该属性既可以作为目标，也可以作为源。目标监听源中属性值的变化，一旦源发生变化，目标将自动更新。一个目标使用 bind() 方法和源进行绑定，如下所示。

```
target.bind(source);
```

bind() 方法在 javafx.beans.property.Property 接口中定义。绑定属性是 Property 的一个实例。源对象是 javafx.beans.value.ObservableValue 接口的一个实例。ObservableValue 是一个包装了值的实体，并且允许值发生改变时被观察。

代码中，将 circle 的 centerX 和 centerY 属性绑定到了 rootNode 的宽度和高度的一半上。注意，circle.centerXProperty() 方法返回圆的 centerX 属性，rootNode.widthProperty() 返回 rootNode 的 width 属性。centerX 和 width 都是 DoubleProperty 类型的绑定属性。数值类型的绑定属性类（如 DoubleProperty 和 IntegerProperty）具有 add()、substract()、multiply() 和 divide() 方法，用于对一个绑定属性中的值进行加、减、乘、除，并返回一个新的可观察属性。因此，rootNode.widthProperty().divide(2) 返回一个代表 rootNode 的一半宽度的新可观察属性。

上面例子展示的绑定称为单向绑定。在 JavaFX 中如果目标和源都是绑定属性或可观察属性，还可以进行属性的双向绑定，它是使用 bindBidirectional() 方法实现的。属性双向绑定后，不管两者哪一方发生改变，另一方都会被相应地更新。

14.4　JavaFX 界面布局

教学视频

JavaFX 界面不但可以添加文本和各种形状，还可以添加各种控件，这些控件在窗口中通过布局面板控制。JavaFX 提供了多种布局面板，如边界面板、网格面板等。这些面板具有不同的特点，用户在构建复杂界面时，应灵活选择这些面板。这些面板都可以作为根面板使用，也可作为其他面板的子节点使用。表 14-1 给出了 JavaFX 应用中常用的面板类。

表 14-1　JavaFX 布局面板

面板类	说明
Pane	所有面板类的根类，主要用于需要对控件或形状绝对定位的情况
HBox	水平排列控件的控件框
VBox	垂直排列控件的控件框
BorderPane	边界面板，提供 Top、Bottom、Left、Right、Center 五个区域放置控件或其他面板，类似于 Swing 的 BorderLayout
FlowPane	流式面板，按照行流式放置子控件，当空间不足时另起一行，类似于 Swing 中的 FlowLayout
GridPane	以表格形式排列子控件，类似于 Swing 的 GridBagLayout
TilePane	以网格形式排列子控件，所有控件大小相同，类似于 Swing 的 GridLayout
AnchorPane	可以指定子控件的绝对位置，或相对于面板边缘的相对位置，是 Scene Builder 布局工具中的默认布局
StackPane	将子控件重叠排列，可以用来装饰其他控件，如将一个按钮放在一个彩色方块上
TextFlow	一种特殊的布局面板，可将多个文本节点以流的方式布局

14.4.1　JavaFX 坐标系

屏幕和面板等组件坐标与数学的笛卡儿坐标不同，它的原点在屏幕或面板的左上角，横向为 x 轴，纵向为 y 轴。坐标单位是像素，如图 14-6 所示。

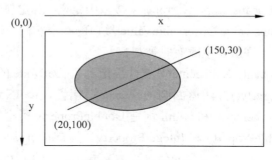

图 14-6　屏幕坐标系

在场景图中添加形状有时需要指定形状的位置，它是通过坐标指定的。例如，直线通过两个端点的坐标确定，椭圆通过圆心坐标、x 轴半径和 y 轴半径确定。

14.4.2　Pane 面板

Pane 类是所有其他面板类的基类，主要用于需要对控件绝对定位的情况。当面板大小改变时，添加在其中的形状和控件绝对位置不变。可以使用它的构造方法创建 Pane 对象。

- public Pane()：创建一个空面板对象，之后可向其中添加形状和控件。
- public Pane(Node…children)：创建一个面板对象，并将参数指定的节点添加到面板中。

Pane 类除继承父类中的方法外定义了 getChildren()方法，并返回添加到面板上子节点的一个列表。其格式如下。

```
public ObservableList<Node> getChildren()
```

返回值是一个 ObservableList 对象，调用它的 add(node)方法可将一个节点添加到面板中，调用它的 addAll(node1,node2,…)方法可将多个节点添加到面板中。

下面程序演示了 Pane 面板的使用。

程序 14.3　PaneDemo.java

```
package com.gui;
import javafx.application.Application;
import javafx.scene.Scene;
import javafx.scene.layout.Pane;
import javafx.scene.paint.Color;
import javafx.scene.shape.Circle;
import javafx.scene.shape.Rectangle;
import javafx.stage.Stage;
public class PaneDemo extends Application {
```

```
@Override
public void start(Stage stage) {
    Pane rootNode = new Pane();
    rootNode.setPrefSize(300,150);              //设置面板的优先尺寸
    Circle circle = new Circle(50,Color.BLUE);
    circle.relocate(20, 20);                    //设置圆的绘制位置
    Rectangle rectangle = new Rectangle(100,70,Color.RED);
    rectangle.relocate(120,50);
    rectangle.setRotate(-30);                   //将矩形沿逆时针旋转30°
    rootNode.getChildren().addAll(circle,rectangle);
    Scene scene = new Scene(rootNode,300,150);
    stage.setTitle("Pane面板示例");
    stage.setScene(scene);
    stage.show();
}
public static void main(String[] args) {
    launch(args);
}
}
```

程序运行结果如图 14-7 所示。

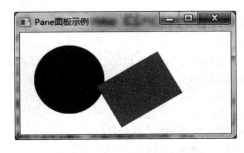

图 14-7　Pane 面板使用示例

　　程序创建一个 Pane 面板对象，然后创建 Circle 对象和 Rectangle 对象，并将它们添加到根节点中。

　　使用节点的 setRotate()方法可以设置节点围绕它的中心旋转一定的角度。如果设置的角度是正的，表示沿顺时针方向旋转；如果是负的，表示沿逆时针方向旋转。下面语句设置矩形沿逆时针方向旋转 30°。

```
rectangle.setRotate(-30);
```

14.4.3　HBox 面板

　　HBox 面板实现一种水平（horizontal）排列的控件框，在 HBox 上可以添加多个控件，它们水平摆放。HBox 类的常用构造方法如下：

- public HBox(double spacing)：创建一个水平控件框，spacing 指定子控件之间的间距。
- public HBox(Node…children)：创建一个水平控件框，children 指定包含的子控件，

子控件之间的间距为 0。

- public HBox(double spacing, Node…children)：指定控件之间间距和子控件。

HBox 类定义并从父类继承了许多属性和方法，下面是几个常用的方法。

- public void setPadding(Insets value)：设置水平框中内容与边界之间的距离。参数 Insets 分别指定上、右、下、左间距，默认值是 Insets.EMPTY。
- public void setSpacing(double value)：设置水平框中控件之间的间距。
- public void setStyle(String value)：设置水平框的用字符串表示的样式，类似于 HTML 元素的 style 属性。

下面程序演示了 HBox 的使用。

程序 14.4　HBoxDemo.java

```java
package com.gui;
import javafx.application.Application;
import javafx.geometry.Insets;
import javafx.scene.Scene;
import javafx.scene.control.Button;
import javafx.scene.layout.HBox;
import javafx.stage.Stage;
public class HBoxDemo extends Application {
    @Override
    public void start(Stage stage) {
        HBox hbox = new HBox();
        hbox.setPadding(new Insets(15, 12, 15, 12));
        hbox.setSpacing(10);
        //设置控件框的样式
        hbox.setStyle("-fx-background-color:#336699;");
        //创建两个按钮并把它们添加到水平控件框中
        Button button1 = new Button("确定");
        button1.setPrefSize(200, 20);         //设置按钮的优先大小
        Button button2 = new Button("取消");
        button2.setPrefSize(100, 20);
        hbox.getChildren().addAll(button1, button2);
        Scene scene = new Scene(hbox, 300, 50);
        stage.setTitle("HBox示例");
        stage.setScene(scene);
        stage.show();
    }
    public static void main(String[] args) {
        launch(args);
    }
}
```

程序使用 setStyle()方法设置控件的样式，参数为字符串表示的样式。也可以使用 CSS 样式文件设置控件的样式，请参阅 14.4.10 节。程序运行结果如图 14-8 所示。

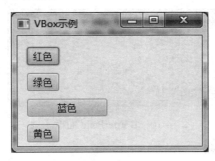

图 14-8　HBox 水平框示例

14.4.4　VBox 面板

VBox 实现一种垂直（vertical）排列的控件框，在 VBox 上可以添加多个控件，它们垂直摆放。VBox 类定义了与 HBox 类似的构造方法、属性和各种实例方法，下面代码创建一个 VBox 对象并向其中添加 4 个按钮。

```
VBox vbox = new VBox(10);
vbox.setPadding(new Insets(15, 12, 15, 12));
Button red = new Button("红色"),
      green = new Button("绿色"),
      blue = new Button("蓝色"),
      yellow = new Button("黄色");
blue.setPrefSize(100, 20);              //设置按钮的优先大小
vbox.getChildren().addAll(red,green,blue,yellow);
//vbox.setAlignment(Pos.CENTER);        //设置控件框居中对齐
```

代码的运行效果如图 14-9 所示。

图 14-9　VBox 垂直框示例

14.4.5　BorderPane 面板

BorderPane 将面板分成上（top）、下（bottom）、左（left）、右（right）和中央（center）5 个区域，在每个区域可以放置一个控件或其他面板。每个区域大小都是任意的，如果应用程序不需要某个区域，可以不定义，也不留出空间。

边界面板适合于开发顶部有一个工具条、底部有状态条、左部有导航菜单、右部显示其他信息、中央是工作区域这样的传统应用程序。

边界面板特征是，如果窗口大于控件所需空间，多余的空间分给中央的控件；如果空间小于控件所需空间，区域可能重叠。BorderPane 类的常用构造方法如下。

- public BorderPane()：创建一个边界式面板对象。
- public BorderPane(Node center)：创建一个边界式面板对象，将指定的节点作为中央

区域控件。

- public BorderPane(Node center,Node top,Node right,Node bottom,Node left)：创建一个边界式面板对象，并指定每个区域的节点。

创建 BorderPane 后，还可使用它的 setTop()、setLeft()、setRight()、setBottom() 和 setCenter() 等方法设置各个位置的控件。

下面代码使用 BorderPane 面板，并在其中添加 5 个按钮，这些按钮的大小不同。

```java
@Override
public void start(Stage stage){
    BorderPane rootNode = new BorderPane();
    rootNode.setTop(new Button("上部工具条"));
    rootNode.setLeft(new Button("左部菜单"));
    rootNode.setCenter(new Button("中央区域"));
    rootNode.setRight(new Button("右部"));
    rootNode.setBottom(new Button("下部状态栏"));
    Scene scene = new Scene(rootNode, 300, 150);
    stage.setScene(scene);
    stage.setTitle("边界面板示例");
    stage.show();
}
```

代码运行结果如图 14-10 所示。

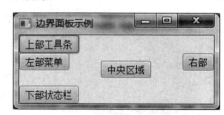

图 14-10　BorderPane 面板示例

14.4.6　FlowPane 面板

在 FlowPane 流式面板中，节点按行（或列）摆放，当一行（或一列）不能容纳所有控件时，自动转到下一行（或下一列）。水平排列的节点在超过面板宽度时换行，垂直排列在达到面板高度时换列。可以设置控件的行和列的间距，也可以设置面板边与节点之间的距离。

FlowPane 类常用构造方法如下。

- public FlowPane(double hgap, double vgap)：创建一个流式面板对象，并指定子控件之间的水平间距和垂直间距。
- public FlowPane(double hgap, double vgap, Node…children)：除指定控件间距外，还指定包含的初始子控件。
- public FlowPane(Orientation orientation)：创建一个流式面板对象，并指定子控件排列的方向（水平或垂直），控件之间间距为 0。

下面代码在 FlowPane 对象中添加了 8 个按钮对象。

```
public void start(Stage stage) {
    FlowPane rootNode = new FlowPane();
    rootNode.setOrientation(Orientation.HORIZONTAL);
    rootNode.setPadding(new Insets(15, 10, 15, 10));
    rootNode.setVgap(9);
    rootNode.setHgap(9);
    rootNode.setStyle("-fx-background-color: DAE6F3;");
    //创建8个按钮
    Button buttons[] = new Button[8];
    for (int i=0; i<8; i++) {
        buttons[i] = new Button("按钮"+(i+1));
        rootNode.getChildren().add(buttons[i]);
    }
    Scene scene = new Scene(rootNode, 300, 100);
    stage.setTitle("流式面板示例");
    stage.setScene(scene);
    stage.show();
}
```

代码运行结果如图 14-11 所示。

图 14-11　FlowPane 面板示例

使用下列代码可以实现按垂直方向排列各控件。

```
rootNode.setOrientation(Orientation.VERTICAL);
```

14.4.7　GridPane 面板

GridPane 是网格面板，可以创建包含行和列的网格，每个单元格中可以放置一个控件或其他面板，控件可以跨多个单元格。网格面板适合于创建表单和需要按行和列组织的布局。

GridPane 类只有一个默认的构造方法。创建 GridPane 对象后可以设置它的属性，常用的方法如下。

- public void setHgap(double value)：设置控件水平间距。
- public void setVgap(double value)：设置控件垂直间距。
- public final void setPadding(Insets value)：设置内容与边界的距离。
- public void add(Node child, int columnIndex, int rowIndex)：将控件添加到指定的单元

格中。columnIndex 为单元格列的序号，rowIndex 为单元格行的序号，网格窗口中左上角单元列的序号为 0，行的序号为 0。

- public void add(Node child, int columnIndex, int rowIndex, int colspan,int rowspan)：将控件添加到指定的单元格中。该方法用于一个控件占用多个单元格的情况。colspan 为控件跨越的列数，rowspan 为控件跨越的行数。
- public static void setConstraints(Node child, int columnIndex, int rowIndex)：将控件添加到指定的单元格中。
- public static void setConstraints(Node child, int columnIndex, int rowIndex,int colspan,int rowspan)：将控件添加到多个单元格中。
- public final void setGridLinesVisible(boolean value)：设置是否显示网格线，默认值为 false，表示不显示网格线。显示网格线主要目的是调试程序。

下面代码使用 GridPane 面板创建一个用户登录界面。

```
public void start(Stage stage) {
    Label label1 = new Label("用户名"),
          label2 = new Label("口　令");
    TextField field1 = new TextField();
    PasswordField field2 = new PasswordField();
    Button ok = new Button("确定"),  cancel = new Button("取消");
    //创建一水平控件框，并添加两个按钮
    HBox hb = new HBox();
    hb.setSpacing(20);
    hb.setPadding(new Insets(10, 20, 10, 20));
    hb.getChildren().addAll(ok,cancel);
    //创建根面板
    GridPane rootNode = new GridPane();
    rootNode.setHgap(10);
    rootNode.setVgap(10);
    rootNode.setPadding(new Insets(10, 10, 10, 10));
    //向网格面板中添加控件
    rootNode.add(label1, 0, 0);
    rootNode.add(label2, 0, 1);
    rootNode.add(field1, 1, 0);
    rootNode.add(field2, 1, 1);
    rootNode.add(hb, 0, 2,2,1);
    //rootNode.setGridLinesVisible(true);    //显示网格线
    Scene scene = new Scene(rootNode, 300, 150);
    stage.setTitle("用户登录");
    stage.setScene(scene);
    stage.show();
}
```

在 JavaFX 界面设计中，可以将一种面板嵌套在另一种面板中。例如，本例中就在网格面板中嵌套一个水平控件框。代码运行结果如图 14-12 所示。

图 14-12　GridPane 面板示例

14.4.8　StackPane 面板

StackPane 称为栈面板布局,将所有节点放入一个栈中,每个节点添加到前一个节点上。这种布局可以在形状或图像上叠加文本,或叠加常用形状创建复杂形状。

下面代码使用 StackPane 面板布局,将椭圆叠加到矩形上,将文本叠加到椭圆上。

```
public void start(Stage stage) {
    StackPane rootNode = new StackPane();
    //创建一个矩形对象
    Rectangle rectangle = new Rectangle(80,100,Color.GRAY);
    rectangle.setStroke(Color.RED);
    //创建一个椭圆对象
    Ellipse ellipse = new Ellipse(88, 45, 45, 30);
    ellipse.setFill(Color.BLUE);
    ellipse.setStroke(Color.LIGHTGREY);
    //创建一个文本对象
    Text text = new Text("3");
    text.setFont(Font.font(null, 38));
    text.setFill(Color.WHITE);
    //将3个控件添加到根节点中
    rootNode.getChildren().addAll(rectangle, ellipse, text);
    Scene scene = new Scene(rootNode, 200, 100);
    stage.setTitle("栈面板示例");
    stage.setScene(scene);
    stage.show();
}
```

代码运行结果如图 14-13 所示。

图 14-13　StackPane 面板示例

JavaFX 基础

14.4.9　AnchorPane 面板

AnchorPane 称为锚面板布局，可以将节点定位到面板的上、下、左、右和中央。当窗口大小改变时，节点将保持与锚点的位置不变。节点可相对多个位置定位，多个节点也可以定位到同一位置。

下面的方法用于设置节点相对于面板边界的锚点位置：

- static void setTopAnchor(Node child, Double value);
- static void setBottomAnchor(Node child, Double value);
- static void setLeftAnchor(Node child, Double value);
- static void setRightAnchor(Node child, Double value)。

这些方法设置节点在面板中上、下、左、右锚点位置。value 参数为节点到面板边界的距离。

```
public void start(Stage stage) {
    AnchorPane rootNode = new AnchorPane();
    TextArea text = new TextArea();
    text.setPrefRowCount(3);                //设置优先行数
    text.setPrefColumnCount(10);            //设置优先列数
    AnchorPane.setTopAnchor(text, 16.0);
    AnchorPane.setLeftAnchor(text, 5.0);
    //创建水平控件框，添加两个按钮
    Button button1 = new Button("确定");
    Button button2 = new Button("取消");
    HBox hb = new HBox();
    hb.setPadding(new Insets(0, 10, 10, 10));
    hb.setSpacing(10);
    hb.getChildren().addAll(button1, button2);
    AnchorPane.setBottomAnchor(hb, 8.0);
    AnchorPane.setRightAnchor(hb, 5.0);
    rootNode.getChildren().addAll(text,hb);
    //设置场景
    Scene scene = new Scene(rootNode, 300, 100);
    stage.setTitle("锚面板示例");
    stage.setScene(scene);
    stage.show();
}
```

代码为水平控件框 hb 设置了右、下锚点位置，为文本区 text 设置了左、上锚点位置，当窗口大小改变时，水平控件框相对于窗口左下角位置不变，文本区相对于窗口右上角位置不变。代码运行结果如图 14-14 所示。

图 14-14　AnchorPane 面板示例

> 📖 提示：设计界面布局还可以使用 SceneBuilder 完成，它是一个可视化 GUI 编辑器，AnchorPane 面板布局是 Scene Builder 中的默认布局。另外，还可通过描述布局的标记语言 FXML 实现界面布局，它是一种基于 XML 的语言。

14.4.10　使用 CSS 设置控件样式

JavaFX 的大多数控件（包括面板类）都提供设置外观样式的方法，通常是通过控件的 setStyle()方法实现的。这些方法很容易使用，但它们导致了应用程序表示逻辑和业务逻辑的紧耦合。一个更好的方法是使用 CSS（cascading style sheet）设置 UI 控件的样式。

JavaFX 样式属性类似于 Web 页面中指定 HTML 元素样式的层叠样式表（CSS），因此，JavaFX 的样式属性称为 JavaFX CSS。在 JavaFX 中，样式属性使用前缀 "-fx-" 进行定义。每个节点都有自己的样式属性。设置样式的语法是 styleName:value。一个节点的多个样式属性可以一起设置，通过分号（;）进行分隔。如果使用了一个不正确的 JavaFX CSS 属性，程序仍然可以编译和运行，但样式将被忽略。可以从下面页面找到这些属性。

http://docs.oracle.com/javase/8/javafx/api/javafx/scene/doc-files/cssref.html

在 JavaFX 中，通过 id 或 class 引用样式。JavaFX 已经为每种控件类指定默认的 CSS 样式，样式名称与类名相关。例如，Button 类的默认样式名为 button，Label 类的默认样式名为 label。由多个单词组成类的样式名中间用连字符（-）分隔。例如，CheckBox 类的样式名为 check-box。如果要为应用中所有按钮提供一种样式，在 CSS 文件中指定一个 button 样式类即可，如下所示。

```
.button{
    -fx-border-width:3px;
    -fx-background-color:#dd8818;
}
```

非控件节点没有默认的样式。如果要为 VBox 设置样式，首先应该为实例添加一个 CSS 样式类。下面代码为 VBox 添加一个名为 vbox 的样式。

```
VBox  vBox = new VBox();
vBox.getStyleClass().add("vbox")
```

之后，VBox 对象的样式就使用 CSS 文件中 vbox 类指定的样式。

除了使用样式类，还可以使用 id 引用样式。如果希望一种样式仅应用到某种类型的一个实例上，可以采用这种方法。例如，可以为按钮设置一个标识符（id），如下所示。

317

第 14 章

JavaFX 基础

```
Button nextButton = new Button("下一个");
nextButton.setId("nextBtn");          //为按钮设置一个id名
```

使用下面代码在 CSS 中定义一个样式应用到该按钮上。

```
#nextBtn {
    -fx-font-weigth:bold;
}
```

在 JavaFX 中，应该将所有的样式写在 CSS 文件中，然后在应用程序的 start()方法中加载样式文件。这里，style.css 是 CSS 样式文件。

```
@Override
public void start(Stage myStage) {
    ⋮
    Scene scene =…;
    scene.getStylesheet().add("style.css");      //加载样式文件
    ⋮
}
```

程序 14.5   CSSDemo.java

```
package com.gui;
import javafx.application.Application;
import javafx.scene.Scene;
import javafx.scene.control.Button;
import javafx.scene.control.Label;
import javafx.scene.layout.BorderPane;
import javafx.scene.layout.HBox;
import javafx.stage.Stage;
public class CSSDemo extends Application {
    @Override
    public void start(Stage stage) {
        BorderPane root = new BorderPane();
        root.setCenter(new Label("使用CSS级联样式单"));
        HBox hBox = new HBox();
        hBox.getStyleClass().add("hbox");
        Button backButton = new Button("返回");
        hBox.getChildren().add(backButton);
        Button nextButton = new Button("下一个");
        nextButton.setId("nextBtn");
        hBox.getChildren().add(nextButton);
        root.setBottom(hBox);
        Scene scene = new Scene(root, 400, 100);
        scene.getStylesheets().add("style.css");
        stage.setTitle("CSS Demo");
```

```
        stage.setScene(scene);
        stage.show();
    }
    public static void main(String[] args) {
        launch(args);
    }
}
```

下面的 CSS 文件 style.css 中定义了几种样式，它们存放在项目的 src 目录中。

程序 14.6　style.css

```
.label {
    -fx-background-color: #778855;
    -fx-font-family: helvetica;
    -fx-font-size: 250%;
    -fx-text-fill: yellow;
}
.hbox {
    -fx-background-color: #2f4f4f;
    -fx-padding: 15;
    -fx-spacing: 10;
    -fx-alignment: center-right;
}
.button {
    -fx-border-width: 2px;
    -fx-background-color:#ff8800;
    -fx-cursor: hand;
}
#nextBtn {
    -fx-font-weight: bold;
}
```

程序运行结果如图 14-15 所示。

图 14-15　CSS 样式单的使用

📖 **提示**：在 JavaFX 运行时，文件 jfxrt.jar 中包含一个 modena.css 文件，它是根节点和 UI 控件的默认样式单文件。可查看该文件了解有关样式的定义。

教学视频

14.5 Color 和 Font 类

不同的颜色和不同的字体可以使用户界面更加美观，JavaFX 提供了 Color 类实现颜色，提供了 Font 类实现不同的字体。

14.5.1 Color 类

一般情况下，JavaFX 界面的形状和文本都使用默认的颜色。使用 javafx.scene.paint. Color 类可以创建颜色对象，并为形状或文本指定不同的颜色。可以通过 Color 类的构造方法创建颜色或通过常量创建颜色，还可以使用 Color 类的静态方法创建颜色。

1. 使用 Color 类的构造方法

Color 类中定义了构造方法可以创建颜色对象，格式如下。

```
public Color(double red, double green, double blue, double opacity)
```

参数分别指定颜色的红、绿、蓝分量值和透明度，它们的类型都是 double 型，取值范围是 0.0～1.0。透明度是指颜色的透明程度，值越小其透明程度越大，越能够透出背景图像；值越大，透明程度越小，越不能透出背景图像。

下面代码创建一个蓝色对象，不透明。

```
Color c = new Color(0, 0, 1, 1.0);
```

2. 使用 Color 类的静态方法

Color 类还定义了多种静态方法可以返回颜色对象，如 color()方法、rgb()方法和 web()方法等。这些方法都可以省略（默认值是 1.0）或指定颜色的透明度，下面是一些例子。

```
//使用color方法指定红、绿、蓝分量，创建颜色对象
Color c = Color.color(0,0,1.0);
Color c = Color.color(0,0,1.0,1.0);
//使用rgb方法指定红、绿、蓝分量，创建颜色对象
Color c = Color.rgb(0,0,255);
Color c = Color.rgb(0,0,255,1.0);
//使用web方法创建颜色对象，通过字符串指定颜色代码
Color c = Color.web("0x0000FF");
Color c = Color.web("0x0000FF",1.0);
```

3. 使用 Color 类的常量

Color 类中定义了许多常量表示不同的颜色。例如，下面代码创建一个蓝色对象。

```
Color c = Color.BLUE;
```

Color 类是不可修改的。当一个 Color 对象创建后，它的属性不能再修改。brighter()方法返回一个具有更大的红、绿、蓝值的新 Color 对象，而 darker()方法返回一个具有更小的红、绿、蓝值的新 Color 对象。opacity 值与原来 Color 对象中的值相同。

14.5.2 Font 类

在场景图中绘制文本并可指定字体。Font 类的实例表示字体，包含字体的相关信息，如字体名、字体粗细、字体形态和大小。Font 类的构造方法如下。

- Font(double size)：创建指定大小的字体实例，使用默认的 System 字体。
- Font(String name, double size)：创建指定字体名和大小的字体实例。

除使用上述构造方法创建字体对象，还可以使用 Font 类的静态方法创建字体对象，如下所示。

- static Font font(String family,FontWeight weight,double size)：创建指定字体名、字体粗细和大小的字体实例。FontWeight 枚举定义了多个常量指定字体粗细，如 BOLD 表示粗体、LIGHT 表示轻体，NORMAL 表示正常体。
- static Font font(String family, FontWeight weight,FontPosture posture,double size)：创建指定字体名、字体粗细、字体形态和大小的字体实例。字体形态分为斜体和正常体，FontPosture 枚举的 ITALIC 常量指定斜体，默认 REGULAR 表示正常体。

还可以使用 getfamily()实例方法返回系统默认的字体，使用 getFontNames()方法返回用户系统安装的所有字体列表（List<String>）。

- static List<String> getFamilies()：返回一个可用的字体系列名字列表。
- static List<String> getFontNames()：返回一个完整名称列表，包括字体集和粗细。

下面例子演示 Color 类和 Font 类的使用。

程序 14.7　FontDemo.java

```
import javafx.application.Application;
import javafx.scene.Scene;
import javafx.scene.control.Label;
import javafx.scene.layout.*;
import javafx.scene.paint.Color;
import javafx.scene.shape.Circle;
import javafx.scene.text.Font;
import javafx.scene.text.FontPosture;
import javafx.scene.text.FontWeight;
import javafx.stage.Stage;
public class FontDemo extends Application{
    @Override
    public void start(Stage stage){
        Pane rootNode = new StackPane();
        Circle circle = new Circle();
        circle.setRadius(50);
        circle.setStroke(Color.BLUE);
        circle.setFill(new Color(1.0,0.1,0.1,0.1));
        rootNode.getChildren().add(circle);
        //创建一个标签并添加到根面板中
        Label label = new Label("JavaFX");
```

322

```
Font font = Font.font("Times New Roman", FontWeight.BOLD,
                      FontPosture.ITALIC, 20);
label.setFont(font);                    //设置标签文本字体
label.setTextFill(Color.BLUE);          //设置标签文本颜色
rootNode.getChildren().add(label);
//设置舞台场景
Scene scene = new Scene(rootNode, 240, 120);
stage.setTitle("颜色字体示例");
stage.setScene(scene);
stage.show();
    }
    public static void main(String[]args){
        launch(args);
    }
}
```

程序运行结果如图 14-16 所示。

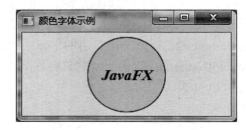

图 14-16　字体颜色示例

程序创建一个栈面板（StackPane）对象并将一个圆和标签添加其中。程序为圆对象设置了笔画颜色和填充颜色，程序为创建的标签设置了自定义字体，标签的文字以 Times New Roman 字体、加粗、斜体和 20 像素显示。

当改变窗体的大小时，圆和标签仍然显示在窗体中央。因为圆和标签放在栈面板中，栈面板自动将节点放在面板中央。

教学视频

14.6　JavaFX 形状

在 JavaFX 的场景图中，可以添加各种形状，如文本、直线、矩形、圆、多边形等。这些节点可以添加到子面板中，也可以直接添加到根节点中。

14.6.1　Line 类

使用 Line 类创建直线，需要为 Line 实例指定起始坐标和终点坐标。有两种方式指定起点和终点坐标，第一种方法是通过构造方法参数指定，坐标值的数据类型为 double。下面代码创建的 Line 实例起点坐标为(100,10)，终点坐标为(10,110)。

```
Line line = new Line(100, 10, 10, 110);
```

第二种方法是先用默认构造方法创建一个 Line 实例，然后设置坐标值。

```
Line line = new Line();
line.setStartX(100);              //设置起点坐标
line.setStartY(10);
line.setEndX(10);                 //设置终点坐标
line.setEndY(110);
```

在场景图绘制的直线默认笔画粗细是 1.0，笔画颜色为黑色（Color.BLACK），可以通过 Shape 类的 setter 方法修改形状的属性。

```
Line redLine = new Line(10, 10, 200, 10);
//设置常用属性
redLine.setStroke(Color.RED);     //设置笔画颜色
redLine.setStrokeWidth(10);
redLine.setStrokeLineCap(StrokeLineCap.BUTT);
//创建一种虚线模式
redLine.getStrokeDashArray().addAll(10d, 5d, 15d, 5d, 20d);
redLine.setStrokeDashOffset(0);
root.getChildren().add(redLine);
```

下面程序在界面中绘制三条直线。

程序 14.8   LineDemo.java

```
package com.gui;
import javafx.application.Application;
import javafx.scene.Group;
import javafx.scene.Scene;
import javafx.scene.paint.Color;
import javafx.scene.shape.Line;
import javafx.scene.shape.StrokeLineCap;
import javafx.stage.Stage;
public class LineDemo extends Application {
    @Override
    public void start(Stage myStage) {
        myStage.setTitle("绘制直线");
        Group rootNode = new Group();
        Scene scene = new Scene(rootNode, 300, 130, Color.WHITE);
        //绿线
        Line greenLine = new Line(10, 10, 200, 10);
        greenLine.setStroke(Color.GREEN);
        greenLine.setStrokeWidth(5);
        rootNode.getChildren().add(greenLine);
        //蓝线
        Line blueLine = new Line(10, 50, 200, 50);
```

```
        blueLine.setStroke(Color.BLUE);
        blueLine.setStrokeWidth(10);
        blueLine.setStrokeLineCap(StrokeLineCap.ROUND);
        rootNode.getChildren().add(blueLine);
        //红线
        Line redLine = new Line(10, 90, 200, 90);
        redLine.setStroke(Color.RED);
        redLine.setStrokeWidth(10);
        redLine.setStrokeLineCap(StrokeLineCap.BUTT);
        //创建虚线模式
        redLine.getStrokeDashArray().addAll(10d, 5d, 15d, 5d, 20d);
        redLine.setStrokeDashOffset(0);
        rootNode.getChildren().add(redLine);
        myStage.setScene(scene);
        myStage.show();
    }
    public static void main(String[] args) {
        launch(args);
    }
}
```

Group 作为场景图根节点面板，Group 是 Parent 的子类，包含一个 ObservableList 子节点，添加在 Group 上的控件通常需要绝对定位。

程序运行结果如图 14-17 所示。

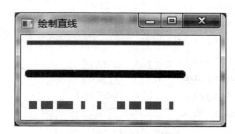

图 14-17　绘制直线示例

在场景图中，可以绘制很多形状，如线、圆、矩形等。这些对象都是 Shape 类的子类，Shape 类是 Node 类的子类。Shape 类中定义了形状的常用属性，其中，fill 属性指定形状的填充颜色；stroke 属性定义笔画的颜色；strokeWidth 属性定义笔画的宽度；strokeLineCap 属性指定形状端点风格，其值可以为 StrokeLineCap.BUTT（默认值）、StrokeLineCap.ROUND（端点为圆形）和 StrokeLineCap.SQUARE（端点为方形）。图 14-18 显示了这三种风格的样式。

图 14-18　直线三种端点样式

14.6.2　Rectangle 类

使用 Rectangle 类创建矩形，创建矩形需要指定矩形的宽度和高度以及矩形的左上角坐标位置。可以使用 Rectangle 类的构造方法在创建矩形时指定宽和高，起点位置以及颜色等，也可以使用默认构造方法创建空的矩形，之后通过 setter 方法设置矩形的属性，常用构造方法如下。

- Rectangle(double width,double height)：指定矩形的宽度和高度。
- Rectangle(double x, double y,double width,double height)：指定矩形左上角的 x 坐标、y 坐标、宽度和高度。
- Rectangle(double width,double height, Paint fill)：指定矩形的宽度、高度和填充颜色。

下面代码创建两个矩形框，并设置了不同的填充颜色和笔画颜色。

```
Rectangle rec1 = new Rectangle(5, 5, 50, 40);
rec1.setFill(Color.RED);
rec1.setStroke(Color.GREEN);
rec1.setStrokeWidth(3);
Rectangle rec2 = new Rectangle(65, 5, 50, 40);
rec2.setFill(Color.rgb(91, 127, 255));
rec2.setStroke(Color.web("0x0000FF",1.0));
rec2.setStrokeWidth(3);
```

还可以创建圆角矩形，需要指定圆角矩形圆角处圆弧的水平直径和垂直直径，如下所示。

```
Rectangle roundRect = new Rectangle(50,50,100,80);
roundRect.setArcWidth(10);       //指定圆角处圆弧的水平直径
roundRect.setArcHeight(40);      //指定圆角处圆弧的垂直直径
```

14.6.3　Circle 类

使用 Circle 类创建圆形，可以用构造方法创建圆形对象。圆形对象包括圆心坐标、半径、颜色等属性。下面是常用的构造方法。

- Circle(double radius)：指定圆的半径创建一个圆。
- Circle(double centerX, double centerY, double radius)：指定圆心坐标和半径创建一个圆。
- Circle(double centerX, double centerY,double radius,Paint fill)：指定圆心坐标、半径和填充颜色创建一个圆。

也可以使用默认的构造方法创建圆形对象，然后通过 setter 方法设置各属性值。用下面代码创建的圆形对象，其圆心坐标是(70,130)，半径是 50.0，填充颜色为蓝色。

```
Circle circle = new Circle();
circle.setCenterX(70.0f);        //设置圆的中心点坐标
circle.setCenterY(130.0f);
circle.setRadius(50.0f);         //设置圆的半径
circle.setFill(Color.BLUE);
```

14.6.4 Ellipse 类

使用 Ellipse 类创建椭圆，椭圆对象包括圆心坐标（centerX,centerY）、x 轴半径 radiusX、y 轴半径 radiusY 等属性，如图 14-19 所示。使用默认的构造方法创建一个空椭圆，其常用构造方法如下。

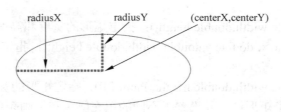

图 14-19　椭圆形示意图

- Ellipse(double radiusX,double radiusY)：使用指定的 x 轴半径和 y 轴半径创建一椭圆。
- Ellipse(double centerX,double centerY, double radiusX,double radiusY)：使用指定的圆心坐标和 x 轴半径、y 轴半径创建一椭圆。

下面代码是创建一个椭圆的实例。

```
Ellipse ellipse = new Ellipse(110,110, 80, 40);
ellipse.setStrokeWidth(3);
ellipse.setStroke(Color.BLUE);
ellipse.setFill(Color.WHITE);
```

14.6.5 Arc 类

使用 Arc 类创建一段弧。一段弧可以认为是椭圆的一部分，由参数 centerX、centerY、radiusX、radiusY、startAngle、length 以及弧的类型（ArcType.OPEN、ArcType.CHORD 以及 ArcType.ROUND）来确定。使用 Arc 类创建弧的构造方法如下。

- Arc()：创建一空弧对象。
- Arc(double x, double y, double radius X, double radius Y,double startAngle,double length)：参数 startAngle 是弧的起始角度，length 是跨度（即弧所覆盖的角度）。角度使用度为单位，并遵循通常的约定（即 0 度指向正东方向），正的角度表示从起始角度沿逆时针方向旋转的角度。

下面代码通过指定弧的类型（ArcType.ROUND）显示 4 个扇形。

```
public void start(Stage stage){
    Pane rootNode = new Pane();
    for(int startAngle = 0; startAngle < 360;startAngle+=90){
        Arc arc = new Arc(150,100,80,80,startAngle,30);
        arc.setFill(Color.RED);
        arc.setType(ArcType.ROUND);
        rootNode.getChildren().add(arc);
```

```
    }
    Scene scene = new Scene(rootNode, 300, 200);
    stage.setTitle("弧线示例");
    stage.setScene(scene);
    stage.show();
}
```

代码运行结果如图 14-20 所示。

图 14-20　弧线示例

14.6.6　Polygon 类

使用 Polygon 类创建多边形，可以用构造方法创建多边形对象。通过一个 double 型数组指定多边形各顶点坐标，Polygon 构造方法如下。

- Polygon()：创建一空多边形。
- Polygon(double…points)：使用指定的多边形顶点坐标数组创建一多边形。

下面代码创建一个三角形对象和一个六边形对象。

```
public void start(Stage stage){
    //创建一个三角形对象
    Polygon polygon1 = new Polygon(new double[]{
            45 , 30 ,
            10 , 110 ,
            80 , 110 ,
    });
    polygon1.setFill(Color.RED);
    //创建一个六边形对象
    Polygon polygon2 = new Polygon(new double[]{
            135, 15,
            160, 30,
            160, 60,
            135, 75,
            110, 60,
            110, 30
        });
```

```
polygon2.setStroke(Color.DODGERBLUE);
polygon2.setStrokeWidth(2);
polygon2.setFill(null);
//创建根面板对象
Pane rootNode = new Pane();
rootNode.setPrefSize(200, 100);
rootNode.getChildren().addAll(polygon1, polygon2);
Scene scene = new Scene(rootNode, 300, 100);
stage.setTitle("多边形示例");
stage.setScene(scene);
stage.show();
}
```

代码运行结果如图 14-21 所示。

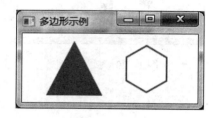

图 14-21　多边形示例

14.6.7　Text 类

在场景图中，使用 javafx.scene.text.Text 类创建文本对象，它是 Shape 类的子类，因此它也继承了 Shape 类的许多功能，如缩放、变换、旋转等。

使用 Text 类的默认构造方法创建一个空的文本对象，其他构造方法如下。

- public Text(String text)：使用给定的文本创建一个 Text 对象。
- public Text(double x, double y, String text)：使用给定的 x，y 坐标及文本创建一个 Text 对象。

Text 类定义的常用属性包括 text、x、y、fill、underline、strikethrough 以及 font，使用属性设置方法可以修改属性值。

下面代码先创建一个 Text 对象，然后设置它的 text 属性。

```
Text t = new Text();
t.setText("This is a text sample");
```

也可以在创建文本对象时指定文本内容。

```
Text t = new Text("This is a text sample");
```

还可以通过前两个参数指定文本对象显示的坐标位置。

```
Text t = new Text (10, 20, "This is a text sample");
```

可以设置文本的字体和颜色。使用 Font.font()方法可以指定一种字体和字号，还可以使用 setFill()方法设置文本颜色。

```
t.setText("This is a text sample");
t.setFont(Font.font("Verdana", 20));          //设置字体
t.setFill(Color.RED);                         //设置颜色
```

使用 FontWeight 枚举的 BOLD 常量指定粗体，使用 FontPosture 枚举的 ITALIC 常量指定斜体。

```
t.setFont(Font.font("Verdana", FontWeight.BOLD, 30));
t.setFont(Font.font("Verdana", FontPosture.ITALIC, 30));
```

可以创建多个 Text 节点，然后使用 TextFlow 布局面板将它们放置在一个文本流中。TextFlow 对象使用每个 Text 节点的文本和字体，但忽略子节点的 x 和 y 的坐标，它使用自己的宽度和文本对齐方式决定子节点的位置。下面代码演示了 3 个具有不同字体和文本的 Text 节点放置在 TextFlow 面板中的实例。

```
public void start(Stage myStage) {
    String family = "Verdana";
    double size = 30;
    Text text1 = new Text("Hello ");
    text1.setFont(Font.font(family, size));
    text1.setFill(Color.RED);
    Text text2 = new Text("Bold");
    text2.setFill(Color.ORANGE);
    text2.setFont(Font.font(family, FontWeight.BOLD, size));
    Text text3 = new Text(" World");
    text3.setFill(Color.GREEN);
    text3.setFont(Font.font(family, FontPosture.ITALIC, size));
    text3.setRotate(90);                       //节点按顺时针方向旋转90°
    //创建TextFlow对象并添加三个文本对象
    TextFlow textFlow = new TextFlow();
    textFlow.setLayoutX(40);
    textFlow.setLayoutY(40);
    textFlow.getChildren().addAll(text1, text2, text3);
    Group group = new Group(textFlow);
    Scene scene = new Scene(group, 330, 120, Color.WHITE);
    myStage.setTitle("Hello Rich Text");
    myStage.setScene(scene);
    myStage.show();
}
```

代码运行结果如图 14-22 所示。

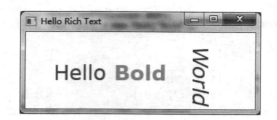

图 14-22　使用 TextFlow 显示文本

教学视频

14.7　Image 和 ImageView 类

可以在 JavaFX 的场景图中显示标准的图像，有多种标准格式图像，如.jpg、.png、.gif 和.bmp 等，这需要两步。

- 使用 javafx.scene.image.Image 类从本地系统或远程服务器加载图像；
- 使用 javafx.scene.image.ImageView 节点显示图像。

1.　加载图像

加载图像使用 Image 类的构造方法，它们的格式如下所示。

- public Image(String url)；
- public Image(String url, boolean backgroundLoading)；
- public Image(InputStream inputStream)；
- public Image(InputStream is, double requestedWidth, double requestedHeight, boolean preserveRadio, boolean smooth)；
- public Image(String url, double requestedWidth, double requestedHeight, boolean preserveRatio, boolean smooth)；
- public Image(String url, double requestedWidth, double requestedHeight, boolean preserveRatio, boolean smooth, boolean backgroundLoading)。

表 14-2 给出 Image 构造方法各参数含义。

表 14-2　Image 类构造方法参数

参数	数据类型	描述
inputStream	InputStream	输入流对象，如文件和网络
url	String	图像的 URL 地址，如本地文件
backgroundLoading	boolean	是否在后台加载图像
requestedWidth	double	指定图像边界框的宽度
requestedHeight	double	指定图像边界框的高度
preserveRatio	boolean	指定是否保持图像高宽比例
smooth	boolean	指定是否使用平滑图像算法显示图像

在 JavaFX 程序中，既可以加载本地系统的图像文件，也可以加载 Web 服务器上的图像。下面代码加载本地文件系统中的图像文件。

```
Image image = new Image("images/flower.png");
```

也可以使用下面代码加载本地文件系统中的图像文件。

```
File file = new File("D:\\images\\koala.png");
String localUrl = file.toURI().toURL().toString();
Image localImage = new Image(localUrl, false);
```

如果图像文件与应用程序在同一个目录，可使用下列代码加载图像。

```
Image image = new Image(getClass().getResourceAsStream("koala.png"),
                        200,165,true,true);
```

下面代码加载 Web 服务器上的图像文件。

```
String remoteUrl = "http://mycompany.com/myphoto.jpg";
Image remoteImage = new Image(remoteUrl, true);
```

这里，加载本地文件是在创建的 File 对象上调用 toURI().toURL().toString()方法得到文件的 URL 格式，加载远程服务器上文件需使用 HTTP 协议的 URL。

2. 显示图像

图像成功加载后，需要使用 ImageView 节点对象显示。ImageView 是一个包装器对象，用来引用 Image 对象。ImageView 常用的构造方法如下。

- public ImageView()：创建一个 ImageView 对象，不与任何图像关联。
- public ImageView(Image image)：使用给定的图像对象创建一个 ImageView 对象。
- public ImageView(String fileUrl)：使用给定的文件或 URL 载入图像创建一个 ImageView 对象。

ImageView 定义了 x 和 y 属性表示图像视图的原点 x 和 y 的坐标，image 属性表示图像，fitWidth 和 fitHeight 属性表示图像改变大小后适合的边界框的宽度和高度。

下面代码异步加载（后台加载）一个图像，将其传递给 ImageView 构造方法。默认情况下，图像保留原来的高和宽。

```
FlowPane rootNode = new FlowPane();
File file = new File("D:\\images\\koala.png");
String localUrl = null;
try{
   localUrl = file.toURI().toURL().toString();
}catch(MalformedURLException mue){
   System.out.println(mue);
}
Image localImage = new Image(localUrl, false);
ImageView imageView = new ImageView(localImage);
rootNode.getChildren().addAll(imageView);
Scene scene = new Scene(rootNode, localImage.getWidth(),
                        localImage.getHeight());
```

由于 ImageView 也是 Node 对象，因此也可以对它应用变换、缩放、模糊等特效。在应用这些特效时，并不在原来图像的像素上操作，而是复制一份到 ImageView 节点上，因此可能有多个 ImageView 对象指向同一个 Image 对象。

程序 14.9　　**ImageDemo.java**

```java
package com.gui;
import javafx.application.Application;
import javafx.geometry.Rectangle2D;
import javafx.scene.Group;
import javafx.scene.Scene;
import javafx.scene.image.Image;
import javafx.scene.image.ImageView;
import javafx.scene.layout.HBox;
import javafx.scene.paint.Color;
import javafx.stage.Stage;
public class ImageDemo extends Application {
    @Override
    public void start(Stage stage) {
        Image image = new Image("images/flower.png");
        ImageView iv1 = new ImageView();
        iv1.setImage(image);
        //定义第二个图像视图
        ImageView iv2 = new ImageView();
        iv2.setImage(image);
        iv2.setFitWidth(100);            //将图像视图宽度设置为100像素
        iv2.setPreserveRatio(true);   //保持缩放比例
        iv2.setSmooth(true);
        iv2.setCache(true);              //设置缓冲以提高性能
        //定义第三个图像视图
        ImageView iv3 = new ImageView();
        iv3.setImage(image);
        Rectangle2D viewportRect = new Rectangle2D(40, 35, 110, 110);
        iv3.setViewport(viewportRect);
        iv3.setRotate(90);               //图像旋转90°
        HBox box = new HBox();           //定义一个水平控件框，并添加三个图像视图
        box.getChildren().add(iv1);
        box.getChildren().add(iv2);
        box.getChildren().add(iv3);
        //定义根面板
        Group root = new Group();
        root.getChildren().add(box);
        Scene scene = new Scene(root);
        scene.setFill(Color.BLACK);
        stage.setTitle("图像视图示例");
        stage.setWidth(415);
        stage.setHeight(200);
```

```
        stage.setScene(scene);
        stage.sizeToScene();
        stage.show();
    }
    public static void main(String[] args) {
        Application.launch(args);
    }
}
```

这里的 images/flower.png 文件存放在 src 目录中。程序运行结果如图 14-23 所示。

图 14-23　显示图像示例

教学视频

14.8　特效实现

在 JavaFX 中，可以对各种节点对象（包括形状、文本以及各种控件等）实施特殊效果，如阴影、倒影、模糊、发光等，可以调用节点的 setEffect()方法设置这些效果。JavaFX 常用特效类如表 14-3 所示。

表 14-3　JavaFX 常用特效类

特效类	说明	特效类	说明
Bloom	增强亮度效果	Glow	实现节点发光效果
BoxBlur	对节点实施模糊效果	InnerShadow	在节点内显示阴影
GaussianBur	对节点进行高斯模糊	Lighting	创建闪电光源的效果
DropShadow	实现节点阴影效果	Reflection	显示节点倒影

14.8.1　阴影效果

使用 DropShadow 对象实现节点内容的阴影效果，可以指定阴影的颜色、半径和偏移量。下面代码对一个文本对象和一个圆对象设置了阴影效果。

```
DropShadow dropShadow = new DropShadow();
dropShadow.setRadius(5.0);
dropShadow.setOffsetX(3.0);
dropShadow.setOffsetY(3.0);
dropShadow.setColor(Color.color(0.4, 0.5, 0.5));
//为文本设置阴影特效
```

```
Text text = new Text(10,70,"JavaFX阴影效果");
text.setCache(true);
text.setFill(Color.web("0x3b596d"));
text.setFont(Font.font(null, FontWeight.BOLD, 30));
text.setEffect(dropShadow);
//为圆设置阴影特效
DropShadow dropShadow2 = new DropShadow();
dropShadow2.setOffsetX(6.0);
dropShadow2.setOffsetY(4.0);
Circle circle = new Circle(50.0,125.0,30.0,Color.STEELBLUE);
circle.setCache(true);
circle.setEffect(dropShadow2);
```

代码执行效果如图 14-24 所示。

图 14-24　阴影效果的实现

14.8.2　模糊效果

使用 BoxBlur 类可对节点进行模糊处理，它是一种快速的图像模糊方法，图像模糊的程度取决于 3 个参数。下面是 BoxBlur 类带参数的构造方法：

```
BoxBlur(double width, double height, int iterations)
```

这里，width 和 height 指定模糊框的大小，值为 0～255；iterations 是迭代次数，值为 1～3。下面代码使用 BoxBlur 对文本进行模糊处理。

```
BoxBlur boxBlur = new BoxBlur();
boxBlur.setWidth(5);
boxBlur.setHeight(1);
boxBlur.setIterations(2);
//为文本设置模糊特效
Text text = new Text();
text.setText("文本模糊效果!");
text.setFill(Color.web("0x3b596d"));
text.setFont(Font.font(null, FontWeight.BOLD, 30));
text.setX(8);
text.setY(50);
text.setEffect(boxBlur);
```

该段代码执行结果如图 14-25 所示。

图 14-25   模糊效果的实现

JavaFX 还提供了另一种称为高斯模糊的方法，它使用 GaussianBlur 类的实例。例如：

```
text.setEffect(new GaussianBlur());
```

14.8.3   倒影效果

使用 Reflection 类可对节点设置倒影效果，是在节点内容下方产生倒影。使用 setFraction(double value)方法指定倒影可见部分的比例，value 的范围从 0.0 到 1.0；默认值为 0.75，表示可见 2/3。下面代码创建一个 Reflection 实例，并设置文本的效果。

```
Reflection reflection = new Reflection();
reflection.setFraction(1.0);
//为文本设置倒影特效
Text text = new Text(10.0,50.0,"文本倒影效果");
text.setCache(true);
text.setFill(Color.web("0x3b596d"));
text.setFont(Font.font(null, FontWeight.BOLD, 30));
text.setEffect(reflection);
```

该段代码运行结果如图 14-26 所示。

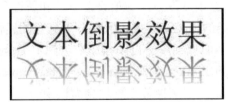

图 14-26   倒影效果的实现

14.8.4   发光效果

使用 Glow 类可对节点设置发光效果，构造方法如下。

```
public Glow(double level)
```

参数 level 用于控制发光效果的强度，值为 0.0～1.0，默认值 0.3。

```
Image image = new Image(getClass().getResourceAsStream("boat.jpg"));
ImageView imageView = new ImageView(image);
imageView.setFitWidth(200);
```

```
imageView.setPreserveRatio(true);
//为图像设置发光特效
imageView.setEffect(new Glow(0.0));
```

图 14-27 显示了图片的原始效果与发光效果的比较。

图 14-27　图片原始效果与发光效果比较

14.9　小　　结

（1）JavaFX 是用于开发富因特网应用程序框架。JavaFX 将完全替代 Swing 和 AWT。

（2）一个 JavaFX 主类必须继承 javafx.application.Application 类并实现 start()方法。JVM 自动创建一个主舞台对象并传递给 start()方法。

（3）舞台是用于显示一个场景的窗口。可以将一个节点加入一个场景中。面板、控件以及形状都是节点，面板可以作为节点的容器。

（4）绑定属性可以绑定到一个可观察源对象上。源对象中，值的改变会自动反映到绑定属性上。一个绑定属性具有值获取方法、值设置方法和属性获取方法。

（5）Node 类所有节点类的根类中定义了所有节点具有的属性和方法。

（6）JavaFX 提供了许多面板类用于自动布局节点到一个希望的位置和尺寸。Pane 类是所有面板的基类，包含 getChildren()方法返回一个 ObservableList。用 ObservableList 的 add(node)和 add(node1,node2,…)方法将节点添加到面板中。

（7）FlowPane 将面板中的节点按照它们加入的次序，从左到右水平或从上到下垂直布局。GridPane 将节点布局在一个网格中，节点放置在特定的列和行序号上。BorderPane 可以将节点放置在 5 个区域：上、下、左、右以及居中。HBox 将其子节点放置在单个水平行中。VBox 将其子节点放置在单个垂直列中。

（8）JavaFX 提供了许多形状类用于绘制直线、矩形、圆、椭圆、弧线、多边形以及文本等。

（9）使用 javafx.scene.image.Image 类可以用于装载一个图像，这个图像可以用 ImageView 视图显示。

（10）JavaFX 可以对节点实施特效。例如，使用 DropShadow 类实现阴影效果，使用 BoxBlur 类实现模糊效果，使用 Reflection 类实现倒影效果，使用 Glow 类实现发光效果。

编 程 练 习

14.1 编写程序，实现如图 14-28 所示的图形用户界面，要求如下：

（1）创建两个 HBox 面板对象，其中控件之间间距为 10 像素，每个 HBox 面板上放置 3 个按钮。

（2）创建 FlowPane 根面板，设置它的内容与边界距离上下为 20 像素，左右为 15 像素，控件水平和垂直间距都为 10 像素。将两个 VBox 面板添加到 FlowPane 面板中。

图 14-28   FlowPane 和 HBox 面板布局

14.2   编写程序，实现如图 14-29 所示的图形用户界面，要求 4 个按钮添加到 HBox 面板中，将该面板添加到 BorderPane 根面板的下方。创建一个标签，把它添加到 Pane 面板中，将 Pane 面板添加到根面板的中央。

图 14-29   BorderPane 和 HBox 面板布局

14.3   编写一个绘制圆柱的程序，在其上放置一个文本，如图 14-30 所示。要求程序使用 Ellipse 类、Arc 类、Line 类以及 Text 类完成，根面板使用 Group 对象。

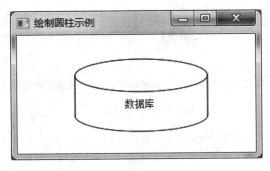

图 14-30   绘制椭圆、弧和直线

14.4 编写一个程序，显示国际象棋盘，其中每个黑白单元格都是一个填充了黑色或白色的 Rectangle 对象，如图 14-31 所示。

图 14-31 绘制国际象棋盘

14.5 编写程序，使用 Circle 对象和 Arc 对象绘制如图 14-32 所示的奥运五环旗。提示：五环的颜色分别为蓝色、黑色、红色、黄色和绿色，五环相互套在一起。

图 14-32 奥运五环旗

14.6 编写程序，在界面中显示如图 14-33 所示的五角星。五角星是一个多边形，共包含 10 个顶点。因此绘制五角星的重点是首先确定五角星外接圆的圆心坐标和半径，然后根据圆心坐标计算 10 个顶点的坐标位置。

图 14-33 绘制五角星

14.7 编写如图 14-34 所示绘制多文本的程序，显示 5 个文本节点。对每个文本节点，设置一个随机颜色和透明度，并且将每个文本的字体设置为 Times New Roman、粗体（bold）和斜体（italic），大小为 22 像素。

图 14-34　绘制多个文本

14.8　编写程序，显示从一副 52 张的扑克牌中随机选择的 4 张牌，如图 14-35 所示。牌的图像文件命名为 1.png，2.png，…，52.png，并保存在 images/card 目录下。4 张牌不同且随机选取。

图 14-35　随机显示 4 张牌

第 15 章 事件处理与常用控件

本章学习目标

- 描述事件、事件源和事件类;
- 定义处理器类、注册处理器对象和源对象;
- 了解使用内部类、匿名内部类定义处理器类;
- 使用 Lambda 表达式简化事件处理;
- 编写处理 MouseEvent 事件的程序;
- 编写处理 KeyEvent 事件的程序;
- 创建监听器以处理一个可观察对象中值的改变;
- 使用 JavaFX 常用控件,包括 Label、Button、TextField、TextArea、CheckBox、RadionButton、ComboBox、Slider、FileChooser、菜单控件等;
- 使用 Media、MediaPlayer 和 MediaView 类播放音频和视频;
- 使用 Animation、PathTransition、FadeTransition 和 Timeline 类开发动画。

15.1 事 件 处 理

教学视频

图形用户界面应该能够响应用户的操作。例如,当用户在 GUI 上单击鼠标或输入一个字符,都会发生事件,程序根据事件类型作出反应就是事件处理。

15.1.1 事件处理模型

JavaFX 的事件处理机制有多种,如属性绑定是一种事件处理机制,还可以通过编写代码使用处理器或事件监听器处理事件。

JavaFX 事件处理采用事件代理模型,即将事件的处理从事件源对象代理给一个或多个称为事件处理器或事件监听器的对象,事件由事件处理器处理。

JavaFX 的事件处理模型如图 15-1 所示。

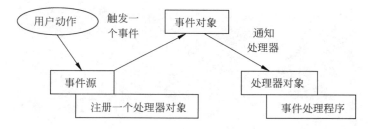

图 15-1 JavaFX 事件处理模型

事件处理模型涉及 3 种对象：事件源、事件和事件处理器。

事件源（event source）：产生事件的对象，一般来说可以是组件，如按钮、文本框等。当这些对象的状态改变时，就会产生事件。

事件（event）：一个事件是事件类的实例，描述事件源状态的改变。例如，按钮被单击就会产生 ActionEvent 动作事件。

事件处理器（handler）：接收事件并对其进行处理的对象。事件处理器对象必须实现 EventHandler<T>接口。

要处理事件，首先在事件源上注册事件处理器。当用户动作触发一个事件，运行时系统将创建一个事件对象，然后执行事件处理器对象。

15.1.2 事件类和事件类型

为了实现事件处理，JavaFX 定义了大量的事件类，这些类封装了事件对象。JavaFX 事件类的根类是 javafx.event.Event，它是 java.util.EventObject 的子类。图 15-2 给出了常用的事件类及层次关系。

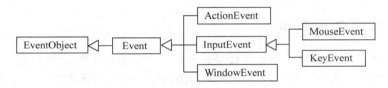

图 15-2　常用事件类及层次关系

一个事件对象包含与事件相关的任何属性。可以通过 EventObject 类的 getSource()实例方法来确定一个事件的源对象。

事件类型是 javafx.event.EventType 类的实例，事件类型还可进一步分为单个的事件类。例如，KeyEvent 类就包含下面的事件类型。

- KeyEvent.KEY_PRESSED：键被按下。
- KeyEvent.KEY_RELEASED：键被释放。
- KeyEvent.KEY_TYPED：键被按下，然后释放。

事件类型是分层次的，每个事件类型都有名称和父类型。例如，按键事件名称是 KEY_PRESSED，它的父类型是 KeyEvent.ANY。

顶层事件类型是 Event.ANY 或 Event.ROOT，表示任何事件类型。例如，如果要为任何键盘事件提供响应，在事件处理器中使用 KeyEvent.ANY 作为事件类型。如果只为键盘释放提供响应，只需使用 KeyEvent.KEY_RELEASED 事件类型。

许多事件处理方法定义在 Node 类中，子类中可以使用，还有一些类也包含方便的方法。表 15-1 给出常用事件类型、用户动作和定义处理方法的类。

表 15-1　事件类型、用户动作和事件定义处理方法的类

事件类型	用户动作	方法的类
ActionEvent	单击按钮或选择菜单项	ButtonBase、ComboBoxBase、ContextMenu、MenuItem、TextField
KeyEvent	键盘操作	Node、Scene

事件处理与常用控件

事件类型	用户动作	方法的类
MouseEvent	鼠标移动或按下按钮	Node、Scene
MouseDragEvent	完整鼠标按下、拖放操作	Node、Scene
InputMethodEvent	字符输入操作	Node、Scene
DragEvent	平台支持的拖放操作	Node、Scene
ScrollEvent	对象滚动	Node、Scene
ContextMenuEvent	快捷菜单被请求	Node、Scene
ListView.EditEvent	ListView 条目被编辑	ListView
TreeView.EditEvent	TreeView 条目被编辑	TreeView
TableColumn.CellEditEvent	表格列被编辑	TableColumn
TextEvent	文本事件	Node、Scene
WindowEvent	窗口事件	Node、Scene

除表中列出的事件外，JavaFX 还定义了针对移动设备的事件类型，如 TouchEvent、SwipeEvent、RotateEvent、ZoomEvent 等。

15.1.3 使用事件处理器

JavaFX 采用基于代理的模型来进行事件处理：一个源对象触发一个事件，然后一个事件处理器或事件监听器对象来处理它。必须为源对象注册处理器对象。一个节点可有一个或多个处理器处理事件。一个处理器可用于一个或多个节点或多个事件类型。

1. 注册和删除事件处理器

要处理事件，必须为节点注册事件处理器。注册事件处理器可以使用 Node 类的 addEventHandler()方法，该方法带一个事件类型参数和一个 EventHandler 参数。

javafx.event.EventHandler<T extends Event>接口是对事件 T 统一处理，它的 handle(T e) 方法用于处理事件。例如，对于 ActionEvent 来说，处理器接口是 EventHandler<ActionEvent>，应该实现 handle(ActionEvent e)方法处理 ActionEvent 事件。

下面代码使用匿名类定义一个处理器对象，并为两个节点注册相同类型的事件处理器，还为另一种事件注册了该处理器。

```
//定义事件处理器handler
EventHandler handler = new EventHandler<MouseEvent>() {
    public void handle(MouseEvent event) {
        System.out.println("处理事件: " + event.getEventType());
    }
};
//为两个节点注册相同的处理器
myNode1.addEventHandler(MouseEvent.MOUSE_CLICKED, handler);
myNode1.addEventHandler(MouseEvent.MOUSE_DRAGGED, handler);
myNode2.addEventHandler(MouseEvent.MOUSE_DRAGGED, handler);
```

当不需要事件处理器处理某个节点或某种类型的事件时，使用 removeEventHandler()

方法删除事件处理器。该方法参数是事件类型和处理器。下面代码从 myNode1 上删除 MouseEvent.MOUSE_CLICKED 事件处理器。

```
//删除一个事件处理器
myNode1.removeEventHandler(MouseEvent.MOUSE_CLICKED, handler);
```

但该事件处理器仍然被 myNode1 和 myNode2 的 MouseEvent.MOUSE_CLICKED 事件处理使用。

2. 使用方便方法注册和删除事件处理器

大多数控件定义了方便的方法来注册事件处理器，不同的事件注册方法不同。例如，对于 ActionEvent 事件，注册方法是 setOnAction(EventHandler<ActionEvent>)；对于鼠标单击事件，注册方法是 setOnMouseClicked(EventHandler<MouseEvent>)；对于一个按键事件，注册方法是 setOnKeyPressed(EventHandler<KeyEvent>)。

下面语句是处理 myNode1 节点的 KEY_TYPED 事件的方法定义，即处理键被按下，然后释放的事件：

```
myNode1.setOnKeyTyped(EventHandler<? super KeyEvent> value);
```

如果要删除通过方便方法注册的事件处理器，只需给方便方法传递 null 参数即可。

```
myNode1.setOnKeyTyped(null);
```

表 15-2 给出常用事件类型、用户动作和事件注册方法。

表 15-2   用户动作、事件源、事件类型及事件注册方法

用户动作	源对象	事件类型	事件注册方法
单击按钮	Button	ActionEvent	setOnAction(EventHandler<ActionEvent>)
在文本框按 Enter 键	TextField	ActionEvent	setOnAction(EventHandler<ActionEvent>)
勾选或取消勾选	RadioButton	ActionEvent	setOnAction(EventHandler<ActionEvent>)
勾选或取消勾选	CheckBox	ActionEvent	setOnAction(EventHandler<ActionEvent>)
选择一个新的项	ComboBox	ActionEvent	setOnAction(EventHandler<ActionEvent>)
按下鼠标	Node、Scene	MouseEvent	setOnMousePressed(EventHandler<MouseEvent>)
释放鼠标	Node、Scene	MouseEvent	setOnMouseReleased(EventHandler<MouseEvent>)
单击鼠标	Node、Scene	MouseEvent	setOnMouseClicked(EventHandler<MouseEvent>)
鼠标进入	Node、Scene	MouseEvent	setOnMouseEntered(EventHandler<MouseEvent>)
鼠标退出	Node、Scene	MouseEvent	setOnMouseExited(EventHandler<MouseEvent>)
鼠标移动	Node、Scene	MouseEvent	setOnMouseMoved(EventHandler<MouseEvent>)
鼠标拖动	Node、Scene	MouseEvent	setOnMouseDragged(EventHandler<MouseEvent>)
按下键	Node、Scene	KeyEvent	setOnKeyPressed(EventHandler<KeyEvent>)
释放键	Node、Scene	KeyEvent	setOnKeyReleased(EventHandler<KeyEvent>)
敲击键	Node、Scene	KeyEvent	setOnKeyTyped(EventHandler<KeyEvent>)

如果一个节点可以触发一个事件，那么这个节点的任何子类都可以触发同样类型的事件。例如，在 Node 对象上可以触发 MouseEvent 和 KeyEvent 事件，而形状、布局面板和控件都是 Node 的子类，因此在形状、布局面板和控件上也都可以触发 MouseEvent 和

KeyEvent 事件。

15.1.4　动作事件

ActionEvent 是表示某种动作的事件，如按钮被单击、菜单项被选择或 KeyFrame 关键帧结束，都发生这种类型事件。

处理 ActionEvent 事件通常使用控件的 setOnAction()方法，一般格式为：

```
public void setOnAction(EventHandler<ActionEvent> value)
```

参数 value 是事件处理器对象。

也可以使用 Node 类定义的 addEventHandler()方法注册事件处理器。

```
public <ActionEvent> void addEventHandler(ActionEvent eventType,
                        EventHandler<ActionEvent> handler)
```

下面的程序要实现如图 15-3 所示的界面。当单击"确定"或"取消"按钮时，在标签中显示相应信息。

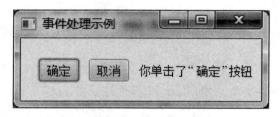

图 15-3　简单动作事件处理

有多种方法实现事件处理器对象和注册事件处理器：通过内部类对象实现、匿名内部类实现以及使用 Lambda 表达式实现。下面分别讨论这几种方法。

1. 内部类实现处理器

可以定义一个成员内部类实现 EventHandler 接口，实现它的 handle()方法，然后通过内部类对象注册事件处理器。

程序 15.1　ActionEventDemo.java

```java
package com.gui;
import javafx.application.Application;
import javafx.geometry.Pos;
import javafx.scene.Scene;
import javafx.scene.control.Button;
import javafx.scene.control.Label;
import javafx.scene.layout.FlowPane;
import javafx.stage.Stage;
import javafx.event.ActionEvent;
import javafx.event.EventHandler;
public class ActionEventDemo extends Application {
    Label label = new Label();
```

```
    Button ok = new Button("确定"),
            cancel = new Button("取消");
    @Override
    public void start(Stage stage) {
        ButtonHandler handler = new ButtonHandler();      //创建内部类对象
        //为"确定"按钮注册事件处理器
        ok.setOnAction(handler);
        //为"取消"按钮注册事件处理器
        cancel.setOnAction(handler);
        //创建根节点和场景
        FlowPane rootNode = new FlowPane(10,10);
        rootNode.setAlignment(Pos.CENTER);
        rootNode.getChildren().addAll(ok, cancel, label);
        Scene scene = new Scene(rootNode, 240, 100);
        stage.setTitle("事件处理示例");
        stage.setScene(scene);
        stage.show();
    }
    //内部类实现事件处理方法
    public class ButtonHandler implements EventHandler<ActionEvent>{
        @Override
        public void handle(ActionEvent event) {
          if((Button)(event.getSource())==ok){
            label.setText("你单击了"确定"按钮");
          }else if(event.getSource()==cancel){
            label.setText("你单击了"取消"按钮");
          }
        }
    }
    public static void main(String[] args) {
        launch(args);
    }
}
```

程序在主类中定义了内部类 ButtonHandler，它实现了 EventHandler 接口的 handle()方法来处理 ActionEvent 事件。通过事件对象的 getSource()方法返回事件源对象，从而判断用户单击了哪个按钮。

程序使用 Button 类的方便方法注册事件处理器，也可以用 Node 类的下面方法注册事件处理器。

```
ok.addEventHandler(ActionEvent.ACTION, handler);
cancel.addEventHandler(ActionEvent.ACTION, handler);
```

2. 匿名内部类实现处理器
可以使用匿名内部类创建事件处理器。一个匿名内部类是一个没有名字的内部类，实现定义一个内部类和创建一个内部类实例在一步完成。

事件处理与常用控件

下面代码使用匿名内部类创建事件处理器对象，这里不必单独定义事件处理器类。程序实现功能与使用成员内部类完全一样。

```
//为"确定"按钮注册事件处理器
ok.setOnAction(new EventHandler<ActionEvent>() {
    public void handle(ActionEvent event) {
        label.setText("你单击了"确定"按钮");
    }
});
//为"取消"按钮注册事件处理器
cancel.setOnAction(new EventHandler<ActionEvent>() {
    public void handle(ActionEvent event) {
        label.setText("你单击了"取消"按钮");
    }
});
```

程序使用匿名内部类创建了两个处理器，并分别为 ok 和 cancel 按钮注册了这两个处理器。可以看到使用匿名内部类可以使代码更简洁。关于匿名内部类详细讨论请参阅第 9 章"内部类、枚举和注解"。

3. 使用 Lambda 表达式简化事件处理

Lambda 表达式是 Java SE 8 的新特征。Lambda 表达式可以被看作使用精简语法的匿名内部类。例如，使用 Lambda 表达式为 ok 按钮和 cancel 按钮注册事件处理器的代码如下。

```
ok.setOnAction(event ->
    label.setText("你单击了"确定"按钮");
);
cancel.setOnAction(event ->
    label.setText("你单击了"取消"按钮");
);
```

可以看到，使用 Lambda 表达式注册事件处理器代码更简洁，推荐使用这种方法。关于 Lambda 表达式的详细语法请参阅第 10 章"接口与 Lambda 表达式"。

15.1.5 鼠标事件

当一个鼠标按键在一个节点上或一个场景中被按下、释放、单击、移动或拖动时，一个 MouseEvent 事件被触发。

通过 MouseEvent 对象可以捕捉事件信息，如鼠标的位置、单击的次数，或鼠标的哪个按键被按下等。MouseEvent 类的常用方法如下所示。

- public MouseButton getButton()：返回发生事件的鼠标按钮，结果是 MouseButton 枚举值。枚举值分别为 PRIMARY（第一个按钮，通常在左侧）、MIDDLE（第二个按钮，通常在中间）和 SECONDARY（第三个按钮，通常在右侧）。例如，me.getButton()==MouseButton.SECONDARY 表示鼠标的右按钮被按下。
- public final int getClickCount()：返回事件中鼠标的单击次数。

- public final double getX()：返回事件源节点中鼠标点的 x 坐标。
- public final double getY()：返回事件源节点中鼠标点的 y 坐标。
- public final double getScreenX()：返回屏幕中鼠标点的 x 坐标。
- public final double getScreenY()：返回屏幕中鼠标点的 y 坐标。
- public final boolean isControlDown()：如果该事件中 Ctrl 键被按下，返回 true。

可以使用 setOnMouseEntered()、setOnMouseExited() 和 setOnMousePressed() 等方法为鼠标事件注册事件处理器。

下面程序演示了鼠标事件的处理。当鼠标进入圆、离开圆、在圆中按键时，将在标签中显示相关信息；当鼠标指针处于圆中并拖曳，圆在新的位置显示，如图 15-4 所示。

图 15-4　鼠标事件处理

程序 15.2　MouseEventDemo.java

```java
package com.gui;
import javafx.application.Application;
import javafx.scene.Scene;
import javafx.scene.control.Label;
import javafx.scene.input.MouseEvent;
import javafx.scene.layout.BorderPane;
import javafx.scene.layout.Pane;
import javafx.scene.paint.Color;
import javafx.scene.shape.Circle;
import javafx.stage.Stage;
import javafx.event.EventHandler;
public class MouseEventDemo extends Application {
    @Override
    public void start(Stage stage) {
        final Label label = new Label();
        final Circle circle = new Circle(140,50,40, Color.RED);
        Pane pane = new Pane();    //创建面板对象并将圆添加到它上面
        pane.getChildren().addAll(circle);
        BorderPane root = new BorderPane();
        root.setCenter(pane);
        root.setBottom(label);
        //为圆对象设置鼠标事件处理器
        circle.setOnMouseEntered(e-> label.setText("鼠标进入圆"));
        circle.setOnMouseExited(e-> label.setText("鼠标离开圆"));
```

事件处理与常用控件

```
        circle.setOnMousePressed(e-> label.setText("鼠标被按下"));
        circle.setOnMouseDragged(e-> {
            circle.setCenterX(e.getX());
            circle.setCenterY(e.getY());}
        );
    Scene scene = new Scene(root, 280, 120);
    stage.setTitle("MouseEvent事件处理");
    stage.setScene(scene);
    stage.show();
    }
    public static void main(String[] args) {
        launch(args);
    }
}
```

程序使用 Lambda 表达式实现鼠标事件处理。任何时候，鼠标在圆中被拖曳，圆心坐标将被设置为鼠标所在的位置。

15.1.6 键盘事件

在一个节点或一个场景上按下、释放或敲击键盘按钮，就会触发一个 KeyEvent 事件。键盘事件使得可以利用键盘来控制和执行动作，或从键盘获得输入。KeyEvent 对象描述了键盘事件的性质，该类定义的常用方法如下。

- public final String getCharacter()：返回与键盘事件相关的 Unicode 字符。
- public final String getText()：返回键代码的字符串。
- public final KeyCode getCode()：返回键的 KeyCode 枚举，包含所有键的枚举值。
- public final isShiftDown()：如果该事件中 Shift 键被按下，返回 true。

每个键盘事件有一个相关的编码，可以通过 KeyEvent 的 getCode()方法返回。键的编码是定义在 KeyCode 中的常量。表 15-3 列出了一些常量。对于按下键和释放键，getCode()方法返回表中的值，getText()方法返回一个描述键的代码的字符串，getCharacter()方法返回一个空字符串。对于敲击键的事件，getCode()返回 UNDEFINED，getCharacter()返回相应的 Unicode 字符或者和敲击键事件相关的一个字符序列。

表 15-3　KeyCode 常量

常量	描述	常量	描述
HOME	Home 键	DOWN	下方向键
END	End 键	LEFT	左方向键
PAGE_UP	向上翻页	RIGHT	右方向键
PAGE_DOWN	向下翻页	ESCAPE	Esc 键
UP	上方向键	TAB	Tab 键
CONTROL	Ctrl 键	ENTER	Enter 键
SHIFT	Shift 键	UNDEFINED	未定义
BACK_SPACE	退格键	F1-F12	F1～F12 功能键
CAPS	大写锁定键	0-9	0～9 数字键
NUMLOCK	数字锁定键	A-Z	字母 A～Z 键

可以使用节点的 setOnKeyPressed()、setOnKeyReleased()和 setOnKeyTyped()等方法为键盘事件注册事件处理器。下面程序演示了键盘事件，如图 15-5 所示。

图 15-5　键盘事件示例

程序 15.3　KeyEventDemo.java

```java
package com.gui;
import javafx.application.Application;
import javafx.scene.Scene;
import javafx.scene.layout.Pane;
import javafx.scene.text.Text;
import javafx.stage.Stage;
public class KeyEventDemo2 extends Application {
    @Override
    public void start(Stage stage) {
        Pane pane = new Pane();
        Text text = new Text(80,20,"M");
        pane.getChildren().add(text);
        //为文本对象设置键按下事件处理器
        text.setOnKeyPressed(e-> {
            switch(e.getCode()){
                case DOWN: text.setY(text.getY()+10);break;
                case UP: text.setY(text.getY()-10);break;
                case LEFT: text.setX(text.getX()-10);break;
                case RIGHT: text.setX(text.getX()+10);break;
                default:
                if(e.getText()!=null &
                        Character.isLetterOrDigit(e.getText().charAt(0)))
                    text.setText(e.getText());
            }
        });
        Scene scene = new Scene(pane,240,50);
        stage.setTitle("KeyEvent事件");
        stage.setScene(scene);
        stage.show();
        //设置文本对象获得焦点，接收用户输入
        text.requestFocus();
    }
    public static void main(String[] args) {
        launch(args);
```

事件处理与常用控件

```
      }
    }
```

程序为文本对象 text 注册按键事件处理器。通过 e.getCode()方法获得键的编码，使用 e.getText()来得到该键的字符，字符按照方向键所表示的方向移动。注意，在一个枚举类型值的 switch 语句中，case 后面跟的是枚举常量，无须加 KeyCode 限定。

只有当一个节点获得焦点才能接收 KeyEvent 事件。在 text 上调用 requestFocus()方法使 text 获得焦点并接收键盘输入。这个方法必须在舞台被显示后调用。

15.1.7 为属性添加监听器

对大多数 JavaFX 控件来说，它们的事件处理方式是不同的。可以通过为绑定属性注册监听器的方法处理属性值变化的事件。

JavaFX 控件的绑定属性都实现了 javafx.beans.Observable 接口，它的实例被称为可观察对象，该接口定义了下面两个方法：

- public void addListener(InvalidationListener listener)：为可观察对象注册监听器。
- public void removeListener(InvalidationListener listener)：取消为可观察对象注册的监听器。

参数的监听器类必须实现 InvalidationListener 接口的 invalidated(Observable o)方法，从而可以处理属性值的改变事件。一旦 Observable 对象的属性值发生改变，注册的监听器将得到通知，系统将调用 invalidated()方法。

程序 15.4   ObservablePropertyDemo.java

```java
package com.gui;
import javafx.beans.InvalidationListener;
import javafx.beans.Observable;
import javafx.beans.property.DoubleProperty;
import javafx.beans.property.SimpleDoubleProperty;

public class ObservablePropertyDemo {
  public static void main(String[]args){
    DoubleProperty balance = new SimpleDoubleProperty();
    //为属性添加事件监听器
    balance.addListener(new InvalidationListener(){
      @Override
      public void invalidated(Observable ov){
        System.out.println("新的属性值为："+balance.doubleValue());
      }
    });
    //改变属性的值，引发执行监听器
    balance.set(8.8);
  }
}
```

程序运行结果如下。

新的属性值为: 8.8

当程序运行改变 balance 属性值时，将调用监听器对象的 invalidated()方法。程序中使用的匿名内部类使用 Lambda 表达式简化如下：

```
balance.addListener(ov-> {
    System.out.println("新的属性值为: "+balance.doubleValue());
});
```

下面程序创建一个滑动条，并为滑动条的 value 属性注册了监听器。当滑动条的 value 属性值改变时，修改文本的字体大小。

程序 15.5　SliderDemo.java

```
package com.gui;
import javafx.application.Application;
import javafx.scene.Scene;
import javafx.scene.control.Slider;
import javafx.scene.layout.*;
import javafx.scene.text.*;
import javafx.stage.Stage;
public class SliderDemo extends Application {
    @Override
    public void start(Stage stage) {
        Text text = new Text(20,20,"JavaFX Programming");
        Slider slider = new Slider();
        slider.setShowTickLabels(true);
        slider.setShowTickMarks(true);
        slider.setValue(text.getFont().getSize());
        //创建一个栈面板并添加文本
        StackPane pane = new StackPane();
        pane.getChildren().add(text);
        //为滑动条注册事件监听器
        slider.valueProperty().addListener(ov->{
            double size = slider.getValue();  //得到滑动条的value属性值
            Font font = new Font(size);
            text.setFont(font);                //改变文本字体的大小
        });
        BorderPane rootNode = new BorderPane();
        rootNode.setCenter(pane);
        rootNode.setBottom(slider);
        Scene scene = new Scene(rootNode, 350,110);
        stage.setScene(scene);
        stage.setTitle("滑动条示例");
        stage.show();
    }
```

事件处理与常用控件

```
    public static void main(String[] args) {
        launch(args);
    }
}
```

程序运行结果如图 15-6 所示。

图 15-6　绑定属性监听器示例

教学视频

15.2　常 用 控 件

JavaFX 提供大量的控件，如 Label、Button、TextField、CheckBox、RadioButton、Slider、DatePicker 等。表 15-4 列出了最常用的控件类。

表 15-4　JavaFX 常用控件类

控件类名	说明	控件类名	说明
Button	按钮	PasswordField	口令框
CheckBox	复选框	ProgressBar	进度条
ChoiceBox	列表框	RadioButton	单选按钮
ColorPicker	颜色选择器	RadioMenuItem	单选钮菜单项
ComboBox	组合框	ScrollBar	滚动条
ContextMenu	弹出菜单	Slider	滑块
DatePicker	日期选择器	Tab	选项卡
Hyperlink	超链接	TextField	文本框
Label	标签	TextArea	文本区
ListView	列表视图	TableView	表格视图
Menu	菜单	ToolBar	工具条
MenuBar	菜单条	Tooltip	工具提示
MenuItem	菜单项	TreeView	树视图

控件类定义在 javafx.scene.control 包中，本节介绍常用的控件。

15.2.1　Label 类

Label 表示一个标签，一个不可编辑显示区域。Label 既可以显示文本，也可以显示图片。Label 类的默认构造方法创建一个空标签，其他构造方法如下：

- Label（String text）：使用指定文本创建一个标签。
- Label（String text，Node graphic）：使用指定文本和图形创建一个标签。graphic 可

以是任何节点，如一个形状、一个图像或其他控件。

Label 类继承了 Labeled 类，Labeled 类定义了一些标签和按钮共同的属性。通过下面方法可以设置这些属性值：

- public void setGraphic（Node value）：设置标签的 graphic 属性值，它可以是形状或图片等节点对象。
- public void setAlignment（Pos value）：设置标签中文本和节点的对齐方式。对齐方式使用 Pos 枚举常量指定，如 Pos.CENTER 表示居中对齐。
- public void setContentDisplay（ContentDisplay value）：设置节点相对于文本的位置。使用 ContentDisplay 枚举常量指定位置，如 TOP、BOTTOM、LEFT、RIGHT 等，默认在文本的左侧。
- public void setText（String value）：设置标签中的文本。
- public void setTextFill（Paint value）：设置文本颜色。
- public void setUnderline（boolean value）：设置文本是否加下画线。
- public void setWrapText（boolean value）：设置如果文本超过了宽度，是否要换行。

下面代码创建几个包含图标和文本的标签。

程序 15.6　LabelDemo.java

```java
package com.gui;
import javafx.application.Application;
import javafx.geometry.Insets;
import javafx.scene.Scene;
import javafx.scene.control.Label;
import javafx.scene.image.Image;
import javafx.scene.image.ImageView;
import javafx.scene.input.MouseEvent;
import javafx.scene.layout.HBox;
import javafx.scene.paint.Color;
import javafx.scene.text.Font;
import javafx.stage.Stage;
public class LabelDemo extends Application{
    public void start(Stage stage){
        HBox hbox = new HBox();
        hbox.setPadding(new Insets(10));
        hbox.setSpacing(8);
        //创建一个带图片标签
        Label label1 = new Label("欢迎！");
        Image image = new Image("images\\coffee.gif");
        label1.setGraphic(new ImageView(image));
        label1.setTextFill(Color.web("#0076a3"));
        label1.setFont(new Font("黑体", 24));
        //创建一个文本标签并将其旋转270°
        Label label2 = new Label ("Values");
        label2.setFont(new Font("Cambria", 32));
```

第
15
章

事件处理与常用控件

```
            label2.setRotate(270);
            label2.setTranslateY(50);
            //创建一个文本标签并为其注册事件处理器
            Label label3 = new Label("A label that needs to be wrapped");
            label3.setWrapText(true);
            label3.setOnMouseEntered((MouseEvent e) -> {
                label3.setScaleX(1.5);
                label3.setScaleY(1.5);
            });
            //当鼠标离开标签时，标签恢复原来大小
            label3.setOnMouseExited((MouseEvent e) -> {
                label3.setScaleX(1);
                label3.setScaleY(1);
            });
            //将标签添加到根面板中
            hbox.getChildren().addAll(label1,label2,label3);
            Scene scene = new Scene(hbox, 480, 150);
            stage.setScene(scene);
            stage.setTitle("标签示例");
            stage.show();
        }
        public static void main(String[] args) {
            launch(args);
        }
    }
```

程序运行结果如图 15-7 所示。

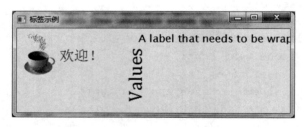

图 15-7　Label 类示例程序

15.2.2　Button 类

按钮是 JavaFX 中最常用的控件，可以响应用户点击事件。Button 类是 Labeled 类的子类，可以显示文本、图像或文本加图像。

使用 Button 类的构造方法创建按钮，Button 类的默认构造方法创建一个空的按钮，其他构造方法如下。

- Button(String text)：创建带指定文本的按钮对象。
- Button(String text, Node graphic)：创建带指定文本和图形的按钮对象。

Button 类扩展了 Labeled 类，可以使用下列方法设置按钮的文本和图标：

- final void setText(String text)：设置按钮的文本标题。
- final void setGraphic(Node graphic)：设置按钮上的图标。
- final void setOnAction(EventHandler<ActionEvent> value)：为按钮设置单击事件处理器。

下面代码创建了 3 个按钮：

```
//不带文本的按钮
Button button1 = new Button();
//带指定文本的按钮
Button button2 = new Button("提交");
//带指定文本和图标的按钮
Image imageOk = new Image(getClass().getResourceAsStream("ok.png"));
Button button3 = new Button("提交", new ImageView(imageOk));
```

下面代码创建一个仅带图标的按钮：

```
Image imageDecline = new Image(getClass().getResourceAsStream("not.png"));
Button button5 = new Button();
button5.setGraphic(new ImageView(imageDecline));
```

代码中的图标使用 ImageView 对象，也可以使用 javafx.scene.shape 包中的形状类。当按钮中既包含文本又包含图标时，可以使用 setGraphicTextGap()方法设置它们的间距。

下面程序创建了 5 个按钮，button1 是只包含文字的按钮，button2 既包含文字又包含图标，并且设置了当鼠标经过时产生阴影效果。button3、 button4 和 button5 是只包含图标的按钮。

程序 15.7　ButtonDemo.java

```
package com.gui;
import javafx.application.Application;
import javafx.geometry.Insets;
import javafx.scene.Scene;
import javafx.scene.control.Button;
import javafx.scene.effect.DropShadow;
import javafx.scene.image.Image;
import javafx.scene.image.ImageView;
import javafx.scene.input.MouseEvent;
import javafx.scene.layout.HBox;
import javafx.stage.Stage;
public class ButtonDemo extends Application{
  public void start(Stage stage){
      HBox rootNode = new HBox();
      rootNode.setPadding(new Insets(10));
      rootNode.setSpacing(8);
      Button button1 = new Button("命令按钮");
      Image home = new Image("images\\home.png");
```

事件处理与常用控件

```java
        Button button2 = new Button("返回首页", new ImageView(home));
        DropShadow shadow = new DropShadow();
        //当鼠标进入时产生阴影效果
        button2.addEventHandler(MouseEvent.MOUSE_ENTERED, (MouseEvent e) -> {
          button2.setEffect(shadow);
        });
        //当鼠标离开时取消阴影效果
        button2.addEventHandler(MouseEvent.MOUSE_EXITED, (MouseEvent e) -> {
          button2.setEffect(null);
        });
        //创建3个Image对象
        Image stop = new Image("images\\stop.png");
        Image left = new Image("images\\left.png");
        Image right = new Image("images\\right.png");
        //创建3个按钮，并为它们设置图标
        Button button3 = new Button();
        Button button4 = new Button();
        Button button5 = new Button();
        button3.setGraphic(new ImageView(stop));
        button4.setGraphic(new ImageView(left));
        button5.setGraphic(new ImageView(right));
        //将按钮添加到根面板中
        rootNode.getChildren().addAll(button1,button2,button3);
        rootNode.getChildren().addAll(button4,button5);
        Scene scene = new Scene(rootNode, 460, 100);
        stage.setScene(scene);
        stage.setTitle("按钮示例");
        stage.show();
    }
    public static void main(String[] args) {
        launch(args);
    }
}
```

结果如图 15-8 所示。

图 15-8　按钮示例

按钮的功能是当被单击时产生动作。使用 Button 的 addEventHandler()或 setOnAction()

方法都可以为按钮注册事件监听器。下面代码设置当按钮单击时将标签文本设置为"已经提交"。

```
button2.setOnAction((event) -> {
    label.setText("已经提交");
});
```

Button 类扩展了 Node 类，所以可以将 javafx.scene.effect 包中的特效类应用到按钮上增强其视觉效果。

15.2.3 TextField 类和 PasswordField 类

TextField 类表示单行文本框，通常用来接收用户输入的文本。PasswordField 类表示密码框，用来接收用户输入密码。TextField 的构造方法如下。

- TextField()：创建一个空的文本框。
- TextField (String text)：创建具有指定文本的文本框。

TextField 是 TextInputControl 类的子类。TextField 类定义了 text、editable、alignment 等属性及属性设置方法，如下所示。

- public final void setText(String value)：设置文本框中文本内容。
- public final void setEditable(boolean value)：设置文本框中文本是否可以被编辑。
- public final void setAlignment(Pos value)：设置文本框中文本的对齐方式。
- public final void setPrefColumnCount(int value)：设置文本框的优先列数。
- public final void setPromptText(String value)：设置文本框的提示文本。
- public final void setOnAction(EventHandler<ActionEvent> value)：指定文本框的动作事件处理器。当焦点位于文本框时，用户按 Enter 键触发动作事件。

下面代码创建一个标签和一个空文本框，并将它们添加到 HBox 对象中。

```
Label label1 = new Label("姓名:");
TextField textField = new TextField();
HBox hb = new HBox();
hb.getChildren().addAll(label1, textField);
hb.setSpacing(10);
```

PasswordField 是 TextField 类的子类，用于创建密码框。密码框中输入的文本不回显，字符通常显示一个黑点，下面代码创建一个密码框。

```
PasswordField password = new PasswordField();
password.setPromptText("Your password");
```

下面程序使用文本框和密码框创建一个简单登录界面，并且为按钮设置了动作事件处理器，可以判断用户是否合法。

程序 15.8 TextFieldDemo.java

```
package com.gui;
import javafx.application.Application;
```

事件处理与常用控件

```java
import javafx.event.ActionEvent;
import javafx.geometry.Insets;
import javafx.scene.Scene;
import javafx.scene.control.Button;
import javafx.scene.control.Label;
import javafx.scene.control.PasswordField;
import javafx.scene.control.TextField;
import javafx.scene.layout.GridPane;
import javafx.scene.paint.Color;
import javafx.stage.Stage;
public class TextFieldDemo extends Application{
  public void start(Stage stage){
      GridPane rootNode = new GridPane();
      rootNode.setPadding(new Insets(10, 10, 10, 10));
      rootNode.setVgap(5);
      rootNode.setHgap(5);
      //创建输入用户名和口令的文本框，并将它们添加到网格面板中
      final Label label1 = new Label("用户名");
      final TextField name = new TextField();
      name.setPromptText("输入用户名");
      rootNode.add(label1, 0, 0);
      rootNode.add(name, 1, 0);
      Label label2 = new Label("口令");
      PasswordField password = new PasswordField();
      password.setPromptText("输入口令");
      rootNode.add(label2,0, 1);
      rootNode.add(password,1, 1);
      //创建两个按钮并为它们注册事件处理器
      final Button submit = new Button("确定");
      final Button reset = new Button("重置");
      rootNode.add(submit,0,2);
      rootNode.add(reset,1,2);
      final Label label = new Label();     //该标签用于显示提示信息
      rootNode.add(label, 0, 3, 2 , 1);
      //为“确定”按钮定义事件处理器
      submit.setOnAction((ActionEvent e) -> {
        if (
           (name.getText() != null && !name.getText().isEmpty())
        ) {
        label.setText(name.getText() + " " +
            password.getText() + ", " + "欢迎登录!");
        } else {
           label.setText("用户名不能为空!");
        }
      });
```

```java
//为"重置"按钮定义事件处理器
reset.setOnAction((ActionEvent e) -> {
//清除文本框和标签上文本内容
   name.clear();
   password.clear();
   label.setText(null);
});
//为口令框定义事件处理器
password.setOnAction((ActionEvent e) -> {
   if (!password.getText().equals("12345")) {
      label.setText("口令不正确!");
      label.setTextFill(Color.rgb(210, 39, 30));
   } else {
      label.setText("口令通过");
      label.setTextFill(Color.rgb(21, 117, 84));
   }
   password.clear();
});
Scene scene = new Scene(rootNode, 300, 130);
stage.setScene(scene);
stage.setTitle("文本框示例");
stage.show();
}
public static void main(String[] args) {
   launch(args);
}
}
```

程序创建两个文本框，一个用于输入用户名；另一个用于输入口令。TextField 的 setPromptText()方法设置提示文本。程序运行结果如图 15-9 所示。

图 15-9   文本框和密码框示例

15.2.4   TextArea 类

如果希望用户输入多行文本，可以创建多个 TextField 实例。然而，更好的选择是使用 TextArea，它允许用户输入多行文本。TextArea 类的构造方法如下。

- TextArea()：创建一个空的多行文本框。
- TextArea (String text)：创建具有指定文本的多行文本框。

事件处理与常用控件

TextArea 也是 TextInputControl 类的子类。TextArea 类定义的常用属性设置方法如下。

- public final void setText(String value)：设置文本框中文本内容。
- public final void setEditable(boolean value)：设置文本框中文本是否可以被编辑。
- public final void setAlignment(Pos value)：设置文本框中文本的对齐方式。
- public final void setPrefColumnCount(int value)：设置文本框的优先列数。
- public final void setPrefRowCount(int value)：设置文本框的优先行数。

下面代码创建一个 5 行 20 列的文本区，文本可以折到下一行，文本颜色为红色，字体为 Courier，大小为 20 像素。

```
TextArea taNode = new TextArea("这是一个多行文本区");
taNode.setPrefColumnCount(20);
taNode.setPrefRowCount(5);
taNode.setWrapText(true);
taNode.setStyle("-fx-text-fill:red");
taNode.setFont(Font.font("Courier",20));
```

TextArea 提供滚动支持，但通常将 TextArea 对象放置到一个 ScrollPane 对象上，那么 ScrollPane 处理 TextArea 的滚动会更加方便，如下所示。

```
ScrollPane  scrollPane = new ScrollPane(taNode);
rootNode.setCenter(scrollPane);          //将滚动面板添加到根面板中
```

可以将任何节点放置在 ScrollPane 中。如果控件太大不能在显示区域内完整显示，那么 ScrollPane 自动提供垂直和水平滚动条。

下面程序在一个标签上显示一个图像，在一个文本区域中显示一段长文本。

程序 15.9　TextAreaDemo.java

```
package com.gui;
import javafx.application.Application;
import javafx.scene.Scene;
import javafx.scene.control.ContentDisplay;
import javafx.scene.control.Label;
import javafx.scene.control.ScrollPane;
import javafx.scene.control.TextArea;
import javafx.scene.layout.BorderPane;
import javafx.scene.text.Font;
import javafx.stage.Stage;
import javafx.scene.image.ImageView;
public class TextAreaDemo extends Application{
  public void start(Stage stage){
      Label label = new Label();
      label.setGraphic(new ImageView("images\\panda.jpg"));
      //创建一个文本区并将它置于滚动面板中
      TextArea ta = new TextArea("国宝大熊猫");
      ta.setFont(new Font("楷体",16));
```

```
        ta.setWrapText(true);
        ta.setEditable(false);
        //创建根节点
        BorderPane rootNode = new BorderPane();
        rootNode.setLeft(label);
        ScrollPane scrollPane = new ScrollPane(ta);
        rootNode.setCenter(scrollPane);
        Scene scene = new Scene(rootNode, 250, 100);
        stage.setScene(scene);
        stage.setTitle("文本区示例");
        stage.show();
    }
    public static void main(String[] args) {
        launch(args);
    }
}
```

程序运行结果如图 15-10 所示：

图 15-10   文本区示例

15.2.5 CheckBox 类

CheckBox 类称为复选框或检查框。创建复选框需使用 CheckBox 类的构造方法，默认构造方法创建不带文本的复选框。创建复选框的同时可以为其指明文本说明标签，这个文本标签用来说明复选框的意义和作用。

CheckBox 类继承 ButtonBase 和 Labeled 类中的属性，如 text、graphic、alignment、graphicTextGap、textFill、onAction 以及 contentDisplay 等。另外，它还提供了 selected 属性，用于表明一个复选框是否被选中。

下面代码创建两个 CheckBox 对象。

```
CheckBox cb1 = new CheckBox();            //创建不带文本的复选框
CheckBox cb2 = new CheckBox("文学");      //创建带文本的复选框
cb1.setText("体育");                      //设置复选框文本
cb1.setSelected(true);                    //设置复选框为选中状态
```

当一个复选框被选中或取消选中，会触发一个 ActionEvent 事件。要判断一个复选框是否被选中，使用 isSelected()方法。

下面代码创建两个复选框，当复选框被选中，使用不同字体显示文本。

程序 15.10　CheckBoxDemo.java

```java
package com.gui;
import javafx.application.Application;
import javafx.event.ActionEvent;
import javafx.event.EventHandler;
import javafx.geometry.Insets;
import javafx.scene.Scene;
import javafx.scene.control.CheckBox;
import javafx.scene.control.ContentDisplay;
import javafx.scene.layout.BorderPane;
import javafx.scene.layout.HBox;
import javafx.scene.layout.Pane;
import javafx.scene.paint.Color;
import javafx.scene.text.Font;
import javafx.scene.text.FontPosture;
import javafx.scene.text.FontWeight;
import javafx.scene.text.Text;
import javafx.stage.Stage;
import javafx.scene.image.ImageView;
public class CheckBoxDemo extends Application{
  public void start(Stage stage){
      CheckBox bold = new CheckBox("粗体");
      CheckBox italic = new CheckBox("斜体");
      bold.setGraphic(new ImageView("images\\bold.png"));
      italic.setGraphic(new ImageView("images\\italic.png"));
      bold.setContentDisplay(ContentDisplay.LEFT);
      italic.setContentDisplay(ContentDisplay.LEFT);
      bold.setPadding(new Insets(5,5,5,5));
      italic.setPadding(new Insets(5,5,5,5));
      //创建几种字体对象
      Font font1 = Font.font("Times New Roman",
              FontWeight.BOLD, FontPosture.REGULAR,16);
      Font font2 = Font.font("Times New Roman",
              FontWeight.NORMAL, FontPosture.ITALIC,16);
      Font font3 = Font.font("Times New Roman",
              FontWeight.BOLD,FontPosture.ITALIC,16);
      Font font4 = Font.font("Times New Roman",
              FontWeight.NORMAL,FontPosture.REGULAR,16);
      //创建文本对象
      Text text = new Text("JavaFX Programming");
      text.setFill(Color.RED);
      //创建面板对象，并添加文本和复选框
      Pane pane = new Pane();
```

```
        pane.getChildren().add(text);
        HBox hbox = new HBox();
        hbox.getChildren().addAll(bold,italic);
        //创建根面板
        BorderPane rootNode = new BorderPane();
        rootNode.setCenter(hbox);
        rootNode.setBottom(pane);
        //创建事件处理器对象
        EventHandler<ActionEvent> handler = e->{
            if(bold.isSelected() && italic.isSelected()){
              text.setFont(font3);
            }else if(bold.isSelected()){
               text.setFont(font1);
            }else if(italic.isSelected()){
               text.setFont(font2);
            }else{
               text.setFont(font4);
            }
        };
        bold.setOnAction(handler);
        italic.setOnAction(handler);
          Scene scene = new Scene(rootNode, 250, 80);
        stage.setScene(scene);
        stage.setTitle("复选框示例");
        stage.show();
    }
  public static void main(String[] args) {
     launch(args);
  }
}
```

程序运行结果如图 15-11 所示。

图 15-11　复选框示例

15.2.6　RadioButton 类

RadioButton 类称为单选按钮，也称选项按钮，允许用户从一组选项中选择一个单一条目。从外观上看，单选按钮与复选框类似，但复选框是方形的，可以选中或不选中，而单

事件处理与常用控件

选按钮显示一个圆，当它被选中时是填充的，未被选中时是空白的。

RadioButton 类有带参数和不带参数的两个构造方法，如下所示。

- RadioButton ()：创建一个空的单选按钮。
- RadioButton(String text)：创建具有指定文本的单选按钮。

RadioButton 类是 ToggleButton 类的子类，后者称为开关按钮。RadioButton 类继承了 ToggleButton 类的属性，如 selected、toggleGroup 等，并提供了属性设置方法，如下所示。

- public final void setSelected(boolean value)：参数值指定为 true 可以将单选按钮指定为选中状态。
- public final boolean isSelected()：返回指定单选按钮是否被选中。
- public final void setToggleGroup(ToggleGroup value)：设置 toggleGroup 属性值，即将单选按钮加入指定的按钮组。

下面代码创建两个单选按钮对象。

```
RadioButton rb1 = new RadioButton();
rb1.setText("男");
RadioButton rb2 = new RadioButton("女");
```

由于 RadioButton 类是 Labeled 类的子类，还可以使用 setGraphic()方法为按钮指定一个图像。

```
Image image = new Image(getClass().getResourceAsStream("ok.jpg"));
RadioButton rb = new RadioButton("确定");
rb.setGraphic(new ImageView(image));
```

通常使用一组单选按钮提供互斥选项，在一个时刻只能从一组中选择一个。可以使用 ToggleGroup 对象将多个相关的单选按钮组成一组。下列代码创建一个 ToggleGroup 对象并将两个单选按钮添加其中。

```
final ToggleGroup group = new ToggleGroup();
RadioButton rb1 = new RadioButton("男");
RadioButton rb2 = new RadioButton("女");
rb1.setToggleGroup(group);
rb2.setToggleGroup(group);
```

当按钮组中一个按钮被选中，应用程序通常需要执行某个动作，下面代码根据选中的按钮改变标签的内容。

程序 15.11　RadioButtomDemo.java

```
package com.gui;
import javafx.application.Application;
import javafx.stage.Stage;
import javafx.scene.Scene;
import javafx.event.*;
import javafx.geometry.*;
import javafx.scene.control.*;
```

```java
import javafx.scene.image.*;
import javafx.scene.layout.*;
public class RadioButtonDemo extends Application{
  public void start(Stage stage){
      Label label = new Label("请选择你最喜欢的编程语言");
      final ToggleGroup group = new ToggleGroup();
      //创建4个单选按钮，并将它们添加到按钮组中
      RadioButton rb1 = new RadioButton("C");
      RadioButton rb2 = new RadioButton("Java");
      RadioButton rb3 = new RadioButton("C++");
      RadioButton rb4 = new RadioButton("C#");
      rb1.setToggleGroup(group);
      rb2.setToggleGroup(group);
      rb3.setToggleGroup(group);
      rb4.setToggleGroup(group);
      //创建一个水平组件框，并把4个按钮添加到其中
      HBox hbox = new HBox();
      hbox.setPadding(new Insets(10));
      hbox.setSpacing(20);
        hbox.setAlignment(Pos.CENTER);
      hbox.getChildren().addAll(rb1,rb2,rb3,rb4);
      //为每个按钮设置一个用户数据对象，以方便之后检索
      rb1.setUserData("c");
      rb2.setUserData("java");
      rb3.setUserData("cplus");
      rb4.setUserData("csharp");
      //使用Lambda表达式创建一个事件处理器对象
      EventHandler<ActionEvent> handler = e->{
          if (group.getSelectedToggle() != null) {
              final Image image = new Image("images\\" +
              group.getSelectedToggle().getUserData().toString() +".png");
              ImageView imageView = new ImageView(image);
              label.setText("你选择的语言是");
              label.setGraphic(imageView);
              label.setContentDisplay(ContentDisplay.RIGHT);
          }
      };
      //为按钮注册事件处理器
      rb1.setOnAction(handler);
      rb2.setOnAction(handler);
      rb3.setOnAction(handler);
      rb4.setOnAction(handler);
      //创建根面板
      BorderPane rootNode = new BorderPane();
```

```
        rootNode.setCenter(label);
        rootNode.setBottom(hbox);
        Scene scene = new Scene(rootNode, 300, 120);
        stage.setScene(scene);
        stage.setTitle("单选按钮示例");
        stage.show();
    }
    public static void main(String[] args) {
        launch(args);
    }
}
```

程序运行结果如图 15-12 所示。

图 15-12　单选按钮示例

15.2.7　ComboBox 类

ComboBox 一般叫组合框或下拉列表框，是一些项目的简单列表，用户能够从中选择。使用它可以限制用户的选择范围并可避免输入数据的有效性检查。

ComboBox 类的构造方法有：

- public ComboBox()：创建一个空的组合框。
- public ComboBox(ObservableList<T> items)：创建一个具有指定条目的组合框。

下面代码创建一个有 4 个选项的红色组合框，然后选中第一个选项。

```
ComboBox<String> cbo = new ComboBox();
cbo.getItems().addAll("选项一","选项二", "选项三","选项四");
cbo.setStyle("-fx-color:red");
cbo.setValue("选项一");
```

ComboBox 继承自 ComboBase，可以触发一个 ActionEvent 事件。当一个选项被选中时，触发 ActionEvent 事件。ObservableList 是 java.util.List 的子接口，因此定义在 List 中的所有方法都可以应用于 ObservableList。为了方便，JavaFX 提供了一个静态方法 FXCollections.observableArrayList(arrayOfElements) 来从一个元素列表中创建一个ObservableList。

下面代码先创建一个 ObservableList 对象选项列表，然后创建一个 ComboBox 对象。

```
ObservableList<String> options =  FXCollections.observableArrayList(
```

```
                  "选项一", "选项二", "选项三"  );
        final ComboBox comboBox = new ComboBox(options);
```

下面程序创建了两个组合框,并将它们添加到网格面板中,实现简单的邮件发送界面,
代码如下。

程序 15.12　ComboBoxDemo.java

```
package com.gui;
import javafx.application.Application;
import javafx.geometry.Insets;
import javafx.scene.Group;
import javafx.scene.Scene;
import javafx.scene.control.*;
import javafx.scene.layout.GridPane;
import javafx.stage.Stage;
public class ComboBoxDemo extends Application {
    final Button button = new Button ("发送邮件");
    final Label notification = new Label ();
    final TextField subject = new TextField("");
    final TextArea text = new TextArea ("");
    String address = " ";
    @Override
    public void start(Stage stage) {
        final ComboBox<String> emailComboBox = new ComboBox<>();
        emailComboBox.getItems().addAll(
            "jacob.smith@example.com",
            "isabella.johnson@example.com",
            "ethan.williams@example.com",
            "emma.jones@example.com",
            "michael.brown@example.com"
        );
        emailComboBox.setPromptText("邮箱地址");
        emailComboBox.setEditable(true);
        emailComboBox.setOnAction((ActionEvent ev) -> {
            address = emailComboBox.getSelectionModel().
                        getSelectedItem().toString();
        });
        //创建优先级组合框
        final ComboBox<String> priorityComboBox = new ComboBox<>();
        priorityComboBox.getItems().addAll(
            "Highest",
            "High",
            "Normal",
            "Low",
            "Lowest"
```

事件处理与常用控件

```
            );
        priorityComboBox.setValue("Normal");
    //设置按钮事件处理器
    button.setOnAction((ActionEvent e) -> {
        if (emailComboBox.getValue() != null &&
                !emailComboBox.getValue().toString().isEmpty()){
            notification.setText("邮件成功发送到: " + address);
            emailComboBox.setValue(null);
            if (priorityComboBox.getValue() != null &&
                    !priorityComboBox.getValue().toString().isEmpty()){
                priorityComboBox.setValue(null);
            }
            subject.clear();
            text.clear();
        }
        else {
            notification.setText("没有选择收件人!");
        }
    });
    GridPane grid = new GridPane();
    grid.setVgap(4);
    grid.setHgap(10);
    grid.setPadding(new Insets(5, 5, 5, 5));
    grid.add(new Label("发送到: "), 0, 0);
    grid.add(emailComboBox, 1, 0);
    grid.add(new Label("优先级: "), 2, 0);
    grid.add(priorityComboBox, 3, 0);
    grid.add(new Label("邮件主题: "), 0, 1);
    grid.add(subject, 1, 1, 3, 1);
    grid.add(text, 0, 2, 4, 1);
    grid.add(button, 0, 3);
    grid.add (notification, 1, 3, 3, 1);
    //创建根面板
    Group rootNode = new Group();
    rootNode.getChildren().add(grid);
    Scene scene = new Scene(rootNode, 500, 270);
    stage.setTitle("组合框示例");
    stage.setScene(scene);
    stage.show();
    }
    public static void main(String[] args) {
        launch(args);
    }
}
```

程序运行结果如图 15-13 所示。

图 15-13　组合框示例

　　程序中的两个组合框都通过 getItems()方法和 addAll()方法添加选项。作为邮件客户应用程序，它通常允许用户从地址簿中选择地址和输入新地址。使用 ComboBox 类的 setEditable(true)方法可设置的组合框是可编辑的。使用 setPromptText()方法可以指定在编辑区显示提示信息。

　　程序实现了事件处理功能。新输入或选择的邮箱地址被存入 address 变量中。当用户单击"发送邮件"按钮时，邮箱地址将在标签 notification 中显示。

15.2.8　Slider 类

　　Slider 类实现一种滑动条，允许用户在一个有界的值区间中滑动滑块，从而以图形方式选择一个值。图 15-14 给出了滑动条示意图。

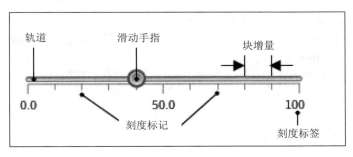

图 15-14　滑动条示意图

　　滑动条有一个滑动手指沿着轨道活动，每次滑动的距离通过块增量决定，滑动条上可以有刻度标记和刻度标签。滑动条，可以水平显示，也可以垂直显示；可以带刻度，也可以不带刻度；可以带标签，也可以不带标签。使用 Slider 类的构造方法创建滑动条。

- public Slider()：创建一个默认的水平滑动条。
- public Slider(double min,double max,double value)：创建一个具有指定最小值（min）、最大值（max）和当前值（value）的滑动条。

事件处理与常用控件

Slider 类定义了若干属性和方法可以对它进行操作，常用的方法如下。

- final void setBlockIncrement(double value)：设置单击滑动条轨道时的调节值，默认值是 10。
- public final void setMax(double value)：设置滑动条的最大值，默认值是 100。
- public final void setMin(double value)：设置滑动条的最小值，默认值是 0。
- public final void setValue(double value)：设置滑动条的当前值，默认值是 0。
- public final void setOrientation(Orientation value)：指定滑动条的方向，默认值是 HORIZONTAL，即水平滑动条。
- public final void setMajorTickUnit(double value)：设置刻度之间的单元距离。
- public final void setMinorTickCount(int value)：设置两个主刻度之间放置的次刻度数。
- public final void setShowTickMarks(boolean value)：设置是否显示刻度标记。
- public final void setShowTickLabels(boolean value)：设置是否显示刻度标签。

下面代码创建了一个滑动条并设置了有关属性。

```
Slider slider = new Slider();
slider.setMin(0);
slider.setMax(100);
slider.setValue(40);
slider.setShowTickLabels(true);        //显示刻度标记
slider.setShowTickMarks(true);         //显示刻度值
slider.setMajorTickUnit(50);           //设置主刻度值
slider.setMinorTickCount(5);           //设置次刻度数
slider.setBlockIncrement(10);          //设置刻度增量
```

可以为滑动条中 value 属性值的改变添加一个事件监听器。

```
slider.valueProperty().addListener(ov->{
  double size = slider.getValue();     //获得滑动条的value属性值
  Font font = new Font(size);
  text.setFont(font);                  //修改文本字体的大小
});
```

15.2.9 菜单设计

在图形界面的应用程序中，都提供菜单的功能。JavaFX 支持两种类型的菜单：下拉式菜单和上下文菜单。

在 JavaFX 中可以使用下列类创建菜单相关的对象（这里的层次表示父类子类关系）。

- MenuBar：菜单条。
- MenuItem：菜单项。
  - Menu：菜单。
  - CheckMenuItem：复选框菜单项。
  - RadioMenuItem：单选按钮菜单项。

○　CustomMenuItem：自定义菜单项。

　　　　　▪　SeparatorMenuItem：菜单项分隔线。

* ContextMenu：上下文菜单。

1. MenuBar 和 Menu

MenuBar 对象表示菜单条，通常放在用户界面的最顶部，包含若干菜单。向菜单条中添加菜单，实际是将菜单对象添加到 ObservableList 上。默认情况下，每个添加的菜单显示为一个带文本的按钮。

下面代码创建 3 个 Menu 对象，将它们添加到一个 MenuBar 对象上，然后将菜单条添加到边界面板的顶部。

```
MenuBar menuBar = new MenuBar();          //创建菜单条
Menu fileMenu = new Menu("文件");          //创建菜单
Menu editMenu = new Menu("编辑");
Menu viewMenu = new Menu("查看");
//将菜单添加到菜单条中
menuBar.getMenus().addAll(fileMenu, editMenu, viewMenu);
//将菜单条添加到边界面板的顶部
BorderPane rootNode = new BorderPane();
rootNode.setTop(menuBar);
```

2. MenuItem 和子菜单

Menu 类是 MenuItem 类的子类，因此 Menu 对象可以插入到 MenuItem 的 ObservableList 中，结果创建一个子菜单。

```
MenuItem opneMenuItem = new MenuItem("打开");
MenuItem exitMenuItem = new MenuItem("退出");
fileMenu.getItems().addAll(opneMenuItem,exitMenuItem);
```

菜单项的 ObservableList 中允许插入任何类型的 MenuItem 对象，包括 Menu、MenuItem、RadioMenuItem、CheckMenuItem、CustomMenuItem 及 SeparatorMenuItem 等。向菜单中插入任意项，可以使用 CustomMenuItem。SeparatorMenuItem 用来在菜单项之间插入一个分隔线。

3. 创建复选框和单选按钮菜单

使用 CheckMenuItem 类创建复选框菜单项，复选框菜单项前面有一个复选框，可以实现两种状态的选择：选中和不选中。使用 RadioMenuItem 类创建单选按钮菜单项，它常用于一组相互排斥的选项。

下面代码创建一个复选框菜单项，将它添加到"格式"菜单上。一组用来选择颜色的单选按钮菜单项，然后将它们添加到"编辑"菜单中。

```
//创建复选框菜单项
Menu formatMenu = new Menu("格式");
CheckMenuItem wrap = new CheckMenuItem("自动换行");
wrap.setSelected(true);
```

事件处理与常用控件

```
formatMenu.getItems().add(wrap);
//创建单选按钮菜单项
RadioMenuItem redItem =new RadioMenuItem("红色");
RadioMenuItem  greenItem = new RadioMenuItem("绿色");
RadioMenuItem blueItem = new RadioMenuItem("蓝色");
//将单选菜单项添加到开关按钮组中
ToggleGroup tGroup = new ToggleGroup();
redItem.setToggleGroup(tGroup);
greenItem.setToggleGroup(tGroup);
blueItem.setToggleGroup(tGroup);
greenItem.setSelected(true);              //设置该菜单项为选中状态
editMenu.getItems().addAll(redItem,greenItem,blueItem);
menuBar.getMenus().add(formatMenu);
```

4. 为菜单项设置图标、热键和快捷键

可以在创建菜单项时为其指定一个图像文件，或调用菜单项的 setGraphic()方法设置它的图标。

```
//创建菜单项时指定图标
MenuItem newMenuItem = new MenuItem("新建",
        new ImageView(new Image("images/new.gif")));
//创建菜单项后为其指定图标
MenuItem openMenuItem = new MenuItem("打开");
openMenuItem.setGraphic(new ImageView(new Image("images/open.gif")));
```

可以为菜单或菜单项设置热键。设置热键后，用户同时按 Alt 键和热键即可选择菜单或菜单项。具体方法是在创建菜单或菜单项时，在要设置为热键的字符前加一下画线（_），然后，调用 setMnemonicParsing(true)方法。例如，下面代码将 F 设置为 File 菜单的热键：

```
Menu fileMenu = new Menu("_File");
fileMenu.setMnemonicParsing(true);
```

通过菜单项的 setAccelerator()方法可以为菜单项设置快捷键，相比之下，快捷键更为方便。例如，设置了快捷键，可以同时按下 Ctrl 键和快捷键直接选择菜单项。设置快捷键需使用键的组合。例如，设置 Ctrl+O 作为打开文件菜单项的快捷键，可以使用下面代码。

```
openMenuItem.setAccelerator(KeyCombination.keyCombination("Ctrl+O"));
```

5. 为菜单项编写事件处理代码

当菜单项被选中时，触发 ActionEvent 事件，因此要处理该事件，必须为菜单项注册事件处理器。下面代码为 openMenuItem 菜单项注册了事件处理器。

```
MenuItem openMenuItem = new MenuItem("打开");
openMenuItem.setOnAction(new EventHandler<ActionEvent>() {
    @Override
```

```
    public void handle(ActionEvent e) {
        System.out.println("打开数据库连接…");
    }
});
```

下面代码为 exitMenuItem 菜单项注册了事件处理器。

```
exitMenuItem.setOnAction(new EventHandler<ActionEvent>() {
    @Override
    public void handle(ActionEvent ae) {
        Platform.exit();          //结束程序运行并退出
    }
});
```

上述代码可以使用 Lambda 表达式实现。

```
exitMenuItem.setOnAction(ae -> Platform.exit());
```

6. 弹出菜单

弹出菜单也叫上下文菜单（context menu），是当用户在 JavaFX 用户界面或舞台中右击弹出的菜单。要创建弹出菜单需要创建一个 ContextMenu 实例，调用它的 getItems().add() 方法向弹出菜单中添加菜单项。下面代码创建带一个菜单项的弹出菜单。

```
ContextMenu contextFileMenu = new ContextMenu(exitItem);
```

在应用程序的场景中要响应鼠标右击事件，应该添加事件处理器。一旦系统检测到右击事件，将调用弹出菜单的 show()方法。下面代码为主舞台添加一个事件处理器，当用户在应用程序的主舞台中右击或按住 Ctrl 键并单击时显示弹出菜单，单击时隐藏弹出菜单。注意，当单击时调用 hide()方法，将弹出菜单清除。

```
primaryStage.addEventHandler(MouseEvent.MOUSE_CLICKED, (MouseEvent me) ->
{
    if (me.getButton() == MouseButton.SECONDARY || me.isControlDown()) {
        contextFileMenu.show(root, me.getScreenX(), me.getScreenY());
    } else {
        contextFileMenu.hide();
    }
});
```

下面程序实现简单的文本编辑器功能，该程序可以打开、编辑和保存文件。

程序 15.13   MenuDemo.java

```
package com.gui;
import javafx.application.Application;
import javafx.application.Platform;
import javafx.event.ActionEvent;
import javafx.event.EventHandler;
```

```java
import javafx.scene.Scene;
import javafx.scene.control.*;
import javafx.scene.image.Image;
import javafx.scene.image.ImageView;
import javafx.scene.input.KeyCombination;
import javafx.scene.input.MouseButton;
import javafx.scene.input.MouseEvent;
import javafx.scene.layout.BorderPane;
import javafx.scene.paint.Color;
import javafx.stage.Stage;
public class MenuDemo extends Application {
    @Override
    public void start(Stage primaryStage) {
        BorderPane rootNode = new BorderPane();
        TextArea textArea = new TextArea();
        MenuBar menuBar = new MenuBar();
        rootNode.setTop(menuBar);
        rootNode.setCenter(textArea);
        //文件菜单
        Menu fileMenu = new Menu("文件(_F)");
        fileMenu.setMnemonicParsing(true);
        MenuItem newMenuItem = new MenuItem("新建",
            new ImageView(new Image("images/new.gif")));
        MenuItem openMenuItem = new MenuItem("打开");
        //为菜单项设置快捷键
        openMenuItem.setAccelerator(
            KeyCombination.keyCombination("Ctrl+O"));
        //为菜单项添加图标
        openMenuItem.setGraphic(new ImageView(
            new Image("images/open.gif")));
        MenuItem saveMenuItem = new MenuItem("保存");
        MenuItem exitMenuItem = new MenuItem("退出");
        exitMenuItem.setOnAction(actionEvent -> Platform.exit() );
        exitMenuItem.setAccelerator(
            KeyCombination.keyCombination("Ctrl+X"));
        fileMenu.getItems().addAll(newMenuItem, openMenuItem,
            saveMenuItem, new SeparatorMenuItem(), exitMenuItem
        );
        //字体菜单
        Menu fontMenu = new Menu("字体");
        CheckMenuItem font1MenuItem = new CheckMenuItem("粗体");
        font1MenuItem.setGraphic(new ImageView(
                new Image("images/bold.png")));
        font1MenuItem.setSelected(true);
        CheckMenuItem font2MenuItem = new CheckMenuItem("斜体");
```

```java
font2MenuItem.setGraphic(new ImageView(
            new Image("images/italic.png")));
font2MenuItem.setSelected(true);
fontMenu.getItems().addAll(font1MenuItem,font2MenuItem);
//颜色菜单
Menu colorMenu = new Menu("颜色");
ToggleGroup tGroup = new ToggleGroup();
RadioMenuItem redItem = new RadioMenuItem("红色");
redItem.setToggleGroup(tGroup);
RadioMenuItem greenItem = new RadioMenuItem("绿色");
greenItem.setToggleGroup(tGroup);
greenItem.setSelected(true);
RadioMenuItem blueItem = new RadioMenuItem("蓝色");
blueItem.setToggleGroup(tGroup);
colorMenu.getItems().addAll(redItem,greenItem,blueItem,
        new SeparatorMenuItem());
//特效菜单二级子菜单
Menu effectMenu = new Menu("特效");
effectMenu.getItems().addAll(new CheckMenuItem("阴影效果"),
    new CheckMenuItem("模糊效果"),new CheckMenuItem("发光效果"));
colorMenu.getItems().add(effectMenu);
menuBar.getMenus().addAll(fileMenu, fontMenu, colorMenu);
//弹出菜单定义
MenuItem copyMenuItem = new MenuItem("复制");
ContextMenu contextFileMenu = new ContextMenu();
contextFileMenu.getItems().addAll(copyMenuItem,exitMenuItem);
//为菜单项注册事件处理器
openMenuItem.setOnAction(e->{
        textArea.setText("你选择了打开文件菜单");}
);
exitMenuItem.setOnAction(new EventHandler<ActionEvent>() {
    @Override
    public void handle(ActionEvent t) {
            Platform.exit();
    }
});
//为弹出菜单注册事件处理器
primaryStage.addEventHandler(MouseEvent.MOUSE_CLICKED,
    (MouseEvent me) -> {
  if (me.getButton() == MouseButton.SECONDARY || me.isControlDown())
    {
    //显示弹出菜单
  contextFileMenu.show(rootNode, me.getScreenX(), me.getScreenY());
    } else {
        contextFileMenu.hide();    //隐藏弹出菜单
```

事件处理与常用控件

```
        }
    });
    //设置界面场景
    Scene scene = new Scene(rootNode, 300, 150, Color.WHITE);
    primaryStage.setTitle("菜单实例");
    primaryStage.setScene(scene);
    primaryStage.show();
}
public static void main(String[] args) {
    launch(args);
}
}
```

程序运行结果如图 15-15 所示。

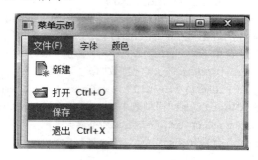

图 15-15　菜单示例

15.2.10　FileChooser 类

FileChooser 类用来创建文件对话框。本节将演示如何打开、配置以及保存文件。与其他用户界面控件不同，FileChooser 类不属于 javafx.scene.controls 包，该类在 javafx.stage 包中。

要创建文件对话框对象，可以使用 FileChooser 类的唯一默认构造方法。FileChooser 类常用的方法如下。

- public File showOpenDialog(Window ownerWindow)：显示打开文件对话框，参数 ownerWindow 为文件对话框所属窗口，通常是主舞台。返回值是用户选择的文件，如果用户没有选择文件则返回 null。
- public List<File> showOpenMultipleDialog(Window ownerWindow)：显示打开文件对话框，该访问返回 List<File>对象，在该对话框中用户可以选择多个文件。
- public File showSaveDialog(Window ownerWindow)：显示保存文件对话框，参数 ownerWindow 为文件对话框所属窗口。返回值是用户保存的文件，如果用户没有选择文件则返回 null。
- public final void setTitle(String value)：设置文件对话框的窗口标题。
- public ObservableList<FileChooser.ExtensionFilter> getExtensionFilters()：在显示的文件对话框中对文件进行过滤，只有与指定扩展名匹配的文件显示在对话框中。

下面代码创建一个文件对话框，然后打开文件对话框。

```
FileChooser fileChooser = new FileChooser();
fileChooser.setTitle("打开资源文件");
File selectedFile = fileChooser.showOpenDialog(mainStage);
if (selectedFile != null) {
    mainStage.display(selectedFile);
}
```

上述代码添加到 JavaFX 应用中，当程序启动时立即显示文件对话框。通常，用户选择一个菜单项或单击一个按钮才打开文件对话框。

下面示例程序实现，当用户单击按钮时，从文件系统打开一个图片文件并使用标签显示该文件。

程序 15.14　FileChooserDemo.java

```
package com.gui;
import java.io.File;
import java.net.MalformedURLException;
import javafx.application.Application;
import javafx.event.ActionEvent;
import javafx.geometry.Pos;
import javafx.scene.Scene;
import javafx.scene.control.Button;
import javafx.scene.control.Label;
import javafx.scene.image.Image;
import javafx.scene.image.ImageView;
import javafx.scene.layout.BorderPane;
import javafx.scene.layout.HBox;
import javafx.stage.*;
public final class FileChooserDemo extends Application {
    private Label label = new Label("");
    @Override
    public void start(final Stage stage) {
        final FileChooser fileChooser = new FileChooser();
        fileChooser.setTitle("查看图片");
        fileChooser.setInitialDirectory(
            new File(System.getProperty("user.home")));
        fileChooser.getExtensionFilters().addAll(
            new FileChooser.ExtensionFilter("All Images", "*.*"),
            new FileChooser.ExtensionFilter("JPG", "*.jpg"),
            new FileChooser.ExtensionFilter("PNG", "*.png")
        );
        //创建菜单条、菜单和菜单项
        MenuBar menuBar = new MenuBar();
        Menu fileMenu = new Menu("文件");
```

事件处理与常用控件

```java
        MenuItem openMenuItem = new MenuItem("打开");
        MenuItem exitMenuItem = new MenuItem("退出");
        fileMenu.getItems().addAll(openMenuItem,exitMenuItem);
        menuBar.getMenus().addAll(fileMenu);
        //为打开菜单注册事件处理器
        openMenuItem.setOnAction(
            (final ActionEvent e) -> {
                File file = fileChooser.showOpenDialog(stage);
                if (file != null) {
                    openFile(file);
                }
        });
        //创建主界面
        final HBox pane = new HBox();
        pane.setAlignment(Pos.CENTER);
        pane.getChildren().add(label);
        final BorderPane rootNode = new BorderPane();
        rootNode.setTop(menuBar);
        rootNode.setCenter(pane);
        stage.setTitle("文件对话框示例");
        stage.setScene(new Scene(rootNode,300,100));
        stage.show();
    }
    //打开文件方法
    private void openFile(File file) {
        String localUrl=null;
        try{
          localUrl = file.toURI().toURL().toString();
        }catch(MalformedURLException mue){
          System.out.println(mue);
        }
        Image localImage = new Image(localUrl, false);
        ImageView imageView = new ImageView(localImage);
    label.setGraphic(imageView);
    }
    public static void main(String[] args) {
        Application.launch(args);
    }
}
```

程序通过菜单项 openMemuItem 打开文件对话框，通过它的 setOnAction()方法调用 FileChooser 的 showOpenDialog()方法打开文件对话框，用户可在对话框中导航选择一个图片文件。文件对话框是模态的，即当文件对话框显示时，它阻塞程序其他部分运行，直到关闭为止，也就是当对话框被关闭后，上述方法才返回。

运行该程序，首先显示如图 15-16 所示的窗口。当选择"打开"菜单项则打开文件对

话框，如图 15-17 所示。选择一个图片文件，单击"打开"按钮，将关闭文件对话框，图
片文件将显示在程序窗口中。

图 15-16　FileChooserDemo.java 运行结果

图 15-17　打开文件对话框

程序通过 FileChooser 对象的 initialDirectory 和 title 属性设置文件对话框的标题和初始
显示目录，如下代码所示。

```
fileChooser.setTitle("查看图片");
fileChooser.setInitialDirectory(
        new File(System.getProperty("user.home")));
```

可以通过 FileChooser 对象 getExtensionFilters()方法返回 ObservableList 对象，然后在
其中添加 FileChooser.ExtensionFilter 实例实现显示文件的过滤。

```
fileChooser.getExtensionFilters().addAll(
    new FileChooser.ExtensionFilter("All Images", "*.*"),
    new FileChooser.ExtensionFilter("JPG", "*.jpg"),
    new FileChooser.ExtensionFilter("PNG", "*.png")
);
```

除了打开和过滤文件外，FileChooser 对象提供让用户指定一个文件名和路径保存文件的功能。它的 showSaveDialog()方法打开保存文件对话框，该方法返回保存的 File 对象。

教学视频

15.3 音频和视频

音频与视频已经成为富 Internet 应用程序（rich Internet application, RIA）不可或缺的一部分。JavaFX 支持播放音频和视频媒体。它支持 MP3、AIFF 和 WAV 音频文件，以及 FLV 视频文件。

JavaFX 媒体功能通过 javafx.scene.media 包的 3 个单独组件提供支持：

- Media 表示一个媒体文件，可以是音频，也可以是视频；
- MediaPlayer 是用于播放媒体文件的播放器；
- MediaView 是显示媒体的节点控件。

要播放一个媒体，首先通过一个 URL 字符串创建一个 Media 对象，然后再创建一个 MediaPlayer 对象来播放它，最后需要创建一个 MediaView 对象来显示播放器。

Media 类的构造方法如下：

```
public Media(String source)
```

构造方法从一个 URL 源构造一个 Media 实例，这是指定媒体源的唯一途径，它是不可变的对象并是有效的 URL。它仅支持 HTTP、FILE 和 JAR 的 URL，如果提供的 URL 无效则抛出 IllegalArgumentException 运行时异常。

Media 类定义了 duration 属性表示媒体以秒计的持续时间，width 表示源视频以像素为单位的宽度，height 表示源视频以像素为单位的高度。

MediaPlayer 类提供了控制媒体播放的属性和功能，它的构造方法如下。

```
public MediaPlayer(Media media)
```

MediaPlayer 实例是一个播放器，通过一些属性控制媒体的播放。例如，autoPlay 属性设置是否自动播放模式，也可以直接使用 play()方法，或使用 cycleCount 指定媒体的播放次数；使用 volume 属性调整音量，音量值为 0～1.0（最大值）；balance 属性设置左右声道平衡值，平衡范围从最左边–1，中间是 0，最右边是 1.0。通过下面方法可以控制媒体的播放。

- public void play()：开始播放媒体或暂停后继续播放。
- public void pause()：暂停播放媒体。
- public void stop()：停止播放媒体。
- public void seek(Duration seekTime)：将播放器定位到一个新的播放时间点。

MediaView 类扩展了 Node 类，是一个节点控件，为媒体播放器提供一个视图，主要负责特效与变换。它的 mediaPlayer 实例变量引用所播放的媒体播放器。

- public MediaView()：创建一个不与 MediaPlayer 关联的媒体视图。
- public MediaView(MediaPlayer mediaPlayer)：创建一个与指定的 MediaPlayer 关联的媒体视图。

MediaView 类提供了一些属性用于观看媒体。例如, x 和 y 属性指定媒体视图的当前 x、y 坐标, mediaPlayer 是为媒体视图指定的媒体播放器, fitWidth 和 fitHeight 分别为媒体指定一个合适的宽度和高度。

下面程序实现一个简单音频播放器。程序开始运行首先创建一个 MediaPlayer 对象。当单击"播放"按钮开始播放、单击"暂停"按钮暂停播放等, 如图 15-18 所示。

图 15-18　播放音频示例

程序 15.15　AudioPlayerDemo.java

```java
package com.gui;
import java.io.File;
import javafx.application.Application;
import javafx.geometry.Insets;
import javafx.geometry.Pos;
import javafx.scene.Scene;
import javafx.scene.control.Button;
import javafx.scene.layout.BorderPane;
import javafx.scene.layout.HBox;
import javafx.scene.media.Media;
import javafx.scene.media.MediaPlayer;
import javafx.scene.media.MediaView;
import javafx.stage.Stage;
public class AudioPlayerDemo extends Application {
  @Override
    public void start(Stage myStage) {
      File path = new File("src\\media\\china.mp3");
      String source = path.toURI().toString();
      Media media = new Media(source);
      MediaPlayer mediaPlayer = new MediaPlayer(media);
      mediaPlayer.setAutoPlay(false);
      MediaView mediaView = new MediaView(mediaPlayer);
      mediaView.setOnError(e->System.out.println(e));
      //创建水平控件框
      HBox hbox = new HBox(10);
      hbox.setPadding(new Insets(10,10,20,10));
      hbox.setAlignment(Pos.CENTER);
      Button play = new Button("播放"),
              pause = new Button("暂停"),
              loop = new Button("循环"),
```

事件处理与常用控件

```
                stop = new Button("停止");
        hbox.getChildren().addAll(play,pause,loop,stop);
        //为按钮注册事件处理器
        play.setOnAction(e->mediaPlayer.play());
        pause.setOnAction(e->mediaPlayer.pause());
        loop.setOnAction(
             e->{mediaPlayer.setCycleCount(MediaPlayer.INDEFINITE);
                        mediaPlayer.play();
          });
        stop.setOnAction(e->mediaPlayer.stop());
        //创建根面板
        BorderPane rootNode = new BorderPane();
        rootNode.setCenter(mediaView);
        rootNode.setBottom(hbox);
        Scene scene = new Scene(rootNode, 250, 50);
        myStage.setScene(scene);
        myStage.setTitle("播放音频");
        myStage.show();
    }
    public static void main(String[] args) {
      launch(args);
    }
}
```

使用 MediaPlayer 不但可以播放音频，也可以播放视频。下面程序实现视频的播放。该程序可以通过播放/暂停按钮来播放/暂停视频，使用重播按钮来重新播放视频，使用滑动条来控制音量。

程序 15.16 VideoPlayerDemo.java

```
package com.gui;
import java.io.File;
import javafx.application.Application;
import javafx.geometry.Pos;
import javafx.scene.Scene;
import javafx.scene.control.Button;
import javafx.scene.control.Label;
import javafx.scene.control.Slider;
import javafx.scene.layout.BorderPane;
import javafx.scene.layout.HBox;
import javafx.scene.layout.Region;
import javafx.scene.media.Media;
import javafx.scene.media.MediaPlayer;
import javafx.scene.media.MediaView;
import javafx.stage.Stage;
import javafx.util.Duration;
```

```java
public class VideoPlayerDemo extends Application {
    @Override
    public void start(Stage myStage) {
        File path = new File("src\\media\\video.flv");
        String source = path.toURI().toString();
        Media media = new Media(source);
        MediaPlayer mediaPlayer = new MediaPlayer(media);
        MediaView mediaView = new MediaView(mediaPlayer);
        //创建播放按钮
        Button playButton = new Button(">");
        playButton.setOnAction(e-> {
            if (playButton.getText().equals(">")){
                mediaPlayer.play();
                playButton.setText("||");
            }else{
                mediaPlayer.pause();
                playButton.setText(">");
            }
        });
        Button rewindButton = new Button("<<");
        rewindButton.setOnAction(e->mediaPlayer.seek(Duration.ZERO));
        //创建滑动条
        Slider volume = new Slider();
        volume.setPrefWidth(150);
        volume.setMaxWidth(Region.USE_PREF_SIZE);
        volume.minWidth(30);
        volume.setValue(50);
        mediaPlayer.volumeProperty().bind(
                volume.valueProperty().divide(100));
        //创建水平控件框
        HBox hbox = new HBox(10);
        hbox.setAlignment(Pos.CENTER);
        hbox.getChildren().addAll(playButton,rewindButton,
                                  new Label("音量"),volume);
        //创建根面板
        BorderPane rootNode = new BorderPane();
        rootNode.setCenter(mediaView);
        rootNode.setBottom(hbox);
        Scene scene = new Scene(rootNode, 600,250);
        myStage.setScene(scene);
        myStage.setTitle("播放视频");
        myStage.show();
    }
    public static void main(String[] args) {
        launch(args);
```

事件处理与常用控件

```
        }
    }
```

程序运行结果如图 15-19 所示。

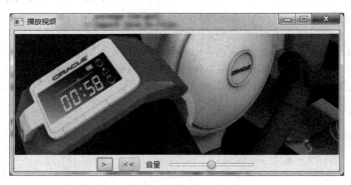

图 15-19　视频播放示例

　　一个 Media 对象支持实时流媒体。可以下载一个大的媒体文件并且同时播放它。一个 Media 对象可以被多个媒体播放器共享，一个 MediaPlayer 也可以被多个 MediaView 使用。

　　播放按钮（playButton）用于播放/暂停媒体。如果按钮当前的文字是 ">"，被单击后文字变为 "||"。如果文字当前为 "||"，单击后文字变为 ">"，并且暂停播放器。

　　重新播放按钮（rewindButton）通过调用 seek(Duration.ZERO) 以重设每次播放时间到媒体流的开始处。

　　滑动条用于设置音量。媒体播放器的音量属性被绑定到滑动条上。

　　JavaFX 还提供一个 javafx.scene.media.AudioClip 表示声音片段。可以使用下面构造方法创建一个 AudioClip 对象。

```
AudioClip(String source)
```

　　参数 source 必须是一个合法的 URL 字符串。一个音频片段将音频保存在内存中。对于在程序中播放小段音频而言，AudioClip 比使用 MediaPlayer 更加高效。AudioClip 拥有和 MediaPlayer 类似的方法。

教学视频

15.4　动　　画

　　作为一个现代的 UI 工具包，JavaFX 提供了一个很好的 API 来创建动画。在 JavaFX 中使用 javafx.animation 包中的 API 可实现动画。

JavaFX 支持两种不同的方法来创建动画。

- 过渡动画；
- 时间轴动画。

15.4.1　过渡动画

最简单的动画可以通过过渡效果实现。使用特定的过渡类，定义有关属性值，然后把它应用到某种节点，最后播放动画（调用过渡对象的 play()方法）即可。JavaFX 提供了一些类，方便地实现常见的动画效果。下面是常用的过渡效果类。

- javafx.animation.FadeTransition：实现节点淡出效果。
- javafx.animation.PathTransition：实现节点沿生成的路径变换效果。
- javafx.animation.ScaleTransition：实现目标节点缩放效果。
- javafx.animation.TranslateTransition：实现节点沿着指定方向移动效果。
- javafx.animation.RotateTransition：实现节点按指定角度旋转效果。

这些类都是 javafx.animation.Transition 类的子类，Transition 类又是抽象类 Animation 的子类，该类中定义了动画的基本操作。

- public void play()：从当前位置播放动画。
- public void playFromStart()：从头播放动画。
- public void pause()：暂停动画。
- public void stop()：停止动画并重置动画。

此外，该类还定义了一些属性。例如，autoReverse 是一个 boolean 属性，表示下一周期中动画是否要调转方向。rate 定义了动画的速度。cycleCount 表示该动画的循环次数，可以使用常量 Timeline.INDEFINITE 来表示无限循环。status 是只读属性，表明动画的状态，Animation.Status.PAUSED 表示暂停，Animation.Status.RUNNING 表示正在运行，Animation.Status.STOPPED 表示停止。

15.4.2 淡出效果

使用 FadeTransition 类通过改变节点的透明度实现目标节点的逐渐消失效果，再通过 setAutoReverse()方法实现节点的或隐或现效果，FadeTransition 类的常用构造方法如下。

- public FadeTransition(Duration duration)：创建一个指定持续时间的 FadeTransition 对象。
- public FadeTransition(Duration duration, Node node)：创建一个指定持续时间和节点的 FadeTransition 对象。

duration 属性指定一次转换持续的时间。可以使用 new Duration(double millis)创建一个 Duration 实例。Duration 类定义了常量 INDEFINITE、ONE、UNKNOWN 和 ZERO 来代表一个无限循环、1 毫秒、未知以及 0 的持续时间。node 属性指定目标节点；fromValue 属性指定动画的起始透明度；toValue 属性指定动画的结束透明度；byValue 指定动画透明度的递增值。

下面程序给出了一个示例，使用文本实现淡入淡出。

程序 15.17　FadeTransitionDemo.java

```
package com.gui;
import javafx.animation.Animation;
import javafx.animation.FadeTransition;
import javafx.application.Application;
import javafx.scene.Scene;
```

事件处理与常用控件

```java
import javafx.scene.paint.Color;
import javafx.scene.text.Font;
import javafx.scene.text.Text;
import javafx.scene.layout.StackPane;
import javafx.stage.Stage;
import javafx.util.Duration;
public class FadeTransitionDemo extends Application{
    @Override
    public void start(Stage stage){
        Text text = new Text("JavaFX  Programming");
        text.setFont(Font.font(20));
        text.setFill(Color.BLUE);
        //创建一个过渡对象
        FadeTransition ft = new FadeTransition(Duration.millis(2000));
        ft.setFromValue(1.0);          //起始透明度，不透明
        ft.setToValue(0.0);            //结束透明度，透明
        ft.setCycleCount(Animation.INDEFINITE);
        ft.setAutoReverse(true);       //设置自动反转
        ft.setNode(text);              //设置动画应用的节点
        ft.play();
        //设置主舞台场景
        StackPane rootNode = new StackPane();
        rootNode.getChildren().add(text);
        Scene scene = new Scene(rootNode,250,100);
        stage.setTitle("淡入淡出动画");
        stage.setScene(scene);
        stage.show();
    }
    public static void main(String[]args){
        Application.launch(args);
    }
}
```

程序创建了一个 Text 文本对象，并将它添加到 StackPane 面板。创建一个 FadeTransition 对象，周期为 2 秒，设置了起始透明度为 1.0 和结束透明度为 0.0，循环周期为无限。程序运行结果如图 15-20 所示。

图 15-20　淡入淡出动画演示

15.4.3 移动效果

使用 PathTransition 类可制作一个在给定时间内，节点沿着一条路径从一个端点到另外一个端点的移动动画。路径通过形状（shape）对象指定。PathTransition 类的常用构造方法如下。

- public PathTransition(Duration duration, Shape shape)：创建一个指定持续时间和路径的 PathTransition 对象。
- public PathTransition(Duration duration, Shape shape, Node node)：创建一个指定持续时间、路径和节点的 PathTransition 对象。

duration 属性指定转变的持续时间；shape 属性指定动画移动的路径；node 属性指定目标节点；orientation 属性指定节点沿路径移动的方向。

下面程序给出了一个示例，使用一个图片实现按路径移动同时播放音乐的效果。

程序 15.18 PathTransitionDemo.java

```java
package com.gui;
import javafx.animation.PathTransition;
import javafx.application.Application;
import javafx.scene.Scene;
import javafx.scene.image.Image;
import javafx.scene.image.ImageView;
import javafx.scene.layout.Pane;
import javafx.scene.shape.Line;
import javafx.stage.Stage;
import javafx.util.Duration;
    import java.io.File;
import javafx.scene.media.Media;
import javafx.scene.media.MediaPlayer;
public class PathTransitionDemo extends Application{
    @Override
    public void start(Stage stage){
        Pane rootNode = new Pane();
        Image image = new Image("images/sun.png");
        ImageView imageView = new ImageView(image);
        rootNode.getChildren().add(imageView);
        //创建移动路径
         PathTransition pt = new PathTransition(Duration.millis(45000),
             new Line(120,190,120,80),imageView);
        pt.play();
        //创建音频并自动播放
        File path = new File("src\\images\\wormfly.mp3");
        String source = path.toURI().toString();
        Media media = new Media(source);
        MediaPlayer mediaPlayer = new MediaPlayer(media);
        mediaPlayer.setAutoPlay(true);
        Scene scene = new Scene(rootNode,300,250);
```

事件处理与常用控件

```
        stage.setTitle("路径动画");
        stage.setScene(scene);
        stage.show();
    }
    public static void main(String[]args){
        Application.launch(args);
    }
}
```

程序创建了一个 Pane 面板，从一个 Image 对象创建一个图像视图，并把它添加到面板中。创建一个 PathTransition 对象，周期为 45 秒。使用一条直线作为节点移动的路径，图像视图作为节点。图像视图沿着直线移动。直线没有放置在场景中，因此在窗体中看不到直线。程序在播放动画同时，创建音频对象并自动播放，实现图片按路径移动同时播放音乐的效果。程序运行结果如图 15-21 所示。

图 15-21 移动动画演示

15.4.4 缩放效果

使用 ScaleTransition 类可以实现节点大小的缩放。下面代码演示了在 3 秒内将一个节点的水平宽度和垂直高度增加 80%。

```
Text text = new Text("Hello World");
text.setFont(Font.font("Verdana", FontWeight.BOLD, 30));
text.setFill(Color.RED);
//创建缩放过渡对象
ScaleTransition st = new ScaleTransition(Duration.millis(3000));
st.setByX(0.8);     //水平方向放大倍数
st.setByY(0.8);     //垂直方向放大倍数
st.setCycleCount(Animation.INDEFINITE);
st.setAutoReverse(true);
st.setNode(text);
st.play();
StackPane rootNode = new StackPane();
rootNode.getChildren().add(text);
```

15.4.5　旋转效果

使用 RotateTransition 类可以实现对节点按指定的角度进行旋转。通过 setByAngle()方法设置节点旋转的角度，参数为正值顺时针旋转；参数为负值则逆时针旋转。

```
Text text = new Text("Hello World");
text.setFont(Font.font("Verdana", FontWeight.BOLD, 30));
text.setFill(Color.RED);
//创建旋转过渡对象
RotateTransition rt = new RotateTransition(Duration.millis(3000));
rt.setByAngle(360);
rt.setCycleCount(Animation.INDEFINITE);
rt.setNode(text);
rt.play();
StackPane rootNode = new StackPane();
rootNode.getChildren().add(text);
```

15.4.6　时间轴动画

时间轴动画比过渡更加复杂。首先学习关键值、关键帧、时间轴和变换的概念，然后通过一个例子演示时间轴动画。

1.　关键值

JavaFX 时间轴动画允许在给定时间内改变控件属性值。例如，要产生淡出效果，需要将目标节点的透明属性经过一段时间从 1（完全不透明）变到 0（透明）。默认情况下，KeyValue 对象具有线性插值。下面代码定义了 KeyValue 实例，将一个矩形节点的 opacity 属性值从 1 变到 0，实现淡出效果。

```
Rectangle rectangle = new Rectangle(0, 0, 50, 50);
KeyValue keyValue = new KeyValue(rectangle.opacityProperty(), 0);
```

创建 KeyValue 对象需要定义属性的起止值。还可以指定不同类型的插值，如线性、轻入、轻出等。例如，下面代码定义一个关键值使矩形从左向右移动 100 像素，通过指定 Interpolator.EASE_OUT 插值实现属性值的改变。

```
Rectangle rectangle = new Rectangle(0, 0, 50, 50);
KeyValue keyValue = new KeyValue(rectangle.xProperty(), 100,
                                 Interpolator.EASE_OUT);
```

KeyValue 的构造方法默认不指定插值，此时将使用线性插值 Interpolator.LINEAR。线性插值是平均分布的。

2.　关键帧

当动画运行时，每个时间事件称为一个关键帧（KeyFrame 对象），它负责在一段时间（javafx.util.Duration）插入关键值（KeyValue 对象）。在创建 KeyFrame 对象时，构造方法需要指定一个 Duration 插入关键值。

事件处理与常用控件

下面代码演示一个矩形沿对角线从左上角（0,0）移动到右下角（100,100）。定义的关键帧持续时间是 1000 毫秒（1 秒），两个关键值是矩形的 x 和 y 属性值。

```
Rectangle rectangle = new Rectangle(0, 0, 50, 50);
KeyValue xValue = new KeyValue(rectangle.xProperty(), 100);
KeyValue yValue = new KeyValue(rectangle.yProperty(), 100);
KeyFrame keyFrame = new KeyFrame(Duration.millis(1000), xValue, yValue);
```

JavaFX 提供了一系列的事件用来在时间轴运行期间触发。在创建 KeyFrame 对象时，还可以指定一个事件对象，当动画执行时在指定时间触发事件的执行。例如，下面代码每 400 毫秒触发一次事件处理器。

```
KeyFrame keyFrame = new KeyFrame(Duration.millis(400), eventHandler);
```

3. 时间轴

时间轴 Timeline 对象是一个包含多个 KeyFrame 对象的动画序列，每个 KeyFrame 对象顺序执行。由于 Timeline 是 javafx.animation.Animation 类的子类，具有标准属性，如 cycleCount、autoReverse 等。cycleCount 是时间轴播放的次数，如果希望时间轴一直播放，可以将播放次数设置为 Timeline.INDEFINITE。autoReverse 属性是布尔标志指示按相反次序播放关键帧。cycleCount 默认值是 1，autoReverse 默认值是 false。

使用 getKeyFrames().addAll()方法，在 Timeline 对象上添加关键帧。下面代码演示了时间轴循环播放。

```
Timeline timeline = new Timeline();
timeline.setCycleCount(Timeline.INDEFINITE);
timeline.setAutoReverse(true);
timeline.getKeyFrames().addAll(keyFrame1, keyFrame2);
timeline.play();
Pane rootNode = new Pane();
rootNode.getChildren().add(rectangle);
```

有了时间轴的知识，现在可以在 JavaFX 程序的场景图中实现动画。下面示例演示了使用 Timeline 对象实现的动画。程序使用 17 张图像文件，每隔 400 毫秒显示一张图片。

程序 15.19　TimelineDemo.java

```
package com.gui;
import javafx.animation.Animation;
import javafx.animation.KeyFrame;
import javafx.animation.Timeline;
import javafx.application.Application;
import javafx.event.ActionEvent;
import javafx.event.EventHandler;
import javafx.scene.Scene;
```

```java
import javafx.scene.image.Image;
import javafx.scene.image.ImageView;
import javafx.scene.layout.StackPane;
import javafx.stage.Stage;
import javafx.util.Duration;
public class TimelineDemo extends Application{
    int i = 1;
    @Override
    public void start(Stage stage){
        StackPane rootNode = new StackPane();
        //创建第1个图像并添加到根面板中
        Image image = new Image("images/T"+i+".gif");
        ImageView imageView = new ImageView(image);
        rootNode.getChildren().add(imageView);
        //创建事件处理器对象
        EventHandler<ActionEvent> eventHandler = e->{
            Image img = new Image("images/T"+i+".gif");
            imageView.setImage(img);        //显示当前图像文件
            i = i % 17 +1;                  //当i的值超过17，i从1开始
        };
        //创建动画对象
        KeyFrame keyFrame = new KeyFrame(Duration.millis(400), eventHandler);
        Timeline animation = new Timeline(keyFrame);
        animation.setCycleCount(Timeline.INDEFINITE);
        animation.play();                   //启动动画
        //单击鼠标可以暂停和继续执行动画
        imageView.setOnMouseClicked(e->{
            if(animation.getStatus()==Animation.Status.PAUSED){
                animation.play();
            }else{
                animation.pause();
            }
        });
        Scene scene = new Scene(rootNode,200,120);
        stage.setTitle("动画演示");
        stage.setScene(scene);
        stage.show();
    }
    public static void main(String[]args){
        Application.launch(args);
    }
}
```

第

15

章

事件处理与常用控件

程序运行结果如图 15-22 所示。

图 15-22　用 Timeline 对象实现的动画

15.5　小　　结

（1）JavaFX 事件类的基类是 javafx.event.Event，它是 java.util.EventObject 的子类。Event 的子类处理特殊类型的事件，如动作事件、鼠标事件、键盘事件等。如果一个节点可触发一个事件，该节点的任何一个子类都可以触发同类事件。

（2）JavaFX 为每种事件类 T 提供了一个处理器接口 EventHandler<T extends Event>，处理器接口通过 handle(T e) 方法对事件 e 进行处理。

（3）处理器对象必须通过源对象进行注册。注册的方法是调用节点的 addEventHandler() 方法，该方法带一个事件类型参数和一个 EventHandler 参数；也可以使用节点提供的方便方法。例如，对于一个动作事件，方法是 setOnAction()。

（4）实现事件处理器 EventHandler 对象可以通过内部类、匿名类或 Lambda 表达式等方法实现。使用 Lambda 表达式可以简化事件处理器代码的编写。

（5）一个绑定属性是 Observable 的实例，称为一个可观察对象，它包含一个用于添加一个监听器的 addListener(InvalidationListener listener) 方法。一旦属性中的值被改变，监听器会收到通知。监听器类应该实现 InvalidationListener 接口，实现它的 invalidated() 方法来处理属性值的改变。

（6）抽象类 Labeled 是 Label、Button、CheckBox 和 RadioButton 的基类，定义了 alignment、contentDisplay、text、graphic、graphicGap、textFill 和 underline 等属性。

（7）抽象类 ButtonBase 是 Button、CheckBox 和 RadioButton 的基类，定义了用于为动作事件指定一个处理器的 onAction 属性。

（8）抽象类 TextInputControl 是 TextField 和 TextArea 的基类，定义了 text 和 editable 属性。在一个获得焦点的 TextField 上按 Enter 键时，将触发一个动作事件。TextArea 通常用于编辑多行文本。

（9）ComboBox<T> 是用于保存类型 T 元素的泛型类。组合框中的元素保存在一个库观察的列表中。当一个条目被选中时，ComboBox 触发一个动作事件。

（10）在 JavaFX 中，需要使用 MenuBar 设计菜单条；使用 Menu 设计菜单；使用 MenuItem 设计菜单项；使用 CheckMenuItem 设计复选框菜单项；使用 RadioMenuItem 设计单选按钮菜单项；使用 ContextMenu 设计弹出菜单。

（11）在 JavaFX 中，使用 FileChooser 类可以显式打开文件对话框和保存文件对话框，实现打开文件和保存文件。

（12）JavaFX 提供 Media 类用于载入一个音频或视频媒体，提供 MediaPlayer 类用于控制一个媒体，提供 MediaView 控件用于显示一个媒体。

（13）抽象类 Animation 提供了 JavaFX 中动画制作的核心功能。PathTransition、FadeTransition 和 Timeline 是用于实现动画的特定类。

编 程 练 习

15.1 编写如图 15-23 所示的程序，通过按钮控制文本在面板中左右移动。程序运行时，当单击"向左"按钮，文本向左移动 10 个像素；单击"向右"按钮，文本向右移动 10 个像素。

图 15-23 按钮示例

15.2 编写程序，运行界面如图 15-24 所示。当单击"放大"按钮时，文本字体放大 2 个像素；当单击"缩小"按钮时，文本字体缩小 2 个像素。

图 15-24 文本放大缩小

15.3 编写程序，其中包含一个标签和一个文本框。标签中使用字号为 100 的字体显示"Hello,JavaFX"字符串，使用相同的字符串初始化文本框。当用户编辑文本框中的内容时，同时更新标签上的内容。

15.4 编写程序，程序开始运行时在界面中显示一个白色的圆，当在圆中按下左键时颜色变为蓝色，释放左键时颜色为红色。

15.5 编写程序，实现加法、减法、乘法和除法操作。运行效果如图 15-25 所示。

事件处理与常用控件

图 15-25　计数器示例

15.6　编写程序，为一个圆创建动画效果，让圆表示一个行星，即它需要按照一个椭圆形的轨迹运动。请使用 PathTransition 类完成。

15.7　使用 Timeline 编写动画程序，显示一个闪烁的文本。文本交替显示和消失来产生闪烁动画效果，如图 15-26 所示。

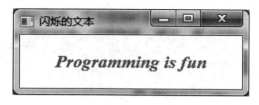

图 15-26　文本闪烁动画

15.8　编写程序，实现滚动字幕动画。要求字幕从右向左移动，如图 15-27 所示。

图 15-27　滚动字幕动画

15.9　在 javafx.scene.web 包中定义了 WebEngine 类，用来管理 Web 页面。WebView 类是节点类，用来管理 WebEngine 并显示其内容。研究并使用这两个类，编写一个简单的浏览器程序。

第 16 章　JDBC 数据库编程

本章学习目标

- 了解关系数据库和 SQL 基本概念；
- 学会 MySQL 数据库的安装与使用；
- 学会使用 Navicat 操作 MySQL 数据库；
- 描述 JDBC 访问数据库的基本步骤；
- 学会常用 JDBC API 的使用；
- 掌握 PreparedStatement 对象的创建和使用；
- 掌握 DAO 设计模式；
- 了解可滚动和可更新的 ResultSet 对象。

教学视频

16.1　数据库系统简介

数据库系统（database system，DBS）由一个互相关联的数据集合和一组用以访问这些数据的程序组成。这个数据集合通常称为数据库，其中包含了关于某个企业的信息。

数据库管理系统是计算机系统的基础软件，也是一个大型的软件系统。它主要实现对共享数据有效的组织、存储、管理和存取。

16.1.1　关系数据库简述

关系数据库基于关系模型，使用一系列表来存储数据以及这些数据之间的联系。表是由实体-联系模型的实体和联系转换来的。

简单地说，一个关系数据库是表的集合。每个表有多列，每个列有唯一的名字。表 16-1 和表 16-2 展示了一个人力资源数据库中的部门表（DEPARTMENTS）和员工表（EMPLOYEES）。

表 16-1　DEPARTMENTS 表

DEPARTMENT_ID	DEPARTMENT_NAME	LOCATION	PHONE
1	财务部	北京	12345678
2	人力资源部	上海	22233344
3	销售部	广州	88888888

表 16-2　EMPLOYEES 表

EMPLOYEE_ID	EMPLOYEE_NAME	GENDER	BIRTHDATE	SALARY	DEPARTMEN_ID
1001	张明月	男	1980-2-28	3500	2
1002	李清泉	男	1981-10-10	8000	3

EMPLOYEE_ID	EMPLOYEE_NAME	GENDER	BIRTHDATE	SALARY	DEPARTMEN_ID
1003	Rose Mary	女	1980-12-31	4000	3
1004	Micheal	女	1981-5-18	3000	1
1005	欧阳清风	男	1980-2-1	2800	2

在 DEPARTMENTS 表中有 4 列，DEPARTMEN_ID 表示部门号，DEPARTMENT_NAME 表示部门名，LOCATION 表示部门所在地，PHONE 表示部门电话。在 EMPLOYEES 表中有 6 列，EMPLOYEE_ID 表示员工号，EMPLOYEE_NAME 表示员工名，GENDER 表示性别，BIRTHDATE 表示出生日期，SALARY 表示工资，最后的 DEPARTMENT_ID 是该表的外键，表示员工所属的部门号。

DEPARTMENTS 表中的每一行记录一个部门信息，EMPLOYEES 表中的每一行记录一名员工信息。

16.1.2　数据库语言 SQL

SQL（structured query language）称为结构化查询语言，是每种数据库系统都提供的数据库操作语言。SQL 语言可以分成如下几类：

数据定义语言（data definition language，DDL）：用于定义、修改和删除数据库、模式、表、视图、索引等数据库对象。大多数数据库对象都可以使用 CREATE、ALTER 和 DROP 命令创建、修改和删除。使用 DDL 语言定义数据库对象时，会将其定义保存在数据字典（或数据目录）中。

数据操纵语言（data manipulation language，DML）：用于查询、插入、修改和删除表中记录。查询数据使用 SELECT 命令，插入数据使用 INSERT 命令，修改数据使用 UPDATE 命令，删除数据使用 DELETE 命令。

数据控制语言（data control language，DCL）：用于控制用户访问数据库。最常用的 DCL 包括 GRANT 和 REVOKE 命令，它们分别用于授权和收回权限。

此外，SQL 还包括事务控制（transaction control）语句，数据库使用 COMMIT 和 ROLLBACK 命令控制事务的提交和回滚。

16.2　MySQL 数据库

教学视频

MySQL 是一种开放源代码的关系型数据库管理系统（RDBMS），目前属于 Oracle 公司旗下产品。它使用 SQL 语言进行数据库管理。MySQL 软件采用了双授权政策，分为社区版和商业版。由于其体积小，速度快。总体拥有成本低，尤其是开放源码这一特点，一般中小型网站的开发都选择 MySQL 作为网站数据库。

16.2.1　MySQL 的下载与安装

可以到 Oracle 公司官方网站下载最新的 MySQL 软件，MySQL 提供 Windows 下的安装程序，MySQL 的下载地址为 http://www.mysql.com/downloads/。MySQL 的最新版本是

MySQL 5.7，下载文件名为 mysql-installer-community-5.7.15.0.msi，双击该文件即开始安装。图 16-1 所示选择安装类型和安装路径页面。

　　安装结束后，需要配置 MySQL，还需要指定配置类型，这里选择 Development Machine，还需要打开 TCP/IP 网络以及指定数据库的端口号，默认值为 3306。单击 Next 按钮，在出现的页面中需要指定 root 账户的密码，这里输入 12345。在下一步指定 Windows 服务名，这里 MySQL57。

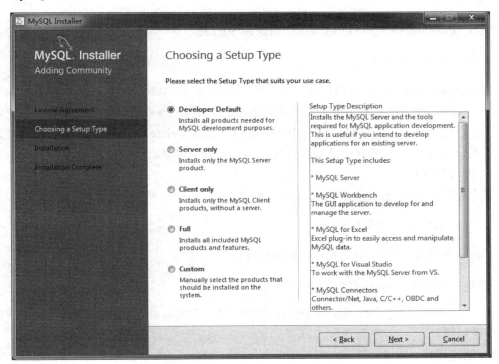

图 16-1　选择安装类型和安装路径

16.2.2　使用 MySQL 命令行工具

　　选择"开始"→"所有程序"→MySQL→MySQL Server 5.7→MySQL 5.7 Command Line Client 命令，打开命令行窗口，输入 root 账户密码，出现 mysql>提示符，如图 16-2 所示。

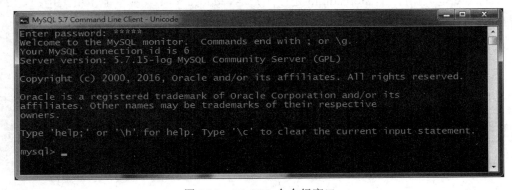

图 16-2　MySQL 命令行窗口

在 MySQL 命令提示符下，可以通过命令操作数据库，使用 show databases 命令可以显示所有数据库信息。

```
mysql>show databases;
```

在对数据库操作之前，必须使用 use 命令打开数据库，下面命令打开 world 数据库。

```
mysql>use world;
```

使用 show tables 命令可以显示当前数据库中的表。

```
mysql>show tables;
```

使用 create database 命令可以建立数据库，使用 create table 语句可完成对表的创建，使用 alter table 语句可以对创建后对的表进行修改，使用 describe 命令可查看已创建表的详细信息，使用 insert 命令可以向表中插入数据，使用 delete 命令可以删除表中的数据，使用 update 命令可以修改表中的数据，使用 select 命令可以查询表中的数据。

1. 创建数据库

创建数据库使用 create database 命令，格式如下：

```
create database <数据库名>
```

下面命令创建一个名为 webstore 的数据库。

```
mysql> create database webstore;
```

默认情况下，新建的数据库属于创建它的用户。也可以新建用户并把数据库上的操作权限授予新用户。

2. 创建用户

可以在创建用户的同时授予该用户的特权。要允许用户从本地主机访问数据库，使用下面的命令：

```
mysql>grant all privileges on webstore.* to storeadmin@localhost
        identified by '12345';
```

webstore 是数据库名，storeadmin 是新用户名，@localhost 表示本地主机上用户，12345 是密码。允许用户从其他客户机访问数据库，使用下面的命令：

```
mysql>grant all privileges on  database.* to storeadmin@"%"
        identified by '12345';
```

其中，@ "%"是通配符，表示任何客户机对数据库的访问。如果创建新用户时发生问题，请检查是否为 root 用户启动 MySQL 服务器。

3. 使用 DDL 创建表

创建表使用 CREATE TABLE 命令，使用下面 SQL 语句创建 DEPARTMENTS 表。

```
create table departments(
```

```
    department_id INT primary key,
    department_name VARCHAR(20) not null,
    location VARCHAR(20),
    telephone VARCHAR(14)
);
```

使用下面 SQL 语句创建 EMPLOYEES 表。

```
create table employees(
    employee_id INT primary key,
    employee_name VARCHAR(10) not null,
    gender CHAR(2),
    birthdate DATE,
    salary FLOAT(8,2),
    department_id INT references departments(department_id)
    on delete set null
);
```

4. 使用 DML 操纵表

可以使用 SQL 的 INSERT、DELETE 和 UPDATE 语句插入、删除和修改表中数据，使用 SELECT 语句查询表中数据。

使用下面语句向 DEPARTMENTS 表中插入 3 行数据。

```
insert into departments values(1,'财务部','北京','12345678');
insert into departments values(2,'人力资源部','上海','22233344');
insert into departments values(3,'销售部','北京市海淀区','88888888');
```

使用下面语句向 EMPLOYEES 表中插入数据。

```
insert into employees values (1001,'张明月','男','1980-02-28', 3500.00,2);
insert into employees values (1002,'李清泉', '男','1981-10-10',8000.00,3);
```

使用下面语句可以查询 DEPARTMENTS 表和 EMPLOYEES 表中所有信息。

```
select * from departments;
select * from employees;
```

使用下面语句可以查询员工表中工资在 5000～8000（包含）的员工姓名和工资。

```
select employee_name,salary from employees
where salary between 5000 and 8000;
```

使用下面语句查询每个员工的员工号、姓名及其所在部门的名称，这里使用了连接查询。

```
select employee_id,employee_name,department_name
from employees inner join departments using (department_id);
```

16.2.3 使用 Navicat 操作数据库

Navicat for MySQL 是一款专为 MySQL 设计的高性能数据库管理及开发工具，使用它可以简化数据库的管理及降低系统管理成本。它的设计符合数据库管理员、开发人员及中小企业的需要。Navicat 适用于 Microsoft Windows、Mac OS X 及 Linux 三种平台。它可以让用户连接到任何本地机或远程服务器。提供一些实用的数据库工具，如数据模型、数据传输、数据同步、结构同步、导入、导出、备份、还原、报表创建工具等。

Navicat for MySQL 可用于任何版本的 MySQL 数据库服务器，并支持大部分 MySQL 最新版本的功能，包括触发器、存储过程、函数、事件、视图、管理用户等。

可以到 http://www.formysql.com/xiazai_mysql.html 下载最新的 Navicat for MySQL 11 中文版。图 16-3 所示为 Navicat for MySQL 的运行界面。

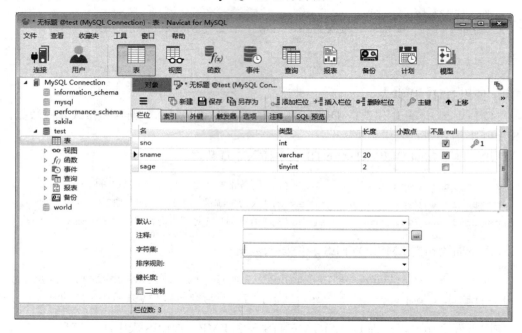

图 16-3　Navicat for MySQL 运行界面

16.3　JDBC 体系结构

教学视频

　　Java 程序通过 JDBC 访问数据库。JDBC 是 Java 程序访问数据库的标准接口，由一组 Java 语言编写的类和接口组成，这些类和接口称为 JDBC API。JDBC API 为 Java 语言提供一种通用的数据访问接口。

JDBC 的基本功能如下：

（1）建立与数据库的连接。

（2）发送 SQL 语句。

（3）处理数据库操作结果。

16.3.1 JDBC 访问数据库

Java 应用程序访问数据库的一般过程如图 16-4 所示。应用程序通过 JDBC 驱动程序管理器加载相应的驱动程序，通过驱动程序与具体的数据库连接，然后访问数据库。

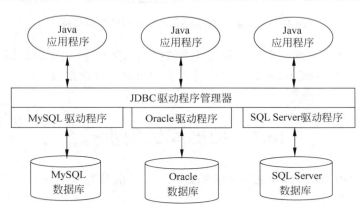

图 16-4　Java 应用程序访问数据库的过程

Java 应用程序要成功访问数据库，首先要加载相应的驱动程序。要使驱动程序加载成功，必须安装驱动程序。有的数据库管理系统安装后就安装了 JDBC 驱动程序（如 Oracle 数据库），这时只需将驱动程序文件添加到 CLASSPATH 环境变量中即可。

对没有提供驱动程序的数据库系统（如 MySQL 和 PostgreSQL），需要单独下载驱动程序，然后需要在 CLASSPATH 环境变量中指定该驱动程序文件，这样 Java 应用程序才能找到其中的驱动程序。

> 📖 提示：在 Java SE 8 中 JDBC-ODBC 桥驱动程序已被删除，所以不能再使用这种方法连接数据库。

16.3.2 JDBC API 介绍

JDBC API 可以访问从关系数据库到电子表格的任何数据源，使开发人员可以用纯 Java 语言编写完整的数据库应用程序。JDBC API 已经成为 Java 语言的标准 API，在 Java 8 中的版本是 JDBC 4.2。在 JDK 中是通过 java.sql 和 javax.sql 两个包提供的。

java.sql 包提供了为基本的数据库编程服务的类和接口，如驱动程序管理的类 DriverManager、创建数据库连接 Connection 接口、执行 SQL 语句以及处理查询结果的类和接口等。

java.sql 包中常用的类和接口之间的关系如图 16-5 所示。图中类与接口之间的关系表示通过使用 DriverManager 类可以创建 Connection 连接对象，通过 Connection 对象可以创建 Statement 语句对象或 PreparedStatement 语句对象，通过语句对象可以创建 ResultSet 结果集对象。

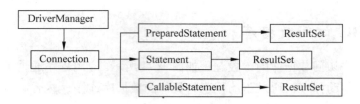

图 16-5 java.sql 包中接口和类之间的生成关系

javax.sql 包主要提供服务器端访问与处理数据源的类和接口，如 DataSource、RowSet、RowSetMetaData、PooledConnection 接口等。它们可以实现数据源管理、行集管理以及连接池管理等。

教学视频

16.4 数据库访问步骤

使用 JDBC API 连接和访问数据库，一般分为以下 5 个步骤。

（1）加载驱动程序。

（2）建立连接对象。

（3）创建语句对象。

（4）获得 SQL 语句的执行结果。

（5）关闭建立的对象，释放资源。

下面详细叙述这些步骤。

16.4.1 加载驱动程序

要使应用程序能够访问数据库，必须首先加载驱动程序。加载驱动程序一般使用 Class 类的 forName() 静态方法，格式如下：

```
public static Class<?> forName(String className)
```

该方法返回一个 Class 类的对象。参数 className 为字符串表示的完整驱动程序类的名称，若找不到驱动程序将抛出 ClassNotFoundException 异常。

对于不同的数据库，驱动程序的类名不同。下面几行代码分别是加载 MySQL 数据库、Oracle 数据库和 PostgreSQL 数据库驱动程序。

```
//加载MySQL数据库驱动程序
Class.forName("com.mysql.jdbc.Driver");
//加载Oracle数据库驱动程序
Class.forName("oracle.jdbc.driver.OracleDriver");
//加载PostgreSQL数据库驱动程序
Class.forName("org.postgresql.Driver");
```

另一种加载驱动程序的方法是使用 DriverManager 类的静态方法 registerDriver() 注册驱动程序，如下所示。

```
DriverManager.registerDriver(new org.postgresql.Driver());
```

其中，org.postgresql.Driver 为 PostgreSQL 的驱动程序类。

> 📖 提示：使用 JDBC 4.0 及以上版本，可以采用动态加载驱动程序的方法，即不需要使用 Class.forName()方法加载驱动程序。只需将包含 JDBC 驱动程序的 JAR 文件添加到 CLASSPATH 中，JVM 会自动寻找适当的驱动程序。例如，对 MySQL 数据库，在 mysql-connector-java-5.1.39-bin.jar 中 META-INF/services/java.sql.Driver 文件的内容是 org.mysql.jdbc.Driver。

动态加载驱动程序的优点是，不仅少写几行代码，而且不需要将 JDBC 驱动程序类名硬编码在程序中。如果需要更新驱动程序，只需用新的 JAR 文件替换旧的文件即可，新的类名也不必与旧的类名匹配。

16.4.2　建立连接对象

1．DriverManager 类

DriverManager 类是 JDBC 的管理层，作用于应用程序和驱动程序之间。DriverManager 类跟踪可用的驱动程序，并在数据库和驱动程序之间建立连接。

建立数据库连接的方法是调用 DriverManager 类的 getConnection()静态方法，该方法有下面两种格式。

- public static Connection getConnection(String dburl);
- public static Connection getConnection(String dburl,String user,String password)。

参数 dburl 表示 JDBC URL，user 表示数据库用户名，password 表示口令。DriverManager 类维护一个注册的 Driver 类列表。调用该方法，DriverManager 类试图从注册的驱动程序中选择一个合适的驱动程序，然后建立与给定数据库的连接。如果不能建立连接将抛出 SQLException 异常。

2．数据库 URL

数据库 URL 与一般的 URL 不同，用来标识数据源，这样驱动程序就可以与它建立连接。下面是数据库 URL 的标准语法，包括由冒号分隔的 3 个部分：

```
jdbc:<subprotocol>:<subname>
```

其中，jdbc 表示协议，数据库 URL 的协议总是 jdbc；subprotocol 表示子协议，为驱动程序或数据库连接机制的名称，子协议名通常为数据库厂商名，如 mysql、oracle、postgresql 等；subname 为子名称，表示数据库标识符，该部分内容随数据库驱动程序的不同而不同。

下面代码建立一个到 MySQL 数据库的连接。

```
String dburl="jdbc:mysql://127.0.0.1:3306/webstore?useSSL=true";
Connection conn = DriverManager.getConnection(
                         dburl, "root", "12345");
```

上述代码中，127.0.0.1 为本机 IP 地址，也可以使用 localhost；3306 为 MySQL 数据库服务器使用的端口号；数据库名为 webstore；用户名为 root；口令为 12345。

下面代码建立一个到 PostgreSQL 数据库的连接。

```
String dburl = "jdbc:postgresql://127.0.0.1:5432/webstore"
Connection conn = DriverManager.getConnection(
                    dburl, "automan", "hacker");
```

上述代码中，5432 为数据库服务器使用的端口号；数据库名为 webstore；用户名为 automan；口令为 hacker。

表 16-3 列出了常用数据库 JDBC 连接代码。

表 16-3　常用数据库的 JDBC 连接代码

数据库	连接代码
MySQL	Class.forName("com.mysql.jdbc.Driver"); Connection conn = DriverManager.getConnection(　　"jdbc:mysql://dbServerIP:3306/dbName?user=userName&password=password");
Oracle	Class.forName("oracle.jdbc.driver.OracleDriver"); Connection conn = DriverManager.getConnection(　　"jdbc:oracle:thin:@dbServerIP:1521:ORCL",user,password);
SQL Server	Class.forName("com.micrsoft.jdbc.sqlserver.SQLServerDriver"); Connection conn = DriverManager.getConnection(　　"jdbc:microsoft:sqlserver://dbServerIP:1433;databaseName=master", 　　user, password);
PostgreSQL	Class.forName("org.postgresql.Driver"); Connection conn = DriverManager.getConnection(　　"jdbc:postgresql://dbServerIP/dbName", user, password);

在表 16-3 中，forName()方法中的字符串为驱动程序名；getConnection()方法中的字符串即为 JDBC URL，其中 dbServerIP 为数据库服务器的主机名或 IP 地址，端口号为相应数据库的默认端口。

📖 提示：从 JDBC 3.0 开始，在标准扩展 API 中提供了一个 DataSource 接口可以替代 DriverManager 建立数据库连接。DataSource 对象可以用来产生 Connection 对象。

3. Connection 对象

Connection 对象代表与数据库的连接，也就是在加载的驱动程序与数据库之间建立连接。一个应用程序可以与一个数据库建立一个或多个连接，或与多个数据库建立连接。

得到连接对象后，可以调用 Connection 接口的方法创建 SQL 语句对象以及在连接对象上完成各种操作，下面是 Connection 接口的常用方法。

- public Statement createStatement()：创建一个 Statement 对象，使用该方法执行不带参数的 SQL 语句。
- public PreparedStatement prepareStatement(String sql)：使用给定的 SQL 命令创建一个预编译语句对象，使用该方法可执行带参数的 SQL 语句。
- public void setAutoCommit(boolean autoCommit)：设置通过该连接对数据库的更新操作是否自动提交，默认情况为 true。
- public boolean getAutoCommit()：返回当前连接是否为自动提交模式。

- public void commit()：提交对数据库的更新操作，使更新写入数据库。只有当 setAutoCommit() 设置为 false 时，才应该使用该方法。
- public void rollback()：回滚对数据库的更新操作。只有当 setAutoCommit() 设置为 false 时，才应该使用该方法。
- public void close()：关闭该数据库连接。在使用连接后应该关闭，否则连接会保持一段比较长的时间，直到超时。
- public boolean isClosed()：返回该连接是否已被关闭。

16.4.3　创建语句对象

SQL 语句对象有 3 种：Statement、PreparedStatement 和 CallableStatement。通过调用 Connection 接口的相应方法可以得到这 3 种语句对象。本节只讨论 Statement 对象，PreparedStatement 对象将在 16.6 节讨论。

Statement 接口对象主要用于执行一般的 SQL 语句，常用方法如下。

- public ResultSet executeQuery(String sql)：执行 SQL 查询语句，参数 sql 为用字符串表示的 SQL 查询语句，查询结果以 ResultSet 对象返回。
- public int executeUpdate(String sql)：执行 SQL 更新语句。参数 sql 用来指定 SQL 语句更新，该语句可以是 INSERT、DELETE、UPDATE 语句或无返回的 SQL 语句，如 SQL DDL 语句 CREATE TABLE。该方法返回值是更新的行数，如果语句没有返回则返回值为 0。
- public boolean execute(String sql)：执行可能有多个结果集的 SQL 语句，sql 为任何的 SQL 语句。如果语句执行的第一个结果为 ResultSet 对象，该方法返回 true，否则返回 false。
- public Connection getConnection()：返回产生该语句的连接对象。
- public void close()：释放 Statement 对象占用的数据库和 JDBC 资源。

执行 SQL 语句使用 Statement 对象的方法。对于查询语句，调用 executeQuery(String sql) 方法，该方法的返回类型为 ResultSet，再通过调用 ResultSet 的方法可以对查询结果的每行进行处理。

```
String sql = "SELECT * FROM department" ;
ResultSet rst = stmt.executeQuery(sql) ;
while(rst.next()){
    System.out.print(rst.getString(1)+"\t") ;
}
```

对于更新语句，如 INSERT、UPDATE、DELETE，需使用 executeUpdate(String sql) 方法。该方法返回值为整数，用来指示被影响行的数目。

16.4.4　ResultSet 对象

ResultSet 对象表示 SQL 查询语句得到的记录集合，称为结果集。结果集一般是一个记录表，其中包含列标题和多个记录行，一个 Statement 对象一个时刻只能打开一个 ResultSet 对象。

每个结果集对象都有一个游标。所谓游标（cursor）是结果集的一个标志或指针。对新产生的 ResultSet 对象，游标指向第一行的前面，可以调用 ResultSet 的 next() 方法，使游标定位到下一条记录。如果游标指向一个具体的行，就可以调用 ResultSet 对象的方法，对查询结果处理。

1. ResultSet 的常用方法

ResultSet 接口提供了对结果集操作的方法，下面是一个常用方法。

```
public boolean next() throws SQLException
```

该方法将游标从当前位置向下移动一行。第一次调用 next() 方法将使第一行成为当前行，以后调用游标依次向后移动。如果方法返回 true，说明新行是有效的行；若返回 false，说明已无记录。

可以使用 getXxx() 方法检索当前行的列值，由于结果集列的数据类型不同，所以应该使用不同的 getXxx() 方法获得列值。例如，若列值为字符型数据，可以使用下列方法检索列值。

- public String getString(int columnIndex)：返回结果集中当前行指定列号的列值，结果作为字符串返回。columnIndex 为列在结果行中的序号，序号从 1 开始。
- public String getString(String columnName)：返回结果集中当前行指定列名的列值，columnName 为列在结果行中的列名。

下面列出了返回其他数据类型的方法，这些方法都可以使用这两种形式的参数。

- public short getShort(int columnIndex)：返回指定列的 short 值。
- public byte getByte(int columnIndex)：返回指定列的 byte 值。
- public int getInt(int columnIndex)：返回指定列的 int 值。
- public long getLong(int columnIndex)：返回指定列的 long 值。
- public float getFloat(int columnIndex)：返回指定列的 float 值。
- public double getDouble(int columnIndex)：返回指定列的 double 值。
- public boolean getBoolean(int columnIndex)：返回指定列的 boolean 值。
- public java.sql.Date getDate(int columnIndex)：返回指定列的 Date 对象值。
- public Object getObject(int columnIndex)：返回指定列的 Object 对象值。
- public int findColumn(String columnName)：返回指定列名的列号，列号从 1 开始。
- public int getRow()：返回游标当前所在行的行号。

2. 数据类型转换

在 ResultSet 对象中的数据为从数据库中查询出的数据，调用 ResultSet 对象的 getXxx() 方法返回的是 Java 数据类型，因此这里就有数据类型转换的问题。实际上，调用 getXxx() 方法就是把 SQL 数据类型转换为 Java 语言数据类型。表 16-4 列出了 SQL 数据类型与 Java 数据类型的转换。

表 16-4　SQL 数据类型与 Java 数据类型的对应关系

SQL 数据类型	Java 数据类型	SQL 数据类型	Java 数据类型
CHAR	String	DOUBLE	double
VARCHAR	String	NUMERIC	java.math.BigDecimal
BIT	boolean	DECIMAL	java.math.BigDecimal
TINYINT	byte	DATE	java.sql.Date
SMALLINT	short	TIME	java.sql.Time
INTEGER	int	TIMESTAMP	java.sql.Timestamp
REAL	float	CLOB	Clob
FLOAT	double	BLOB	Blob
BIGINT	long	STRUCT	Struct

16.4.5　关闭有关对象

数据库访问结束后，应该关闭有关对象。可以使用每种对象的 close()方法关闭对象。若使用 Java 7,可以通过 try-with-resources 结构实现资源的自动关闭。关于 try-with-resources 结构的使用请参阅本书第 12 章"异常处理"。

16.5　访问 MySQL 数据库

教学视频

本节讨论使用专门的驱动程序连接 MySQL 数据库。

16.5.1　创建数据库和表

在 MySQL 中建立一个名为 webstore 的数据库，假设以 root 用户登录 MySQL，使用下面语句创建 webstore 数据库。

```
mysql> create database webstore;
```

接下来，在 webstore 数据库建一个名为 products 的表。数据如表 16-5 所示。

表 16-5　products 表的数据

id	pname	brand	price	stock
103	笔记本计算机	Lenovo	4900.00	8
104	苹果 7s Plus 手机	苹果	5300.00	5
101	数码相机	奥林巴斯	1330.00	3
102	平板电脑	苹果	1990.00	5
105	台式计算机	戴尔	4500.00	10

在表 16-5 中，id 为商品号；pname 为商品名称；brand 为品牌；price 为价格；stock 为库存量。创建 products 表的 SQL 语句如下。

```
create table products(
    id INT primary key,
    pname VARCHAR(20),
```

```
  brand VARCHAR(20),
  price FLOAT(7,2),
  stock SMALLINT
);
```

使用 INSERT 语句将表 16-5 中的数据插入到 products 表中。

```
insert into products values(103,'笔记本计算机','Lenovo',4900.00,8);
insert into products values(104,'苹果7s Plus手机','苹果', 5300.00,5);
insert into products values(101,'数码相机','奥林巴斯',1330.00,3);
insert into products values(102,'平板电脑','苹果',1990.00,5);
insert into products values(105,'台式计算机','戴尔',4500.00,10);
```

16.5.2　访问 MySQL 数据库

MySQL 官方 JDBC 驱动程序称为 MySQL Connector/J。目前的最新版本是 5.1.39，下载地址为 http://dev.mysql.com/downloads/connector/j/。

这里下载的是 ZIP 文件，文件名为 mysql-connector-java-5.1.39.zip，将它解压到一个目录中，其中的 mysql-connector-java-5.1.39-bin.jar 即是 MySQL 的 JDBC 驱动程序。

在 Eclipse 开发环境中，将驱动程序文件作为外部库添加到项目。右击项目名称，在弹出的快捷菜单中选择 Properties 命令，在打开的窗口左侧选择 Java Build Path，在右侧 Libraries 选项卡右侧选择 Add External JARs…按钮，在打开的对话框找到驱动程序打包文件。如果在字符界面开发程序，则需要将驱动程序文件添加到 CLASSPATH 环境变量中。

下面程序连接并访问 webstore 数据库，查询并输出商品号小于 104 的所有商品信息。

程序 16.1　MySQLDemo.java

```java
package com.demo;
import java.sql.*;
public class MySQLDemo{
  public static void main(String[] args) throws Exception {
    //加载MySQL数据库驱动程序
    try{
      Class.forName("com.mysql.jdbc.Driver");
    }catch(ClassNotFoundException cne){
      cne.printStackTrace();
    }
    String dburl="jdbc:mysql://127.0.0.1:3306/webstore?useSSL=true";
    String sql = "SELECT * FROM products WHERE id < 104";
    try(Connection conn =
            DriverManager.getConnection(dburl,"root","12345");
      Statement stmt = conn.createStatement();
      ResultSet rst = stmt.executeQuery(sql))
```

```
    {
        while(rst.next()){
            System.out.println(rst.getInt(1)+"\t"+
                rst.getString(2) +"\t"+rst.getString(3)+
                "\t"+rst.getFloat(4) +"\t"+rst.getInt(5));
        }
    }catch(SQLException se){
        se.printStackTrace();
    }
  }
}
```

程序运行结果如下所示。

```
101 数码相机        奥林巴斯  1330.0  3
102 平板电脑        苹果      1990.0  5
103 笔记本计算机    Lenovo    4900.0  8
```

除查询外，使用 Java 程序还可执行各种 SQL 语句操作数据库。例如，执行 CREATE 等 DDL 语句，执行插入、删除、修改等 DML 语句。

16.6　使用 PreparedStatement 对象

Statement 对象在每次执行 SQL 语句时都将该语句传给数据库。这样，在多次执行同一个语句时效率较低。为了提高语句的执行效率，可以使用 PreparedStatement 接口对象。它是 Statement 的子接口。

16.6.1　创建 PreparedStatement 对象

使用 PreparedStatement 对象可以将 SQL 语句传给数据库作预编译，以后每次执行这个 SQL 语句时，速度就可以提高很多。另外，PreparedStatement 对象还可以创建带参数的 SQL 语句，在 SQL 语句中指出接收哪些参数，然后进行预编译。

创建 PreparedStatement 对象使用 Connection 接口的 prepareStatement()方法。与创建 Statement 对象不同的是，需要给该方法传递一个 SQL 命令。用 Connection 的下列方法创建 PreparedStatement 对象。

- public PreparedStatement prepareStatement(String sql)：使用给定的 SQL 命令创建一个预处理语句对象，在该对象上返回的 ResultSet 是只能向前滚动的、不可更新、不可保持的结果集对象。
- public PreparedStatement prepareStatement(String sql，int type, int concurrency)：使用给定的 SQL 命令创建一个预处理语句对象，在该对象上返回的 ResultSet 可以通过 type 和 concurrency 参数指定是否可滚动、是否可更新。

16.6.2　带参数的 SQL 语句

PreparedStatement 对象通常用来执行带参数的 SQL 语句，通过使用带参数的 SQL 语句可以提高 SQL 语句的灵活性。此时需要在 SQL 语句中通过问号（?）指定参数。每个问号为一个参数，是实际参数的占位符。在 SQL 语句执行时，参数将被实际数据替换。例如：

```
String sql = "INSERT INTO products VALUES(?, ?, ? , ? , ?)";
PreparedStatement pstmt = conn.prepareStatement(sql);
```

1. 设置占位符

创建 PreparedStatement 对象之后，在执行该 SQL 语句之前，必须用数据替换每个占位符。每个占位符都是通过它们的序号被引用，从 SQL 字符串左边开始，第一个占位符的序号为 1，依次类推。可以通过 PreparedStatement 接口中定义的 setXxx()方法为占位符设置具体的值。例如，下面方法分别为占位符设置整数值和字符串值。

- public void setInt(int parameterIndex,int x)：这里 parameterIndex 为参数的序号，x 为一个整数值。
- public void setString(int parameterIndex, String x)：为占位符设置一个字符串值。

每个 Java 基本类型都有一个对应的 setXxx()方法，此外还有许多对象类型，如 Date 和 BigDecimal 都有相应的 setXxx()方法。关于这些方法的详细信息请参阅 Java API 文档。

对于前面的 INSERT 语句，使用下面的代码设置每个占位符的值。

```
pstmt.setInt(1, 106);
pstmt.setString(2,"MP4播放器");
pstmt.setString(3,"Sony");
pstmt.setFloat(4, 900.00F);
pstmt.setInt(5, 2);
```

注意：在执行 SQL 语句之前必须设置所有参数，否则会抛出 SQLException 异常。

使用预处理语句还有另外一个优点，每次执行这个 SQL 命令时已经设置的值不需要再重新设置，也就是说设置的值是可保持的。另外，还可以使用预处理语句执行批量更新。

2. 用复杂数据设置占位符

使用预处理语句对象可以对要插入到数据库的数据进行处理。对于日期、时间和时间戳，只要简单地创建相应的 java.sql.Date 或 java.sql.Time 对象，然后把它传给预处理语句对象的 setDate()或 setTime()方法即可。在 Java SE 8 中，java.sql 包中的 Date、Time 和 Timestamp 类都提供了一些方法，可以与 java.time 包中对应的 LocalDate、LocalTime 和 LocalDateTime 类互相进行转换。例如，在 java.sql.Date 类中定义了下面方法。

- public static Date valueOf(LocalDate date)：将 LocalDate 对象转换成 java.sql.Date 对象。
- public LocalDate toLocalDate()：将 java.sql.Date 对象转换成 LocalDate 对象。

下面代码将 LocalDate 对象转换成 java.sql.Date 对象并设置为预编译语句的参数。

```
LocalDate localDate = LocalDate.of(2022, Month.NOVEMBER, 20);
java.sql.Date d = java.sql.Date.valueOf(localDate);
pstmt.setDate(1, d); //将第一个参数设置为d
```

3. 设置空值

如果需要为某个占位符设置空值，需要使用 PreparedStatement 对象的 setNull()方法，该方法有下面两种格式。

- public void setNull(int parameterIndex, int sqlType);
- public void setNull(int parameterIndex, int sqlType, String typeName)。

参数 parameterIndex 是占位符的索引；sqlType 参数是指定 SQL 类型，它的取值为 java.sql.Types 类中的常量。在 java.sql.Types 类中，每个 JDBC 类型都对应一个 int 常量。例如，如果想把 String 列设置为空，应该使用 Types.VARCHAR，这里 VARCHAR 是 SQL 的字符类型。如果要把一个 Date 列设置为空，应该使用 Types.DATE。

typeName 参数用来指定用户定义类型名或 REF 类型，用户定义类型包括 STRUCT、DISTINCT、Java 对象类型及命名数组类型等。

4. 执行预处理语句

设置预处理语句的全部参数后，调用 PreparedStatement 对象有关方法执行语句，对不同的预处理语句应使用不同的执行方法。

- public ResultSet executeQuery()：执行预处理语句中的 SQL 查询语句。
- public int executeUpdate()：执行预处理语句中 SQL 的 DML 语句，如 INSERT、UPDATE 或 DELETE 等，返回这些语句所影响的行数。该方法还可以执行如 CREATE、ALTER、DROP 等无返回值（实际返回 0）的 DDL 语句。
- public boolean execute()：执行任何的预处理 SQL 语句。

对预处理的更新语句调用 executeUpdate()方法，如下所示：

```
int i = pstmt.executeUpdate();
```

注意，对于预处理语句，必须调用这些方法的无参数版本，如 executeQuery()等。如果调用 executeQuery(String)、executeUpdate(String) 或 execute (String) 方法，将抛出 SQLException 异常。

16.7　DAO 设计模式

教学视频

Java 是面向对象编程语言，主要操作对象，而关系数据库的数据并不是对象，Java 程序插入和检索数据并不方便。因此，访问数据库的一个好方法是使用一个单独模块管理数据库连接以及构建 SQL 语句。数据访问对象（data access object，DAO）模式是应用程序访问数据的一种方法。

DAO 模式有很多变体，这里介绍一种比较简单的形式。首先，定义一个 DAO 接口，它负责建立数据库连接；然后，为每种实体的持久化操作定义一个接口，如 ProductDao 接口负责 Product 对象的持久化；最后，定义实现类。图 16-6 给出 Dao 接口、ProductDao 接口和 OrderDao 接口的关系。

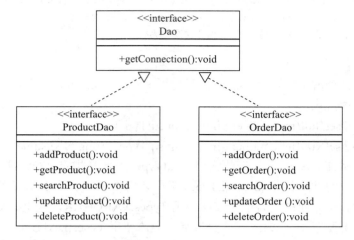

图 16-6　Dao 接口及其子接口

在 DAO 模式中，通常要为需要持久存储的每种实体类型编写一个相应的类。如要存储 Product 信息就需要编写一个类。实现类应该提供添加、删除、修改、检索、查找等功能。例如，ProductDao 接口需要支持以下方法。

```
public void addProduct(Product product)
public void updateProduct(Product product)
public void deleteProduct(int productId)
public Product getProduct(int productId)
public ArrayList<Product> getAllProduct()
```

在 Dao 实现类中，可以直接编写 SQL 操作数据库，也可以使用像 Hibernate 这样的 Java 持久 API 实现。这里，使用 SQL 语句。

下面先定义实体类 Product。该类对象用来存放商品信息，与 products 表的记录对应，代码如下。

程序 16.2　Product.java

```
package com.entity;
public class Product {
    private int id;
    private String pname;
    private String brand;
    private double price;
    private int stock;
    public Product() {
        super();
    }
    public Product(int id, String pname, String brand, double price, int stock)
    {
        this.id = id;
```

```
      this.pname = pname;
      this.brand = brand;
      this.price = price;
      this.stock = stock;
   }
   public int getId() {
      return id;
   }
   public void setId(int id) {
      this.id = id;
   }
   public String getPname() {
      return pname;
   }
   public void setPname(String pname) {
      this.pname = pname;
   }
   public String getBrand() {
      return brand;
   }
   public void setBrand(String brand) {
      this.brand = brand;
   }
   public double getPrice() {
      return price;
   }
   public void setPrice(double price) {
      this.price = price;
   }
   public int getStock() {
      return stock;
   }
   public void setStock(int stock) {
      this.stock = stock;
   }
   @Override
   public String toString(){
       return getId() + "  " + getPname() + "  " + getPrice();
   }
}
```

该类定义一个带参数的构造方法，使用它可以创建 Product 对象，另外为每个属性定义了 setter 方法和 getter 方法。

数据访问对象组件包含下面的接口和类。

• **Dao** 接口是所有接口的根接口，其中定义了默认方法建立到数据库的连接；

- DaoException 类是一个异常类，当 Dao 方法发生运行时异常时抛出；
- ProductDao 接口和 ProductDaoImpl 实现类提供了对 Product 对象持久化的各种方法。

异常类 DaoException 如程序 16.3 所示，Dao 接口如程序 16.4 所示，ProductDao 接口如程序 16.5 所示，ProductDaoImpl 类如程序 16.6 所示。

程序 16.3 DaoException.java

```java
package com.dao;
public class DaoException extends Exception{
   private static final long serialVersionUID = 19192L;
   private String message;
   public DaoException() {}
   public DaoException(String message){
      this.message = message;
   }
   public String getMessage(){
      return message;
   }
   public void setMessage(String message) {
      this.message = message;
   }
   public String toString(){
      return message;
   }
}
```

程序 16.4 Dao.java

```java
package com.dao;
import java.sql.*;
public interface Dao {
   //接口中定义的默认方法
   public default Connection getConnection() throws DaoException {
      String dburl = "jdbc:mysql://127.0.0.1:3306/webstore";
      String username = "root";
      String password = "12345";
      try {
         return DriverManager.getConnection(dburl,username,password);
      } catch (SQLException e) {
         throw new DaoException();
      }
   }
}
```

该接口定义了默认的 getConnection()方法创建或返回数据库连接对象，该方法将被子接口或实现类继承。这里没有编写加载驱动程序代码，而使用动态加载驱动程序方法。

程序 16.5 ProductDao.java

```java
package com.dao;
import java.util.ArrayList;
import com.entity.Product;
public interface ProductDao extends Dao{
    public void addProduct(Product product) throws DaoException;
    public void updateProduct(Product product) throws DaoException;
    public void deleteProduct(int productId) throws DaoException;
    public Product getProduct(int productId) throws DaoException;
    public ArrayList<Product> getAllProduct()throws DaoException;
}
```

该 ProductDao 接口定义了对 Product 的操作方法。addProduct()方法用来插入一个商品记录，updateProduct()方法用来修改一个商品，deleteProduct()方法用来删除一个商品，getProduct()方法用来查询一个商品，getAllProduct()方法用来返回所有商品信息。

程序 16.6 ProductDaoImpl.java

```java
package com.dao;
import java.sql.*;
import java.util.ArrayList;
import com.entity.Product;
public class ProductDaoImpl implements ProductDao{
    //添加商品方法
    public void addProduct(Product product) throws DaoException{
        String sql = "INSERT INTO products VALUES(?,?,?,?,?)";
        try(Connection conn = getConnection();
            PreparedStatement pstmt = conn.prepareStatement(sql)){
            pstmt.setInt(1, product.getId());
            pstmt.setString(2, product.getPname());
            pstmt.setString(3, product.getBrand());
            pstmt.setDouble(4, product.getPrice());
            pstmt.setInt(5, product.getStock());
            pstmt.executeUpdate();
        }catch(SQLException se){
            se.printStackTrace();
        }
    }
    //修改商品方法
    public void updateProduct(Product product) throws DaoException{
        String sql = "UPDATE products SET id =?, pname=?," +
                     "brand = ?,price = ?,stock=?";
        try(Connection conn = getConnection();
            PreparedStatement pstmt = conn.prepareStatement(sql);
```

```
       ){
          pstmt.setInt(1, product.getId());
          pstmt.setString(2, product.getPname());
          pstmt.setString(3, product.getBrand());
          pstmt.setDouble(4, product.getPrice());
          pstmt.setInt(5, product.getStock());
          pstmt.executeUpdate();
       }catch(SQLException se){
         se.printStackTrace();
       }
    }
    //删除商品方法
    public void deleteProduct(int productId)throws DaoException{
       String sql = "DELETE FROM products WHERE id =?";
       try(Connection conn = getConnection();
          PreparedStatement pstmt = conn.prepareStatement(sql)){
          pstmt.setInt(1, productId);
          pstmt.executeUpdate();
       }catch(SQLException se){
         se.printStackTrace();
       }
    }
    //查询商品方法
    public Product getProduct(int productId)throws DaoException{
       String sql = "SELECT * FROM products WHERE id =?";
       ResultSet resultSet = null;
       Product product = null;
       try(Connection conn = getConnection();
             PreparedStatement pstmt = conn.prepareStatement(sql)){
          pstmt.setInt(1, productId);
          resultSet = pstmt.executeQuery();
          if(resultSet.next()){
             product = new Product(
                resultSet.getInt(1),resultSet.getString(2),
                resultSet.getString(3),resultSet.getDouble(4),
                resultSet.getInt(5));
          }
       }catch(SQLException se){
         se.printStackTrace();
       }
       return product;
    }
    //查询所有商品方法
    public ArrayList<Product> getAllProduct()throws DaoException{
```

```
String sql = "SELECT * FROM products";
ResultSet resultSet = null;
ArrayList<Product> products = new ArrayList<Product>();
Product product = null;
try(Connection conn = getConnection();
      PreparedStatement pstmt = conn.prepareStatement(sql)){
    resultSet = pstmt.executeQuery();
    while(resultSet.next()){
      product = new Product(
        resultSet.getInt(1),resultSet.getString(2),
        resultSet.getString(3),resultSet.getDouble(4),
        resultSet.getInt(5));
      products.add(product);
    }
}catch(SQLException se){
  se.printStackTrace();
}
return products;
  }
}
```

下面是一测试程序，它创建一个 Product 对象，然后使用 addProduct()方法插入数据库，调用 getAllProduct()方法返回所有商品，最后输出商品号大于 104 的商品信息。

程序 16.7　ProductDaoTest.java

```
package com.demo;
import java.util.ArrayList;
import com.dao.*;
import com.entity.Product;
public class ProductDaoTest {
  public static void main(String[] args) {
    ProductDao dao = new ProductDaoImpl();
    Product product = new Product(108,"3G手机","Samsung",3500.00,10);
    ArrayList<Product> products = new ArrayList<Product>();
    try {
      dao.addProduct(product);            //向表中插入一行记录
      products = dao.getAllProduct();     //返回表中所有记录的数组列表
    } catch (DaoException e) {
      e.printStackTrace();
    }
    //输出商品号大于104的商品信息
    products.stream().filter(p->p.getId()>104)
         .forEach(System.out::println);
  }
}
```

教学视频

16.8　可滚动和可更新的 ResultSet

可滚动的 ResultSet 是指在结果集对象上不但可以向前访问结果集中的记录，还可以向后访问结果集中的记录。可更新的 ResultSet 是指不但可以访问结果集中的记录，还可以更新结果集对象。

16.8.1　可滚动的 ResultSet

要使用可滚动的 ResultSet 对象，必须使用 Connection 对象带参数的 createStatement()方法创建的 Statement，或使用带参数的 prepareStatement()方法创建 PreparedStatement。在该对象上创建的结果集才是可滚动的，这两个方法的格式为：

- public Statement createStatement(int resultType, int concurrency)；
- public PreparedStatement prepareStatement(String sql，int resultType, int concurrency)。

如果 Statement 对象或 PreparedStatement 对象用于查询，那么这两个参数决定 executeQuery()方法返回的 ResultSet 是否是一个可滚动、可更新的 ResultSet。

参数 resultType 的取值应为 ResultSet 接口中定义的下面常量：

- ResultSet.TYPE_SCROLL_SENSITIVE；
- ResultSet.TYPE_SCROLL_INSENSITIVE；
- ResultSet.TYPE_FORWARD_ONLY。

前两个常量用于创建可滚动的 ResultSet。如果使用 TYPE_SCROLL_SENSITIVE 常量，当数据库发生改变时，这些变化对结果集是敏感的，即数据库变化对结果集可见；如果使用 TYPE_SCROLL_INSENSITIVE 常量，当数据库发生改变时，这些变化对结果集是不敏感的，即这些变化对结果集不可见。使用 TYPE_FORWARD_ONLY 常量将创建一个不可滚动的结果集。

对可滚动的结果集，ResultSet 接口提供了下面的移动游标的方法：

- public boolean previous() throws SQLException：游标向前移动一行，如果存在合法的行返回 true，否则返回 false。
- public boolean first() throws SQLException：移动游标指向第一行。
- public boolean last() throws SQLException：移动游标指向最后一行。
- public boolean absolute(int rows) throws SQLException：移动游标指向指定的行。
- public boolean relative(int rows) throws SQLException：以当前行为基准相对游标的指针，rows 为向后或向前的行数。rows 若为正值是向前移动；若为负值是向后移动。
- public boolean isFirst() throws SQLException：返回游标是否指向第一行。
- public boolean isLast() throws SQLException：返回游标是否指向最后一行。

16.8.2　可更新的 ResultSet

在使用 Connection 的 createStatement(int , int)创建 Statement 对象时，指定 concurrency 参数的值决定是否创建可更新的结果集，该参数也使用 ResultSet 接口中定义的常量，如下所示：

- ResultSet.CONCUR_READ_ONLY；
- ResultSet.CONCUR_UPDATABLE。

使用第一个常量创建只读的 ResultSet 对象，不能通过它更新表。使用第二个常量则创建可更新的 ResultSet 对象。例如，下面语句创建的 rst 对象就是可滚动和可更新的结果集对象。

```
Statement stmt = conn.createStatement(ResultSet.TYPE_SCROLL_SENSITIVE,
            ResultSet.CONCUR_UPDATABLE);
ResultSet rst = stmt.executeQuery("SELECT * FROM books");
```

得到可更新的 ResultSet 对象后，就可以调用适当的 updateXxx()方法更新当前行指定列的值。对于每种数据类型，ResultSet 都定义了相应的 updateXxx()方法。

- public void updateInt(int columnIndex, int x)：用指定的整数 x 的值更新当前行指定列的值，其中 columnIndex 为列的序号。
- public void updateInt(String columnName, int x)：用指定的整数 x 的值更新当前行指定列的值，其中 columnName 为列名。
- public void updateString(int columnIndex, String x)：用指定的字符串 x 的值更新当前行指定列的值，其中 columnIndex 为列的序号。
- public void updateString(String columnName, String x)：用指定的字符串 x 的值更新当前行指定列的值，其中 columnName 为列名。

每个 updateXxx()方法都有两个重载的版本，一个是第一个参数为 int 类型的，用来指定更新的列号；另一个是第一个参数为 String 类型的，用来指定更新的列名。第二个参数的类型与要更新列的类型一致。有关其他方法请参考 Java API 文档。

下面是通过可更新的 ResultSet 对象更新表的方法。

- public void updateRow() throws SQLException：执行该方法后，将用当前行的新内容更新结果集，同时更新数据库。
- public void cancelRowUpdate() throws SQLException：取消对结果集当前行的更新。
- public void moveToInsertRow() throws SQLException：将游标移到插入行。它实际上是一个新行的缓冲区。当游标处于插入行时，调用 updateXxx()方法用相应的数据修改每列的值。
- public void insertRow() throws SQLException：将当前新行插入到数据库中。
- public void deleteRow() throws SQLException：从结果集中删除当前行，同时从数据库中将该行删除。

当使用 updateXxx()方法更新当前行的所有列之后，调用 updateRow()方法把更新写入表中。调用 deleteRow()方法从一个表或 ResultSet 中删除一行数据。

要插入一行数据首先应该使用 moveToInsertRow()方法将游标移到插入行，当游标处于插入行时，调用 updateXxx()方法用相应的数据修改每列的值，最后调用 insertRow()方法将新行插入到数据库中。在调用 insertRow()方法之前，该行所有的列都必须给定一个值。调用 insertRow()方法之后，游标仍位于插入行。这时，可以插入另外一行数据，或移到刚才 ResultSet 记住的位置（当前行位置）。通过调用 moveToCurrentRow()方法返回到当前行。

可以在调用 insertRow()方法之前调用 moveToCurrentRow()方法取消插入。

下面代码说明了如何在 products 表中修改一件商品的信息：

```
String sql = "SELECT id, pname FROM products WHERE id ='108'";
rset = stmt.executeQuery(sql);
rset.next();
rset.updateString(2,"笔记本计算机");
rset.updateRow();                    //更新当前行
```

16.9　小　　结

（1）关系数据库使用二维表存储企业数据，通过 SQL 语句操作数据库。常用的数据库系统包括 MySQL、Oracle、SQL Server 以及 PostgreSQL 等。

（2）MySQL 数据库是一种开源的数据库服务器，安装后可以通过命令行、图形界面工具等对它进行管理。

（3）Java 程序通过 JDBC 访问数据库。JDBC 的基本功能如下。

① 建立与数据库的连接。

② 发送 SQL 语句。

③ 处理数据库操作结果。

（4）使用 JDBC API 连接和访问数据库，一般分为以下 5 个步骤。

① 加载驱动程序。

② 建立连接对象。

③ 创建语句对象。

④ 获得 SQL 语句的执行结果。

⑤ 关闭建立的对象，释放资源。

（5）使用 DAO 设计模式通常定义数据访问对象、操作数据库，实现类应该提供添加、删除、修改、检索、查找等功能。

（6）使用 PreparedStatement 对象可以提高 SQL 语句的执行效率，还可以执行带参数的 SQL 语句。

（7）使用可滚动和可更新的结果集对象可以更灵活地操作结果集并可通过结果集对象实现对记录的添加、删除和修改操作。

编 程 练 习

16.1　编写程序，通过动态加载驱动程序的方式访问 webstore 数据库，查询 employees 表的所有信息并从控制台打印。

16.2　Oracle 是一种著名的数据库管理系统，该数据库安装后其 JDBC 驱动程序也一并安装到系统中。其驱动程序名为 oracle.jdbc.driver.OracleDriver，数据库 URL 为 jdbc:oracle:thin:@127.0.0.1:1521:ORCL。数据库中有名为 WEBSTORE 用户，密码为 123456，在该用户模式下建有 EMPLOYEES 表，其结构如下。

```
ENO   CHAR(8)                    -- 员工号
ENAME  VARCHAR(20)               -- 姓名
GENDER CHAR(1)                   -- 性别
BIRTHDATE DATE                   -- 出生日期
SALARY DOUBLE                    -- 工资
```

编写程序，实现向表中插入一条记录，并显示表中所有记录。

16.3　在 MySQL 的 webstore 数据库中创建一个客户表 customers，它包含字段及数据类型如下。

```
customer_id  INT                 -- 客户号
customer_name VARCHAR(20)        -- 客户名
email  VARCHAR(50)               -- 邮箱地址
balance  DOUBLE                  -- 余额
```

编写程序采用 DAO 模式设计访问数据库，定义 Dao 接口获得数据库连接对象，定义 CustomerDao 接口，其中包含下面方法。

```
public void addCustomer(Customer customer)
public void updateCustomer(Customer customer)
public void deleteCustomer(int customerId)
public Customer getCustomer(int customerId)
```

编写 CustomerDao 接口的实现类 CustomerDaoImpl。编写测试程序测试 DAO 接口各种方法的使用。

16.4　编写如图 16-7 所示的图形界面程序，要求通过按钮实现对 products 表中记录的查询、插入、删除及修改功能。提示：需使用可滚动、可更新的结果集对象。

图 16-7　通过按钮操作表记录

第 17 章　并发编程基础

本章学习目标

- 描述线程和进程的区别；
- 学会使用 Thread 类和 Runnable 接口创建线程对象；
- 解释线程的各种状态；
- 理解线程的优先级和控制线程结束；
- 描述线程的同步与对象锁；
- 理解线程之间的协调，学会 wait()和 notifyAll()方法的使用；
- 学会各种原子变量（如 AtomicInteger）的使用；
- 学会用 Executor 和 ExecutorService 执行多任务；
- 了解 Callable 任务和 Future 结果；
- 了解使用 Lock 锁定临界区的方法。

教学视频

17.1　Java 多线程简介

Java 语言的一个重要特点是内在支持多线程的程序设计。多线程的程序设计具有广泛的应用。线程的概念来源于操作系统进程的概念。进程是一个程序关于某个数据集的一次运行。也就是说，进程是运行中的程序，是程序的一次运行活动。

线程（thread）则是进程中的一个单独的顺序控制流。线程和进程的相似之处在于，线程和运行的程序都是单独顺序控制流。线程运行需要的资源通常少于进程，因此一般将线程称为轻量级进程。线程被看作是轻量级进程是因为它运行在一个程序的上下文内，并利用分配给程序的资源和环境。

单线程的概念很简单，整个程序中只有一个执行线索，如图 17-1 所示。作为单个顺序控制流，线程必须在运行的程序中得到自己运行的资源，如必须有自己的执行栈和程序计数器。线程内运行的代码只能在该上下文内。

多线程（multi-thread）是指在单个的程序内可以同时运行多个不同的线程完成不同的任务，图 17-2 说明了一个程序中同时有两个线程运行。

考虑下面一段代码：

```java
for(int i = 0; i < 100; i++)
    System.out.println("Player A = " + i);
for(int j = 0; j < 100; j++ )
    System.out.println("Player B = " + j);
```

这是两个循环。如果使用单线程，两个循环将顺序执行，前一个循环不执行完不可能执行第二个循环。如果要求两个循环同时执行，需要编写多线程的程序。

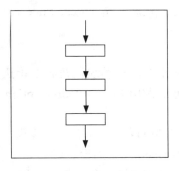

图 17-1　单线程程序示意图

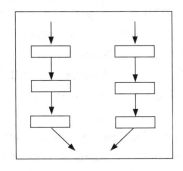

图 17-2　多线程程序示意图

很多应用程序是用多线程实现的，如服务器编程就要用到多线程。例如，Tomcat 服务器内部采用的就是多线程，上百个客户端访问同一个 Web 应用都是通过一个线程提供服务的。

> 📢 **注意**：多线程与多任务不同。多任务是在操作系统下可同时运行多个程序，多线程是在一个程序中多个同时运行的控制流。

17.2　创建任务和线程

教学视频

要实现多线程，就必须在主线程或其他已经存在的线程中创建新的线程对象。为了创建新线程，应该首先定义该线程要执行的任务。一般来说，为了定义线程的任务，需要定义一个实现 java.lang.Runnable 接口的任务类。

Runnable 接口只定义了一个方法，格式如下：

```
public abstract void run()
```

这个方法要由实现 Runnable 接口的类实现。Runnable 对象称为任务对象，线程要执行的任务就写在 run()方法中。

Thread 类是线程类，该类的实例就是一个线程。Thread 类实现了 Runnable 接口，该类的常用构造方法如下：

- public Thread(String name)：创建一个指定名称的线程对象，name 为线程名。
- public Thread(Runnable target)：创建一个线程对象，并指定 target 为线程运行的任务对象，该对象的类型为 Runnable。
- public Thread(Runnable target, String name)：指定线程名和任务对象创建一个线程。

当一个线程对象调用 start()方法启动后即执行任务对象的 run()方法，Thread 类实现 Runnable 接口，因此 Thread 对象本身也可以是任务对象，若没有指定任务对象，则以当前类对象为任务对象。若没有指定线程名，则由系统指定。

Thread 类的常用方法如下：

- public void run()：任务对象执行的方法，通常在 Thread 的子类中覆盖该方法。

并发编程基础

- public void start()：启动线程开始执行，由 JVM 调用任务对象的 run()方法实现。
- public static Thread currentThread()：返回当前正在执行线程对象的引用。

- public Thread.State getState()：返回当前线程的状态，是 Thread.State 枚举的一个值。
- public void setName(String name)：设置线程名。
- public String getName()：返回线程名。
- public static void sleep(long millis)：使当前正在执行的线程暂时停止执行指定的时间。指定时间结束后，线程继续执行。该方法抛出 InterruptedException 异常，必须捕获或声明抛出。
- public void setDaemon(boolean on)：设置线程为 Daemon（后台）线程。
- public boolean isDaemon()：返回线程是否为 Daemon（后台）线程。
- public static void yield()：使当前执行的线程暂停执行，允许其他线程执行。
- public void interrupt()：中断当前线程。
- public boolean isAlive()：返回指定线程是否处于活动状态。

线程运行的代码就是实现了 Runnable 接口类的 run()方法或是 Thread 子类的 run()方法，因此构造线程任务有如下两种方法。

- 实现 Runnable 接口并实现它的 run()方法；
- 继承 Thread 类并覆盖它的 run()方法。

17.2.1 实现 Runnable 接口

可以定义一个类实现 Runnable 接口，然后将该类对象作为线程的任务对象。实现 Runnable 接口就是实现 run()方法。下面程序通过实现 Runnable 接口构造任务类。

程序 17.1 RunnableDemo.java

```java
package com.demo;
public class RunnableDemo implements Runnable{
  public void run(){
    for(int i = 0; i < 100; i ++){
      System.out.println(
              Thread.currentThread().getName()+" = "+i);
      try{
          //使当前线程睡眠一段时间
        Thread.sleep((int)(Math.random() * 100));
      }catch(InterruptedException e){}
    }
    System.out.println(Thread.currentThread().getName()+ " 结束");
  }

  public static void main(String[] args){
    RunnableDemo  task = new RunnableDemo();
    Thread thread1 = new Thread(task, "线程 A");
    Thread thread2 = new Thread(task ,"线程 B");
    thread1.start();
```

```
        thread2.start();
    }
}
```

RunnableDemo 类实现了 Runnable 接口的 run()方法，该方法是线程的任务。为了演示线程并发执行效果，程序调用了 Thread 类的 sleep()方法使当前线程睡眠一定时间，使用 sleep()方法要捕获 InterruptedException 异常。

main()方法创建两个线程对象并启动执行，两个线程执行相同的任务。下面是输出的部分结果。

```
     ⋮
线程 B = 99
线程 A = 95
线程 B  结束
线程 A = 96
线程 A = 97
线程 A = 98
线程 A = 99
线程 A  结束
```

从输出结果可以看出，两个线程交错执行。构造线程时指定了执行的任务对象，所以线程启动后执行任务对象的 run()方法。

> 📢 **注意**：程序中不要直接调用 Runnable 对象的 run()方法。直接调用该方法，与调用其他普通方法的效果一样，只会在同一线程中执行 run()方法，不会启动新线程。不调用 start()方法，线程永远不会开始运行。

17.2.2　继承 Thread 类

通过继承 Thread 类，并覆盖 run()方法定义任务代码，这时可以用该类的实例作为线程的任务对象。下面的程序定义了 ThreadDemo 类，它继承 Thread 类并覆盖了 run()方法。

程序 17.2　ThreadDemo.java

```java
package com.demo;
public class ThreadDemo extends Thread{
    public ThreadDemo(String name){
        super(name);
    }
    public void run(){
     for(int i = 0; i < 100; i ++){
        System.out.println(getName()+" = "+ i);
        try{
          Thread.sleep((int)(Math.random()*100));
        }catch(InterruptedException e){}
```

并发编程基础

```
        }
        System.out.println(getName()+ "  结束");
    }
    public static void main(String[] args){
        Thread thread1 = new ThreadDemo("线程 A");
        Thread thread2 = new ThreadDemo("线程 B");
        thread1.start();
        thread2.start();
    }
}
```

程序继承 Thread 类并实现了 run()方法，是线程执行的任务。在 main()方法中创建线程时没有指定任务对象，任务对象是当前线程对象，因此在线程启动后执行本类的 run()方法。程序 17.2 的运行结果与程序 17.1 的运行结果类似。

前面介绍了创建线程的两种方法。第一种方法实现 Runnable 接口的缺点是编程复杂一些，但这种方法可以扩展其他的类，更符合面向对象的设计思想。第二种方法的继承 Thread 类的优点是比较简单，缺点是如果一个类已经继承了某个类，它就不能再继承 Thread 类（因为 Java 语言只支持单继承）。例如，编写 Java Applet 就不能用这种方法。但是可以定义内部类，这样还可以访问外层类的成员。

17.2.3 主线程

当 Java 应用程序的 main()方法开始运行时，Java 虚拟机就启动一个线程，该线程负责创建其他线程，因此称为主线程。请看下面的程序。

程序 17.3 MainThreadDemo.java

```
public class MainThreadDemo{
    public static void main(String[] args){
        Thread t = Thread.currentThread(); //返回当前线程对象
        System.out.println(t);
        System.out.println(t.getName());
        t.setName("MyThread");
        System.out.println(t);
    }
}
```

该程序输出结果为：

```
Thread[main , 5, main]
main
Thread[MyThread, 5, main]
```

程序在 main()方法中声明了一个 Thread 对象 t，调用 Thread 类的静态方法 currentThread()获得当前线程对象，该线程就是主线程。然后重新设置该线程对象的名称，最后输出线程对象（线程名、线程优先级和线程组名）。

17.3　线程的状态与调度

17.3.1　线程的状态

一个线程从创建、运行到结束总是处于下面 6 种状态中的一种状态，表示这些状态的值封装在 java.lang.Thread.State 枚举中，在该枚举中定义了下面表示状态的成员。

- NEW：处于这种状态的线程，还没有启动。
- RUNNABLE：处于这种状态的线程正在 JVM 中运行。
- BLOCKED：处于这种状态的线程正在等待监视器锁，以访问某一个对象。
- WAITING：处于这种状态的线程正在无限期地等待另一个线程执行某个特定动作。
- TIMED_WAITING：处于这种状态的线程在等待睡眠指定时间。
- TERMINATED：处于这种状态的线程已经退出。

1. 新建状态

当使用 Thread 类的构造方法创建一个线程对象后，它就处于新建状态（NEW）。处于新建状态的线程仅是空的线程对象，系统并没有为其分配资源。当线程处于该状态，仅能启动线程，调用任何其他方法是无意义的且会引发 IllegalThreadStateException 异常。

2. 可运行状态

一个新创建的线程并不自动开始运行，要执行线程，必须调用线程的 start()方法。当线程调用 start()方法即启动了线程。start()方法创建线程运行的系统资源，并调用线程运行 run()方法。当 start()方法返回后，线程就处于可运行状态（RUNNABLE）。

处于可运行状态的线程并不一定立即运行 run()方法，线程还必须同其他线程竞争 CPU 时间，只有获得 CPU 时间才可以运行线程。

3. 阻塞状态

线程运行过程中，可能由于各种原因进入阻塞状态（BLOCKED）。所谓阻塞状态是正在运行的线程没有运行结束，暂时让出 CPU，这时其他处于可运行状态的线程就可以获得 CPU 时间，进入运行状态。

4. 等待状态和等待指定时间状态

当线程调用 sleep(long millis)方法使线程进入等待指定时间状态（TIMED_WAITING），直到等待时间过后，线程再次进入可运行状态。当线程调用 wait()方法使当前线程进入等待状态（WAITING），直到另一个线程调用了该对象的 notify()方法或 notifyAll()方法，该线程重新进入运行状态，恢复执行。

5. 结束状态

线程正常结束，即 run()方法返回，线程运行就结束了，此时线程就处于结束状态（TERMINATED）。

17.3.2　线程的优先级和调度

前面说过多个线程可并发运行，然而实际上并不总是这样。由于很多计算机都是单 CPU 的，所以一个时刻只能有一个线程处于运行状态，而可能有多个线程处于可运行状态。

对多个处于可运行状态的线程是由 Java 运行时系统的线程调度器（scheduler）来调度的。

每个线程有一个优先级，当有多个线程处于可运行状态时，线程调度器根据线程的优先级调度线程运行。可以用下面方法设置和返回线程的优先级。

- public final void setPriority(int newPriority)：设置线程的优先级。
- public final int getPriority()：返回线程的优先级。

线程的优先级 newPriority 的取值为 1～10 的整数，数值越大优先级越高。也可以使用 Thread 类定义的常量来设置线程的优先级，常量 MIN_PRIORITY、NORM_PRIORITY 和 MAX_PRIORITY 分别对应于线程优先级的 1、5 和 10。当创建线程时，如果没有指定它的优先级，则它从创建该线程那里继承优先级。

一般地，只有在当前线程停止或由于某种原因被阻塞，较低优先级的线程才有机会运行。

程序 17.4　ThreadPriorityDemo.java

```java
package com.demo;
public class ThreadPriorityDemo {
    //静态内部类
    static class CounterThread extends Thread{
      public void run(){
        int count = 0 ;
        while(true){
          try{
            sleep(1);
          }catch(InterruptedException e){}
          if(count ==5000)
            break;
          System.out.println(getName()+":"+count++);
        }
      }
    }
  public static void main(String[] args) {
    CounterThread thread1 = new CounterThread();
    CounterThread thread2 = new CounterThread();
    thread1.setPriority(1);
    thread2.setPriority(10);
    thread1.start();
    thread2.start();
  }
}
```

程序使用 CounterThead 静态内部类创建了两个线程对象，然后将它们的优先级分别设置为 1 和 10。执行该程序，可以看到第二个线程应该先结束，因为它的优先级高，会获得较多的 CPU 时间执行。

17.3.3　控制线程的结束

控制线程的结束复杂一些。早期的方法是调用线程对象的 stop()方法，然而由于该方法可能导致线程死锁，因此从 Java 1.1 版开始，不推荐使用该方法结束线程。

通常，在线程任务中通过一个循环来控制线程的结束。如果线程的 run()方法是一个确定次数的循环，则循环结束后，线程运行就结束了，线程进入终止状态。

例如，下面的 run()方法中包含一段循环代码：

```java
public void run(){
  int i = 0;
  while(i < 100){
    i ++;
    System.out.println("i = " + i );
  }
}
```

当该段代码循环结束后，线程就结束了。注意一个处于终止状态的线程不能再调用该线程的任何方法。

如果 run()方法是一个不确定循环，一般是通过设置一个标志变量，在程序中通过改变标志变量的值实现结束线程。请看下面的例子。

程序 17.5　ThreadStop.java

```java
package com.demo;
import java.time.LocalDateTime;
public class ThreadStop{
  static class MyTimer implements Runnable{    //静态内部类
    boolean flag = true;                       //定义一个标志变量
    public void run(){
      while(flag){                             //通过flag变量控制线程结束
        System.out.println(""+LocalDateTime.now()+"…");
        try{
          Thread.sleep(1000);
        }catch(InterruptedException e){}
      }
      System.out.println(""+Thread.currentThread().getName()+" 结束");
    }
    public void stopRun(){
      flag = false;                            //将标志变量设置为false
    }
  }                                            //内部类结束

  public static void main(String[] args){
    MyTimer timer = new MyTimer();
    Thread thread = new Thread(timer);
```

并发编程基础

```
      thread.setName("Timer");
      thread.start();
      for(int i = 0;i < 100;i++){
        System.out.println(""+i);
        try{
          Thread.sleep(100);
        }catch(InterruptedException e){}
      }
      timer.stopRun();                                    //使用户线程结束
    }
  }
```

程序在 MyTimer 类中定义了一个布尔变量 flag，同时定义了一个 stopRun()方法，在方法中将该变量设置为 false。在主程序中，通过调用该方法改变 flag 变量的值，从而使 run()方法的 while 循环条件不满足，进而实现结束线程的运行。

📖 **提示：** 在 Thread 类中除 stop()方法被标明为不推荐使用外，suspend()方法和 resume()方法也被标明不推荐使用，这两个方法用作线程的挂起和恢复。

教学视频

17.4　线程同步与对象锁

　　　　前面程序中的线程都是独立、异步执行的。但在很多情况下，多个线程需要共享数据资源，这就涉及线程的同步与对象锁的问题。

17.4.1　线程冲突与原子操作

多线程环境下，资源可以共享。因此可能存在多个并发线同时访问同一资源，这可能引起线程冲突的情况。

程序 17.6　Counter.java

```
public class Counter {
    private int count = 0;
    public void increment() {    //计数变量count增1
       count++;
    }
    public void decrement() {    //计数变量count减1
       count--;
    }
    public int getCount() {       //返回计数变量count值
       return count;
    }
}
```

在 Counter 类的实例上每次调用 increment()方法将使 count 加 1，每次调用 decrement()方法将 count 减 1。然而，如果多个线程共享一个 Counter 对象，可能会产生冲突，得不到期望的结果。

当两个操作运行在不同线程中，对同一个数据的两个操作就可能产生冲突。其原因是有些操作看起来是简单操作，但不是原子操作，虚拟机需要用多个步骤完成。例如，表达式 count++就被分解为以下 3 步：

（1）检索 count 的当前值。

（2）为检索到的值加 1。

（3）增加后的值存到 count 中。

假设有一个 Counter 对象，两个线程 A 和 B。线程 A 调用 increment()方法，同时线程 B 也调用 increment()方法。如果 count 的初值为 0，它们交错的动作可能按下列顺序执行。

（1）线程 A：检索 count 的值 0。

（2）线程 B：检索 count 的值 0。

（3）线程 A：将 count 加 1，count 的结果为 1。

（4）线程 B：将 count 加 1，count 的结果为 1。

（5）线程 A：将结果存回 count，count 的值为 1。

（6）线程 B：将结果存回 count，count 的值为 1。

count 的结果本来应该为 2，现在结果是 1。原因是线程 A 计算的结果被线程 B 覆盖了，线程 A 的结果丢失了。这只是一种可能性。在不同的环境下，也可能线程 B 的结果丢失，或根本不发生错误。因为结果是不可预测的，所以线程冲突很难被检测和修复。

出现上述情况的原因是表达式 count++不是原子操作。所谓原子操作，是指在执行过程中不能被线程调度器中断的操作。

17.4.2 方法同步

为避免多线程引起的资源冲突，需要防止多个线程同时访问同一资源。Java 语言中，任何资源最终都被表示成对象，因此，要防止多个线程同时访问同一资源，就是防止多个线程同时执行共享对象的方法代码。程序中这样的代码称作临界区（critical section）。

为保证临界区中的代码在一段时间内只被一个线程执行，应在第一个线程开始执行这个临界区代码时，给这个临界区加锁。这样，其他线程在这个临界区被解锁之前，无法执行临界区的代码；而在其被解锁之后，其他线程才可以锁定并执行其中的代码。

Java 的每个对象都可以有一个内在锁（intrinsic lock），有时也称作监视器锁（monitor lock）。获得对象的内在锁是能够独占该对象访问权的一种方式。获得对象的内在锁与锁定对象是一样的。Java 通过同步代码块实现内在锁，Java 支持两种同步：方法同步和块同步。

方法同步就是在定义方法时使用 synchronized 关键字。下面程序重新定义了 Counter 类，对它的 3 个方法使用 synchronized 关键字同步。

程序 17.7　Counter.java

```
public class Counter {
    private int count = 0;
    public synchronized void increment() {
        count ++;
    }
```

```
    public synchronized void decrement() {
        count --;
    }
    public synchronized int getCount() {
        return count;
    }
}
```

代码在 Counter 类的 3 个方法上都加上 synchronized 关键字使它们成为同步方法。这样，当一个线程调用这些同步方法前，自动尝试获得该对象的内在锁。在方法返回之前，该线程会一直占用锁。一旦某个线程锁定一个对象，其他线程就不能再调用同一个对象上的同一个方法或其他同步方法。其他线程只有等待，直到这个锁再次变为可用为止。锁还可以重入（reentrant），即占用锁的线程可以调用同一个对象的其他同步方法，当这个方法返回时，对象内在锁被释放。

17.4.3　块同步

前面实现对象锁是在方法前加上 synchronized 关键字，这对用户自己定义的类很容易实现。如果使用类库中的类或别人定义的类时，调用的方法没有使用 synchronized 关键字修饰，又要获得对象锁，可以使用下面的格式：

```
synchronized(object){
    //方法调用
}
```

这种方式是在调用对象的非 synchronized 方法时，为了保证不出现线程冲突，先将对象加锁。例如，下面代码利用非线程安全的 Counter 类作为计数器，为了在计数器递增的时将计数器对象锁定，incrementCount()方法锁定 Counter 对象。

```
Counter counter = new Counter();
    ⋮
public void incrementCount(){
    synchronized (counter){        //锁定counter对象
        //执行需要同步的语句
        counter.increment();
    }
  }
}
```

这样当一个线程要访问 counter 对象时，必须获得该对象锁，直到同步代码块执行结束后才释放对象锁。对象锁的获得和释放是由 Java 运行时系统自动完成的。

每个类也可以有类锁。类锁控制对类的 synchronized static 代码的访问。请看下面的例子。

```
public class SampleClass{
    static int x, y;
```

```
static synchronized void increment(){
    x++;  y++;
  }
}
```

当 increment()方法被调用时（如使用 SampleClass.increment()），调用线程必须获得 SampleClass 类的类锁。

17.5　线程协调

教学视频

在多线程的程序中，除要防止线程冲突外，有时还要保证线程的协调。下面通过生产者-消费者模型来说明线程的协调与资源共享的问题。

假设有一个生产者 Producer，一个消费者 Consumer。生产者产生 0～9 的整数，将它们存储在盒子 Box 对象中并打印这些数。消费者从盒子中取出这些整数并将其打印。同时要求生产者产生一个数字，消费者取得一个数字，这就涉及两个线程的协调问题。

这个问题就可以通过两个线程实现生产者和消费者，它们共享一个 Box 对象。如果不加控制就得不到预期的结果。

17.5.1　不正确的设计

首先设计用于存储数据的 Box 类，定义如下。

程序 17.8　Box.java

```
public class Box{
  private int data ;
  public synchronized void put(int value){
    data = value;
  }
  public synchronized int get(){
    return data ;
  }
}
```

Box 类使用一个私有成员变量 data 用来存放整数，put()方法和 get()方法用来设置和返回 data 变量的值。Box 对象为共享资源，所以 put()方法和 get()方法使用 synchronized 关键字修饰。这样当 Producer 对象调用 put()方法时，将锁定该对象，Consumer 对象就不能调用 get()方法。当 put()方法返回时，Producer 对象释放了 Box 的锁。类似地，当 Consumer 对象调用 Box 的 get()方法时，也锁定该对象，防止 Producer 对象调用 put()方法。

接下来看 Producer 类和 Consumer 类的定义，假设这两个类的定义如下。

程序 17.9　Producer.java

```
public class Producer extends Thread {
  private Box box;   //被共享的对象
  public Producer(Box c) {
```

并发编程基础

```
        box = c;
    }
    public void run() {
        for (int i = 0; i < 10; i++) {
            box.put(i);                        //生产一个整数i
            System.out.println("Producer " + " put: " + i);
            try {
                sleep((int)(Math.random() * 100));
            } catch (InterruptedException e) { }
        }
    }
}
```

Producer 线程类定义了一个 Box 类型的成员变量 box，用来存储产生的整数。在该类的 run()方法中，通过一个循环产生 10 个整数，每次产生一个整数，调用 box 对象的 put()方法将其存入该对象中，同时输出该数。

下面是 Consumer 类的定义。

程序 17.10　　Consumer.java

```
public class Consumer extends Thread {
    private Box box;
    public Consumer(Box c) {
        box = c;
    }
    public void run() {
        int value = 0;
        for (int i = 0; i < 10; i++) {
            value = box.get();               //消费一个整数i
            System.out.println("Consumer " +" got: " + value);
            try {
                sleep((int)(Math.random() * 100));
            } catch (InterruptedException e) { }
        }
    }
}
```

Consumer 线程类的 run()方法中也是一个循环，每次调用 box 的 get()方法返回当前存储的整数，然后输出。

下面的主程序在 main()方法中创建一个 Box 对象 box，一个 Producer 对象 p1，一个 Consumer 对象 c1，然后启动两个线程。

程序 17.11　　ProducerConsumerTest.java

```
public class ProducerConsumerTest {
    public static void main(String[] args) {
        Box box = new Box();
```

```
       Producer p1 = new Producer(box);              //将box对象传递给生产者
       Consumer c1 = new Consumer(box);              //将box对象传递给消费者
       p1.start();
       c1.start();
   }
}
```

该程序中对 Box 类的设计，尽管使用了 synchronized 关键字实现了对象锁，但这还不够。程序运行可能出现下面两种情况：

如果生产者的速度比消费者快，那么在消费者还没取出前一个数据，生产者又产生了新的数据，于是消费者就会跳过前一个数据，这样就会产生下面的结果：

```
Consumer got: 3
Producer put: 4
Producer put: 5
Consumer got: 5
  ⋮
```

反之，如果消费者的速度比生产者快，那么在生产者还没有产生下一个数据前，消费者可能两次取出同一个数据，这样就会产生下面的结果：

```
Producer put: 4
Consumer got: 4
Consumer got: 4
Producer put: 5
  ⋮
```

17.5.2　监视器模型

为了避免上述情况发生，就必须使生产者线程向 Box 对象中存储数据与消费者线程从 Box 对象中取得数据协调起来。为了达到这一目的，在 Java 程序中可以采用监视器（monitor）模型，同时通过调用对象的 wait()方法和 notify()或 notifyAll()方法实现同步。

下面是修改后的 Box 类的定义。

程序 17.12　Box.java

```
public class Box{
    private int data ;
    private boolean available = false;           //用来表示数据是否可用
    public synchronized void put(int value){
        while(available == true){                //数据没被取出
            try{
                wait();                          //当前线程等待
            }catch(InterruptedException e){
                e.printStackTrace(System.out);
            }
        }
```

```
        data = value;                              //产生数据
        available = true;
        notifyAll();                               //通知所有等待的线程继续执行
    }
    public synchronized int get(){
        while(available == false){                 //还没有数据
          try{
              wait();                               //当前线程等待
          }catch(InterruptedException e){
              e.printStackTrace(System.out);
          }
        }
        available = false;
        notifyAll();                               //通知所有等待的线程继续执行
        return data;                               //取出数据
    }
}
```

这里的成员变量 available 用来指示数据是否可取，当 available 为 true 时，表示数据已经产生还没被取走；当 available 为 false 时，表示数据已被取走还没有产生新的数据。

当生产者线程进入 put()方法时，首先检查 available 的值，若其为 false，才可执行 put()方法；若其为 true，说明数据还没有被取走，该线程必须等待。因此在 put()方法中调用 Box 对象的 wait()方法使线程进入阻塞状态，同时释放对象锁。直到另一个线程对象调用了 notify()或 notifyAll()方法，该线程才可恢复运行。

类似地，当消费者线程进入 get()方法时，也是先检查 available 的值，若其为 true，才可执行 get()方法；若其为 false，说明还没有数据，该线程必须等待。因此在 get()方法中调用 Box 对象的 wait()方法使线程进入阻塞状态，同时释放对象锁。

上述过程就是监视器模型，其中 Box 对象为监视器。通过监视器模型可以保证生产者线程和消费者线程协调，结果正确。

程序运行的部分结果如下：

```
   ⋮
Producer   put: 7
Consumer   got: 7
Producer   put: 8
Consumer   got: 8
Producer   put: 9
Consumer   got: 9
```

注意，wait()、notify()和 notifyAll()方法是在 Object 类中定义的，并且这些方法只能用在 synchronized 代码段中。它们的定义格式如下：

```
public final void wait()
public final void wait(long timeout)
```

```
public final void wait(long timeout, int nanos)
```

调用对象的这些方法使当前线程进入等待状态，直到另一个线程调用了该对象的 notify()方法或 notifyAll()方法，该线程重新进入运行状态，恢复执行。timeout 和 nanos 为等待时间的毫秒和纳秒，当时间到或其他对象调用了该对象的 notify()方法或 notifyAll()方法，该线程重新进入运行状态，恢复执行。wait()的声明抛出了 InterruptedException，因此程序中必须捕获或声明抛出该异常。

notify()方法和 notifyAll()方法的声明格式如下：

```
public final void notify()
public final void notifyAll()
```

这两个方法释放当前对象的锁，通知等待该对象锁的一个或所有的线程继续执行，通常使用 notifyAll()方法。

17.6 并 发 工 具

虽然 Java 语言为编写多线程程序提供了内在的支持，如 Thread 类和 synchronized 关键字，但是它们很难正确使用。Java 5 在 java.util.concurrent 包和子包中提供了并发工具。有些工具是为了替代 Java 内置的线程和同步特征。本节讨论几个比较重要的类型。

17.6.1 原子变量

原子操作（atomic operation）是一组操作，对系统的其他部分而言，它们组合在一起，就像一个操作一样，不会导致线程冲突。正如前面的例子所证明，整数自增运算不是一个原子操作。

为了实现某些操作的原子操作，java.util.concurrent.atomic 包中提供了一些类，这些类定义了一些方法以原子方式执行各种操作，如 AtomicBoolean、AtomicInteger、AtomicLong、AtomicReference 等。

AtomicInteger 对象将一个整数封装在内部，并提供在这个整数上的一些原子操作，如 addAndGet()、incrementAndGet()、decrementAndGet()、getAndIncrement()、get()等方法。

getAndIncrement()和 incrementsAndGet()方法返回的是不同的结果，前者返回原子变量的当前值，然后将这个值递增；incrementsAndGet()方法先递增原子变量的值，然后返回递增后的值，即获得值、增加 1、设置值并产生新值的整个操作不能被打断，可以保证即使有多个线程并发访问同一个 AtomicInteger 实例，也能计算并返回正确的值。执行下面代码后，x 的值是 10，y 的值是 12。

```
AtomicInteger counter = new AtomicInteger(10);
int x = counter.getAndIncrement();      //x=10
int y = counter.incrementAndGet();      //y=12
```

下面程序展示了一个使用 AtomicInteger 的线程安全的计数器，可以将它和非线程安全的 Counter 类进行比较。

程序 17.13   AtomicCounter.java

```java
package com.demo;
import java.util.concurrent.atomic.AtomicInteger;
public class AtomicCounter {
    AtomicInteger count = new AtomicInteger(0);
    public void increment(){
        count.getAndIncrement();
    }
    public void decrement(){
        count.decrementAndGet();
    }
    public int getCount(){
        return count.get();
    }
}
```

该计数器使用 AtomicInteger 原子变量对象计数，定义的 increment()、decrement()和 getCount()方法无须使用 synchronized 关键字修饰，因为在 AtomicInteger 对象上的操作都是原子操作。

17.6.2　Executor 和 ExecutorService

前面的程序使用 Thread 类显式创建线程对象并启动，对于每个子任务都必须创建一个新线程。创建线程需要付出一定开销，会造成程序性能的下降。从 Java SE 5 开始，程序中如果需要执行多个子任务，应该优先使用线程执行器 Executor。

线程执行器对象是 java.util.concurrent.Executor 或它的子接口 ExecutorService 的一个实现，通过它的 execute()方法来执行多个 Runnable 任务。

Executor 接口只定义了一个 execute()方法，格式如下：

```java
public void execute(Runnable task)
```

ExecutorService 是 Executor 接口的一个扩展，添加了终止方法和执行 Callable 的方法。Callable 和 Runnable 类似，只不过可以返回一个值，并且便于通过 Future 接口来完成删除的任务。

一般地，不需要自己编写 Executor 接口（或 ExecutorService 接口）的实现，使用工具类 Executors 的静态方法就可得到 Executor 实例。

```java
public static ExecutorService newSingleThreadExecutor()
public static ExecutorService newCachedThreadPool()
public static ExecutorService newFixedThreadPool (int numOfThread)
```

newSingleThreadExecutor()返回一个包含单个线程的 Executor。可以将多个任务提交给该 Executor，但在任意指定的时间内，只有一个任务被执行。

newCachedThreadPool()返回一个 Executor，通过缓存线程池管理线程。当提交的任务越来越多时，Executor 就会创建更多的线程以执行更多的任务。对于运行短期的异步工作而言，这样是可以的。注意，如果 Executor 试图在内存不足时创建新线程，将导致内存泄露。

newFixedThreadPool ()返回一个线程数量固定的 Executor。如果任务数量多于线程数量，没有分配线程的任务将等待，直到正在运行的线程完成任务为止。

下面代码是将 Runnable 任务提交给 Executor 执行的示例：

```
Runnable task = () ->{…};        //创建Runnable任务实例
Executor executor = …;           //创建执行器对象
executor.execute(task);          //将任务提交给执行器执行
```

下面程序创建两个任务，然后创建一个 Executor 对象并调用它的 execute()方法执行任务。程序中使用 Lambda 表达式创建 Runnable 任务对象。

程序 17.14　ExecutorDemo.java

```
package com.demo;
import java.util.concurrent.Executor;
import java.util.concurrent.Executors;
public class ExecutorDemo {
  public static void main(String[] args) {
    Runnable hellos = ()->{
      for(int i=1;i<=100;i++)
        System.out.println("hello "+ i);
    };
    Runnable goodbyes = ()->{
      for(int i=1;i<=100;i++)
        System.out.println("goodbye "+ i);
    };
    //创建线程执行器对象
    Executor executor = Executors.newCachedThreadPool();
    executor.execute(hellos);
    executor.execute(goodbyes);
  }
}
```

运行程序，从输出结果中可以看到两个任务交叉执行。

> 📖 提示：Java SE 5 之前，Java 使用 java.lang.ThreadGroup（线程组）表示一个线程的集合。实践表明，Java 语言引入线程组是一次不成功的尝试，实际编程中建议不要使用。

17.6.3　Callable 和 Future

Callable<V>接口是并发工具中最有价值的成员之一。Callable 也是一项任务，它的 call()

方法返回一个值，并且抛出一个异常。Callable 与 Runnable 类似，只不过后者不能返回值或抛出异常。Callable<T>是泛型接口，定义了一个 call()方法。

```
public interface Callable<V>{
    V call() throws Exception
}
```

要执行 Callable 任务，也需要一个 ExecutorService 实例，可以使用 Executors 类的 newCachedThreadPool()方法或 newFixedThreadPool()方法返回 ExecutorService 对象，然后调用它的 submit()方法将任务提交给执行器。

```
ExecutorService executor = Executors.newCachedThreadPool();
Callbale<V> task = … ;                      //创建任务对象
Future<V> result = executor.submit(task);   //将任务提交给执行器
```

ExecutorService 接口的 submit()方法返回一个 Future<V>对象。任务提交后的某个时刻执行任务得到一个结果封装在 Future<V>对象中，通过它的 get()方法可以获取 Callable<V>任务（即调用 call()方法）的返回值。有两个重载的 get()方法：

- public V get() throws InterruptedException, ExecutionException；
- public V get(long timeout, TimeUnit unit) throws ExecutionException, TimeoutException, InterruptedException。

第一个重载的 get()方法会阻塞，直到任务完成；第二个重载的 get()方法会等待指定的时间，参数 timeout 指定等待的最长时间，参数 unit 指定 timeout 的时间单位。如果 call()方法抛出了异常，那就抛出一个包装了该异常的 ExecutionException。

Future<V>接口还定义了如下常用方法：

- public boolean cancel(boolean mayInterruptIfRunning)：试图取消该任务的执行。如果任务已经完成、已经被取消或因其他原因不能被取消，取消失败并返回 false；如果一个任务正在执行，但还是想取消它，可以将 true 传递给该方法，传递 false 则允许正在执行的任务能够不受干扰地完成。
- public boolean isCancelled()：如果任务在正常完成之前被取消，方法返回 true。
- public boolean isDone()：如果任务已经完成，方法返回 true。

通常，任务需要等待多个子任务的完成结果。不用逐个地单独提交子任务，可以使用 ExecutorService 接口的 invokeAll()方法将 Callable<T>实例的一个集合传递给该方法。

17.6.4　使用 Lock 锁定对象

前面利用修饰符 synchronized 锁定一个共享资源。虽然 synchronized 使用简单，但这类锁定机制具有局限性。例如，试图获取这种锁的线程是无法后退的，如果无法获得锁，它就会无限期地阻塞。锁定和解锁仅限于方法和块：无法在一个方法中将资源锁定，在另一个方法中释放它。

值得庆幸的是，并发工具提供了一些更高级的锁。本节仅讨论 Lock 接口，它提供了可以克服 Java 内置锁局限性的方法。Lock 接口提供了 lock() 和 unlock() 方法，意味着只要保留对某个锁的引用，就可以在程序中的任何位置释放该锁。但在大多数情况下，为了确保 unlock() 方法总是能被调用，最好在调用 lock() 方法之后，在一条 finally 子句中调用 unlock() 方法。

```
Lock aLock = new ReentrantLock();
  ⋮
aLock.lock();                           //试图开始加锁
try{
    //临界区
}finally{
    aLock.unlock();                     //释放锁
}
```

这个结构能够确保任何时刻都只有一个线程进入临界区运行。当某个线程开始执行其中的加锁语句，如果当前锁可用，它就获得这个锁，并使用这个锁给随后的临界区代码加锁。在该线程执行后面的相应解锁语句（即释放相关锁）前，其他线程要执行其中的加锁语句时，就会因为不能获得当前锁而无法运行，直至当前锁被释放。在这个结构中，将解锁语句放到 finally 语句块中是非常重要的，可以确保临界区中的代码无论是否抛出异常，当前锁一定会被释放，否则就有可能导致其他线程永远等待下去。

如果某个锁不可用，lock() 方法就会一直阻塞到它可用为止。这种行为与利用 synchronized 使用的内在锁类似。

除 lock() 和 unlock() 方法外，Lock 接口还提供了 tryLock() 方法：

- boolean tryLock()；
- boolean tryLock(long time, TimeUnit timeUnit)。

仅当该锁可用时，第一个重载方法才会返回 true；否则，返回 false。在后一种情况下，它不会发生阻塞。

如果该锁可用，第二个重载方法立即返回 true；否则，它会一直等待直到过了指定的时间并在无法获得锁时，返回 false。参数 time 指定等待的最长时间，参数 timeUnit 指定第一个参数的时间单位。

下面代码展示了可重入锁 ReentrantLock 的用法，是 Lock 接口的一个实现。

```
import java.util.concurrent.locks.*;
public class Account {
    private final Lock bankLock = new ReentrantLock();
    private double balance;
    public Account(double balance){
        this.balance = balance;
    }
    public double getBalance(){
        return balance;
    }
```

```
//当修改账户余额时需要加锁
public void operateAccount(double savings) throws InterruptedException{
    bankLock.lock();              //开始加锁
    try{
        //修改账户余额
        double amount = balance + savings;
        Thread.sleep(100);
        balance = amount;
    }finally{
        bankLock.unlock();        //释放锁
    }
}
```

现在，假设一个线程调用 operateAccount()方法，将首先执行加锁语句，使该线程获得 bankLock 锁，并用这个锁给方法中的临界区代码加锁。在该线程执行随后的解锁语句前，其他线程要调用 operateAccount()方法就必须等待。在当前线程执行了解锁代码后，其他线程才能获得这个锁，并开始运行。

> **注意：**锁对象必须定义为类的成员，这样每一个 Account 对象中的锁 bankLock 都是不同的对象。

17.7 小　　结

（1）Java 语言内在支持多线程的程序设计。线程是进程中的一个单独的顺序控制流，多线程是指单个程序内可以同时运行多个线程。

（2）在 Java 程序中创建多线程的程序有两种方法。一是继承 Thread 类并覆盖其 run() 方法；二是实现 Runnable 接口并实现其 run()方法。

（3）线程从创建、运行到结束总是处于下面某个状态：新建状态、可运行状态、等待状态、阻塞状态及结束状态。

（4）每个线程都有一个优先级，当有多个线程处于可运行状态时，线程调度器根据线程的优先级调度线程运行。

（5）当多个线程在没有同步的情况下操作共享数据时，其结果是不可预知的。

（6）在很多情况下，多个线程需要共享数据资源，这就是线程的同步与资源共享的问题。可以通过对象锁实现线程同步，可使用关键字 synchronized 实现方法同步和对象同步。

（7）锁可以确保同一时刻只有一个线程执行临界区。

（8）使用 Executor 可以将 Runnable 实例列入执行计划，Callable 描述一个会产生结果的任务。

（9）可以向 ExecutorService 提交一个或多个 Callable 实例，并且当这些 Callable 有执行结果后，合并这些结果。

（10）可以使用 Lock 锁定对象的临界区，Lock 接口的一个实现是 ReentrantLock 类。

编 程 练 习

17.1　Runnable 接口是函数式接口，创建 Runnable 实例可以使用 Lambda 表达式。请使用 Lambda 表达式改写程序 17.1。

17.2　编写程序，创建一个 Account 类表示账户，初始余额 10 000 元。定义一个线程类模拟从账户中取钱，规定每个线程每次只能取 100 元。编写程序，创建两个线程，从账户取钱，分析可能发生的冲突。Account 类定义如下所示。

```
public class Account {
    private int balance = 10000;
    //存款方法
    public int deposit(int amount) {
        balance = balance + amount;
    }
    //取款方法
    public void withdraw(int amount) {
        balance = balance - amount;
    }
    //返回账户余额
    public int getBalance() {
        return balance;
    }
}
```

17.3　编写程序，创建一个 Counter 对象（程序 17.6），使用 Runnable 创建 100 个任务，在每个任务中调用 Counter 对象的 increment()方法 100 次，同时输出每个任务的任务号和 Counter 对象的 count 成员值。将每个任务添加到 Executer 中执行，分析执行结果。

17.4　修改上述程序，分别采用方法同步、块同步和 Lock 锁的方式使程序运行结果正确。

17.5　编写程序，覆盖 Callable<Long>的 call()方法，定义两个任务，一个任务求前 10 个斐波那契之和；第二个任务求前 10 个素数之和。将这两个子任务提交 ExecutorService 执行，通过返回的 Future<Long>的 get()方法输出两个子任务的结果。

17.6　编写程序，计算某个单词在一组文件中出现的频率。对每个文件，可以生成一个返回该文件统计结果的 Callable<Integer>，然后将它们提交给 Executor。当所有任务完成时，得到一组 Future，对它们合并可得到结果。下面给出部分代码。

```
String word = …;
//指定一组文件
Set<Path> paths = …;
List<Callable<Integer>> tasks = new ArrayList<>();
```

并发编程基础

```
for(Path p : paths){
    tasks.add( ()->{return p中word变量出现的次数});
}
List<Future<Integer>> results = executor.invokeAll(tasks);
long total = 0;
for(Future<Integer> result:results)
    total = total + result.get();
```

17.7　编写程序，创建如图 17-3 所示的界面。使用一个单独的线程在标签中显示一个数字时钟，时间每隔一秒刷新一次。提示：线程的任务应该使用 javafx.concurrent.Task 类对象，并且将标签的 text 属性与任务的 message 属性绑定。

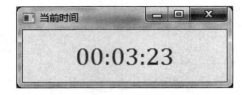

图 17-3　用单独线程显示时间

第 18 章

Java 网络编程

本章学习目标

- 描述网络通信的基本概念；
- 学会使用 InetAddress 类操作网络地址；
- 理解套接字与端口号的概念；
- 掌握使用 Socket 和 ServerSocket 类进行套接字编程；
- 了解使用 DatagramSocket 和 DatagramPacket 实现数据报通信；
- 学会使用 URL 类和 URLConnection 类。

18.1 网 络 概 述

教学视频

Java 语言作为最流行的网络编程语言，提供了强大的网络编程功能。使用 Java 语言可以编写底层的网络通信程序，这是通过 java.net 包中提供的 InetAddress、Socket、ServerSocket、URL 以及 URLConnection 等类实现的。

18.1.1 网络分层与协议

计算机网络是一个非常复杂的通信系统，通过网络传输数据是一项复杂的操作。为了简化这种复杂性的处理，对应用开发人员隐藏大部分细节，可以将网络通信的不同方面划分为多个层，每一层表示为不同的抽象程度。

有几种不同的分层模型，分别适合某种网络的需要。最常用的是适用于 Internet 的 TCP/IP 四层模型，包括主机网络层、网际层、传输层和应用层，如图 18-1 所示。

应用层（HTTP、SMTP、FTP）
传输层（TCP、UDP）
网际层（IP）
主机网络层

图 18-1　TCP/IP 网络分层模型

网络的每一层都有一些协议。协议（protocol）是定义计算机之间如何通信的一组规则。针对网路通信的不同方面，定义有很多不同的协议。例如，超文本传输协议（HTTP）定义了 Web 浏览器如何与服务器通信的规则。

主机网络层（又称数据链路层）定义了某个网络接口（如以太网卡或 PPP 连接）如何通过与本地网络或世界其他地区的物理连接发送 IP 数据报。

网际层负责相邻计算机之间的通信，处理传输层的分组发送的请求，将分组装入 IP 数据包，填充报头，选择目的机的路径，将数据包发往合适的网络接口，处理输入数据等。网际层最重要的协议是 IP，是基于 TCP/IP 网络协议的核心，IP 层接收更底层发来的数据包将其发送到更高层（如 UDP 层和 TCP 层）。

传输层提供应用程序间的通信，负责确保数据包以发送时的顺序接收，保证没有数据丢失或破坏。为实现这个目标，IP 网络会给每个数据报添加包含更多信息的附加首部。

在传输层有两个主要的协议：传输控制协议（transmission control protocol，TCP）和用户数据报协议（user datagram protocol，UDP）。TCP 是面向连接的通信协议，是可靠的协议。UDP 是面向无连接的通信协议，是不可靠协议。后面章节详细描述这两种协议。

应用层一般都是面向用户的服务，定义了大量协议，除了用于 Web 的 HTTP，还有用于电子邮件的 SMTP、POP3，用于文件传输的 FTP，用于远程登录的 TELNET 等。

18.1.2　客户/服务器结构

网络的基本功能是通信。网络中的两台计算机要通信，就必须先在它们之间建立某种连接。为了建立连接，一般是由其中的一台计算机向目的计算机发出连接请求。

发出连接请求的计算机称为客户端，提供服务的计算机称为服务器。在客户端发出连接请求时，服务器必须正在等待客户端的请求。如果服务器监听到来自客户端的连接请求，可以接收也可以拒绝。一旦接收，就建立起客户端和服务器之间的连姿。之后，两者就可以开始双向通信。

Web 是 Internet 上最流行的客户/服务器（Client/Server，C/S）结构。Web 服务器（如 Apache）响应 Web 客户端（如 Firefox）的请求。数据存储在 Web 服务器上，在被请求时发送给客户端。

18.1.3　IP 地址和域名

连接到 Internet 上的计算机使用 IP 地址或域名来唯一标识。一般地，IP 地址是由 4 个用点号分隔开的 0～255 的十进制数组成，如 125.122.10.236。

为方便记忆，开发了域名系统（domain name system），用来将人类易于记忆的主机名（www.oracle.com）转换为数字 Internet 地址（116.214.12.74）。在使用主机名指出要连接的计算机时，网络中 DNS 服务器（域名服务器）负责自动将主机名转换成 IP 地址。

在所有 IP 地址中，地址 127.0.0.1 是一个比较特殊的 IP 地址，用作本机回路地址（loopback），该地址对应的主机名是 localhost。这一 IP 地址主要用于在单机环境下模拟网络环境，使一台计算机与自己相连，组成一个网络。

当 Java 程序访问网络时，需要同时处理数字地址和相应的主机名。这些操作的方法由 java.net.InetAddress 类提供。在 Java 程序中，使用 InetAddress 对象来保存网络中指定计算机的主机名和 IP 地址。InetAddress 类没有提供构造方法，要得到一个 InetAddress 类对象需要使用该类的静态方法。

- public static InetAddress getByName(String host)：返回给定主机名或点分十进制表示

的主机的 IP 地址。

- public static InetAddress getLocalHost()：返回本地主机的 IP 地址。
- public static InetAddress[] getAllByName(String host)：返回给定主机名或点分十进制表示主机的所有 IP 地址数组。

上述方法在指定的主机未知时将抛出 UnknownHostException 异常。下面是 InetAddress 类的其他方法。

- public String getHostName()：返回该 IP 地址的主机名字符串。
- public String getHostAddress()：返回该 IP 地址的点分十进制字符串。
- public byte[] getAddress()：返回 4 个元素表示 IP 地址的字节数组。

下面程序通过给定的主机域名查找该主机在 Internet 上的 IP 地址。

程序 18.1　SearchIP.java

```java
package com.demo;
import java.net.*;
public class SearchIP{
    public static void main(String[] args) {
        String hostname = "www.baidu.com";
        try{
            InetAddress address = InetAddress.getByName(hostname);
            System.out.println(address);
            System.out.println("主机名："+address.getHostName());
            System.out.println("IP地址："+address.getHostAddress());
        }catch(UnknownHostException ex){
            System.out.println("给定的主机不存在");
        }
    }
}
```

要运行该程序，计算机必须连到网络上，程序的输出结果为：

```
www.baidu.com/61.135.169.121
主机名：www.baidu.com
IP地址：61.135.169.121
```

在 java.net 包中还提供了 Inet4Address 类和 Inet6Address，分别表示 IPv4 和 IPv6 地址，并提供了相应的操作方法。

18.1.4　端口号与套接字

在网络上，很多应用都是采用客户/服务器结构。实现网络通信必须将两台计算机连接起来建立一个双向通信链路，这个双向通信链路的每一端称为一个套接字（socket）。

1. 端口号

在 Internet 上使用 IP 地址唯一标识一台主机。但一台主机可能提供多种服务，仅用 IP 地址还不能唯一标识一个服务。因此通常使用一个整数来标识该机器上的某个服务，这个整数就是端口号（port）。端口号是用 16 位整数标识，共有 65 536 个端口号。端口号并不是计算机上实际存在的物理位置，而是一种软件上的抽象。

端口号分为两类。一类是由因特网名字和号码指派公司 ICANN 分配给一些常用的应用层程序固定使用的熟知端口（well-known port），其值为 0～1023。例如，HTTP 服务的端口号为 80，FTP 服务的端口号为 21。表 18-1 列出了几种常用服务的熟知端口号。

表 18-1　常用服务的端口号

服　　务	FTP	Telnet	SMTP	DNS	HTTP	SNMP
端口号	21	23	25	53	80	161

另一类端口为一般端口，用来随时分配给请求通信的客户进程。

为了在通信时不致发生混乱，必须把端口号和主机的 IP 地址结合在一起使用。一个 TCP 连接由它的两个端点来标识，而每一个端点又是由 IP 地址和端口号决定的。TCP 连接的端点称为套接字，IP 地址和端口号一起构成套接字，如图 18-2 所示。

这里，131.6.23.13 为 IP 地址，1500 为端口号，因此套接字为 131.6.23.13，1500。

图 18-2　套接字的构成

2. 套接字通信

一般来说，运行在一台特定计算机上的某个服务器（如 HTTP 服务器）都有一个套接字绑定到该服务器上。服务器只是等待、监听客户的连接请求。

在客户端，客户机需要知道服务器的主机名和端口号。为了建立连接请求，客户机试图与服务器机上的指定端口号上的服务连接，这个请求过程如图 18-3 所示。

如果正常，服务器将接收连接请求。一旦接收了请求，服务器将创建一个新的绑定到另一个端口号的套接字，然后使用该套接字与客户通信。这样，服务器可以在原来的端口上继续监听连接请求，如图 18-4 所示。

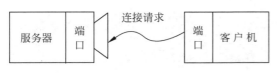

图 18-3　客户向服务器请求连接

图 18-4　服务器接受客户的连接

在客户端，如果连接被接收，就会创建一个套接字，客户就使用该套接字与服务器通信。注意，客户端的套接字并没有绑定到与服务器连接的端口号上，相反客户被指定客户程序所在计算机上的一个端口号上。现在客户与服务器就可以通过套接字进行通信了。

教学视频

18.2　Java 套接字通信

为了实现套接字通信，在 java.net 包中提供了两个类：ServerSocket 和 Socket。它们分别实现连接的服务器端和客户端的套接字。

18.2.1　套接字 API

ServerSocket 类用在服务器端。客户与服务器通信，客户向服务器提出请求，服务器监听请求，一旦监听到客户请求，服务器要建立一个套接字。ServerSocket 类的构造方法如下。

- ServerSocket(int port) throws IOException：创建绑定到指定端口 port 上的服务器套接字。注意，因为有些端口号已被特殊的服务占用，所以应该选择大于 1023 的端口号。
- ServerSocket(int port, int backlog) throws IOException：参数 backlog 指定最大的队列数，即服务器所能支持的最大连接数。

ServerSocket 类提供的主要方法如下。

- public Socket accept() throws IOException：调用该方法将阻塞当前系统服务线程，直到有客户连接。当有客户连接时，方法返回一个 Socket 对象。正是通过该 Socket 对象，服务器才可以与客户通信。
- public void close() throws IOException：关闭 ServerSocket 对象。

Socket 类是套接字类，既用在服务器端，也用在客户端。客户和服务器之间就是用 Socket 对象通信的。Socket 类的常用构造方法如下。

- public Socket (String host, int port) throws UnknownHostException , IOException：创建一个套接字对象并将其连接到服务器主机的指定端口上。host 为服务器主机名，port 为端口号。
- public Socket (InetAddress address, int port) throws IOException：创建一个套接字对象并将其连接到指定 IP 地址的指定端口上。address 为服务器主机的 IP 地址，port 为端口号。

Socket 类提供的主要方法如下。

- public InputStream getInputStream() throws IOException：获得套接字上绑定的数据输入流。
- public OutputStream getOutputStream() throws IOException：获得套接字上绑定的数据输出流。
- public InetAddress getInetAddress()：返回该套接字所连接的 IP 地址。
- public int getPort()：返回该套接字所连接的远程端口号。
- public synchronized void close() throws IOException：关闭套接字对象。

无论一个套接字的通信功能多么齐全、程序多么复杂，其基本结构都是一样的，都包括以下 4 个基本步骤。

（1）双方创建套接字对象。

（2）创建连接到套接字的输入输出流。

（3）按照一定协议对套接字进行读写操作。

（4）关闭套接字对象。

图 18-5 说明了服务器和客户端所发生的动作。

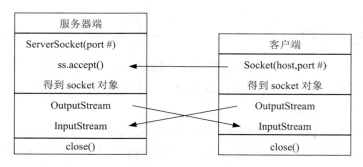

图 18-5　通信双方建立连接的过程

服务器端，首先在指定的端口号上创建一个 ServerSocket 对象，然后调用 accept()方法等待客户连接。如果客户请求一个连接，accept()方法将返回一个 Socket 对象。

客户端，用服务器主机名或 IP 地址及端口号创建一个 Socket 对象，该对象试图连接到指定主机，如果服务器接收连接，则返回一个 Socket 对象。

当两端都返回 Socket 对象后，就可以分别在 Socket 对象上调用 getInputStream()和 getOutputStream()方法，得到输入输出流对象。注意，服务器端的输出流对应于客户端的输入流，服务器端的输入流对应于客户端的输出流。双方建立了输入输出流后就可以进行通信了。最后，通信结束应该调用 close()方法关闭套接字，释放连接占用的资源。

18.2.2　简单的客户和服务器程序

下面是一个简单的字符界面的聊天程序。在服务器端使用端口号 8080 创建服务器套接字。ServerDemo.java 是服务器端程序，ClientDemo.java 是客户端程序。

程序 18.2　ServerDemo.java

```java
package com.demo;
import java.io.*;
import java.net.*;
import java.util.Scanner;
public class ServerDemo{
  public static void main(String[] args){
    try(
      ServerSocket server = new ServerSocket(8080);
      Socket socket = server.accept();
      BufferedReader is = new BufferedReader(
          new InputStreamReader(socket.getInputStream()));
      PrintWriter os = new PrintWriter(socket.getOutputStream());
      Scanner input = new Scanner(System.in);
    ){
    System.out.println("客户端:"+is.readLine());        //显示从客户端读的数据
    System.out.print("服务器端:");
    String line = input.nextLine();                      //从键盘读一行数据
    while(!line.equals("bye")){
      os.println(line);                                  //将数据发送到客户端
```

```
      os.flush();
      System.out.println("客户端:"+is.readLine());  //显示从客户端读的数据
      System.out.print("服务器端:");
      line = input.nextLine();                      //从键盘读一行数据
    }
  }catch(Exception e){
    System.out.println("发生异常:" + e);
  }
 }
}
```

    服务器端程序首先在端口号 8080 上创建一个 ServerSocket 对象,然后调用它的 accept()
方法等待客户的连接。如果客户端程序请求连接该服务器,accept()方法将返回一个 Socket
对象,通过 socket 对象的 getInputStream()方法和 getOutputStream()方法分别获得输入流和
输出流对象,使用它们与客户端通信。程序中使用 InputStreamReader 类将字节输入流转换
成字符输入流。

程序 18.3　ClientDemo.java

```
package com.demo;
import java.io.*;
import java.net.*;
import java.util.Scanner;
public class ClientDemo{
  public static void main(String[] args){
    try(
      Socket socket = new Socket("127.0.0.1",8080);
      BufferedReader is = new BufferedReader(
          new InputStreamReader(socket.getInputStream()));
      PrintWriter os = new PrintWriter(socket.getOutputStream());
      Scanner input = new Scanner(System.in);
    ){
      System.out.print("客户端:");
      String line = input.nextLine();         //从键盘读一行数据
      while(!line.equals("bye")){
        os.println(line);                      //将数据发送到服务器
        os.flush();
        //输出从服务器端读的一行数据
        System.out.println("服务器端:"+is.readLine());
        System.out.print("客户端:");
        line = input.nextLine();               //从键盘读一行数据
      }
    }catch(Exception e){
      System.out.println("发生异常:" + e);
    }
  }
}
```

程序首先建立一个 Socket 对象，这里需要指定服务器主机名和端口号。如果连接本地主机，可使用 localhost 主机名或 127.0.0.1 地址。端口号是服务器使用的端口号 8080。本例中，服务器程序和客户程序运行在同一台机器上，如果客户程序和服务器程序不在一台计算机上，客户程序创建 Socket 时应该指定主机名或 IP 地址。

要测试该程序，启动两个命令行窗口并且先运行服务器程序，后运行客户程序，客户程序先向服务器发送消息。图 18-6 和图 18-7 所示分别为该程序的运行效果。

图 18-6　服务器端程序运行结果

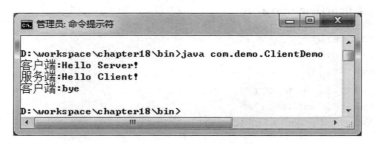

图 18-7　客户端程序运行结果

18.2.3　服务多个客户

在 18.2.2 节的程序中，服务器只能为一个客户提供服务。在实际应用中，往往是服务器接收来自多个客户的请求，为多个客户提供服务。

下面程序的功能是客户程序向服务器发送一个表示圆半径的数，服务器为其计算圆的面积并将计算结果发回客户。这里要求服务器能同时为多个客户服务，因此使用了多线程的机制。下面是服务器端程序。

程序 18.4　MultiServer.java

```java
package com.demo;
import java.io.*;
import java.net.*;
import java.util.concurrent.ExecutorService;
import java.util.concurrent.Executors;
public class MultiServer{
  public static void main(String[]args) throws IOException{
      int clientNo = 1;
```

```
        ServerSocket serverSocket = new ServerSocket(8088);
        //创建线程执行器
        ExecutorService executor = Executors.newCachedThreadPool();
        try{
          System.out.println("服务器程序启动，开始接收客户的请求");
          while(true){
            Socket socket = serverSocket.accept();
            InetAddress clientAddress = socket.getInetAddress();
            System.out.println("客户 "+clientNo+" 的主机名是 "
                        +clientAddress.getHostName());
            System.out.println("客户 "+clientNo+" 的IP地址是 "
                        +clientAddress.getHostAddress());
             //将任务添加到执行器中
            executor.execute(new ComputeArea(socket, clientNo));
            clientNo++;
          }
        }finally{
          serverSocket.close();
        }
    }
}
//计算圆面积的任务类
class ComputeArea implements Runnable{
    private Socket socket;
    private int clientNo;
    public ComputeArea(Socket socket , int clientNo){
       this.socket = socket;
       this.clientNo = clientNo;
    }
    public void run(){
      try{
        DataInputStream isFromClient = new DataInputStream(
             socket.getInputStream());
        DataOutputStream osToClient = new DataOutputStream(
             socket.getOutputStream());
        while(true){
          double radius = isFromClient.readDouble();
          System.out.println("从客户端接收的半径值:"+radius);
          double area = radius * radius * Math.PI;
          osToClient.writeDouble(area);
          osToClient.flush();
          //System.out.println("面积是:" + area);
        }
      }catch(IOException ex){
```

Java 网络编程

```
        System.err.println(ex);  }
    }
  }
```

454

程序创建一个 ServerSocket 对象，然后在一个循环中接收客户端的请求，一旦接收到一个请求，就可从返回的 Socket 对象获得客户信息。同时，创建任务类 ComputeArea 对象，调用 ExecutorService 线程池对象的 execute()方法将任务添加到线程池中执行。

ComputeArea 是任务类，从客户端接收一个 double 值，计算圆面积并将结果写回到客户端。下面是客户端程序。

程序 18.5　Client.java

```
package com.demo;
import java.io.*;
import java.net.*;
import java.util.*;
public class Client{
  public static void main(String[]args){
    try(
      Socket socket = new Socket("localhost",8088);
      DataInputStream isFromServer = new DataInputStream(
              socket.getInputStream());
      DataOutputStream osToServer = new DataOutputStream(
              socket.getOutputStream());
      Scanner input = new Scanner(System.in);
    ){
      while(true){
        System.out.print("请输入圆半径值:");
        double radius = input.nextDouble();
        osToServer.writeDouble(radius);
        osToServer.flush();
        double area = isFromServer.readDouble();
        System.out.println("圆的面积是: "+area);
      }
    }catch(IOException ex){
      System.err.println(ex);
    }
  }
}
```

程序首先创建套接字对象 socket，通过该对象返回的输入输出流分别创建数据流，然后将从键盘输入的半径值发送到服务器并从服务器接收返回的面积值。

首先执行服务器端程序，当客户程序向服务器发出请求时，在服务器端显示客户信息，并将计算结果发回客户端。图 18-8 所示为一个客户提供服务，图 18-9 所示为客户端发送和接收的信息。

图 18-8　服务器端程序运行结果

图 18-9　客户端程序运行结果

> 注意：服务器程序和客户程序都使用了无限循环，要想结束程序运行需要强制退出（按 Ctrl+C 键）。

18.3　数据报通信

教学视频

18.2 节讲的套接字通信是一种流式通信，本节讨论通过套接字实现数据报通信。

18.3.1　数据报通信概述

当编写网络程序时，有两种通信可供选择：套接字通信和数据报通信。套接字通信使用 TCP 协议，该协议是面向连接的协议。使用这种协议要求发送方和接收方都要建立套接字，一旦两个套接字建立起来，它们就可以进行双向通信，双方都可以发送和接收数据。

数据报通信使用 UDP 协议，该协议是一种无连接的协议。使用这种协议通信，每个数据报都是一个独立的信息单元，它包括完整的目的地址，数据报在网络上以任何可能的路径传往目的地，因此数据能否到达目的地、到达的时间以及内容的正确性都不能保证，该协议提供的是不可靠的服务。

在传输层既然提供了两种协议，那么在实际的应用中到底应该使用哪种协议？这要取决于不同的应用情况，下面是两种协议的比较。

（1）TCP 是一个面向连接的协议，在通信之前必须建立双方的连接，因此在 TCP 中多了一个建立连接的时间。使用 UDP 时，每个数据报都给出了完整的地址信息，因此无须建立发送方和接收方的连接。

（2）使用 TCP 没有数据大小的限制，一旦建立起连接，就可以传输大量的数据。使用 UDP 传输数据时是有大小限制的，每个数据报必须不大于 64KB。

Java 网络编程

（3）TCP 是可靠的协议，确保接收方正确地获取发送方所发送的数据。UDP 是不可靠的协议，发送方发送的数据不一定以相同的次序到达接收方。

（4）TCP 使用较广泛，如 telnet 远程登录、FTP 文件传输都需要不定长度的数据可靠地传输，因此需要使用 TCP 协议。相比之下 UDP 比较简单，因此常用于局域网分散系统中的客户/服务器应用程序。

18.3.2　DatagramSocket 类和 DatagramPacket 类

用 UDP 编写客户/服务器程序时，无论是客户方还是服务器方，首先都要建立一个 DatagramSocket 对象用来接收或发送数据报，然后使用 DatagramPacket 类对象作为传输数据的载体。

1.　DatagramSocket 类

DatagramSocket 类用于在通信的两端建立数据报套接字，它的构造方法如下：

- public DatagramSocket(int port) throws SocketException：创建数据报套接字，并将它绑定在本地主机指定的端口上。
- public DatagramSocket() throws SocketException：创建数据报套接字，并将它绑定在本地主机一个可用的端口上。

DatagramSocket 类的常用方法如下：

- public void receive(DatagramPacket p) throws IOException：接收一个报文，参数 p 用来保存接收的报文。该方法会阻塞接收者，直到有一个报文到达套接字。为了防止对方由于某种原因可能使接收者永远阻塞，一般接收者设置一个计时器，如果收不到对方报文，计时器结束，接收者会作出处理。
- public void send(DatagramPacket p) throws IOException：发送一个报文，参数 p 保存了要发送的报文。报文包括数据、接收者的 IP 地址及其端口。
- public InetAddress getInetAddress()：返回该套接字连接的 IP 地址，如果套接字没有连接返回 null。
- public InetAddress getLocalAddress()：返回套接字绑定的本地 IP 地址。

2.　DatagramPacket 类

DatagramPacket 类用于创建一个数据报，它的构造方法如下：

- public DatagramPacket(byte[] buf, int length)：该构造方法创建的对象用于接收数据报。参数 buf 为数据报文缓冲区，length 为缓冲区的长度。
- public DatagramPacket(byte[] buf, int length, InetAddress address, int port)：该构造方法创建的对象用于发送数据报。参数 buf 为数据报文缓冲区，length 为缓冲区的长度，address 为接收方的地址，port 为接收方数据报套接字绑定的端口号。

在接收数据之前，应该创建一个 DatagramPacket 对象，给出接收数据的缓冲区及长度。然后调用 DatagramSocket 的 receive()方法等待数据报的到来，receive()方法将一直等待，直到有数据报到来。

```java
byte[] buf = new byte[1024];
DatagramPacket packet = new DatagramPacket(buf,1024);
socket.receive(packet);      //接收数据
```

在发送数据前，也要生成一个 DatagramPacket 对象，在给出发送方的数据缓冲区及长度的同时，还要给出完整的目标地址，包括 IP 地址和端口号。发送数据通过 DatagramSocket 的 send()方法实现的，send()方法根据目的地址选择路径。

```
DatagramPacket packet = new DatagramPacket(
                    msg, send.length(), clientIP, clientPort);
socket.send(packet);          //发送数据
```

DatagramPacket 类的常用方法如下：
- public InetAddress getAddress()：获得报文发送者的 IP 地址。
- public int getPort()：获得报文发送者的端口。
- public int getLength()：返回发送或接收的数据报的长度。
- public byte[] getData()：返回数据缓冲区。

18.3.3　简单的 UDP 通信例子

下面的实例通过 UDP 实现通信。该实例实现的功能是客户端向服务器端发送一个字符串，服务器端接收该字符串，然后将其转换成大写字母，再发回客户端。

1. 服务器方的实现

程序 18.6　UDPServer.java

```java
package com.demo;
import java.net.*;
import java.io.*;
public class UDPServer{
  public static void main(String[] args){
    byte[] buf = new byte[1024];
    try{
      DatagramSocket socket = new DatagramSocket(8888);
      System.out.println("服务器等待…");
      while(true){
        //用于接收数据的数据报
        DatagramPacket packet = new DatagramPacket(buf,1024);
        socket.receive(packet);
        String data = new String(buf,0,packet.getLength());
        if(data.toLowerCase().equals("bye"))
          break;
        System.out.println("客户数据: " + data);
        String send = data.toUpperCase();
        InetAddress clientIP = packet.getAddress(); //返回客户端的IP地址
        int clientPort = packet.getPort();          //返回客户端的端口号
        byte[] msg = send.getBytes();
        //用于发送数据的数据报
        DatagramPacket sendPacket = new DatagramPacket(
              msg, send.length(), clientIP, clientPort);
```

```
        socket.send(sendPacket);
      }
    socket.close();
    System.out.println("Server is closed.");
  }catch(Exception e){
    e.printStackTrace();
  }
 }
}
```

程序在端口号 8888 上创建一个数据报套接字 socket，然后创建一个接收数据的数据报
对象 packet，并调用套接字的 receive()方法接收数据报。在接收到数据报后，将其转换成
字符串并转换成大写字母。

接下来创建一个发送数据的数据报对象 sendPacket，然后使用数据报套接字的 send()
方法将其发送给客户端。

2. 客户端的实现

程序 18.7　UDPClient.java

```
package com.demo;
import java.net.*;
import java.io.*;
import java.util.Scanner;
public class UDPClient{
  public static void main(String[] args){
    byte[] bufsend = new byte[1024];
    try{
      DatagramSocket socket = new DatagramSocket();
      Scanner input = new Scanner(System.in);
      while(true){
        System.out.print("请输入字符串：");
        String message = input.nextLine();
        bufsend = message.getBytes();
        //用于发送数据的数据报
        DatagramPacket packet = new DatagramPacket(
            bufsend,message.length(), InetAddress.getLocalHost(),8888);
        //InetAddress.getByName("182.168.0.1")
        socket.send(packet);
        if(message.equals("bye"))
          break;
        //用于接收数据的数据报
        byte[] bufrec = new byte[1024];
        DatagramPacket receivePacket =
            new DatagramPacket(bufrec,bufrec.length);
        socket.receive(receivePacket);
        String received = new String(bufrec,0,receivePacket.getLength());
```

```
        System.out.println("从服务器返回的字符串: "+received);
    }
    socket.close();
  }catch(Exception e){
    e.printStackTrace();
  }
 }
}
```

程序从键盘接收一个字符串并将其转换为字节数组,然后创建一个数据报对象 packet,通过数据报套接字 socket 发送给服务器。接下来创建一个接收数据的数据报对象 receivePacket,调用 socket 的 receive()方法从服务器接收数据,将其转换为字符串输出。

首先启动服务器,等待客户的请求。启动客户端程序,提交一个字符串,服务器返回转换后的字符串。服务器端程序的运行结果如图 18-10 所示,客户端程序运行结果如图 18-11 所示。

图 18-10　服务器端程序运行结果

图 18-11　客户端程序运行结果

18.4　URL 类编程

教学视频

前面介绍了网络传输层两种最流行的协议 TCP 和 UDP 的编程。除此之外,Java 还支持应用层协议的编程。本节介绍使用 HTTP 协议的通信。

18.4.1　理解 HTTP

HTTP 是指允许 Web 服务器和浏览器在互联网上发送和接收数据的协议。它是一个基于请求和响应的协议。客户端向服务器请求一个资源,服务器对该请求做出响应。HTTP 使用可靠的 TCP 连接,默认端口号是 80。

Java 网络编程

在 HTTP 中，先由客户端建立与服务器的连接并发送 HTTP 请求。Web 服务器无权联系客户端。客户端和服务器都可以提前终止连接。例如，在使用 Web 浏览器时，可以单击浏览器"停止"按钮来终止下载文件，关闭与 Web 服务器的 HTTP 连接。

1. HTTP 请求结构

由客户向服务器发出的消息叫 HTTP 请求。HTTP 请求通常包括请求行、请求头、空行和请求的数据。图 18-12 所示为一个典型的 POST 请求。

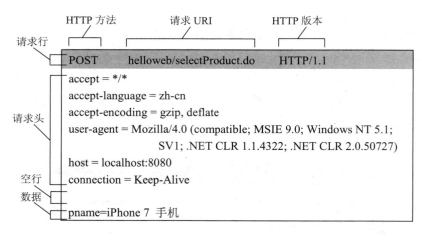

图 18-12　一个典型的 POST 请求消息

HTTP 的请求行由 3 部分组成：方法名、请求资源的 URI 和 HTTP 版本。这 3 部分由空格分隔。在图 18.12 的请求行中，方法为 POST。HTTP 1.1 版支持 7 种请求，其中最常用的是 GET 和 POST 请求。URI 指定一个 Web 资源，它通常解释为相对于服务器的根目录。因此，它始终以一个正斜杠（/）开头。图中的 URI 为/helloweb/selectProduct.do，使用的协议与版本为 HTTP/1.1。

请求行之后的内容称为请求头（request header），可以指定请求使用的浏览器信息、字符编码信息及客户能处理的页面类型等。

接下来是一个空行。空行的后面是请求的数据。如果是 GET 请求，可能不包含请求数据。

2. HTTP 响应结构

由服务器向客户发送的 HTTP 消息称为 HTTP 响应，HTTP 响应也由 3 部分组成：状态行、响应头和响应的数据。图 18-13 所示为一个典型的 HTTP 响应消息。

HTTP 响应的状态行由 3 部分组成，各部分由空格分隔：HTTP 版本、说明请求结果的状态码以及描述状态码的短语。HTTP 定义了许多状态码，常见的状态码是 200，表示请求被正常处理。

状态行之后的头行称为响应头（response header）。响应头是服务器向客户端发送的消息。图 18-13 中的响应消息包含 3 个响应头。Date 响应头表示消息发送的日期，Content-Type 响应头指定响应的内容类型，Content-Length 指示响应内容的长度。

响应头后面是一空行，空行的后面是响应的数据。

<figure>

| | HTTP 版本 | 状态码 | 简短描述 |
</figure>

状态行 HTTP/1.1　　200　　OK

响应头
Date: Sat, 01 Aug 2015 23:59:59 GMT
Content-Type: text/html
Content-Length: 87

空行

消息体
```
<html>
<head><title>Hello World</title></head>
<body>
    <h1>Hello, World!</h1>
</body>
</html>
```

图 18-13　一个典型的 HTTP 响应消息

18.4.2　URL 和 URL 类

统一资源定位器（uniform resource locator，URL）是 WWW 中网络资源定位的表示方法。WWW 资源包括 Web 页面、文本文件、图形文件以及音频与视频片段等。

URL 的基本格式为：

<协议名://><主机名>[<:端口号>]</资源名>

这里，协议名表示资源使用的协议，如 http、ftp、news、gopher、telnet、mailto 或 file 等；主机名为任何合法的主机域名，如 www.bhu.edu.cn；端口号是可选的，如果使用熟知端口号，则可以省略；资源名一般用来指定远程主机上文件系统中文件的完整路径，如 /index.html。

下面是合法的 URL：

http://www.yahoo.com:80/en/index.html

http://www.bhu.edu.cn

http://www.example.org:8080/index.html

http://java.sun.com/jdc/index.html#chapter1

java.net 包提供了 URL 类和 URLConnection 类。使用这两个类，可以读写网络资源。

1. 创建 URL 对象

URL 类常用的构造方法如下：

- public URL(String spec)：使用指定的字符串创建一个 URL 对象。
- public URL(String protocol, String host, String file)：使用指定的协议字符串、主机字符串和文件创建 URL 对象，使用默认的端口号。
- public URL(String protocol, String host, int port, String file)：使用指定的协议字符串、主机字符串、端口号和文件创建 URL 对象。
- public URL(URL context, String spec)：使用 URL 对象和相对地址创建 URL 对象。

461

第 18 章

Java 网络编程

⟪ 注意：URL 构造方法抛出 MalformedURLException 异常，当构造方法参数无效就会抛出该异常。因此，当创建 URL 对象时需要捕获并处理这个异常。其异常捕获和处理的形式如下：

```
try{
    URL exampleURL= new URL("http://www.tsinghua.edu.cn");
}catch(MalformedURLException e){
    //异常处理代码
}
```

2. 解析 URL

URL 类提供的常用方法主要包括对 URL 对象特征（如协议名、主机名、文件名、端口号和引用）的查询和对 URL 对象的读操作。

- public String getProtocol()：返回 URL 的协议名。
- public String getHost()：返回 URL 的主机名。
- public int getPort()：返回 URL 的端口号（若没有指定端口号返回值为−1）。
- public String getFile()：返回 URL 的文件名及路径。
- public String getRef()：返回 URL 的在文件中的相对位置。
- public String getPath()：返回 URL 的路径。
- public String getAuthority()：返回 URL 的权限信息。
- public String getUserInfo()：返回 URL 的用户信息。
- public InputStream openStream()：在 URL 对象上打开一个连接，返回一个 InputStream 对象以便从这一连接中读取数据。
- URLConnection openConnection()：返回一个 URLConnection 类对象，该对象表示由 URL 指定远程对象的一个连接。关于 URLConnection 类，请见 18.4.3 节

下面的程序创建了一个 URL 类对象并演示了常用方法的使用。

程序 18.8　ParseURL.java

```java
package com.demo;
import java.net.*;
public class ParseURL {
    public static void main(String[] args){
        try{
            URL aURL = new URL("http://docs.oracle.com/javase/tutorial/"
                        + "/index.html?name=networking#DOWNLOADING");
            System.out.println("protocol = " + aURL.getProtocol());
            System.out.println("authority = " + aURL.getAuthority());
            System.out.println("host = " + aURL.getHost());
            System.out.println("port = " + aURL.getPort());
            System.out.println("path = " + aURL.getPath());
            System.out.println("query = " + aURL.getQuery());
            System.out.println("filename = " + aURL.getFile());
```

```
            System.out.println("ref = " + aURL.getRef());
        }catch(MalformedURLException e){
            System.out.println("URL不合法");
        }
    }
}
```

程序运行结果如下：

```
protocol = http
authority = docs.oracle.com
host = docs.oracle.com
port = 80
path = /javase/tutorial//index.html
query = name=networking
filename = /javase/tutorial//index.html?name=networking
ref = DOWNLOADING
```

📢 **注意**：有些协议的 URL 并不具备所有的属性。

3. 读取 Web 资源

在创建一个 URL 对象后，可以使用 openStream()方法建立一个连接并返回一个
InputStream 对象，然后就可以从这个对象上读取数据。下面的例子说明了该方法的使用，
它通过 URL 对象读取一个 Web 页面信息。

程序 18.9　URLReader.java

```java
package com.demo;
import java.net.*;
import java.io.*;
public class URLReader{
    public static void main(String[] args){
        try{
            URL url = new URL("http://www.baidu.com");
            BufferedReader in = new BufferedReader(
                new InputStreamReader(url.openStream()));
            FileWriter out = new FileWriter("index.html");
            String inputLine;
            while((inputLine=in.readLine())!=null){
                out.write(inputLine);
            }
            in.close();
            out.close();
        } catch(MalformedURLException me){
        } catch(IOException ioe){}
    }
}
```

如果计算机连上网络，运行该程序将读出指定网页的内容，并将内容写到 index.html 文件中，打开该文件可以看到其中的内容。

java.net 包还提供了一个 URI 类，它表示统一资源标识符（uniform resource identifier），用来唯一标识网络资源。如果要标识网络资源，推荐使用该类。如果需要访问资源，可以将 URI 对象转换为 URL 对象，例如：

```
URI uri = new URI("http:    //www.oracle.com");
URL url = uri.toURL();          //将URI对象转换为URL对象
InputStream in = url.openStream();
```

18.4.3　URLConnection 类

通过 URL 的 openStream()方法可获得 InputStream 对象。使用该对象只能从网络上读取数据。如果希望不仅从 URL 读取内容，还要向 URL 对象发送服务请求及参数，那么可以使用 URLConnection 类。

URLConnection 表示与一台远程计算机的连接。可以利用它从一台远程计算机中读取和写入资源。要创建一个 URLConnection 对象，需要使用 URL 类提供的 openConnection() 方法，使用该对象绑定的输入流读取 URL 的内容，使用该对象绑定的输出流发送服务请求及参数。

URLConnection 类有两个 boolean 域：doInput 和 doOutput，它们分别表示这个 URLConnection 是否可以用来读取和写入资源。doInput 的默认值是 true，表示始终可以利用 URLConnection 读取一个 Web 资源。doOutput 的默认值是 false，表示这个 URLConnection 不能写入。若要写入数据需要将 doOutput 的值设置为 true。

为 doInput 和 doOutput 设置值，可以使用下面方法。

- public void setDoInput(boolean value);
- public void setDoOutput(boolean value)。

URLConnection 类还提供了 getDoInput()和 getDoOutput()方法，分别返回 doInput 和 doOutput 的值。

通过 URL 类的 openConnection()方法得到 URLConnection 类的对象后，就可以调用其 getInputStream()和 getOutputStream()方法得到输入流和输出流对象。这两个方法的格式分别为：

```
public InputStream getInputStream()
public OutputStream getOutputStream()
```

通过使用在 URLConnection 对象上创建的 InputStream 对象可以从 URL 读取数据，通过 OutputStream 对象，可以向 URL 输出数据。

下面的程序 ReverseString.java 向 ReverseServlet 发送请求，并传递一个字符串，ReverseServlet 将字符串反转后发回客户。

程序 18.10　ReverseString.java

```
package com.demo;
```

```
import java.io.*;
import java.net.*;
public class ReverseString {
    public static void main(String[] args) throws Exception {
        //服务器资源URL，是一个Servlet程序
        URL url = new
                URL("http://localhost:8080/helloweb/reverseServlet.do");
        String stringToReverse = "HELLO";
        URLConnection connection = url.openConnection();
        connection.setDoOutput(true); //设置连接对象作为输出对象使用
        //创建输出流对象
        OutputStreamWriter out = new OutputStreamWriter(
                                connection.getOutputStream());
        //向服务器发送字符串
        out.write("string=" + stringToReverse);
        out.close();
        //创建输入流读取返回的字符串
        BufferedReader in = new BufferedReader(
                new InputStreamReader(connection.getInputStream()));
        //从服务器读取反转后的字符串
        String decodedString;
        while ((decodedString = in.readLine()) != null) {
            System.out.println(decodedString);
        }
        in.close();
    }
}
```

该程序首先创建一个到服务器程序的 URL，stringToReverse 字符串是要反转的字符串；其次，程序调用 URL 的 openConnection()方法返回一个 URLConnection 连接对象；然后调用该连接对象 connection 的 getOutputStream()方法返回输出流对象；最后向服务器程序写出字符串。

当服务器程序接收到字符串后，将其反转，然后发回客户端。客户端程序再创建一个输入流，从中读取反转后的字符串并输出。

下面是 Servlet 程序，它的功能是将客户请求的字符串反转，然后再发回客户。该程序应该运行在 Web 容器（如 Tomcat）中。

程序 18.11　ReverseServlet.java

```
package com.demo;
import java.io.IOException;
import java.io.OutputStreamWriter;
import java.net.URLDecoder;
import javax.servlet.ServletInputStream;
```

Java 网络编程

```java
import javax.servlet.annotation.WebServlet;
import javax.servlet.http.HttpServlet;
import javax.servlet.http.HttpServletRequest;
import javax.servlet.http.HttpServletResponse;
@WebServlet("/reverseServlet.do")
public class ReverseServlet extends HttpServlet {
    private static String message = "Servlet 处理错误";
    public void doPost(HttpServletRequest request,
                                HttpServletResponse response) {
        try {
            int len = request.getContentLength();
            byte[] input = new byte[len];
            ServletInputStream sin = request.getInputStream();
            int c, count = 0 ;
            while ((c = sin.read(input, count, input.length-count)) != -1) {
                count +=c;
            }
            sin.close();
            String inString = new String(input);
            int index = inString.indexOf("=");
            if (index == -1) {
                response.setStatus(HttpServletResponse.SC_BAD_REQUEST);
                response.getWriter().print(message);
                response.getWriter().close();
                return;
            }
            String value = inString.substring(index + 1);
            //将application/x-www-form-urlencoded字符串解码成UTF-8格式
            String decodedString = URLDecoder.decode(value, "UTF-8");
            //反转字符串
            String reverseStr =
                    (new StringBuffer(decodedString)).reverse().toString();
            //设置响应状态码
            response.setStatus(HttpServletResponse.SC_OK);
            OutputStreamWriter writer =
                    new OutputStreamWriter(response.getOutputStream());
            writer.write(reverseStr);
            writer.flush();
            writer.close();
        } catch (IOException e) {
            try{
                response.setStatus(HttpServletResponse.SC_BAD_REQUEST);
                response.getWriter().print(e.getMessage());
```

```
                response.getWriter().close();
            } catch (IOException ioe) { }
        }
    }
}
```

程序首先从请求对象创建一个输入流，从中读取传来的数据，构建一个 String 对象，从中取出要反转的字符串；最后，通过输出流对象将字符串发回客户端。

18.5 小   结

（1）Java 语言通过 java.net 包中有关类支持网络编程，如 InetAddress 类抽象网络主机和 IP 地址。

（2）使用 ServerSocket 类和 Socket 类可实现基于 TCP 的网络数据传输。基于 TCP 的网络数据传输是一种可靠、有连接的网络数据传输。

（3）使用 DatagramSocket 类和 DatagramPacket 类可实现基于 UDP 的网络数据传输。基于 UDP 的网络数据传输是一种不可靠、无连接的网络数据传输。

（4）使用 URL 类和 URLConnection 类实现读取 Web 资源和与 Web 服务器之间的通信。

编 程 练 习

18.1 编写一个 JavaFX 图形界面程序，通过文本框输入一个主机名，利用该主机名找到该主机的 IP 地址并通过标签显示。图 18-14 所示为当输入主机名 www.microsoft.com 后单击"查找"按钮显示的 IP 地址。

图 18-14 查找主机 IP 地址

18.2 使用 ServerSocket 类和 Socket 类编写一个字符界面的程序，在客户端接收用户从键盘输入一个圆的半径值，将它发送到服务器端，服务器计算圆的面积，并将结果发回客户端。

18.3 使用 ServerSocket 类和 Socket 类编写一个 GUI 程序，建立套接字通信管道，并将一个文件从一台计算机传到另一台计算机。

18.4 使用 ServerSocket 类和 Socket 类编写一个 GUI 程序，实现一个简单的聊天程序，

467

第 18 章

Java 网络编程

界面如图 18-15 和图 18-16 所示。

       图 18-15　服务器端界面   图 18-16　客户端界面

18.5　使用数据报（UDP）协议实现编程练习 18.4 的聊天程序。

18.6　编写一个客户机/服务器程序，利用数据报套接字将一个文件从一台计算机传到另一台计算机上。

18.7　编写一个 GUI 程序，通过文本框输入一个 URL 地址，读出其连接到的资源内容并在文本区中显示。

18.8　利用 URL 类编写在客户机上获取已知网站主页中图片的程序。

参 考 文 献

[1] 沈泽刚，秦玉平. Java 语言程序设计[M]. 2 版. 北京：清华大学出版社，2014.

[2] Budi Kurniawan. Java 7 程序设计[M]. 俞黎敏，译. 北京：机械工业出版社，2012.

[3] Liang Y Daniel. Java 语言程序设计(基础篇)[M]. 戴开宇，译. 北京：机械工业出版社，2015.

[4] Cay S Horstmann. 写给大忙人看的 Java 核心技术[M]. 杨谦，王巍，译. 北京：电子工业出版社，2016.

[5] Bruce Eckel. Java 编程思想[M]. 4 版. 陈昊鹏，译. 北京：机械工业出版社，2007.

[6] Herbert Schildt. 新手学 Java 7 编程[M]. 5 版. 石磊，译. 北京：清华大学出版社，2012.

[7] Ken Arnold，James Gosling，David Holmes. Java 程序设计语言[M]. 4 版. 陈昊鹏，译. 北京：人民邮电出版社，2006.

[8] Walter Savitch. Java 完美编程[M]. 3 版. 施平安，李牧，译. 北京：清华大学出版社，2008.

[9] [美]哈诺德. Java 网络编程[M]. 4 版. 李帅，译. 北京：中国电力出版社，2014.

[10] 林信良. Java JDK 6 学习笔记[M]. 北京：清华大学出版社，2007.

[11] Budi Kurniawan .Java: A Beginner's Tutorial[M].4th ed. Brainy Software Corp，2015.

图 书 资 源 支 持

感谢您一直以来对清华版图书的支持和爱护。为了配合本书的使用,本书提供配套的资源,有需求的读者请扫描下方的"书圈"微信公众号二维码,在图书专区下载,也可以拨打电话或发送电子邮件咨询。

如果您在使用本书的过程中遇到了什么问题,或者有相关图书出版计划,也请您发邮件告诉我们,以便我们更好地为您服务。

我们的联系方式:

地　　址:北京海淀区双清路学研大厦 A 座 707

邮　　编:100084

电　　话:010－62770175－4604

资源下载:http://www.tup.com.cn

电子邮件:weijj@tup.tsinghua.edu.cn

QQ:883604(请写明您的单位和姓名)

用微信扫一扫右边的二维码,即可关注清华大学出版社公众号"书圈"。

资源下载、样书申请

书圈